● 中学数学拓展丛书

本册书是湖南省教育厅科研课题"教育数学的研究"（编号06C510）成果之十一

数学史话览胜

SHUXUE SHIHUA LANSHENG

第 2 版

沈文选　杨清桃　编著

哈尔滨工业大学出版社
HARBIN INSTITUTE OF TECHNOLOGY PRESS

内 容 提 要

本书共分十一章:第一章学习数学史的意义,第二章数学的起源,第三章数学史的分期及各时期的著名数学家,第四章算术史话,第五章代数学史话,第六章函数概念的形成与发展,第七章几何学史话,第八章解析几何史话,第九章微积分史话,第十章射影几何史话,第十一章概率论史话.

本书可作为高等师范院校、教育学院、教师进修学院数学专业及国家级、省级中学数学骨干教师培训班的教材或教学参考书,是广大中学数学教师及数学爱好者的数学视野拓展读物.

图书在版编目(CIP)数据

数学史话览胜/沈文选,杨清桃编著. —2 版. —哈尔滨:哈尔滨工业大学出版社,2017.1(2024.4 重印)

(中学数学拓展丛书)

ISBN 978-7-5603-6437-7

Ⅰ.①数… Ⅱ.①沈… ②杨… Ⅲ.①中学数学课-教学参考资料 Ⅳ.①G633.603

中国版本图书馆 CIP 数据核字(2017)第 001516 号

策划编辑	刘培杰　张永芹
责任编辑	张永芹　钱辰琛　聂兆慈
封面设计	孙茵艾
出版发行	哈尔滨工业大学出版社
社　　址	哈尔滨市南岗区复华四道街 10 号　邮编 150006
传　　真	0451-86414749
网　　址	http://hitpress.hit.edu.cn
印　　刷	哈尔滨圣铂印刷有限公司
开　　本	787mm×1092mm　1/16　印张 18.5　字数 462 千字
版　　次	2008 年 1 月第 1 版　2017 年 1 月第 2 版 2024 年 4 月第 3 次印刷
书　　号	ISBN 978-7-5603-6437-7
定　　价	48.00 元

(如因印装质量问题影响阅读,我社负责调换)

序

我和沈文选教授有过合作,彼此相熟.不久前,他发来一套数学普及读物的丛书目录,包括数学眼光、数学思想、数学应用、数学模型、数学方法、数学史话等,洋洋大观.从论述的数学课题来看,该丛书的视角新颖,内容充实,思想深刻,在数学科普出版物中当属上乘之作.

阅读之余,忽然觉得公众对数学的认识很不相同,有些甚至是彼此矛盾的.例如:

一方面,数学是学校的主要基础课,从小学到高中,12年都有数学;另一方面,许多名人在说"自己数学很差"的时候,似乎理直气壮,连脸也不红,好像在宣示:数学不好,照样出名.

一方面,说数学是科学的女王,"大哉数学之为用",数学无处不在,数学是人类文明的火车头;另一方面,许多学生说数学没用,一辈子也碰不到一个函数,解不了一个方程,连相声也在讽刺"一边向水池注水,一边放水"的算术题是瞎折腾.

一方面,说"数学好玩",数学具有和谐美、对称美、奇异美,歌颂数学家的"美丽的心灵";另一方面,许多人又说,数学枯燥、抽象、难学,看见数学就头疼.

数学,我怎样才能走近你,欣赏你,拥抱你?说起来也很简单,就是不要仅仅埋头做题,要多多品味数学的奥秘,理解数学的智慧,抛却过分的功利,当你把数学当作一种文化来看待的时候,数学就在你心中了.

我把学习数学比作登山,一步步地爬,很累,很苦.但是如果你能欣赏山林的风景,那么登山就是一种乐趣了.

登山有三种意境.

首先是初识阶段.走入山林,爬得微微出汗,坐拥山色风光.体会"明月松间照,清泉石上流"的意境.当你会做算术,会记账,能够应付日常生活中的数学的时候,你会享受数学给你带来的便捷,感受到好似饮用清泉那样的愉悦.

其次是理解阶段.爬到山腰,大汗淋漓,歇足小坐.环顾四周,云雾环绕,满目苍翠,心旷神怡.正如苏轼名句:"横看成岭侧成峰,远近高低各不同.不识庐山真面目,只缘身在此山中."数学理解到一定程度,你会感觉到数学的博大精深,数学思维的缜密周全,数学的简捷之美,使你对符号运算能够有爱不释手的感受.不过,理解了,还不能创造."采药山中去,云深不知处."对于数学的伟大,还莫测高深.

第三则是登顶阶段.攀岩涉水,越过艰难险阻,到达顶峰的时候,终于出现了"会当凌绝顶,一览众山小"的局面.这时,一切疲乏劳顿、危难困苦,全都抛到九霄云外."雄关漫道真如铁",欣赏数学之美,是需要代价的.当你破解了一道数学难题,"蓦然回首,那人却在,灯火阑珊处"的意境,是语言无法形容的快乐.

好了,说了这些,还是回到沈文选先生的丛书.如果你能静心阅读,它会帮助你一步步攀登数学的高山,领略数学的美景,最终登上数学的顶峰.于是劳顿着,但快乐着.

信手写来,权作为序.

张奠宙

2007 年 11 月 13 日

于沪上苏州河边

附　文

(文选先生编著的丛书,是一种对数学的欣赏.因此,再次想起数学思想往往和文学意境相通,年初曾在《文汇报》发表一短文,附录于此,算是一种呼应)

数学和诗词的意境

张奠宙

数学和诗词,历来有许多可供谈助的材料.例如:

一去二三里,烟村四五家.

亭台六七座,八九十枝花.

把十个数字嵌进诗里,读来朗朗上口.郑板桥也有题为《咏雪》的诗云:

一片二片三四片,五六七八九十片.

千片万片无数片,飞入梅花总不见.

诗句抒发了诗人对漫天雪舞的感受.不过,以上两诗中尽管嵌入了数字,却实在和数学没有什么关系.

数学和诗词的内在联系,在于意境.李白的题为《送孟浩然之广陵》的诗云:

故人西辞黄鹤楼,烟花三月下扬州.
孤帆远影碧空尽,唯见长江天际流.

数学名家徐利治先生在讲极限的时候,总要引用"孤帆远影碧空尽"这一句,让大家体会一个变量趋向于0的动态意境,煞是传神.

近日与友人谈几何,不禁联想到初唐诗人陈子昂的题为《登幽州台歌》的诗中的名句:

前不见古人,后不见来者.
念天地之悠悠,独怆然而涕下.

一般的语文解释说:上两句俯仰古今,写出时间绵长;第三句登楼眺望,写出空间辽阔;在广阔无垠的背景中,第四句描绘了诗人孤单寂寞、悲哀苦闷的情绪,两相映照,分外动人.然而,从数学上来看,这是一首阐发时间和空间感知的佳句.前两句表示时间可以看成是一条直线(一维空间).陈老先生以自己为原点,前不见古人指时间可以延伸到负无穷大,后不见来者则意味着未来的时间是正无穷大.后两句则描写三维的现实空间:天是平面,地是平面,悠悠地张成三维的立体几何环境.全诗将时间和空间放在一起思考,感到自然之伟大,产生了敬畏之心,以至怆然涕下.这样的意境,数学家和文学家是可以彼此相通的.进一步说,爱因斯坦的四维时空学说,也能和此诗的意境相衔接.

贵州省六盘水师专的杨老师告诉我他的一则经验.他在微积分教学中讲到无界变量时,用了宋朝叶绍翁题为《游园不值》中的诗句:

春色满园关不住,一枝红杏出墙来.

学生每每会意而笑.实际上,无界变量是说,无论你设置怎样大的正数M,变量总要超出你的范围,即有一个变量的绝对值会超过M.于是,M可以比喻成无论怎样大的园子,变量相当于红杏,结果是总有一枝红杏越出园子的范围.诗的比喻如此恰切,其意境把枯燥的数学语言形象化了.

数学研究和学习需要解题,而解题过程需要反复思索,终于在某一时刻出现顿悟.例如,做一道几何题,百思不得其解,突然添了一条辅助线,问题豁然开朗,欣喜万分.这样的意境,想起了王国维用辛弃疾的词来描述的意境:"众里寻他千百度.暮然回首,那人却在,灯火阑珊处."一个学生,如果没有经历过这样的意境,数学大概是学不好的了.

音乐能激发或抚慰情怀,绘画使人赏心悦目,诗歌能动人心弦,哲学使人获得智慧,科技可以改善物质生活,但数学却能提供以上的一切.

——克莱因(Klein)

任何一门数学分支,不管它如何抽象,总有一天会在现实的现象中找到应用.

——罗巴切夫斯基(Lobachevsky)

数学是有用的,如果谁想理解自然并利用它的能量,那他甚至不能离开数学.

——A·伦伊(A. Renyi)

数学甚至在其最纯的与最抽象的状态下,也不与生活相分离.它恰恰是掌握生活问题的理想方式,这正如同雕刻把人的体形理想化,或者如同诗和画,分别把形象与景物理想化一样.

——C·J·凯塞尔(C. J. Keyser)

人们喜爱音乐,因为它不仅有神奇的乐谱,而且有悦耳的优美旋律!

人们喜爱画卷,因为它不仅描绘出自然界的壮丽,而且可以描绘人间美景!

人们喜爱诗歌,因为它不仅是字词的巧妙组合,而且有抒发情怀的韵律!

人们喜爱哲学,因为它不仅是自然科学与社会科学的浓缩,而且使人更加聪明!

人们喜爱科技,因为它不仅是一个伟大的使者与桥梁,而且是现代物质文明的标志!

而数学之为德,数学之为用,难以用旋律、美景、韵律、聪明、标志等词语来表达!

你看,不是吗?

数学精神,科学与人文融合的精神,它是一种理性精神!一种求简、求统、求实、求美的精神!数学精神似一座光辉的灯塔,指引数学发展的航向!数学精神似雨露阳光滋润人们的心田!

数学眼光,使我们看到世间万物充满着带有数学印记的奇妙的科学规律,看到各类书籍和文章的字里行间有着数学的踪迹,使我们看到满眼绚丽多彩的数学洞天!

数学思想,使我们领悟到数学是用字母和符号谱写的美妙乐曲,充满着和谐的旋律,让人难以忘怀,难以割舍!让我们在思疑中启悟,在思辨中省悟,在体验中领悟!

数学方法,人类智慧的结晶,它是人类的思想武器!它像画卷一样描绘着各学科的异草奇葩般的景象,令人目不暇接!它的源头又是那样的寻常!

数学解题,人类学习与掌握数学的主要活动,它是数学活动的一个兴奋中心!数学解题理论博大精深,提高其理论水平是永远的话题!

数学技能,在数学知识的学习过程中逐步形成并发展的一种大脑操作方式. 它是一种智慧!它是数学能力的一种标志!操控数学技能是追求的一种基础性目标!

数学应用,给我们展示出了数学的神通广大,在各个领域与角落闪烁着人类智慧的火花!

数学建模,呈现出了人类文明亮丽的风景!特别是那呈现出的抽象彩虹——一个个精巧的数学模型,璀璨夺目,流光溢彩!

数学竞赛,许多青少年喜爱的一种活动,这种数学活动有着深远的教育价值!它是选拔和培养数学英才的重要方式之一. 这种活动可以激励青少年对数学学习的兴趣,可以扩大他们的数学视野,促进创新意识的发展!数学竞赛中的专题培训内容展示了竞赛数学亮丽的风采!

数学测评,检验并促进数学学习效果的重要手段. 测评数学的研究是教育数学研究中的一朵奇葩!测评数学的深入研究正期待着我们!

数学史话,充满了前辈们创造与再创造的诱人的心血机智,让我们可以从中汲取丰富的营养!

数学欣赏,对数学喜爱的情感的流淌. 这是一种数学思维活动的崇高情表!数学欣赏,引起心灵震撼!真、善、美在欣赏中得到认同与升华!从数学欣赏中领略数学智慧的美妙!从数学欣赏走向数学鉴赏!从数学文化欣赏走向文化数学研究!

因此,我们可以说,你可以不信仰上帝,但不能不信仰数学.

从而,提高我国每一个公民的数学文化水平及数学素养,是提高我国各个民族整体素质的重要组成部分,这也是数学基础教育中的重要目标. 为此,笔者构思了这套丛书.

这套丛书是笔者学习张景中院士的教育数学思想,对一些数学素材和数学研究成果进行再创造并以此为指导思想来撰写的;是献给中学师生,企图为他们扩展数学视野、提高数学素养以响应张奠宙教授的倡议:建构符合时代需求的数学常识,享受充满数学智慧的精彩人生的书籍.

不积小流无以成江河,不积跬步无以至千里,没有积累便没有丰富的素材,没有整合创新便没有鲜明的特色.这套丛书的写作,是笔者在多年资料的收集、学习笔记的整理及笔者已发表的文章的修改并整合的基础上完成的.因此,每册书末都列出了尽可能多的参考文献,在此,衷心地感谢这些文献的作者.

这套丛书,作者试图以专题的形式,对中、小学典型的数学问题进行广搜深掘来串联,并以此为线索来写作的.

这一本是《数学史话览胜》.

数学使人精密,读史使人明智！精明是有数学头脑的标志！

数学是一门应用广泛的重要基础学科,数学是提高思维能力的有力手段,数学是理性思维的基本形式.从文化层面来说,数学眼光、思想、方法等是一种深刻而有力的文化素养.因此,数学教育的一个重要方面就是把数学作为一种文化传输给学生,培养学生的科学思维方式,培养正确的人文观以及兼备才、学、知等数学素养.在数学文化里,除了数学概念、定理、思想、方法及技巧外,还应包括数学知识的产生、演变、发展,创造这些知识的人、产生这些人和这些知识的客观条件,还有这些知识的社会作用和对文化的影响,即数学史的内容.从数学内在的发展规律和数学发展与社会发展的关系即从数学内史与外史上进行认识,才能了解数学概念、定理的来龙去脉,深入地探讨数学的本质和意义,深刻地领悟数学的精华,极大地提高受教育者的数学素养.

发掘古典数学的瑰宝,也是激发学生学习数学的兴趣的重要措施.进行数学史教育在提高学生的数学修养的同时,可让学生受到真正意义的数学教育.了解数学科学的发展规律,体会数学科学对人类文明的极端重要性,加深对数学思想、数学方法与某些重要数学内容的理解,感受数学的文化价值与美学价值.现代微分几何国际大师沃尔夫奖获得者、著名的数学家陈省身教授,在1989年首届"陈省身数学奖"授奖大会上曾强调:我们应当重视数学史的教学与研究,这对21世纪显得更为重要.

在平常的数学教学中,适当地穿插数学史内容,不论是原始文献或第二手资料、史实罗列或深入研究的成果、数学评述或小故事和传记,这都是给学生补进内容丰富的营养品,这些都是值得学生们学习、吸收、消化、运用和传播的.

将数学史引进中学数学课堂,有趣的数学知识会使学生感到数学有趣,一些数学家刻苦钻研的故事会对学生形成榜样的力量.学习数学家们做学问、做人的严谨态度、锲而不舍的探索精神和求实的批判的思维方式,形成崇尚理性、诚信、认真和勤于实践的思想作用.运用数学史消除那些荒诞的想法,诸如数学是静止的、一元的、现成的、无误的、永不变化的,且仅为男孩子而设等;利用数学史,可以使数学人性化,可显示数学发展历程,观察数学对社会以及社会对数学的作用,揭示数学各学科内在的性质以及阐述多种文化的联系.

中国的传统数学,在漫长的历史过程中形成了自己独特的风格,那些杰出的成就在世界数学史上毋庸置疑地占有较高地位,作为一个完整的源于实践、用于实践、具有鲜明的社会性,以及数形结合,以算为主,使用算器,建立一套算法体系,"寓理于算"和理论的高度精练的基本特点等显著特色或重要特征.在世界数学史中中国传统数学的地位是不可低估的.中国传统数学中有些独特的思想和方法,至今还值得深入探讨和研究.中国古代数学著作大多沿用"问—答—术"的形式,即包括问题、答案、算法三部分.其中表示算法的"术文"就是一个计算程序,它们确实可以编译为计算机语言,上机运算.还有人更形象地把算筹比喻为计算机的硬件,而术文则是软件.对于中国传统数学中的程序化计算,新近越来越多地引起了国内外有关专家的兴趣和注意.中国传统数学注重数与形结合起来加以研究,这是颇具现实意义的思想方法.这方面的例证,在中国传统数学中可谓比比皆是.如赵爽注《周髀》中证明勾股定理和有关定理所用的"勾股圆方图"、刘徽注《九章算术》中有关开方术的论述等都是很典型的.中国传统数学中几何论证方面所特有的某些公理和方法,如"出入相补原理""截割原理""刘徽原理""祖暅原理"、模型法、无穷分割法和极限法等,不仅促进了中国古代数学的发展,而且对现代数学理论的研究也是有启发意义的.吴文俊院士在论述"出入相补原理"时,曾指出:"多面体的体积理论到现在还余韵未尽,估计中国古代几何中的思想和方法,或许对进一步的探讨还不无帮助."在中国传统数学萌芽、形成和发展的过程中,涌现出许多杰出的数学家:如刘徽、祖冲之、秦九韶、李冶、朱世杰等,他们给后世留下了不少数学著作.这些数学家的著作成为中国传统数学宝库中的重要组成部分.因此,在这本《数学史话览胜》中对中国传统数学给予了较多的关注,这也是根据中学数学教学目标的要求而考虑的.

数学史料浩如烟海,编者只好以史话览胜的方式呈现中学数学所涉及的历史资料.

在《数学史话览胜》的编写过程中,笔者参考了钱宝琮、梁宗巨、袁小明、张奠宙、李铭心、解延年、白尚恕、李文汉等先生以及《数学通报》《中学生数学》《中学数学教学》等杂志的大量著作,特别是袁小明先生的《数学史话》、李铭心等的《中学数学中的数学史》给予较多启示.在此,谨向这些学界的前辈们及各位作者们深表谢意.

最后,要衷心感谢张奠宙教授在百忙之中为本套丛书作序!

衷心感谢刘培杰数学工作室,感谢刘培杰老师、张永芹老师、钱辰琛老师、聂兆慈老师等诸位老师,是他们的大力支持,精心编辑,使得本书以新的面目展现在读者面前!

衷心感谢我的同事邓汉元教授,我的朋友赵雄辉、欧阳新龙、黄仁寿,以及我的研究生们:羊明亮、吴仁芳、谢圣英、彭熹、谢立红、陈丽芳、谢美丽、陈淼君、孔璐璐、邹宇、谢罗庚、彭云飞等对我写作工作的大力协助,还要感谢我的家人对我们写作的大力支持!

沈文选 杨清桃
2015年6月于岳麓山下

第一章　学习数学史的意义

1.1　数学史研究的对象 ··· 1
1.2　学习数学史的意义 ··· 1

第二章　数学的起源

2.1　数的概念的形成 ··· 12
　2.1.1　数的概念产生的物质基础 ······························· 12
　2.1.2　数觉与等数性 ··· 12
2.2　数的语言、符号与记数方法的产生和演变 ····················· 13
　2.2.1　数的语言 ··· 13
　2.2.2　数的符号——数字 ····································· 14
　2.2.3　古代的进位制 ··· 19
2.3　几何的起源 ··· 19
　2.3.1　形的起源 ··· 19
　2.3.2　几何图形 ··· 20
　2.3.3　实验几何 ··· 21

第三章　数学史的分期及各时期的著名数学家

3.1　中国数学史部分及中国古代著名数学家 ······················· 23
　3.1.1　古代数学的初期 ······································· 23
　3.1.2　古代数学体系形成时期 ································· 24
　3.1.3　古代数学稳步发展时期 ································· 26
　3.1.4　古代数学的兴盛时期 ··································· 29
　3.1.5　古代数学衰落时期 ····································· 32
　3.1.6　西方数学传入时期 ····································· 32
　3.1.7　走向蓬勃发展的新时期 ································· 35
3.2　外国数学史部分及外国古代著名数学家 ······················· 45
　3.2.1　萌芽时期 ··· 45
　3.2.2　初等数学时期 ··· 45
　3.2.3　高等数学时期 ··· 53

3.2.4　近代数学时期 ……………………………………… 62
3.2.5　现代数学时期 ……………………………………… 66

第四章　算术史话

4.1　对自然数认识的几个阶段 ………………………………… 71
4.2　自然数的早期研究 ………………………………………… 73
4.3　常用最繁的数码 …………………………………………… 74
4.4　"0"的符号溯源 …………………………………………… 75
4.5　数的运算 …………………………………………………… 77
4.6　小数的产生与表示 ………………………………………… 80
4.7　最早的二进位制 …………………………………………… 82
4.8　"算术"一词的内涵 ……………………………………… 83
4.9　珠算与算盘史略 …………………………………………… 84

第五章　代数学史话

5.1　从算术到代数 ……………………………………………… 86
5.2　数系的扩张 ………………………………………………… 88
　　5.2.1　负数的产生与确定——数系的第二次扩张 ……… 88
　　5.2.2　无理数的发现——数系的第三次扩张 …………… 90
　　5.2.3　虚数、复数的发现——数系的第四次扩张 ……… 92
　　5.2.4　超复数——四元数 ………………………………… 96
5.3　方程与方程组的简史 ……………………………………… 98
　　5.3.1　方程的研究简史 …………………………………… 98
　　5.3.2　方程组的研究简史 ………………………………… 111
　　5.3.3　高次方程根式解及"群"概念的产生 …………… 116
5.4　等差、等比数列小史 ……………………………………… 117
　　5.4.1　等差数列 …………………………………………… 117
　　5.4.2　等比数列 …………………………………………… 120
　　5.4.3　高阶等差数列的和与"招差术" ………………… 123
5.5　对数的产生与发展 ………………………………………… 125
　　5.5.1　对数的产生 ………………………………………… 125
　　5.5.2　对数表的发展和完善 ……………………………… 127
5.6　数学符号的产生与演进 …………………………………… 128
　　5.6.1　加法符号"+" …………………………………… 128
　　5.6.2　减法符号"-" …………………………………… 129
　　5.6.3　乘法符号"×" …………………………………… 129
　　5.6.4　除法符号"÷" …………………………………… 129
　　5.6.5　等号"="、大于号">"、小于号"<" ………… 130
　　5.6.6　小括号"( )"、中括号"[ ]"、大括号"{ }" … 130
　　5.6.7　根号"$\sqrt{\ }$" ………………………………………… 130
　　5.6.8　指数符号"a^n" ………………………………… 130

  5.6.9 对数符号"log""ln" ································ 131
  5.6.10 虚数单位 i,π,e 以及 a+bi ···················· 131
  5.6.11 函数符号 ·· 131
  5.6.12 求和符号"$\sum$"、和号"S"、极限符号及微积分符号 ···· 132
  5.6.13 三角函数的符号与反三角函数的符号 ············ 132
  5.6.14 其他符号 ·· 133
 5.7 集合概念的形成与发展 ····································· 134
 5.8 代数学在中国的发展 ·· 137
  5.8.1 《九章算术》中的代数内容 ························· 137
  5.8.2 《九章算术》中的盈不足算法 ····················· 138
  5.8.3 刘徽在代数方面的贡献 ····························· 141
  5.8.4 《孙子算经》与剩余定理 ···························· 144
  5.8.5 《张丘建算经》与不定方程问题 ·················· 145
  5.8.6 《缉古算经》与三次方程 ···························· 145
  5.8.7 贾宪的"增乘开方法"与"贾宪三角" ················ 146
  5.8.8 沈括的"隙积术" ······································· 148
  5.8.9 秦九韶的《数书九章》 ····························· 149
  5.8.10 李冶的"天元术" ···································· 151
  5.8.11 朱世杰与"四元术" ································· 151

第六章 函数概念的形成与发展

 6.1 函数概念的产生 ··· 153
 6.2 对数函数与指数函数 ·· 153
  6.2.1 对数、幂、指数 ······································· 153
  6.2.2 指数函数与对数函数 ································ 155
 6.3 三角学的确定与三角函数 ·································· 156
  6.3.1 三角学的确定 ··· 156
  6.3.2 三角函数 ·· 160
  6.3.3 三角学在我国的发展 ································ 162
 6.4 函数概念的演变 ··· 163
  6.4.1 作为曲线的函数 ······································ 163
  6.4.2 变量依赖说 ··· 164
  6.4.3 变量对应说 ··· 164
  6.4.4 集合对应说 ··· 164
  6.4.5 集合关系说 ··· 165

第七章 几何学史话

 7.1 "几何"一词的意义与几何学发展的分期 ············· 166
 7.2 图形概念与早期几何学史 ·································· 167
 7.3 欧几里得的《几何原本》 ·································· 169
  7.3.1 《几何原本》的诞生 ································· 169

  7.3.2 《几何原本》的理论体系⋯⋯⋯⋯⋯⋯⋯⋯⋯⋯⋯⋯⋯⋯⋯⋯ 170
  7.3.3 《几何原本》内容简介⋯⋯⋯⋯⋯⋯⋯⋯⋯⋯⋯⋯⋯⋯⋯⋯ 171
  7.3.4 《几何原本》的缺陷⋯⋯⋯⋯⋯⋯⋯⋯⋯⋯⋯⋯⋯⋯⋯⋯⋯ 173
 7.4 尺规作图与几何学三大问题⋯⋯⋯⋯⋯⋯⋯⋯⋯⋯⋯⋯⋯⋯⋯⋯ 173
 7.5 圆周率简史⋯⋯⋯⋯⋯⋯⋯⋯⋯⋯⋯⋯⋯⋯⋯⋯⋯⋯⋯⋯⋯⋯ 176
 7.6 正多边形的作图史略⋯⋯⋯⋯⋯⋯⋯⋯⋯⋯⋯⋯⋯⋯⋯⋯⋯⋯ 180
 7.7 黄金分割小史⋯⋯⋯⋯⋯⋯⋯⋯⋯⋯⋯⋯⋯⋯⋯⋯⋯⋯⋯⋯⋯ 181
 7.8 对平行公设的探讨⋯⋯⋯⋯⋯⋯⋯⋯⋯⋯⋯⋯⋯⋯⋯⋯⋯⋯⋯ 183
 7.9 非欧几何简史⋯⋯⋯⋯⋯⋯⋯⋯⋯⋯⋯⋯⋯⋯⋯⋯⋯⋯⋯⋯⋯ 186
 7.10 几何学在中国的发展⋯⋯⋯⋯⋯⋯⋯⋯⋯⋯⋯⋯⋯⋯⋯⋯⋯ 188
  7.10.1 《墨经》中的几何概念⋯⋯⋯⋯⋯⋯⋯⋯⋯⋯⋯⋯⋯⋯⋯ 189
  7.10.2 《周髀算经》与勾股定理⋯⋯⋯⋯⋯⋯⋯⋯⋯⋯⋯⋯⋯⋯ 189
  7.10.3 《九章算术》中的面积、体积计算⋯⋯⋯⋯⋯⋯⋯⋯⋯⋯ 190
  7.10.4 刘徽在几何方面的成就⋯⋯⋯⋯⋯⋯⋯⋯⋯⋯⋯⋯⋯⋯ 193
  7.10.5 祖冲之的圆周率与祖暅原理⋯⋯⋯⋯⋯⋯⋯⋯⋯⋯⋯⋯ 197
  7.10.6 《数书九章》中的几何问题⋯⋯⋯⋯⋯⋯⋯⋯⋯⋯⋯⋯ 199
  7.10.7 沈括的"会圆术"⋯⋯⋯⋯⋯⋯⋯⋯⋯⋯⋯⋯⋯⋯⋯⋯ 201
  7.10.8 李冶的勾股容圆⋯⋯⋯⋯⋯⋯⋯⋯⋯⋯⋯⋯⋯⋯⋯⋯⋯ 201
  7.10.9 梅文鼎的多面体⋯⋯⋯⋯⋯⋯⋯⋯⋯⋯⋯⋯⋯⋯⋯⋯⋯ 202
 7.11 几何学发展年表⋯⋯⋯⋯⋯⋯⋯⋯⋯⋯⋯⋯⋯⋯⋯⋯⋯⋯⋯ 203

第八章 解析几何史话

 8.1 对圆锥曲线的认识⋯⋯⋯⋯⋯⋯⋯⋯⋯⋯⋯⋯⋯⋯⋯⋯⋯⋯⋯ 206
 8.2 费马的解析几何⋯⋯⋯⋯⋯⋯⋯⋯⋯⋯⋯⋯⋯⋯⋯⋯⋯⋯⋯⋯ 210
 8.3 笛卡儿的解析几何⋯⋯⋯⋯⋯⋯⋯⋯⋯⋯⋯⋯⋯⋯⋯⋯⋯⋯⋯ 210
 8.4 解析几何的发展⋯⋯⋯⋯⋯⋯⋯⋯⋯⋯⋯⋯⋯⋯⋯⋯⋯⋯⋯⋯ 213
  8.4.1 解析几何思想的进一步阐发⋯⋯⋯⋯⋯⋯⋯⋯⋯⋯⋯⋯ 213
  8.4.2 坐标法的进一步完善⋯⋯⋯⋯⋯⋯⋯⋯⋯⋯⋯⋯⋯⋯⋯ 214
  8.4.3 新坐标系的引进⋯⋯⋯⋯⋯⋯⋯⋯⋯⋯⋯⋯⋯⋯⋯⋯⋯ 214
  8.4.4 解析几何的推广⋯⋯⋯⋯⋯⋯⋯⋯⋯⋯⋯⋯⋯⋯⋯⋯⋯ 214
  8.4.5 解析几何的系统叙述⋯⋯⋯⋯⋯⋯⋯⋯⋯⋯⋯⋯⋯⋯⋯ 214

第九章 微积分史话

 9.1 微积分思想的萌芽⋯⋯⋯⋯⋯⋯⋯⋯⋯⋯⋯⋯⋯⋯⋯⋯⋯⋯⋯ 216
 9.2 微积分产生的潜伏期⋯⋯⋯⋯⋯⋯⋯⋯⋯⋯⋯⋯⋯⋯⋯⋯⋯⋯ 219
 9.3 微积分产生的预备期⋯⋯⋯⋯⋯⋯⋯⋯⋯⋯⋯⋯⋯⋯⋯⋯⋯⋯ 220
 9.4 微积分的建立⋯⋯⋯⋯⋯⋯⋯⋯⋯⋯⋯⋯⋯⋯⋯⋯⋯⋯⋯⋯⋯ 222

第十章 射影几何史话

 10.1 射影几何的创始人——笛沙格⋯⋯⋯⋯⋯⋯⋯⋯⋯⋯⋯⋯⋯ 225

10.2 蒙日的画法几何为射影几何奠定了基础 …………………… 226
10.3 彭赛列与射影几何 …………………… 227

第十一章　概率论史话

11.1 概率论的发展线索 …………………… 228
11.2 概率论的创立 …………………… 228
11.3 概率论的发展 …………………… 229
附录1　历史上的三次数学危机 …………………… 231
附录2　数学中的重大奖项 …………………… 235
附录3　数学年表 …………………… 237
参考文献 …………………… 258
作者出版的相关书籍与发表的相关文章目录 …………………… 260
编后语 …………………… 262

第一章 学习数学史的意义

1.1 数学史研究的对象

任何一种事物都有其自身的具体内容和发展规律,有些事物从外表上看似乎杂乱无章,但实际上都是按照某些规律发展着的.数学也不例外,它也有自身的具体内容和发展规律.数学史不研究数学的具体内容,而是研究这些具体内容是如何萌芽、生长、壮大和成熟的,研究其中最一般的原则和规律,即数学史是研究数学发展规律的学科.

学习和研究数学发展规律不能凭空进行,学习与研究者要明确研究对象和掌握资料.数学史的研究对象与数学的研究对象是两个不同的范畴.数学的研究对象是空间形式和数量关系——抽象出规律来,如定义、公理、定理,乃至数学理论,等等.数学史的研究对象是数学发展的规律,包括研究方法、历史背景、学术交流、哲学对数学发展的影响、数学与实践的关系,等等.从认识上看,数学是第一个层次,数学史是第二个层次,后者是以前者为基础的.因此,数学史的研究对象是历代的数学成果和影响数学发展的各种因素.

中学数学史是研究中学数学发展的规律.

小学数学的发展,不是零散数学发现的堆砌,而是通过知识的积累,既有量的增长,也有质的变化.后来的数学理论并非是对前有理论的否定,而是在不断拓广,不断深化.前者为后者提供了准备,后者通过进一步抽象概括把前者囊括在自身之中.

1.2 学习数学史的意义

重视数学史与数学文化在数学教学中的作用,实际上可以说是一种国际现象.若干年前,美国数学协会(MAA)下属的数学教育委员会曾发出题为《呼唤变革:关于数学教师的数学修养》的建议书,其中呼吁所有未来的中小学教师,注意培养自身对各种文化在数学思想的成长与发展过程中所做的贡献有一定的鉴赏能力;对来自各种不同文化的个人(无论男女)在古代、近代和当代数学论题的发展上所做的贡献有所研究,并对中小学数学中主要概念的历史发展有所认识.

数学史是一门交叉学科,它的研究领域是数学和史学相重叠的那个部分.在数学里,不论我们是否需要,过去的成果和我们是休戚相关的.不论一个数学家是否愿意,也不管数学的陈述形成如何,他必须从古代数学的内容开始学习.数学是如此古老的一门学科,要比其他学科的产生早得多,致使其历史的研究也成了学者们努力探求的一个公认的学术领域.于是,使学习数学的学生了解所学科目的历史是很自然的事情,数学史可以看成是数学的一个重要组成部分,也可以看成是科学史或整个史学的一个组成部分.

学习和研究数学史最基本的目的,一是了解和熟悉数学发展的历史事实;二是了解和掌握数学在其历史发展过程中的特点和规律,探索前人的数学思想.熟悉、掌握数学史和发展规律,是数学学习和研究的必要基础;探索前人的数学思想,可以指导当前的数学教育工作.

法国数学家庞加莱(Poincaré,1854—1912)曾说过:"如果我们想要预见数学的将来,适当的途径是研究这门科学的历史和现状."我国数学家吴文俊也说过:"数学教育和数学史是分不开的."陈省身先生也说过:"了解历史的变化是了解这门科学的一个步骤."一些历史的例子,可以古为今用,可以被开发出来作为阐释某些抽象数学概念和思想的适宜的教学载体.

以算法概念为例.由于计算机科学的发展,算法的思想越来越受到重视,算法初步作为学习内容进入了高中课程.算法是能解决某一类问题的一般程序.算法的严格定义需要深奥的数理逻辑知识,在高中阶段显然难以做到.不过算法作为一个科学概念具有某些要素:除了上面提到的普遍性(对一整类问题普遍适用),还有如确定性(每一步都有明确的指令,告诉你下一步做什么,即没有二义性),机械性(能机械地反复迭代和循环进行),以及有效性(无论谁只要遵循程序去做,都能在有限步内得到一个同样的确定的结果)等.

我国教育行政管理部门是十分重视数学史的教学的.中国数学史已成为中学数学教材的一个重要组成部分.现行中学数学课本中直接介绍中国数学史的有数处,涉及数学家、数学名著、数学成就和方法等有几十个地方,并以习题、注释、课文、附录等多种形式出现.

为了贯彻"教育要面向现代化、面向世界、面向未来"的战略思想,要对现行教育体制进行改革,强调提高素质与能力.为了达到数学学科的教学目标,对数学史的教学应提出明确的要求:要使学生懂得数学来源于实践又反过来作用于实践,数学知识是相互联系和不断变化发展的,初步形成辩证唯物主义观.结合有关内容的教学,使学生了解我国国情、社会主义建设成就以及数学史料,提高学生的爱国主义热情和民族自尊心、自信心.

作为一名中学数学教师更需要对数学史有一定程度的了解.只有这样,才能把握初等数学中各学科的起源、发展的脉络,了解各种数学概念的背景材料,以便对于数学思想、数学方法有一个全面的了解,而不至于仅仅传授给学生一些支离破碎的数学知识.认真探索先人的数学思想,往往比仅仅掌握由此而得出的数学结论更为重要.中学数学史的学习与研究,对于中学数学教师来说,有着重要的意义.只有知其所以然,才能教其所以然.学习数学史,至少有如下五方面的意义.

第一,学习和研究数学史,有助于加深对数学知识本身的理解.

学习和研究数学史,可以追根溯源培养史学观念,有助于全面深刻地理解数学知识、数学中的各个基本概念、基本定理和基本理论.只有了解它们产生、形成和发展的过程,才能深刻掌握它们的本质.任何一部分数学知识的获得,都是一个运动的、历史的过程,都是前人长期探索的结果,它们都处于不断更新的永恒流动之中.回顾历史,就会使人们消除对已有数学知识来源的神秘感,消除对已有知识的僵化认识.例如,自然对数的底$e = \lim_{n \to \infty}(1 + \frac{1}{n})^n = 2.71\cdots$,为什么把这样复杂的极限作为自然对数的底呢?回答这个问题,只能从对数发展史中获得.

耐普尔从1690年开始研究对数,当时还没有指数的概念,他是这样引出对数的.

设线段TS长度为a,$T'S$是一条射线,质点G从T开始做变速运动,其速度与它到了的距离成正比.质点L从T'开始做匀速运动,其速度与G的初速相同,如图1.1所示.

当G运动到G点的时候,L运动到L点,设$GS = x$,$T'L = y$,耐普尔称y为x的对象.实际上,当x在变化时,可以看成一个无穷递减的等比级数,而当y在变化时,可以看成一个无穷递增的等差数列.

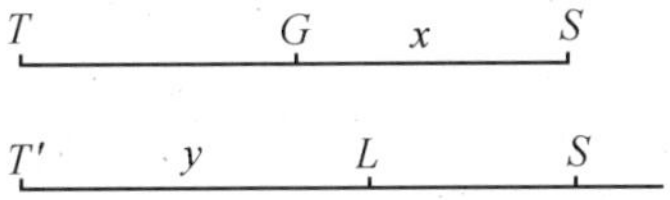

```
T ├────────G───x────S
T'├──y──────L───────S
```

图 1.1

耐普尔的对数概念,如果用现代数学语言叙述就清楚明白了,因为,G 的速度与 x 成正比,所以 $\dfrac{\mathrm{d}x}{\mathrm{d}t}=-kx$($k$ 为比例常数,负号表示减速). 又因为 L 做匀速运动,其速度等于 G 在 T 的初速度 ka,所以 $\dfrac{\mathrm{d}y}{\mathrm{d}t}=ka$($a$ 是 TS 的长度),从而 $\dfrac{\mathrm{d}y}{\mathrm{d}x}=\dfrac{\mathrm{d}y/\mathrm{d}t}{\mathrm{d}x/\mathrm{d}t}=\dfrac{ka}{-kx}=-\dfrac{a}{x}$.

为了简单起见,设 $a=1$(单位长),则 $\dfrac{\mathrm{d}y}{\mathrm{d}x}=-\dfrac{1}{x}$,再对此式求积分,我们得到 $\log_e x=-y$ 或 $\log_{\frac{1}{e}} x=y$.

由此看出,耐普尔对数实际上是以 $\dfrac{1}{e}$ 为底的对数. 当时由于天文学计算的需要,耐普尔把 $TS=a$ 当作最大的正弦值,而计算 x 的相对应数值 y,这样他造出了世界上第一个对数表.

第二,学习和研究数学史,可以开阔视野,提高境界,激发民族自豪感,增强攀登世界科技高峰的信心.

在世界数学史上,如果说古希腊数学以抽象性和系统性为其特点,并以其几何学闻名于世,那么中国传统数学则以计算见长,通过直接的途径把理论与实践联系起来,并且奠定了正确地反映现实世界的数学理论基础,从而体现出另一种迥然不同的风格,这一风格是可以与古希腊数学所具特色媲美. 在原始社会后期,我们的祖先就已经建立了十进制;至此到春秋战国之际,在计算中又普遍使用了算筹,这种优越的记数法和当时较为先进的筹算制,使中国传统数学在计算方面取得了一系列杰出的成就:秦汉时分数四则运算、比例算法、开平方与开立方,盈不足术,"方程"解法,正负数运算法则;5 世纪的孙子定理、圆周率的测算;7 世纪的三次方程数值解法;7 世纪到 8 世纪的内插法;11 世纪到 14 世纪的高次方程数值解法、贾宪三角、高次方程组解法、大衍求一术、高阶等差级数求和;13、14 世纪的珠算,等等. 以上大多数成果在世界数学发展史上曾处于遥遥领先的地位,其中有些成果还直接促进了世界数学的发展. 英国科学史家李约瑟(J. Needhan)指出:"在人类了解自然和控制自然方面,中国人是有过贡献的,而且贡献是伟大的."

第三,学习和研究数学史,可以了解数学发展过程中各个时期的主要特点(包括世界各个地区或国家的成功与失败、经验与教训),以提高历史鉴别能力,使我们更加客观、明智.

例如,自 6 世纪到 17 世纪初的初等数学交流与发展时期,对数学做出较大贡献的有中国、印度、日本、阿拉伯等国家和地区,特别是印度. 印度数学一受婆罗门教影响,二受希腊、中国和远东数学影响,尤其是中国数学的影响. 它的主要成就在算术和代数方面,特别是计算技术取得了重大进展,广为流传的所谓"阿拉伯数码"实际源于印度. 阿拉伯数学主要受希腊数学和印度数学影响,它首先是把印度的计算系统实行了改进."代数"一词源出阿拉伯数学家花拉子模的著作,它的研究对象被规定为方程论.

从希腊数学、印度数学和阿拉伯数学中可以看出两种数学传统:一种是希腊传统,强调数学是逻辑的,是认识自然的工具,重点为几何,重视理论;一种是印度-阿拉伯传统,强调数学是经验的,是支配自然的工具,重点为算术和代数,重视应用.

又如,从17世纪初到18世纪末的近代数学的创立与发展时期,封建社会解体,资本主义生产方式形成并发展.继希腊数学诞生并从经验数学跃入理论数学之后,数学在这一时期又出现一次从常量数学到变量数学的跃进,以解析几何和微积分为代表.数学教育范围扩大,从事数学工作的人数迅速增加,数学著作广为传播,学园、学会、研究院、科学院等学术团体或场所相继创立.数学传统由古希腊以来的几何(形)研究的为主导转变为以数、代数为主导.数学开始进入其他学科,科学数学化的过程从此开始.总之,17世纪数学有三个特点:一是产生了一系列影响深远的新领域,如解析几何、微积分、概率论、射影几何和数论等;二是出现了代数化的趋势;三是一系列新的数学概念相继出现,如:无理数、虚数、瞬时变化率、导数、积分等,其特点是,它们都不是经验事实的直接反映,而是数学认识的进一步抽象的产物.它们表明,数学在自己抽象化的进程中又升高一个层次.

再如,18世纪的数学,以英国的工业革命和法国的启蒙运动为社会背景,有以下四个特点:一是以微积分为基础发展形成一个新的宽广的研究领域——数学分析;二是数学方法发生了转变,主要是欧拉、拉格朗日和拉普拉斯完成的从几何方法向解析方法的转变;三是物理学(特别是力学、天体力学)成为数学发展的一个直接动力;四是纯粹数学与应用数学已明确地区别开来.

19世纪是近代数学的成熟时期,资本主义生产方式已进入大机器生产阶段.这个时期的数学发生了一系列革命性的变化,几乎在一切领域内部取得了引人注目的成就:以罗巴切夫斯基为代表的非欧几何的诞生,以阿贝尔、伽罗瓦代表的近世代数的创始,以柯西为代表的分析基础的奠定,以彭赛列、斯太纳为代表的射影几何的复兴,以高斯为代表的数论的新开拓,等等.

19世纪是数学发展史上伟大的转折,突出表现是:一方面是近代数学的主体部分发展成熟了,它的三个组成部分都取得了前所未有的成就:微积分发展成为数学分析,方程论发展成为高等代数,解析几何引申、发展成为高等几何.另一方面,近代数学的基本思想和基本概念在这一时期发生了根本性的变化:在分析中,傅里叶级数论的产生和建立,使得函数概念有了重大突破;在代数学中,伽罗瓦群论的创立,使得代数运算的概念发生了重大突破;在几何学中,非欧几何的诞生,在空间概念方面发生重大突破.三项突破促使近代数学迅速向现代数学转变.

19世纪开拓的一个前所未有的数学新领域,是数学基础的研究,它发端于柯西的极限论,后来形成了实数理论、集合论和数理逻辑等三种理论.19世纪数学的特点主要是:数学的对象、内容在深度上和广度上都有了很大发展,分析学、代数学、几何学的思想、理论和方法都发生了革命性的变化,数学越发抽象、不断分化、不断综合的发展规律开始显露;数学基础研究的开始,标志着一座宏伟稳固的数学大厦已在人们脑海里出现;数学应用范围继力学、光学之后,又在热力学、电磁学、技术科学中获得扩展.

20世纪是现代科学技术突飞猛进的历史时期,原子能、电子计算机、空间技术、分子生物学、激光、合成材料、农业新技术和高能物理等八大新兴领域的开拓,使数学发生了空前巨大的飞跃,其规模之大,影响深远,都远非前世可比.20世纪数学的特点是:① 电子计算机进入数学领域,使整个数学的面貌大为改观.② 数学几乎渗透到所有科学领域,形成了数学科学的一系列分支理论和应用数学理论.③数学发展的整体化趋势日益加强,使数学在不断分化的同时,又不断进行着逐级综合,明显地出现了整个数学走向大统一的发展趋势,预示着数学将发生更大规模的突破.④纯粹数学不断向纵深发展,集合论观点普遍运用、公理化方法的完善、数量逻辑的发展、数学基础的奠定以及泛函分析、抽象代数和拓扑学三大现代理论的建立,已经使数学在整个科学体系中的特殊地位和作用突出地显现出来,20世纪人们眼中的数学同以往任何时代都无法相比了.

第四,学习和研究数学史,在数学教育方面也大有借鉴的价值,也可以了解中学数学的近代基础与现代思想,有助于我们编选、处理数学教材,寻求有效的数学教学方法与学习方法.例如,中国古代的数学著作,大多是为了指导实践,必然要考虑到便于教给人们掌握.因此,这些著作都较为注重由浅入深,举一反三,都可作为数学教材.自刘徽的《九章算术注》流传之后,两晋南北朝数学有明显进步.隋唐两朝国家开设算学科,李淳风等注释编成"十部算经"作为国家统一的数学教材.这种实施数学教育的做法,无疑对社会进步和科学技术发展都产生了积极的影响.特别是中国古代的算法思想在现今来说,具有重要的教育价值.中国古代的算法思想既是中国传统数学的精髓,同时又具有现代算法思想的所有特征,如果能选择一些典型的中国古代算法内容作为中学数学的学习内容,必将能使民族文化传统与现代数学知识具有更好的交融性,因而能更深入地体现我国数学课程的民族性.

例如,"中国剩余定理"便是一个很好的素材.

中国古代算书《孙子算经》中有一著名的问题"物不知数",原题为:今有物,不知其数,三、三数之,剩二;五、五数之,剩三;七、七数之,剩二.问物几何?

这实际上是求解一次同余式的问题.后来,南宋大数学家秦九韶在其著作《数书九章》中,给出了这类问题的一般性解法,即"大衍总数术"(也称"孙子定理").该方法传到西方后,被西方数学家称为"中国剩余定理".该定理用现代符号形式叙述就是:

$N \equiv r_1 (\bmod p_1) \equiv r_2 (\bmod p_2) \equiv \cdots \equiv r_n (\bmod p_n)$,其中 $p_1, p_2, \cdots, p_n$ 两两互质,$M = p_1 p_2 \cdots p_n, M_i = \dfrac{M}{p_i}, M'_i M_i \equiv 1 (\bmod p_i)$,则 $N \equiv M'_1 M_1 r_1 + M'_2 M_2 r_2 + \cdots + M'_n M_n r_n (\bmod M)$.

其中最关键的一步是求 M'_i,使 $M'_i M_i \equiv 1 (\bmod p_i)$,秦九韶先求出 M_i 除以 p_i 的余数 G_i(称为奇数),则上面的问题等价于求 M'_i,使 $G_i M'_i \equiv 1 (\bmod p_i)$,但此处 $G_i < p_i$.秦九韶提出了一种他称为"大衍求一术"的方法来解决这一同余式的求解问题.

列出算阵 $\begin{pmatrix} 1 & G_i \\ 0 & p_i \end{pmatrix}$,然后交替进行如下一、二两步的操作.(1) 右下角除以右上角,余数留在右下角,商与左上角相乘加入左下角;(2) 右上角除以右下角,余数留在右上角,商与左下角相乘加入左上角.这样重复操作,直至右上角为 1 时,左上角之数即为所求的 M'_i 值之一.(若右下角先出现 1,则右上角除以右下角时,规定余数为 1,商为被除数减 1.)

比如,求最小的正整数 N,使 $N \equiv 2 (\bmod 5) \equiv 3 (\bmod 7) \equiv 5 (\bmod 9)$.

事实上,$M = 315, p_1 = 5, p_2 = 7, p_3 = 9, r_1 = 2, r_2 = 3, r_3 = 5, M_1 = 63, M_2 = 45, M_3 = 35, G_1 = 3, G_2 = 3, G_3 = 8.$ $\begin{pmatrix} 1 & 3 \\ 0 & 5 \end{pmatrix} \rightarrow \begin{pmatrix} 1 & 3 \\ 1 & 2 \end{pmatrix} \rightarrow \begin{pmatrix} 2 & 1 \\ 1 & 2 \end{pmatrix}$,所以 $M'_1 = 2$;$\begin{pmatrix} 1 & 3 \\ 0 & 7 \end{pmatrix} \rightarrow \begin{pmatrix} 1 & 3 \\ 2 & 1 \end{pmatrix} \rightarrow \begin{pmatrix} 5 & 1 \\ 2 & 1 \end{pmatrix}$,所以 $M'_2 = 5$;同理求得 $M'_3 = 8$.

$N \equiv 2 \times 63 \times 2 + 5 \times 45 \times 3 + 8 \times 35 \times 5 \pmod{315} \equiv 2\,327 \pmod{315}.$

最小的正整数 $N = 2\,327 - 315 \times 7 = 122$.

上述"大衍求一术"的实质与西方的"辗转相除法"相同,但该方法具有更强的程序性,只要用一个简单的循环语句,就很容易在计算机上进行这种计算. 程序性和构造性正是中国古代数学的显著特征之一,而且解一次同余式组的一般方法"大衍总数术"为秦九韶所首创. 将这样的内容引入中学数学,能使爱国主义、民族精神的培养与数学知识、数学思想方法的学习更好地融合.

强调学习者数学应用意识的培养是现代数学教育的重要特点. 应用是中国古代数学的特征之一,中国古代数学中的算法也明显地来自于现实、用之于现实. 所以中国古算素材也是培养学习者数学应用意识的极好素材.

又例如,中国古代最早的算书《周髀算经》实际上是一本天文著作,系统地记载了周秦以来为适应天文计算的需要而逐步积累起来的算法技术. 该书最早叙述的勾股定理,便是以解决实际问题的方式提出的. 书中写道,陈子曰:"若求邪至日者,以日下为勾,日高为股,勾、股各自乘,并而开方除之,得邪至日." 在这里,勾股定理的一般形式实际上是以天文计算中的一种算法出现的.

《九章算术》则更是以应用问题集的形式编排. 全书共分 9 章,叙述了 246 道应用问题及它们的解法. 内容涉及土地面积计算、比例分配、工程计算等许多应用领域. 例如,该书"方程"一章,第 1 题便是有关粮食收成的计算问题(可参见 5.3.2 节):

今有上禾三秉,中禾二秉,下禾一秉,实三十九斗;上禾二秉,中禾三秉,下禾一秉,实三十四斗;上禾一秉,中禾二秉,下禾三秉,实二十六斗. 问上、中、下禾实一秉各几何?

题中"禾"为带杆的黍米,"秉"指捆,"实"是打下来的粮食. 设一秉上、中、下等的禾分别能打下粮食 x, y, z 斗,则问题就相当于解一个三元一次方程组 $\begin{cases} 3x + 2y + z = 39 \\ 2x + 3y + z = 34 \\ x + 2y + 3z = 26 \end{cases}$.

"方程术"的关键算法是"遍乘直除". 即先将三个方程的系数排列成三行(当时的行相当于现在的列),得图 1.2.

解法步骤为:以右行上禾秉数,即 3,遍乘中行各元素,然后逐次减去右行对应各元素,直到中行第一个元素出现 0 为止,对左行作同样的变换,得图 1.3;以中行第一个不等于 0 的元素,即 5,遍乘左行后,逐次减去中行对应的元素直至左行第二个元素为 0,并对左行约分,得图 1.4,然后继续变换直至图 1.5.

	左	中	右			
上禾	1	2	3	0	0	3
中禾	2	3	2	4	5	2
下禾	3	1	1	8	1	1
实	26	34	39	39	24	39

图 1.2　　　　　　图 1.3

0	0	3		0	0	4
0	5	2		0	4	0
4	1	1		4	0	0
11	24	39		11	17	37

图 1.4　　　　　　　图 1.5

于是得上禾一秉实数 $x=\dfrac{37}{4}$ 斗，中禾一秉实数 $y=\dfrac{17}{4}$ 斗，下禾一秉实数 $z=\dfrac{11}{4}$ 斗．该方法正是西方国家一千多年后才出现的"高斯消去法"．《九章算术》中如此先进的方法依然来自于实际问题解决的需要．

中国古代数学中的"术"符合现代算法的一些最主要的特征，包含着一般算法的操作过程以及顺序、选择、循环等各种控制结构．因此，让学生适当地接触并分析一些中国古代的算法，能很好地促进学生对现代算法思想的理解．

一般认为算法含有两大要素：一是操作，包括算术运算、逻辑运算、关系运算、函数运算等；二是控制结构，其作用是控制算法各操作的执行顺序．算法通常所具备的三种控制结构是顺序结构、选择结构和循环结构．

算法的特征则可归纳为"五性"，即可行性、确定性、有穷性、有效性和普遍性．

中国古代数学的核心就是各种各样的"术"．这里的"术"就是一种算法，类似于现在所讲的数学"公式"，但又与公式不完全相同．比如，一元二次方程 $ax^2+bx+c=0(a\neq 0)$ 的求根公式 $x=\dfrac{-b\pm\sqrt{b^2-4ac}}{2a}$，给出的是当 $b^2-4ac\geq 0$ 时可以将 a,b,c 的值代入以求得方程的解．这样的公式只是静态地给出了结果，而对于计算过程的每一步具体如何操作，却并未加以说明．相反，中国古代数学中的"术"则明确地指出了每一步计算的具体操作方式，是一种动态的算法描述．我们以《九章算术》中的"约分术"为例来分析其特征．

约分术曰：可半者半之，不可半者，副置分母子之数，以少减多，更相减损，求其等也，以等数约之．

例如，约分 $\dfrac{98}{182}$．先求分子、分母的最大公约数．按约分术，"可半者半之"是指如果分子、分母都能被 2 整除，就先取半得 $\dfrac{49}{91}$．"不可半者，副置分母子之数，以少减多"是指如果两个数中有一个不能被 2 整除，则将两数分列，大数减小数（用较少的数从较多的数中减去）得 $91-49=42$．"更相减损，求其等也"是指对减数和所得的差再大数减小数，不停地减直至减数和所得的差相等，即 $49-42=7,42-7=35,35-7=28,28-7=21,21-7=14,14-7=7$ 得等数为 7，该等数便是分子、分母的最大公约数．然后"以等数约之"便得结果 $\dfrac{49\div 7}{91\div 7}=\dfrac{7}{13}$．

从以上过程可以明显看出"术"的操作性特点，且易发现"术"体现了一般算法的"可行性、确定性、有穷性、有效性和普遍性"等特征．而且"可半""不可半"的选择明显是算法中

的“选择结构”,“更相减损”则是算法中的“循环结构”,至于“顺序结构”则是不言自明的. ①

再例如,刘徽的割圆术. 刘徽的割圆术从圆内接正六边形出发,将边数逐步加倍,依次计算这些正多边形的周长和面积. 如图 1.6,设圆面积为 S_0,半径为 r,圆内接正 n 边形边长为 l_n,周长为 L_n,面积为 S_n. 将边数加倍后,得到圆内接正 $2n$ 边形,其边长、周长、面积分别记为 l_{2n},L_{2n},S_{2n}. 刘徽注意到,当 l_n 已知,就可用勾股定理求出 l_{2n}.

实际上,如图 1.6 所示,可得

$$\begin{aligned} l_{2n} &= AD = \sqrt{AC^2 + CD^2} \\ &= \sqrt{\left(\frac{1}{2}l_n\right)^2 + \left[r - \sqrt{r^2 - \left(\frac{1}{2}l_n\right)^2}\right]^2} \end{aligned}$$

A
O
C
D
B

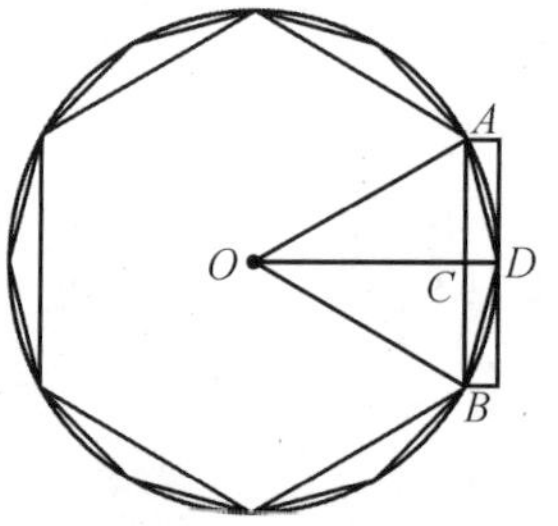

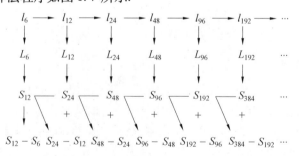

图 1.6

知道了内接正 n 边形的周长 L_n,又可求正 $2n$ 边形的面积

$$S_{2n} = n\left(\frac{1}{2}AB \cdot OD\right) = n \cdot \frac{l_n r}{2} = \frac{1}{2}L_n \cdot r$$

刘徽割圆术还注意到,如果在内接 n 边形的每边上作一高为 CD 的矩形,就可以证明

$$S_{2n} < S_0 < S_{2n} + (S_{2n} - S_n)$$

这样,不必计算圆外切正多边形就可以算出圆周率的不足近似值和过剩近似值.

刘徽割圆术的算法程序如图 1.7 所示.

l_6 l_{12} l_{24} l_{48} l_{96} l_{192} …
L_6 L_{12} L_{24} L_{48} L_{96} L_{192} …
S_{12} S_{24} S_{48} S_{96} S_{192} S_{384} …
+ + + + +
$S_{12}-S_6$ $S_{24}-S_{12}$ $S_{48}-S_{24}$ $S_{96}-S_{48}$ $S_{192}-S_{96}$ $S_{384}-S_{192}$ …

图 1.7

割圆术已经是老生常谈了,但从算法的角度来分析这个例子,可以看到它符合一个标准算法的基本要素(普遍性、确定性、机械性、有效性),可以让学生将割圆术算法编成程序上计算机(或用有简单程序功能的计算器)去计算而得到不同精度的圆周率,甚至得到与祖冲

① 徐元根. 中国古代算法思想的教育价值[J]. 中学数学研究,2008(2):1-3.

之相同的"盈""朒"圆周率近似值,他们不仅体会了算法的基本要素,加深了对算法数学实质的理解,而且会增强对数学的亲近感.

当然割圆术只是一个例子,这也是一种古为今用,国外一些好的教材也很注意这种古为今用.

综上,中国古代数学的"术"是一种真正意义上的算法,符合现代算法思想的一般特征.让学生分析这样的"术"能较好地促进对现代算法思想的理解.

算法的学习需要学习者"通过模仿、操作、探索,经历通过设计程序框图表达解决问题的过程.在具体问题的解决过程中,理解程序框图的三种基本逻辑结构:顺序、条件分支、循环."中国古代数学中大量的应用问题,为算法的学习提供了丰富的案例.这些案例及计算过程,深刻地揭示了现代算法思想,是学习者模仿、操作、探索的极佳素材.同时这些问题及算法的背景,能够较好地激发学生的民族情绪,这一点对学习者理解现代算法思想也是有着很好的促进作用的.

另外,西方数学以及中国传统数学所经历的兴衰过程也给我们提供了经验教训.从近、现代数学发展史中,可以使我们认识到,中学课本中的数学内容即代数、几何的基础知识和概率统计、微积分的初步知识,是进一步学习和从事社会主义现代化建设所必需的基础知识.

第五,学习和研究数学史,可以了解数学先辈们的刻苦研究精神、富有启发性的治学经验和崇高的思想品格,了解以往数学家的科学工作和研究道路,总结他们的研究思想和研究方法,从他们的成功中获得启示.这些是数学教学中激发学习兴趣、激励学习积极性、学习科学方法和弘扬民族精神的极其生动的思想养料.法国科学家郎之万(P. Langevin)认为,"在科学教育中加入历史的观点是有百利无一弊的."美国科学史家卡约里(F. Cajori)也说:"读一点科学史有助于对科学发生兴趣,并且由阅读科学史而得到关于人类知识发展的总的观念本身是鼓舞人心并有助于解放思想的."

大家都知道球体积公式 $V = \frac{4}{3}\pi R^3$,公式非常简单,但它是怎样被发现的呢,古代的数学家怎么会知道球体积这个精确的公式.

首先让我们来看阿基米德(Archimedes,公元前287—前212),他用了一种称为"平衡法"的方法来推算球体积的公式.如图1.8,阿基米德把一个半径为 R 的球的两极沿水平线放置,使北极点 N 与原点重合.画出 $2R \times R$ 的矩形 $NABS$ 和 $\triangle NCS$ 绕 x 轴旋转而得到的圆柱和圆锥.①

现从这三个立体中割出与 N 距离为 x、厚度为 Δx 的三个竖直薄片(假设它们都是扁平圆柱),这些薄片的体积分别近似于球:$\pi x(2R - x)\Delta x$,圆柱:$\pi R^2 \Delta x$,圆锥:$\pi x^2 \Delta x$. 取由球和圆锥割出的两个薄片,将它们的重心吊在点 T,使 $TN = 2R$. 这两个薄片绕 N 的合成力矩为 $[\pi x(2R - x)\Delta x + \pi x^2 \Delta x]2R = 4\pi R^2 \cdot \Delta x$. 阿

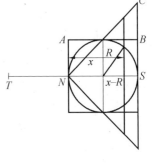

图1.8

---

① 李文林.学一点数学史(续)[J].数学通报,2011(5):1-7.

基米德发现这刚好等于圆柱割出的薄片处于原来位置时绕 N 的力矩的 4 倍. 把所有这些薄片绕 N 的力矩加在一起便得到 $2R$(球体积 + 圆锥体积) = $4R$ 圆柱体积, $2R$(球体积 + $\frac{8\pi R^3}{3}$) = $8\pi R^4$, 故得球体积 = $\frac{4}{3}\pi R^3$.

阿基米德一辈子绞尽脑汁去计算各种不同形状立体的体积,球体积是他最得意的一个成果,所以他留下遗嘱把球及其外切圆柱刻在他的墓碑上.

再看看我们中国数学家怎样发现球体积的.

刘徽注《九章算术》时,发现其"开立圆术"中所给的球体积是错误的,于是想找到推算球体积的方法. 他创造了一个称之为"牟合方盖"的立体图形,如图 1.9 所示.

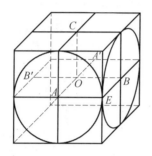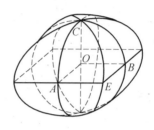

图 1.9

在一个立方体内作两个互相垂直的内切圆柱,其相交的部分,就是刘徽所谓的"牟合方盖". 牟合方盖恰好把立方体的内切球包含在内并且同它相切. 如果用同一水平面去截它们,就得一个圆(球的截面)和它的外切正方形(牟合方盖的截面). 刘徽指出,在每一高度的水平截面圆与其外切正方形的面积之比等于 $\frac{\pi}{4}$,因此球体积与牟合方盖体积之比也应该等于 $\frac{\pi}{4}$.

刘徽在这里实际已用到后来西方微积分史中所称的"卡瓦列利原理"的特例,只是他没有将其总结为一般形式. 可是,牟合方盖的体积怎么求呢? 刘徽说"观立方之内,合盖之外,虽衰杀有渐,而多少不掩,判合总结,方圆相缠,浓纤诡互,不可等正",未能解决牟合方盖的体积,最后说"敢不阙疑,以俟能言者"!

刘徽所盼的"能言者"过了两百多年才出现,就是祖冲之和他的儿子祖暅. 祖氏父子继承了刘徽的思路,即从计算"牟合方盖"体积来突破. 他们把眼光转向立方体切除"牟合方盖"之后的那部分的体积.

如图 1.10,取牟合方盖的八分之一,考虑它与其外切正方体所围成的立体,并如图 1.10(a)那样将它分成三个小立体即图 1.10(b)(c)(d). 同时考虑一个以外切正方体底面为底、以该正方体一边为垂直棱的倒立方锥图 1.10(e).

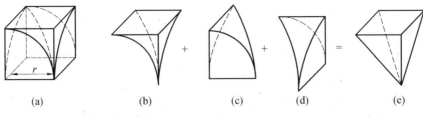

(a)   (b)   (c)   (d)   (e)

图 1.10

祖氏推证：倒立方锥(e)的体积等于三个小立体(b)(c)(d)的体积之和，因此也等于从外切正方体中挖去牟合方盖的部分即立体(a)的体积. 即(e) = (b) + (c) + (d) = (a)，而倒立方锥的体积刘徽已解决了，等于 $\frac{1}{3}r^3$（r 为小正方体的边长，也即球半径），这样整个牟合方盖的体积就是：$8 \times \left(1 - \frac{1}{3}r^3\right) = \frac{16}{3}r^3$，由刘徽先前所得的成果：$V_{球} : V_{牟合方盖} = \pi : 4$ 即可推得：球体积 $= \frac{4}{3}\pi R^3$.

现在关键是上文中(e) = (b) + (c) + (d) = (a) 的证明. 祖暅考察在高处的水平截面，容易看出三个小立体(b)(c)(d)的截面(阴影部分)面积由勾股定理可知 $S_{阴影} = S_{正方形ABCD} - S_{正方形PQRD} = r^2 - x^2 = h^2$（设 $AS = PQ = x$）. 而在高 h 处倒立方锥(e)的截面积也等于 h^2. 这就是说，在任一等高处，立体(a)的截面积与倒立方锥(e)的截面积相等，这时祖氏提出一条原理"幂势既同，则积不容异"，这相当于西方所谓的卡瓦列利原理.

这就是中国人求球体积的方法，跟阿基米德的方法做一比较，可以看出，不同文化的古人在求球体积时所表现的智慧、考虑问题的方法和创造性的思维. 不同时空下不同文化、不同人对同一问题的关注和解决，这是一个很典型、很有启发意义的例子. 在这方面，数学史能提供很丰富的题材(除了球体积的计算，其他像牛顿和莱布尼兹等人发明微积分的过程、欧拉解决哥尼斯堡七桥问题的思路等，可以说不胜枚举)，将数学家创造数学真理的思维过程活生生地展现在学习者面前，在某种程度上改变那种从公式到公式、从定理到定理的教学程式.

第二章 数学的起源

数学的起源始终是数学史研究与学习中饶有兴味的重要课题之一. 它引导研究者与学习者去发现人类的这一深邃的心智活动是怎样一步一步地发生和发展的,从而回答这个今天我们用以表达宇宙的惊人成就——计算是怎样获得的. 由于这段历史发生在史前时期,又以不同的方式和过程独立地发生在文明的几个不同的源头,因此给研究带来很大的困难. 迄今为止的许多研究结果虽然仍带有推测性,但不妨碍人们对数学的起源的正确认识.

2.1 数的概念的形成

2.1.1 数的概念产生的物质基础

数是"数(shǔ)"出来的. 这句话确切地反映了数的概念产生的缘由. 早期的人类大约也没有数(shǔ)的必要. 从现在尚存在原始部落的语言中可以发现,他们甚至不具备表示 3 以上的数. 美国人类学家柯尔(Curr)对澳洲原始部落研究后发现,很少有人会辨别四个东西, 无须数(shǔ)数的原因之一,大约是占有物的贫乏. 另外,没有物的集合体的概念也是产生不出数(shǔ)活动的原因. 例如,一些原始部落能区分出成百种不同的树木,并赋予它们各种不同的名称,却不存在"木"这一概括性概念. 数是集合的一种性质,没有集合的概念,自然也就难以产生揭示其性质的活动.

大约在距今 1 万年之前,随着地球上冰水消融、气候变化,人类中的一部分开始结束散居的游牧生活,在大河流域定居起来,于是农业社会出现了. 农民既靠地又靠天,因此他们十分关心日月的运行和季节的变化. 此外,种植和贮藏、土地划分和食粮分配,以及随之而出现的贸易和赋税,等等,都潜在而又强烈地促使了数(shǔ)数的必要,为数的概念和记数方法的产生提供了坚实的物质基础.

2.1.2 数觉与等数性

正整数的产生是在有史以前. 人类起先并没有数的概念,对于物质世界中的数量关系的认识,只有一些模糊的感觉,这种感觉,有人称之为"数觉". 已经证实,有些动物,如许多鸟类也具有"数觉". 由于人类能认识世界,改造世界,在长期实践过程中,形成了数的概念.

在远古时代,原始人为了谋生,最关心的问题是——有或没有野兽、鱼或果实,有则可以饱餐一顿,无则只好饿肚子. 因此,人类就有了"有"与"无"的认识. 进一步认识"有"的结果,引出了"多"与"少"的概念. 这就使人类对数量关系从孤立的认识提高到比较阶段.

在多与少的分辨中,认识 1 与多的区别又是必然而关键的一步. 从孩儿认识"1"的过程可以推测,人们最初对"1"的认识是由于人通常是用一只手拿一件物品产生的. 也就是说, 它是由一只手与一件物品之间的反复对应,在人的头脑中形成的一种认识.

建立物体集合之间的一一对应关系是数(shǔ)"数"活动的第一步. 在这一活动中,不仅可以比较两个集合的元素之间的多或少,更主要的是可以发现相等关系,即所谓的等数性.

尽管集合与映射的概念直到 19 世纪才出现,但人们对集合间等数性的认识与一一对应思想却早已有之. 因而,人们用所熟悉的东西来表示一个集合的数量特征. 例如,数"2"与人体的两只手、两只脚、两只耳朵、两只眼睛等联系在一起. 汉语中的"二"与"耳"同音,也即某一个集合中元素的个数与耳朵一样多,这就是利用了等数性. 据说,古代印度人常用眼睛代表"二".

在数的概念形成过程中,对等数性的认识是具有决定意义的一件事. 它促使人们使用某种特定的方式利用等数性来反映集合元素的多少.

根据考古资料,远古时代,人们用来表示等数性的方法很多,例如,利用小石子、贝壳、果核、树枝等或者用打绳结或在兽骨和泥板上刻痕的方法. 这种计算方法的痕迹至今仍在一些民族中保留着. 有时候,为了不丢失这些计算工具,而把贝壳、果核等串在细绳或小棒上,这样记下来的并不是真正的、抽象的数,只是集合的一类性质 —— 数量特征的形式转移.

除了实物计数,人们还利用自己的身体来计数,利用屈指来计数:表示一个物体伸一个指头,表示两个物体伸两个指头,如此下去. 直到现在,南美洲的印第安人还是用手指与脚趾合在一起表示数"二十". 屈指计数为五进制、十进制等记数制的产生提供可能,当这种可能变成事实时,数的概念连同有效的计数技术也就产生了.

等数性刻画了集合的基数. 当人们利用屈指记数时,不自觉地从基数转入了序数. 例如,要表示某一集合包含三件事物时,人们可以同时伸出三个手指,这时的手指表示基数. 如果要计数,他们就依次屈回或伸出这些手指,这时手指起了序数的作用.

无论是实物计数还是屈指计数都不是最理想的计数方法. 实物计数演变为算筹、算盘. 屈指计数沿着两个方向发展.

一个方向是探求手指计数的更理想的发展. 例如,新几内亚的锡比勒部族人,利用手指和身体的其他部位,可以一直计数到 27. 中国有一种手指计数法,最高可算到 10 万. 即使在现代,除了小孩初学计数时仍用手指外,在证券交易所也有用手指计数的. 然而随着数的语言、符号的产生,教育的普及,屈指计数的技术最终还是被淘汰了.

屈指计数发展的另一个方向是指计数和实物计数相结合,这个方向上创造出了进位制计数方法和完整的数的概念.

2.2 数的语言、符号与记数方法的产生和演变

概念和语言、符号是密切相关的. 概念是语言和符号的思想内容,而思想是在语言符号中形成的. 数的符号和语言也是形成数的概念的必要条件和表达概念的手段,因而能巩固概念.

2.2.1 数的语言

在数的概念形成之前,没有表达数的专门语言,因而只能用"群""帮""套""堆""束"来表示"多"的整体性语言.

等数性的发现,产生了相应的语言. 例如,在不同的民族,用耳朵、手、翅膀来表示"二",用"鸵鸟的脚趾"(四趾)来表示"四",用"手"来表示"五".

早期数的概念并不是抽象的,而是相当具体的. 例如,在英国哥伦比亚的辛姆珊族的语

言中,不同种类事物的数的词语是不一样的.

根据语言学家的研究,数学语言的结构,几乎都是一致的,人的十个手指都留下了不可磨灭的印迹. 在大部分语言中,十以下的数都有各自的名称,十以上的数就用了某种组合原则. 当然也有"五进制"的,即五以下的数都有各自的名称,五以上的数就用了组合原则,这起源于习惯用一只手计数的民族. 不管各民族的数名如何不一致,它们都是数概念形成的明证.

2.2.2 数的符号 —— 数字

数字,即数的符号,是一种文字语言. 数字帮助建立了一些不能从简单的观察和直接计算中发现的数的概念. 在数的概念形成之后,它则起到了把概念以可见的形式再现的作用. 有了数字,给出了抽象数概念的简单的具体化身,它也给出了非常简单地实现各种运算的可能性.

数字产生于记数的需要,几乎每一个民族都有过自己的记数符号.

中国 我国最早的数码是大约在公元前 13 世纪,是人们在龟甲和兽骨上刻写出来的. 这套数码共有 13 个,见图 2.1. 其中前 4 个是象形字,后 5 个是假借字. 如 ⊠ 原是"午"字,人 或 ∧ 原是"人"字,十 原是"切"字,它们至今仍保留着原来字的地方读音. ")(" 像两人背(bèi)的形状,ς 像肘(zhǒu)的形状,这两字的读音虽已改变,但仍可以发现它们之间的相近关系.

图 2.1

十、百、千、万的倍数,在甲骨文中通常用两个字合在一起来表示,如图 2.2 所示,读音仍是两个音节. 记数方法是采用加法原则,如 2 656,甲骨文写法是 ⅄ 仓 乂 仒.

约在春秋战国时期(公元前 770 至前 221 年),我国出现筹算符号,这种符号是用算筹摆出来的,算筹样式古书上有记载. 1971 年 7 月,陕西省千阳县一座西汉古墓中出土了一批两端整齐、粗细均匀的骨质圆柱形算筹,长度有 13.8,13.5 和 12.6 厘米三种,直径均为 0.3 厘米. 若将算筹按如下两种方式摆出两种数码,在图 2.3 中,6,7,8,9 这四个数字符号,在纵式和横式中,都表示 5 与 1,2,3,4 的和. 在纵式中以一横(—)表示 5,在横式中以一竖(|)表示 5.

据《孙子算经》记载,算筹记数的方法是:"先识其位,一纵十横,百立千僵,千十相望,万

图 2.2

百相当."它首先强调了位的重要性.一个数字符号只有在数目中占据一定的地位,才有其明确的意义,地位不同,值也不同.比如 15,50,7 532,这几个数中的 5,分别表示 5,50,500,这就是地位制的特点.数字在个位、百位上要用纵式,在十位、千位上要用横式,所谓"一纵十横,百立千僵"就是这个意思.而"千十相望,万百相当",则是说千位数与十位数、万位数与百位数的摆法相同.例如,5 431 摆成纵横相间的筹式,就是 ☰ ╫╫ ☰ |;如果都用纵式,则成了 ||||| ||||| ☰ |,表示的意义就不清楚了.

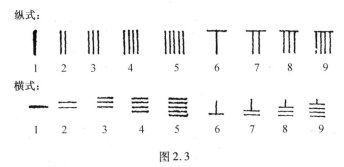

图 2.3

13 世纪,我国数学家开始用笔在纸上演算.这时除了将算筹摆成的数码和运算程序摹绘在纸上外,又出现了一套包括零在内的数码,这套数码后演变成暗码,如图 2.4 所示.这套暗码实际上是将筹算符号中的 ||||、|||||、☰ 三个笔画较多的数改变一下符号的结果,其中前三个数码有时也写作 1,2,3.

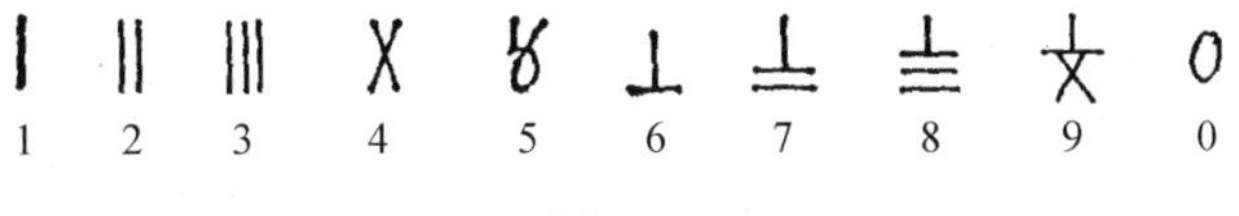

图 2.4

我国普遍采用阿拉伯数码是在 19 世纪末和 20 世纪初.那时,西方和日本的数学著作大量翻译过来,阿拉伯数码的优越性逐渐为人们所认识,如当时一些算术普及读本所说:阿拉伯数码虽然各国读音不同,然而意思和字体却相同,这种字容易写,也适用于笔算,看大势是要通行天下万国的.

巴比伦 大约在公元前 2500 年,巴比伦人采用了如下一套记数符号,如图 2.5 所示.这是用一种截面为楔形的笔在泥板上刻写而成的,因此后人称它为楔形符号.可以看出,图中数字是由两个基本符号 ▼(1)和 ◁(10)构成的.对于 100 以内的数,采用加法原则,用基本符号的组合表示. 如 23 写成 ⟨⟨𝌆 ;30 写成 ⟨⟨⟨. 一般高位数写在低位数左边.

100 用 ↑ 表示,这又是一个基本符号. 表示 100 的倍数时,倍数符号写在表示 100 的符号之前,如 300 应写成 ⫯⫯⫯↑ ;1 000 写成 ⟨↑. ⟨↑ 又是基本符号,如 ⟨⟨↑ 表示 10×1 000,而不是 20×100.

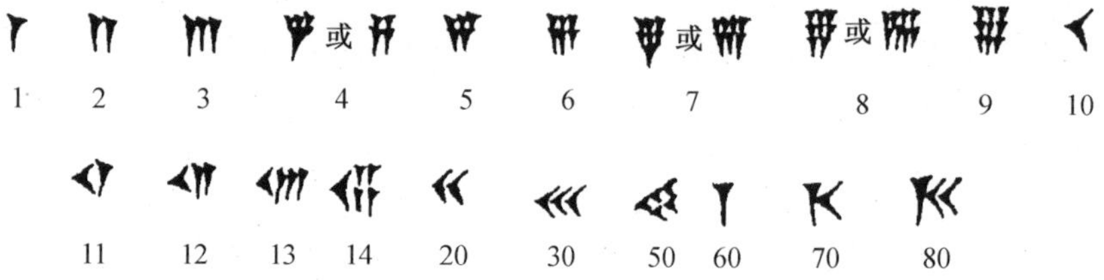

1	2	3	4	5	6	7	8	9	10

11	12	13	14	20	30	50	60	70	80

图 2.5

通常巴比伦人采用六十进制记数,有些也采用十进制,有些甚至还将六十进制与十进制混用. 由于巴比伦人没有零的符号,因此,他们写出的数的意义比较模糊. 比如"2.6.3"即可表示为 $2\times60^2+6\times60+3=7\ 563$,也可表示 $2\times60^3+6\times60^2+3\times60=453\ 780$,还可以表示 $2\times60+6\times60^0+3\times60^{-1}=126\frac{1}{20}$.

巴比伦人的记数法的最大优点是采用位值制,这是许多国家所不及的. 我国也在很早采用位值制,但在时间上不及巴比伦.

埃及 大约在公元前 1 700 年之前,埃及人就使用十进制记数了,但他们并不知道位值制,每一个较高单位是用特殊符号来表示的.

埃及人用的象形数字记号,如图 2.6 所示. 介于其间的各数由这些符号的组合表示. 书写的方式是从右往左,如 ⫯⫯⫯⫯∩∩ 表示 24,而不是 42.

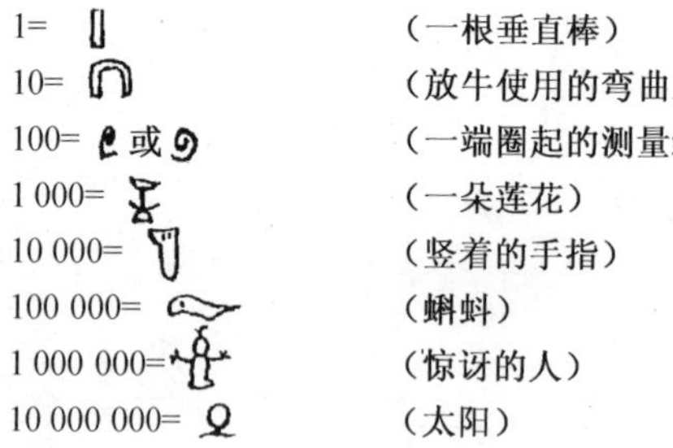

```
1=         |              (一根垂直棒)
10=        ∩              (放牛使用的弯曲工具)
100=       ℓ 或 ◯          (一端圈起的测量绳)
1 000=     𓆼              (一朵莲花)
10 000=    𓆳              (竖着的手指)
100 000=   𓆏              (蝌蚪)
1 000 000= 𓁨              (惊讶的人)
10 000 000= ☉             (太阳)
```

图 2.6

由于没有位值制,所以他们的记数法比较麻烦. 像 986 这个数需要用 23 个符号来表示.

除了用象形文字外,埃及还有宗教文字,一般称为僧侣文. 下面是僧侣文的一些记数符号,如图 2.7 所示.

希腊 希腊人的记数符号和记数法有一个演变过程. 原先是用特殊的记号来代表 1~10,10~100 等数字,与埃及用僧侣文记数的方法差不多. 大约在公元前 5 世纪或者更早些时候,希腊采用了一套数字系统,如图 2.8 所示. 用这些符号的组合来表示其他数字,如 Γ⎮表示 6;Γ͞ 表示 50;Γ͞ 表示 500;ΔΙΙΙ 表示 18.

上述符号中除了 1~4 四个符号是象形的外,其余都是采用该数词的第一个字母为记

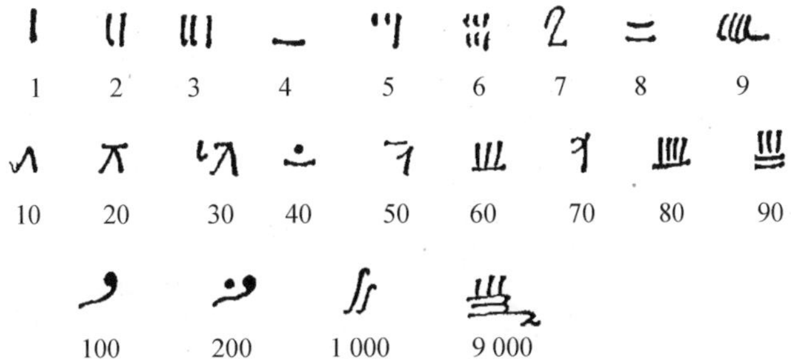

图 2.7

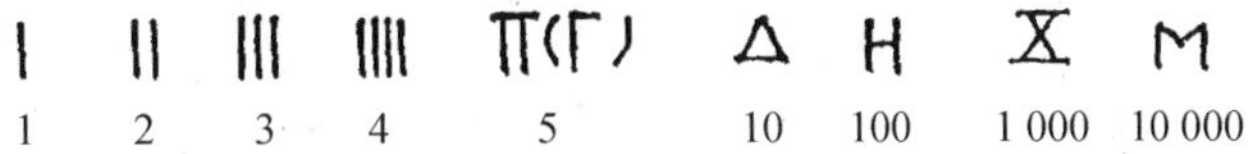

图 2.8

号,这种字母记数制后来被进一步扩充.在亚历山大里亚时代(公元前 3 世纪),希腊人已普遍采用字母来表数的办法,这些字母及所代表的数是

α	β	γ	δ	ε	ς	ζ	η	θ
1	2	3	4	5	6	7	8	9
ι	κ	λ	μ	ν	ξ	ο	π	ϙ
10	20	30	40	50	60	70	80	90
ρ	σ	τ	υ	φ	χ	ψ	ω	Ϡ
100	200	300	400	500	600	700	800	900

另外,以 $\alpha, \beta, \gamma, \delta, \varepsilon, \varsigma, \zeta, \eta, \theta$ 表示 1 000 ~ 9 000,以 M 表示 10 000.其他的数由上述符号组合而成.如 $18 = \iota\eta, 36 = \lambda\varsigma, 257 = \sigma\nu\zeta$ 等.这种组合法是按加法原理进行的.为了与文字相区别,他们在数上画一横线,如 $\overline{\beta\tau\mu\eta} = 2\ 348$.

罗马 罗马记数法是爱尔利亚人记数法的发展.它有七个基本符号:I(1),V(5),X(10),L(50),C(100),D(500),M(1 000),其他的数由基本符号组合表示.若一个数由两个符号构成,且前一个符号所表示的数小于后一个符号所表示的数,那么这个数目是这两个符号所表示数的差,如 IV = 4,III X = 8 等.若表示小数的符号写于表示大数的符号之后,则这个数目是这两个符合所表示数的和,如 VI = 6.若干个相同符号写成一列表示的数,等于各个符号所表示的数相加之和,如 III = 3,X X = 20,MDCCCLXXXV = 1 985 等.这种记数法可称为"累加制".用这种记数法进行记数和计算远不及地位制简便,因此在数学上很少采用,即使在古罗马时期,罗马人一般也不应用.不过,由于罗马数字字形较为美观、庄重,故常用于钟表表面以及书稿章节等分类的符号.

玛雅 玛雅是居住在中美洲尤卡坦(Yucatan)半岛(墨西哥东部)的一个印第安人部族,远在欧洲人到达之前,就创造了各种数字符号来进行算术运算,比罗马记数法早出一千多年.玛雅人基本的数字符号仅两个——"·"和"—","·"表示 1,"—"表示 5."·"来自玉米、豆子或卵石的形状,"—"是豆荚的形状.用这两个符号的上下排列,组成了 1 ~ 19 个数字,如图 2.9 所示.

玛雅人的记数法是二十进制.其数字的组成法则是把单位数字符号由下向上地堆积起

```
  ·    —     ····    =     ·     =     =     =     ····
                                       —     —     ==
  1    5     9       10    11    15    16    19
```

图 2.9

来,如 729,由 1 个 400、16 个 20 和 9 个 1 组成(用二十进制表示为:1・16・9),用玛雅数字符号表示为

四百位行　· 　　(1×400)
二十位行　≡ 　　(16×20)
个 位 行　····　(9×1)

1 点表示 1 个单位;满 5 点转变为一横线,即"·····"="—";任何位上的数满四横线"≡",就得进到下一个高位上变成"·".这与阿拉伯数字的进位原则是一样的.玛雅人的数字加法比阿拉伯人的容易,因为阿拉伯数字包括 10 个符号和一大堆需要默记的运算规则.

印度　在公元前 2,3 世纪,印度有两种不同的记数符号.一种是婆罗门数码(brahmin numerals),约起源于公元前三世纪,后来常有变动.在公元前 1,2 世纪所见到的样子,如图 2.10 所示.另一种是卡罗什奇数码(kharosthi numerals),它是由阿富汗东部和印度西北部人所创造的,在公元前 4 世纪到公元 3 世纪中流行于印度各地.这种数码实际上只有表示 1,4,10,20 和 100 的五个符号,所有 1 000 以内的自然数都用这五个符号组合表示.

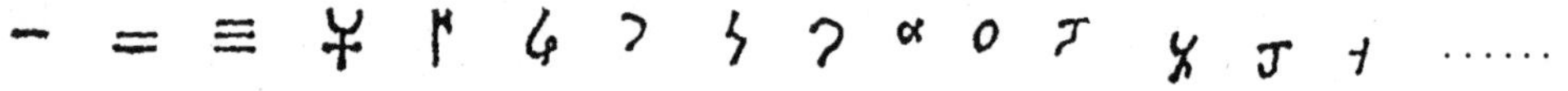

```
— = ≡ ¥ ʖ 6 7 ʔ ɑ O ʃ X ʃ †  ……
1 2 3 4 5 6 7 8 9 10 20 30 40 50 60
```

图 2.10

大约在 6 世纪,印度产生十进制的位值制数码,名为德温那格利(devanagari)数字.在 8 世纪时所见到的样子,如图 2.11 所示,这时已有 0 的记号.

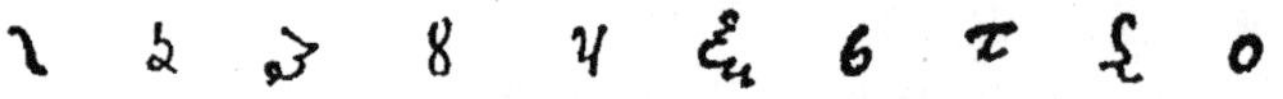

```
૧ ૨ ૩ 8 ५ ૬ 6 ७ ૮ ૦
1 2 3 4 5 6 7 8 9 0
```

图 2.11

印度位值制数码于 7 世纪先后传入中国、美索不达米亚等地.大约在 8 世纪又传入阿拉伯地区,演变成阿拉伯数码.

阿拉伯　阿拉伯数码和记数法也像整个阿拉伯数学一样,是在一定程度上吸收了外来成就,特别是吸收了印度和希腊成就之后,经发展而成的.印度数码传入阿拉伯后,并未及时被阿拉伯数学家所注意.在较长的一段时间里,他们用阿拉伯字母代替希腊字母,采用希腊记数法记数.到了 12 世纪前后印度数码才被阿拉伯人普遍使用,并发生了形体变化.与此同时,印度记数法还通过西班牙等地传入意大利、法国和英国.西欧人称"印度记数法"为"阿拉伯数码",这也就是现在的阿拉伯数码名称的起源.1202 年,列奥那多・斐波那契(Leanardo Fibonacci,1170—1230)在他的《算盘书》中用拉丁文向欧洲详细介绍了在阿拉伯流行的印度数码和记数法.由于他的这本书是为商业需要而撰写,因此立即引起了广泛注意.从此,十进位值制记数法先在意大利后在英、法、德等国传开,直至传遍整个世界.

2.2.3 古代的进位制

目前,人们广泛使用十进制,但在数的概念形成初期,世界上使用的进位制,除了十进制外,还有二进制、五进制、十二进制、二十进制和六十进制.其中的有些数制至今仍在继续使用,如二进制、六十进制.

二进制被认为是最古老的记数法.它出现在屈指计数法之前.在澳洲和非洲的原始部落中,只有1——"乌拉勃"和2——"阿柯扎".用"阿柯扎、乌拉勃"表示3,用"阿柯扎、阿柯扎、阿柯扎"表示6,6以上的数字就笼统地称为"堆".

五进制也被认为是屈指计数法中最古老的一种.一般情况下,伸出一只手要比伸出一双手方便,五进制曾普遍使用于美洲大陆以及非洲的许多部落,至今仍有一些部落还在使用五进制.在罗马记数法中也可见到五进制的痕迹.

当人们手指、脚趾并用时产生了二十进制.有些地方把五进制常与二十进制混合使用.中美洲的玛雅人、北美洲的印第安人都采用二十进制.古代阿兹台克人把一天分为20小时,一个师有 $20\times20\times20=8\ 000$ 名士兵.

某些部落不是用手指而是用指关节作为计算工具,把大拇指作为计数器,这样一只手上(除大拇指外)就有12个关节,形成了十二进制.由于12有4个约数,而10只有2个约数.18世纪后期,数学家蒲丰(Buffon,1781—1840)曾坚持说,十进制不方便,所以大多数的度量衡中都有十二进制的痕迹,例如"打"是十二进制,1英尺=12英寸,1先令=12便士.在英语和德语中,1到12的单词其词根都不相同,而13以上就出现循环重复现象.

与十二进制一样,十六进制也广泛地应用在生活中,例如,1俄尺=16俄寸,1磅=16英两,1市斤=16市两等.

巴比伦人采用的是六十进制.在他们的质量换算表中,例如,1米那(mina)=60希克耳(snekel),1塔伦特(talent)=60米那.巴比伦人划分时间和角度的方法一直沿用至今.例如,1小时(度)=60分,1分=60秒.

人类采用十进制是与双手有十指相关的,它教会人们如何计数,它是古代人在计算实践中不断创造、补充、丰富而发展起来的.在古代,曾发现过这样的事:当人们计算牛、羊的头数时,先叫几个人站成一排,由第一个人伸出他的手指,表示1,2,3,4,…,数到10后就放下手,接着由第二个人伸出手指,他的一个手指代表10,两个手指代表20,最后一个手指代表100.然后把手放下.第三个人伸出一个手指时就代表100,等等.这样继续下去,就可以由伸出的手指来计算牛羊的头数,这就是十进位值制的萌芽.

法国著名数学家拉普拉斯在论述这件事时曾说:"用很少的几个符号表示一切数目,使符号除了具有形状意义外,还具有数的意义,这一思想如此自然,如此便容易理解,简直无法估计它的奇妙程度."

2.3 几何的起源

2.3.1 形的起源

早在远古洪荒时代,我们的祖先在与大自然做斗争以保存与发展自身的同时,也直接通过无数次的观察,体验自然界的种种事物以获取知识.相对于数的概念的起源来说,古人对形的认识要更直接、具体些.因为自然界始终把它的种种模样展现在他们面前,让古人直接从中提取形式.因而可以说数属于创造,形属于摹写.

自然界只是为人类提供了摹写的对象,人类要获得形的概念必须通过生产实践.只有当人类意识到形式可以脱离具体对象,并且明确地把形式本身分离出来的时候,才能称得上有了图形的概念.

我们远古时代的祖先为了生存而狩猎,当他们多次被植物的刺扎伤皮肤之后,逐渐意识到带刺类的物体可以刺人皮肉,于是通过摹写制造了最早的矛——带尖的木棍出现了.他们在制造了一边厚一边薄的石斧、弯的弓、直的箭的过程中,不仅仅被动地领会了自然界的启示,而且逐步从自然界中分离出形的概念.

古人类处在严酷的自然环境中,雷鸣电闪、地震、洪水、火山猛兽的伤害等等严重地威胁着他们的生存.他们不能不对直接影响他们生存的动物、植物产生崇拜、恐惧的想法.这样就产生了最早的图腾崇拜与宗教仪式.从产生于35 000年到40 000年前的旧石器时代的洞穴艺术中,我们看到反映古人社会关系、生殖礼仪、成年礼、狩猎前的仪式的壁画,这些图画是如此粗犷,宏伟,每个看过的人都会产生心灵的震动.

因此,图形是人类对外界事物的反映和思想表达的一种形式,它产生于古人的生产方式以及与之相应的宗教意识中,它最初与最强的表现对象只能是最能引起人类注意并强烈想要表现的事物.现代考古学种种发现都证明了上述论断.

2.3.2 几何图形

图形最早出现在氏族的图腾崇拜和原始的宗教仪式中,它的表现形式是偶像及仿拟动物行为的舞蹈以及图画.幻术与图腾出现了,服务于这一行业的巫师也出现了.从旧石器时代的葬礼和壁画来看,图形的样式由原来的直接写真转变为简化了的偶像和符号.例如,我国河南安阳出土的旧石器时代时期的车轴、陶器等古代文物,装饰上有复杂的图形,是由五边形、七边形、八边形与九边形组成的精美图案.陶器上鱼的形象也是由简单线条象征性表达的.

虽然所有那些富于宗教性的图形,更多的是具有习俗和幻术的价值,并在后来发展成神灵观念的体现,但就图形本身来说,它却反映了由直接摹写到抽象表现的转变.它比写真图具有更大的可变性与欣赏价值,表现了生命对理性规范的渴望,进而影响到美的判断与标准.比如,对于平衡、对称、和谐、均匀的偏爱,为图形的几何化创造了条件.

图形几何化的主要动力是人类的生产实践.在旧石器时代晚期,生产力进一步发展,编织、轮的使用、砖房的建设,进一步促进几何图形的出现与认识.编织既是技术又是艺术,因此,除了一般的技术性规律需要掌握外,还有艺术上的美感需要探索,而这两者都必须先经实践再经思考才能实现,这就给几何学与算术打下了基础.因为织出的花样,其种种形式与所含经纬线的数目,本质上属于几何性质,因而必须引起对于形和数之间一些关系的深刻认识.

图形几何化的动力不仅限于编织,轮子的使用和砖房的建造都直接加深和扩大了对几何图形的认识.轮子的发明具有巨大的物质效果和科学意义.但其中最显著的作用大约要算对圆的认识和自觉应用了.长期以来,人们对轮和圆保持着认识上的一致性,轮的巨大效用使人们产生对圆的偏爱和关注,加深对圆的认识和研究,明显的例子是圆周等分和轨迹的思想. 直至今日,圆仍然是中学生学习的主要几何图形之一.

建筑操作特别是砖房的建造对几何学基础的影响要早于土地丈量. 砖的使用也出现于新石器时代,其独特的形状给人以强烈的印象. 砖必然是长方体状的,不然就难于相互配合而砌成墙,而配合使用必然会提出直角与直线的观念. 直线出现于制绳时织工拉紧的线,在建房中再次出现直线的形象,让人看到它的作用.

房屋建筑促进了直线、平面和立体的度量,因为它展示了平面面积与立体体积随着边的长度而变化的关系,为用边的长度来计算面积和体积奠定思想基础. 建筑操作的发展又产生了比例设计法,这对几何学的发展起到一个促进作用.

陶器的制作,尤其是陶器花纹的绘制有利于对空间关系的认识. 空间关系,实质就是相互位置和大小的关系. 前者由物体的彼此接触或毗连,由"……之间""在里面"等词语来表示;后者则用"大于""小于"等词语来表示. 例如,公元前 4000 年至公元前 3500 年,埃及陶器上和波斯尼亚新石器时代陶器上的彩纹,都明显地表现出平行线、折线、三角形、长方形、菱形和圆,而且三角形又可细分为任意三角形、等腰三角和等边三角形.

自然界几乎没有真正的几何图形,然而人类通过编织、制轮、建屋等实践造出的形状多少有点正规,这些不断出现而且世代相传的制品提供了相互比较的机会,让人们最终找出共同之处,形成抽象意义下的几何图形.

2.3.3 实验几何

公元前 4000 年前后,人类由野蛮进入文明,由弱小分散的氏族部落组织结合成庞大而有序的社会——古代埃及. 尼罗河定期泛滥,大量的冲积淤泥经常覆盖地界. 这种自然、地理现象对埃及古文明产生深远的影响,也促进了古代埃及几何——测地术的诞生. 尼罗河一年一度的泛滥既肥沃了埃及的土地,也给土地所有者带来麻烦. 他们的地界每年都被冲毁,必须用几何手段重新丈量. 因此,国土的地理条件和社会条件迫使埃及人发明土地测量技术. 几何学也就作为一种以观察的结果为定律的经验科学应运而生了.

在世界上各民族的发展史上,几何学的产生大多出现在测量之中,我国古代称测量人员为"畴人",后来引申为一切数学家和天文学家. 正是通过测量长度、确定距离、估计面积和体积,人们发现了一些最简单的一般规律和一些几何关系.

由英国人兰德(A. Henry Rhind)于 1858 年在埃及购买的,后收藏于英国博物馆的古埃及的"兰德"草卷(Rhind papyri)是目前尚存的最古老的数学文献,其中载有 85 个数学问题,26 个是关于几何学的. 从中可以看出当时埃及已经会求许多平面图形的面积和立体图形的体积了,知道了等腰三角形的面积等于底边乘高的一半,并且用直观方法验证了这个结论. 其中还有关于土地面积和谷仓容积的问题,计算的准确性令人吃惊. "草卷"的第三部分讲述如何去确定正方形、矩形、三角形、梯形以及能分割成这些形状的土地的面积. 也就是说,埃及人把正方形、矩形、三角形和梯形作为基本图形,用于对其他各种图形面积的比较和计算. 埃及人关于圆面积的计算也比其他民族的计算结果更精确. 他们把圆面积确定为以直径的 $\frac{8}{9}$ 为边长的正方形的面积,即 $S = \left(\frac{8}{9}D\right)^2$,这相当于 π = 3.160 5,精度相当之高.

在体积计算方面,埃及人得出上、下底部是正方形的棱台体积公式: $V = \frac{h}{3}(a^2 + ab +$

b^2),这完全是个精确公式！除了出色地解答难题外,埃及人还能找到近似的解法.与古埃及同时代的巴比伦也在几何学上有不少发现,这里就不多介绍了.

古代埃及的几何学只是一些经验公式,几乎没有正式的记号,没有有意识的抽象思维,没有得出一般的方法论,没有证明甚至没有直观推理的想法,以证明他们所做的运算步骤或所用公式是正确的.总之,在古埃及、巴比伦两个文明古国,数学并没有成为一门独立的学科,几何学是从古希腊人那儿形成的一门学科.

第三章 数学史的分期及各时期的著名数学家

数学史是整个科学史的重要的组成部分.

任何一门学科的形成与发展都与社会背景、历史时期及著名人物有着密不可分的关系.由于社会背景的差异及历史时期的不同,人们对事物的认识和理解就会产生一些变化.因而对一些事物的论述就形成了某一历史时期所具有的特色,而整个学科在某一时期里就呈现出它的特殊性.

数学史与其他学科一样,在一定的历史时期内也具有一定的特点.我们为了研究和总结中学数学的发展规律,必须把整个数学的形成与发展过程分成几个时期.分成几个时期的问题就叫作分期问题.

根据我国许多数学史家的意见,也注意到中外数学史的特点,对整个数学史又分为中国数学史部分和外国数学史部分.[8]

3.1 中国数学史部分及中国古代著名数学家

3.1.1 古代数学的初期

大约在公元前两千年,黄河的中下游产生了我国历史的第一个奴隶制王朝——夏.据《易·系辞上传》说:"上古结绳而治,后世圣人易之以书契",表明远在新石器时代以后,就由结绳记数进化为刻画记数.另据《周髀算经》记载,夏禹治水时,在土木工程及水利建设时就已用到准、绳、规、矩,这些方法比古希腊人使用的作图工具圆规和直尺要早.到了我国第二个奴隶制王朝商代,甲骨文已发展成熟.河南安阳发掘的墟甲骨文及周代金文考古证明,我国当时已采用了十进位值制记数法,这是对世界数学的最古老的、最伟大的贡献(它比埃及的十进制先进,后者多采用六十进位记数法).英国的李约瑟说:"如果没有这种十进位制,就几乎不可能出现我们现在这个统一化的世界了."(《中国科学技术史》第3卷,P.333).我国春秋战国时期,已掌握了整数和分数的四则运算.据汉代燕人韩婴所撰《韩诗外传》介绍,春秋时乘法"九九歌"已相当地普及了.此时,我国已经广泛采用"筹"作为计算工具.筹,即小竹棍或小木棍(也有用骨或金属材料制作的).算筹在我国一直沿用了两千多年,直至元代末年.算筹有纵式和横式两种摆法(参见P.9).为了和十进制相配合,算筹采用纵式和横式相间从左到右的摆法,遇零空位,比如,6 708 可摆成 ⊥Ⅱ Ⅲ.

战国时期的墨子,对几何学有精辟独到的见解(见后面的介绍).

这个时期,除墨子之外,还有庄子的独到见解.庄子关于极限论述——"一尺之棰,日取其半,万世不竭",这是世界数学史初期的光辉思想.

记载周代制度的古老典籍《周礼·保氏》上说:"教国子以六艺:一曰礼,二曰乐,三曰射,四曰御,五曰书,六曰数."《周礼》还说:"六年(即六岁)教之数","十年(即十岁)……学书计(即相当语文与算术)."可见,我国周代时国家已把数学列为贵族子弟的六门必修课之一,从六岁或十岁就教以数(shǔ)数(shù)及计算,对数学相当重视.这在世界数学教育史上也是少有先例的.这时期的著名数学家有:

倕 汉代石室造像中有女娲手执规、伏羲手执矩及伏羲仓精(颉)手执规矩的图案,系半人半神的传说.倕是黄帝时的人(生活于约公元前28世纪),据古书《尸子》的记载:"古者倕为规、矩、准、绳,使天下做焉."这说明在建立方、圆、平、直等规范化的几何概念方面,倕有首创性的功绩.

商高(约公元前11世纪) 生平不详,他是我国最早认识边长为3∶4∶5直角三角形(称为"勾三股四弦五")的人,他的数学成就主要是特殊的勾股定理与测量术.

墨子(约公元前468—前376) 亦称墨翟,墨家学派的创始人,春秋末期的思想家、光学家、逻辑学家和几何学家.墨家学派的著作《墨经》中有数学内容19条,大部分属于建立初步的几何理论,是我国数学史上对数学理论以逻辑方法加以研究的最初尝试.《墨经》中有"平,同高也",这是关于平行的定义;"中,同长也",这是中心对称的定义,包括线段中心、圆心、球心;"圆,一中同长也",这是圆的定义,这与欧几里得《几何原本》中有关定义如出一辙.《墨经》中还有两条十分精辟的命题,其基本思想与现代几何理论中的两条连续公理极为相仿,这两条连续公理在《几何原本》中是没有的,直到19世纪末才由德国数学家希尔伯特补充进来.即《墨经》中的"穷,或有前不容尺也.莫不容尺,无容也!"即说,设任意给定两条线段a和b,那么,a重复相加若干次后其和必大于b.这与"阿基米德公理"相仿.《墨经》中的"新半,进前取也.前则中无为半,犹端也.前后取,则端吕中也."即说,如果对一条线段A_0B_0进行无限次截取,使得每一次截得的线段$A_iB_i(i=1,2,3,\cdots)$连同端点在内,都完全落在前面的线段$A_{i-1}B_{i-1}(i=1,2,\cdots)$内部,并且要截多短就可以截多短,那么,一定存在唯一的一个点C,落在所有的线段$A_0B_0,A_1B_1,\cdots,A_nB_n$的内部.这又与"康托公理"相仿.

陈子(公元前六七世纪到公元前三四世纪) 生平不详,据《周髀算经》的记载,陈子认为勾股各自乘,其和开方即弦长.他是史书记载的我国知道勾股定理的第一人.

3.1.2 古代数学体系形成时期

这个时期是自秦代至西汉、东汉时期(公元前221年至220年)东周初年和春秋战国时期,我国由铜器时代走向铁器时代.到战国末期,铁制农具得到广泛应用,实行铁耕和牛耕,为农业的大发展提供了条件.到了秦代,统一了文字与度量衡,为文化、生产和交易的发展提供了方便条件,此时水陆交通也大有发展.又经过西汉东汉冶铁炼钢的技术日益成熟,农业上铁耕、牛耕得到推广与改进,又出现风车、水碓等利用自然力和机械技术的工具使农业产量提高若干倍,出现了大量兴修水利灌溉及水陆交通的工程.这样,就为人们探索自然界奥秘增强了动力并开拓了前进的道路,于是有关数学计算、测量的技术及方法的实践中得到迅速的发展和积累.

《汉书·艺文志》记载有《杜忠算术》和《许商算术》,是我国有记载可考的最早的数学专著,可惜均已失传.1984年1月,在湖北江陵张家山汉墓出土的大量竹简中,有一部数学著作——《算数术》,它是大约成书于战国时期著作的抄本.这是截至目前,我国见到的最早的数学专著.本书是含80多个题目的问题集,包括有整数、分数的四则运算,比例问题,面积及体积问题等,其中有些内容与《九章算术》相似,有些内容是《九章算术》内没有的.

大约于西汉末年即约公元前1世纪成书的《周髀算经》,是我国现存的最早的数学著作之一.另一部以长时期积累的数学知识为基础,反复修改补充于东汉初年(约1世纪)定型的数学著作是《九章算术》,它比较系统地总结了春秋战国时期以来我国数学上的重大成就.该书中包括246个实际应用的数学问题,按解题方法和应用范围分为九章,即九大类.这部书标志着我国古代数学体系已经形成.

《周髀算经》的主要成就有:

(i)计算较为复杂的分数(如 $345\frac{348}{940} \times 13\frac{7}{19} \div 365\frac{1}{4}$);

(ii)勾股定理的建立("勾股各自乘,并而开方除之");

(iii)利用勾股定理进行测量计算.

《九章算术》的主要成就有:

(i)对分数、负数加减法运算的论述,在世界上属最早、最系统的,既早于欧洲(约千余年),也早于印度的记载(约8个世纪);

(ii)解三元一次方程组的消元法,比西方约早1 500年;

(iii)有关比例的一些算法,居于世界领先地位;

(iv)某些面积与体积的计算及勾股测量计算也在世界上居于先进地位.

《九章算术》注重实际问题长于计算的风范,对我国数学的发展有着深刻的影响,形成了我国古代数学的传统(恰似欧几里得之《几何原本》对于西方数学的影响).一千几百年间,《九章算术》一直被作为数学教科书.它对于东西方数学的发展也有着一定影响,如朝鲜、日本也首选它做教科书;此书中介绍的分数和比例等计算方法,很可能先经印度,再经阿拉伯而传入欧洲.现在,《九章算术》已成为世界数学名著,被译为多种文字,流传到世界各地,如苏联(1957年)、联邦德国(1968年)、日本(1975年)、英国等各国均有《九章算术》的译本.

这一时期有史可查的数学家有张苍等人.

张苍(约公元前250—前152年)　秦时为御史,汉初功封北平侯,后为丞相十余年,百余岁乃卒,是我国早期的数学家、律历家.据《九章算术》序说,张苍、耿寿昌等曾将先秦及汉初的数学成果,按当时的语文删补增添成书.人们认为这是《算数书》与《九章算术》的起源.

刘歆　我国西汉末年人,他是一个对天文学、数学做出过重要贡献的伟大的科学家.少年时代,他已精通《诗经》《尚书》等当时被认为是最古老、最经典的书籍.

刘歆任天文官时,系统地阐述了当时最先进的天文学知识,并仔细分析考证了上古以来的天文文献和天文记录,写成了《三统历谱》.《三统历谱》是我国古代流传下来的一部完整的天文著作,它的内容有编制历法的理论,有节气、朔望、月食以及五星等的常数和位置的推算方法,还有基本的恒星位置数据.可以说,它包含了现代天文年历的基本内容,因而《三统历谱》被认为是世界上最早的天文年历的雏形.

三统历在数学上也取得了很大成就,在中国天文学史上,首次提出了岁星超辰的计算方法.刘歆分析了《左传》等史书中关于岁星位置的记载,提出了岁星每144年超辰一次.数值虽然并不准确,但这是历史上第一个用科学的态度探索岁星超辰规律的十分宝贵的尝试,为在思想上实现天文学从神学向科学的伟大转变奠定了坚实的基础.

湖北松滋木坪电厂学校的向常春老师在《中学生数学》1995 年第 8 期上撰文指出:《九章算术》的母体——《算数书》

《九章算术》是我国"算经十书"中最重要的一部,在许多资料上都被认为是仅次于《周髀算经》的较早的数学专著.现在看来,已知的最早的数学专著应是《算数书》.

《算数书》是 1984 年湖北省江陵县张家山 247 号西汉楚墓里出土的一部数学著作.它由二百余支竹简组成(其中完整者 185 支),全书共有小标题 60 余个.小标题的内容分两大类:第一类是计算方法.其中,又可分为两小类,一是关于整数乘法和分数加法、减法、乘法、除法的计算法则,如《乘》、《合分》(分数加法)、《矰(增)减分》(分数加减法)、《分乘》(分数乘法)、《径(经)分》(分数除法)、《约分》等;二是关于某一问题的具体算法.第二大类是关于生产实践的应用题,这类标题最多,共有 50 余题.此外,还有 20 多道题没有标题.

《算数书》的成书时间约在公元前 2 世纪,是中国现已发现的最古的一部算书,比《周髀算经》略早,比《九章算术》要早约 200 年.《九章算术》是传世本,《算数书》则是出土的竹简书,使人更易了解中国古代算术的原貌.由于《算数书》的内容和书写体例与《九章算术》相似(编者注:《九章算术》有的标题、题目及其解法早已出现于《算数书》中),因此,可以认为《算数书》是《九章算术》的母体,即《九章算术》源于《算数书》.

3.1.3 古代数学稳步发展时期

这一时期是魏晋南北朝至隋唐(221 年至 907 年).这正好是封建关系发展的历史阶段.农业生产有了显著的发展,水利事业、手工业及商业也都有较大的发展,因而与生产有密切联系的历法、数学等,都有了新的成就.最为杰出的数学家有祖冲之、祖暅、刘徽、僧一行、王孝通等.

刘徽的主要成就是为《九章算术》作了注释,并写出了《海岛算经》.他在注释中提出了计算圆周率的方法——"割圆术",并首次在我国数学史上将极限概念用于近似值的计算.而他在《海岛算经》中,利用相似直角三角形性质及勾股定理解决有关测量高深远近的数学问题,很好地利用了三角学的效能.

祖冲之,计算圆周率精确到小数点后第 6 位,这一成就记录在《隋书·律历志》中,相当于

$$3.141\ 592\ 6 < \pi < 3.141\ 592\ 7$$

这一世界冠军纪录保持了近一千年.祖冲之与其儿子祖暅,提出"幂势既同则积不容异"的原理比意大利卡瓦列利(F. B. Cavalieri,1598—1647)原理早约 1 000 年.

僧一行,不仅采用了"不等间距二次内插法",而且是世界上第一个用科学方法实测了地球的子午线.

王孝通,在《缉古算经》中利用"开带从立方法"解决了大规模土方工程中提出的求解三次方程正根的问题.

这一时期数学著作有几十种,我国历史上最伟大的数学著作注释家、唐代数学家李淳风注释了十部算经:《周髀算经》《九章算术》《孙子算经》《五曹算经》《夏侯阳算经》《张丘建算经》《海岛算经》《五经算术》《缀术》《缉古算经》. 这就是记述汉唐数学成就的"算经十书"(见附录),当时作为国子监中算学馆(相当大学数学系)的教科书,数学教育从此逐步走向正规,日益完善.

下面简介这一时期的著名数学家.

赵爽(3世纪) 亦称赵君卿,三国时吴国人. 他注解《周髀算经》时写的《勾股圆方图注》是我国学者关于勾股定理的最早证明,按赵爽进行的二次方程求根推测,其实际步骤相当于方程 $x^2 - bx + c = 0$ 的两根为 $\dfrac{b \pm \sqrt{b^2 - 4ac}}{2}$.

刘徽(3世纪) 三国时魏国人,我国历史上的一位杰出数学家,他的重要成果反映在他于公元263年完成的《九章算术》注及他的《海岛算经》等著作中. 他提出的"割圆术"含有极限思想,其方法及成果都优于他之前的希腊学者阿基米德;他所阐明的"方程术"(兼用"正负术")在一千五六百年以后又被德国杰出数学家高斯重新提出,即今天仍在使用的"高斯消元法".

夏侯阳(三四世纪) 生平不详,所著《夏侯阳算经》对古代数学教育有一定影响,后来失传了(现传《夏侯阳算经》是后人写的).

孙子(4世纪) 生平不详(不是《孙子兵法》的作者孙武),所著《孙子算经》中"物不知数"问题及解法,属于一次同余式组,后经我国历代数学家研究发展成完整严谨的理论与方法. 数论中称为"中国剩余定理",也称"孙子定理".

张丘建(4世纪) 生平不详,他所著《张丘建算经》是我国继《九章算术》之后一部出色的数学著作,在最大公约数、最小公倍数、等差数列(项可以不是整数)、等比数列、不定方程求解等工作中有很多成果.

祖冲之(429—500) 我国南北朝时的杰出数学家、天文学家和历法专家. 他有多方面的才智,祖冲之计算得到的一回归年为365.242 8日,一交点月为27.212 23日,与今天精密科学测算得的数据365.242 2日和27.212 22日相差微乎其微,祖冲之算出圆周率之值在3.141 592 6与3.141 592 7之间,这一成就在世界上保持领先将近一千年;他把古代用$\dfrac{22}{7}$近似圆周率称为疏率,首先提出了用$\dfrac{355}{133}$来近似圆周率,称为密率;他注释过包括《九章算术》在内的很多书籍;他曾制定过《大明历》. 他的重要著作《缀术》五卷,唐代国子监明算科曾列为教材(学习四年),可惜"学官莫能究其深奥,是故废而不用",后来失传了.

祖暅(6世纪) 南北朝后期人. 他是祖冲之的儿子,继承发展了祖冲之在天文、历算等方面的工作,著有《缀术》六卷. 著名的"祖暅原理"就是以他的名字命名的.

甄鸾(6世纪) 南北朝北周的官员,著有《五曹算经》《五经算术》等书,还对《夏侯阳算经》等古算书作过注. 后来人们还发现,署名"汉徐岳撰""甄鸾注"的《数术记遗》实为甄鸾编著,这些书对后世的数学教学都有影响.

刘焯(544—610)　南北朝及隋朝时期的历算家,他在《皇极历》中四处使用了"等间距二次内插法",其公式被称为"刘焯公式",是数学史上一项领先成就,比国外最早使用此法的印度数学家早 28 年.欧洲人 17 世纪才用此方法,比刘焯晚了一千多年.

王孝通(六七世纪)　唐代数学家.他对我国古算书很有研究,他的《缉古算经》是一部写作较严谨、水平较高的联系实际的数学著作,书中有三次方程(未详谈解法)和堤坝体积近似求法(给出了公式).

李淳风(7 世纪)　唐朝的天文、历算和史学家.他颇有才学,为唐太宗所用,高宗时官至朝议大夫兼太史令,因修史有功封昌乐县男.他参与了《隋书·律历志》的编纂,并领导注释古代的十部算经书为国子监明算科教材.这十部书是:《周髀算经》《九章算术》《海岛算经》《夏侯阳算经》《孙子算经》《张丘建算经》《缀术》《五曹算经》《五经算术》和《缉古算经》,后世称为"算经十书".

张遂(683—727)　即一行和尚,唐玄宗时的著名学者、历算家、杰出的天文学家.一行所制的《大衍历》是中国历史上最优秀的历法之一,制历时使用的"不等间距二次内插法",被称为"张遂内插法公式",是创新的而且是世界领先的成就,"刘焯公式"是它的特例.

"算经十书"简介

书名	朝代	作者	主要内容
周髀算经	西汉前	不详	是讲天文测量的书,主要阐明盖天说和四分历法,书中使用了相当繁复的分数算法和开平方法,是现存的文献中引用勾股定理最早的著作
九章算术	西汉时期	不详	是系统总结了战国、秦、汉时期的数学成就的问题集,书中包含问题 246 个,并都分别指出了解法,全书分九章:(1)方田(共 38 问),是分数四则算法和平面形求面积法;(2)粟米(共 46 问),是粮食交易计算方法;(3)衰(音崔)分(共 20 问),是比例的分配的算法;(4)少广(共 24 问),是开平方和开立方方法;(5)商功(共 28 问),是立体形求体积法;(6)均输(共 28 问),是管理粮食运输均匀负担法;(7)盈不足(共 20 问),是盈亏类问题解法;(8)方程(共 18 问),是一次方程组解法和正负术;(9)勾股(共 24 问),是勾股定理的应用和简单测量题解法
五曹算经	南北朝(北周)	甄鸾	曹是科长,全书分田曹、兵曹、集曹、仓曹和金曹,是讲计算各种形式的田地面积、军队给养、粟米互换、祖税、库储容积、户间丝帛和物品交换等问题的方法.把"曹"翻译为按科办事的官署亦可

书名	朝代	作者	主要内容
海岛算经	魏晋时代	刘徽	刘徽注《九章算术》后,编重差一章,共九个问题,重测是测量方法,如不知远而要求高,要先求两段再比较,因为测量两次,计算都是用差,故叫重差.因第一个问题是测量海岛便称《海岛算经》,主要讲测高和远的方法
孙子算经	晋初	不详	上卷叙述算筹记数制度和筹算乘除计算法则;中卷讲筹算分数法和开平方法;下卷主要讲应用题
夏侯阳算经	晋末或南北朝	夏侯阳	解答生活中问题,内有当时流传的乘除简捷算法,并保存了诸多数学史料
张丘建算经	北魏	张丘建	讲等差级数、二次方程、不定方程等问题
缀术	南北朝	祖冲之和祖暅	原书已于宋时丢失,按"缀"是"补充"的意义,此书可能是补充《九章算术》的,书中可能有精密的圆周率、三次方程的解法和正确的球体积法等成就
五经算术	南北朝(北周)	甄鸾	书已散佚,书中引用了与《数术记遗》相同的命数法和筹算开平方的步骤,今传本是清代戴震从《永乐大典》中辑出来的
缉古算经	唐朝	王孝通	内有引《缀术》的地方,全书四卷,提到了关于建造堤防、勾股形及从各种棱台体积求其边长算法20个问题,是我国古代解数字三次方程现存的最古老的著作

3.1.4 古代数学的兴盛时期

这一时期,包括宋代至元代末年(900年至1368年).宋元时代,是我国以算筹为主要计算工具的古代数学的极盛时期.这一时期的"高次方程的数值解法""中国剩余定理(即大衍求一术)""贾宪三角(即杨辉三角)""垛积术""招差术""天元术""四元术"等数学成就早于欧洲四五百年以上.

宋代结束了五代十国的封建割据局面以后,出现社会生产发展、经济繁荣的局面,宋代政府实行了对科技的奖励政策,改进了科举考试办法.到了元代,蒙古骑兵占领欧亚广大地区,促使了中外科学技术的交流,再加上数学知识经稳定发展期的大量积累,特别是印刷术的发展推动了数学教育与数学研究.诸多因素的汇集,促使我国古代数学出现了极其辉煌的成就.

这一时期出现了沈括、秦九韶、李冶、杨辉、朱世杰、贾宪等著名数学家以及他们的著作,如沈括的《梦溪笔谈》,秦九韶的《数书九章》(1247年),李冶的《测圆海镜》(1248年)、《益古演段》(1259年),杨辉的《详解九章算法》(1261年)、《日用算法》(1262年)、《杨辉算法》(1274~1275年)及朱世杰的《算术启蒙》(1299年)、《四元玉鉴》(1303年),等等.

沈括在《梦溪笔谈》中提出高次等差级数和"隙积术",以及从圆径与高计算弓形弧长的"会圆术".

秦九韶在《数书九章》里推广了"增乘开方法",给出了任意高次方程的数值解法,演算步骤比英国数学家霍纳(W. G. Horner 1786—1837)于1819年提出的"霍纳法"要早近600

年之久.秦九韶提出的"大衍求一术"解决了解一次同余式组问题(即"孙子问题"),这要比西方同类结果早半个多世纪.

李冶的《测圆海镜》是第一部系统地介绍"天元术"的著作.由于有了天元术,找到了建立方程的表述符号,使我国古代数学形成了比较完整独立的体系.数学史家钱宝琮说:"有了天元术,中国数学才获得了新的发展."

宋元数学家还在李冶、秦九韶使用的"天元术"的基础上建立了世界上最早的多项式的代数运算,并用于布列方程.这一时期,高阶等差级数及"招差术"方面的成就也比西方同类结果早半个多世纪.

杨辉在《详解九章算法》中的"开方作法本源图"及朱世杰《四元玉鉴》中的"古法七乘方图"不仅给出了高次方幂展开式各项系数,并指出了这些系数的求法.可见宋元时期,我国已掌握了高次方程的数值解法."开方作法本源图"最早见于贾宪的《黄帝九章算法细草》(1023~1050年),所以可称为"贾宪三角",它比西方的"帕斯卡三角"至少要早半个世纪.

朱世杰在《四元玉鉴》中又提出用"四元术"来解四元方程.这可以说是中国筹算代数学的顶峰.朱世杰的这一成就超过了当时先进的阿拉伯代数,更远远超过西方数学约五百年.美国科学史家萨顿(G. Sarton)认为:朱世杰是"贯穿古今的一位最杰出的数学家".

数学史家钱宝琮等著《宋元数学史论文集》在评论宋元数学成就时指出:"宋元数学不仅是中国古代数学史上辉煌的篇章,同时也是中世纪世界数学史上最丰富多彩的一页.尽管是在中世纪交通极为不便的情况下,宋元数学对朝鲜、日本以及与西非、北非地区某些国家之间数学知识的交流和发展都产生了一定的影响."

应当指出,宋元数学虽然在多方面取得重要成就,但是却也存在着后继乏人的现象.直到清代初年在前后四百年期间内,宋元数学几乎成为"绝学",无人继承,数学由飞跃的发展堕入"衰歇期".最主要的原因,就是因为这些数学理论脱离了当时那种生产水平低下的社会的实际需要.数学的发展,虽然并非每前进一步都是社会实践直接推动的结果(因数学发展有着相对独立的内在因素),但是要保持不断发展,就必须密切联系实际,适应生产经济发展的需要.这是宋元时期数学蓬勃发展以及后来走向衰落给我们留下的最重要的启示.

下面简介这一时期的著名数学家.

刘益(11世纪) 北宋初年数学家,著有《议古根源》,但已失传.他打破了对方程系数的限制,并给出了相应的算法——正负开方术.杨辉说,该书"引用带纵开方正负损益之法,前古之所未闻也".可见,这是一部在方程论方面有突出贡献的著作.该书的一部分内容曾被杨辉采入"田亩比类乘除捷法".

贾宪(11世纪) 北宋初年数学家,著作大多已失传,成果散见于见过原著的人的引用中.他的求高次方程近似解的"增乘开术"和与他同时的数学家刘益的"正负开方术"齐名,早于欧洲数学家的同类成果六七百年,为"秦九韶法"的滥觞.南宋数学家杨辉曾引用贾宪的《释锁算书》(已失传)中所列$(a+b)^n$从$n=2$到$n=6$的展开式的系数排成的三角形,即现今国外所说的"帕斯卡三角形".帕斯卡比贾宪晚六七百年,应称为"贾宪三角形"才对.

沈括(1031—1095) 钱塘(今杭州)人,是我国北宋时多才多艺的科学家、政治家,著有《梦溪笔谈》.在数学上的主要成就是他的"隙积术"与"会圆术"."隙积术"就是求堆垛形物体的个数或体积(民间称为"沈括算酒坛"),沈括给出了公式,属于"高阶等差级数"方面的成就.在"会圆术"中,沈括给出了已知曲弦和矢的长求弧长的简单近似公式,此外,沈括还有些成就属于组合数学与运筹学.

李冶(1192—1279)　生于金朝大兴城(今北京大兴区),是金、元时期的著名学者(金朝进士、元朝翰林学士),主要著作有《测圆海镜》与《益古演段》.这两部书都以"立天元一为某某"来列方程(在李冶之前,太原数学家彭泽著作中已有"立天元在下"的说法),与今天的"设 x 为某某"相仿.但欧洲人以字母代数始于16世纪,晚于中国以"天"(相当于 x)代未知数两三个世纪.《测圆海镜》中共提出692条几何定理,经后人严格检查,其中684条是正确的.

秦九韶(1202—1261)　生于山东,是南宋时杰出的数学家,他所著《数书九章》中载有多项中国首创的、世界领先的重大数学成果,其中继承发展自刘益、贾宪以来的我国高次方程求近似解的"秦九韶法"与欧洲人的"霍纳-鲁菲尼法"相同,而且时间上"秦九韶法"要早五百多年.

自从秦九韶用"大衍求一术"之名发展和总结了《孙子算经》的"物不知数"问题以来,我国数学家在一次同余式组的解法和理论上的工作,完成了今天世界通称为"中国剩余定理"(也称"孙子定理")的工作.

此外,秦九韶还有一些如"三斜求积公式"(晚于希腊人的"海伦公式")等虽非世界第一,但属国内首创的工作.

杨辉(13世纪)　南宋钱塘(今杭州)人,他有大量的著作传世,代表作为《详解九章算法》与《续古摘奇算法》(1275年).杨辉是一位重视数学教育的数学家,他将大量的古代和宋代的重要数学成果与自己的工作深入浅出地编写成教材或汇编成普及性读物,使很多优秀成果得以保存、流传和普及.杨辉还是我国较早研究素数的人,他称素数为"连身加".

王恂(1235—1281)与**郭守敬**(1231—1316)　同为元代历算家.王恂、郭守敬等人编纂的《授时历》中的数学工作主要由王恂完成,在《授时历》的计算中广泛使用了一种叫"平立定三差"的方法,在数学中称"三次内插法",是继刘焯、僧一行之后关于内插法的又一发展.

郭守敬为了编历,他创制和改进了简仪、高表、候极仪、浑天象、仰仪、立运仪、景符、窥几等十几件天文仪器仪表;他还在全国各地设立了27个观测站,进行了大规模的"四海测量",他测出的北极出地高度平均误差只有0.35;他还新测二十八宿距度,平均误差还不到 $5'$;他测定了黄赤交角新值,误差仅 $1'$ 多;他取的回归年长度为365.2425日,与现今通行的公历值完全一致.郭守敬编撰的数学和天文历法著作有《推步》《立成》《历议拟稿》《仪象法式》《上中下三历注式》和《修历源流》等14种,共105卷.

为了纪念郭守敬的功绩,人们将月球背面的一座环形山命名为"郭守敬环形山",将小行星2012命名为"郭守敬小行星".

朱世杰(13世纪末14世纪初)　元代大数学家,生长和居住在燕山(今北京西南一带).朱世杰的重要著作为《算术启蒙》和《四元玉鉴》.前者是一部教科书,在日本和朝鲜有很大影响,书中有我国著作中首次明确阐述正负数的乘除法运算规律的内容;后者是"中国数学中最重要的,同时也是中世纪所有最为杰出的数学著作之一"(美国科技史家萨顿语).

《四元玉鉴》总结和发展了我国古代数学中的很多首创的世界领先的杰出成就.书中,朱世杰以"四元术"之名,建立了系统的解高次代数方程组的方法,用消元法解二元、三元、四元高次方程组比欧洲最早提出用消元法解二元高次方程组的贝佐特(Bezout,1730—1783)早了476年.法国数学家贝佐特在提出解法大意的若干年之后才列举了解二元高次方程组的例子,朱世杰在《四元玉鉴》中不仅解了 36 个二元高次方程组,还解了 13 个三元高次方程组和 7 个四元高次方程组,这使得今天的数学家也叹为观止.

朱世杰使用了"四次内插法",这是继刘焯、僧一行、王恂之后在数学上的又一重大发展.朱世杰在有限差分学方面的重大贡献比欧洲取得同样成果的杰出数学家格雷戈里(1670 年)、牛顿(1678 年)和泰勒(1715 年)等要早三四百年.直到今天,高阶等差级数中的很多问题仍可援用朱世杰提供的方法求解,被命名为"朱世杰等式"的公式仍是组合数学中的重要公式.

朱世杰继刘徽、祖冲之、秦九韶之后又一个写下了中国数学史上光辉的篇章,他的成就远远超出了与他同时代的任何国度的数学家,他为中华民族争得了荣誉.

3.1.5 古代数学衰落时期

这一时期,指的是明代初年至明代末期(1369 年至 1584 年)中国封建社会发展到明代,已开始进入衰老时期.明初平息战乱以后,资本主义因素的萌芽开始出现,但是由于封建主义统治政策,使得资本主义幼芽未能得到顺利的发展.明代为了巩固封建统治,规定科举采用"八股"文体,使得大量知识分子"皓首穷经",他们鄙夷天文学、数学之类的专门学问是"奇技怪巧",因而很少有人去研究它们.宋元时代高度发展的数学传统及成就,到了明代,已陷于衰落之中.

明代数学很多分支停滞不前,但并非整个数学全面停滞.手工业经济及航海贸易,明代比它以前的各朝代都发达,随之而来商业数学得到长足的发展.特别是珠算,自宋代提出改革筹算到元明之际,珠算盘作为数学计算工具受到普遍的应用与欢迎.到明代中期,珠算盘在全国普,彻底完成了由筹算到珠算的转变.珠算盘携带方便,拨动自如,与口诀相配合计算迅速准确,是当时世界上最好的同类计算工具.

钱塘(杭州)的数学家吴敬,"积二十年"之功,于 1450 年完成了《九章算法比类大全》.这本书收集了大量与商业有关的计算问题,是资本主义萌芽时期商业经济发展在数学研究中的反映.这一趋势导致了珠算的发展.

16 世纪和 17 世纪有关珠算的书籍很多,其中程大位的《直指算法统宗》是一本比较完备的应用算术书,流传最广,最响最大.

程大位(1533—1606) 安徽休宁人,是一位对传统数学及数学应用极有兴趣的商人,六十岁时写成《算法统宗》(1592 年),六十六岁时又写成《算法纂要》(1598 年),其中使用珠算解应用题的《算法统宗》(595 个)流传最广,影响最大.日本数学史家三上义夫曾说:"日本数学勃兴之时,不管怎么说也是由于中国数学的传入,给予日本主要影响的则是《算术启蒙》与《算法统宗》二书."

3.1.6 西方数学传入时期

这个时期,指的是明末清初.这一阶段,虽然受到我国封建统治阶级的排斥与禁锢,西方数学还是通过传教士、经商等各条渠道传入我国,促使我国数学开始复苏.在数学领域,这一时期出现了徐光启、李之藻、王锡阐、梅文鼎、明安图、焦循、项名达、董祐诚、戴煦、李善兰、华蘅芳等人.他们在引进西方数学或者在继承发扬我国数学传统上做出重要和杰出的贡献.

意大利耶稣教传教士利玛窦(Matteo Ricci),他精通汉语,于 1581 年以西方近代数学及其他科学知识为敲门砖，踏入我国进行传教．徐光启(1562—1633)，上海人，明末进士，农学家、历法家和数学家，擅长我国古代数学并对西方数学有强烈兴趣．所以他们以利玛窦口译、徐光启笔述的合作方式翻译了第一部西方的数学著作，即《几何原本》的前六卷(1607 年)．利玛窦其后又与别人合译或自己编写了几何、三角、测量学等方面的大量书籍．现今，我国中文书籍的这些学科的大量数学名词和术语，很多都是由他或与他合作者首先译出或引进、使用的．利玛窦还与李之藻合作编译了《同文算指》(1613 年)，这部书对我国算术影响很大，从而笔算的应用日益普遍．在康熙皇帝的大力支持下，自 1690～1721 年在法国传教士协作下由梅彀成编成《数理精蕴》．它是介绍西方初等数学知识的百科全书，包括几何学、三角学、代数学及算术，成为当时人们学习和研究西方数学知识的重要书籍，后来还传入对数法、平面三角及球面三角及部分圆锥曲线学说等，但是西方的微积分理论和系统的解析几何理论由于传教士水平不高，此时未能传入我国．

  清朝自雍正年间开始，采取了闭关自守政策，直到 1840 年鸦片战争前，西方数学知识的传入已停顿了百余年．我国数学的研究工作出现两个分支，一支对前一阶段自西方传入的数学进行整理加工，另一支重新钻研整理我国古代数学．总的来说，这阶段有五百多位数学家撰写了一千多种数学书籍．

  下面介绍这一时期的著名数学家．

  徐光启 我国明末著名的科学家，他在数学、天文、历法、军事、测量、农业和水利等方面都有重要贡献．他是第一个把欧洲先进的科学知识介绍到中国，是我国近代科学的先驱者．

  徐光启在天文学上最重要的成就是主持编纂了《崇祯历书》．在历书中，他引进了圆形地球的概念，明晰地介绍了地球经度和纬度的概念．他为中国天文界引进了星的概念和星表；在计算方法上，徐光启引进了球面和平面三角学的准确公式，并首先做了视差和时差的订正．《崇祯历书》的编纂对我国古代历法的改革是一次突破，奠定了我国近 300 年历法的基础．

  从 1606 年开始，徐光启和意大利传教士利玛窦合作翻译了《几何原本》前 6 卷，徐光启翻译《几何原本》是一种创造性劳动，今天仍在使用的数学专用名词，如几何、点、线、面、钝角、锐角、三角形等，都是首次出现在徐光启的译作中的．仅此一点，就足以奠定徐光启在中国数学史上的地位．徐光启本人著有《测量异同》《勾股义》等数学著作．他把中西测量方法和数学方法进行了一些比较，并且运用《几何原本》中的几何定理来使中国古代的数学方法严密化，这些工作对此后我国数学的发展起到了巨大的推动作用．

  梅文鼎(1633—1721) 安徽宣城人，以实事求是的态度整理加工西方数学，融会中西数学的精粹，编有《梅氏历算全书》30 种 75 卷，对我国数学的发展起到了承前启后的作用．他一生潜心研究天文、历法和数学，著作达 88 种共二百多卷，他的数学著作涉及方程论、平面与立体几何、平面与球面三角等初等数学的很多方面．爱好数学的康熙皇帝看了他的著作后，曾在南巡时召见和鼓励他．他的两个弟弟及子孙四代都是研究数学的，他的孙子梅彀成也是一位有成就的数学家．

  王锡阐 著有《圆解》，这是我国自著的最早的三角学著作之一．他的工作，不仅使明代以来的传统数学重新获得生机，而且使西方传入的数学在我国生根、开花、结果．

  年希尧(？—1738) 广宁(今辽宁北镇县)人，清初数学家，我国画法几何学的先驱．所著《视学》(1729 年)一书于 1735 年增订再版，他吸取了西方萌芽时期的透视知识，详细阐明了画法几何学的原理、理论和方法,比世界上推崇为画法几何学的奠基之作的法国数学家蒙日的《画法几何学》(1799年)要早六七十年.因此,中国数学家年希尧是世界画法几何学的先驱者之一.

明安图(?—1765) 清代蒙古族天文学家、数学家和测绘学家.他的重要数学著作《割圆密率捷法》(生前所著,死后由儿子明新与学生陈际新于1774年完成,1839年出版)是一部研究幂级数展开式的著作.由于当时国外传来的有些幂级数公式无证明,因此该书对其中一些公式提供了证明,有些工作与欧洲同时代的一些数学家在这些方面的工作不相上下.另外,他还在圆周率、正弦、正矢公式上取得突出成就.

李善兰(1811—1882) 浙江海宁人.1840年鸦片战争后,清朝统治集团出现了"洋务派",他们派人出国留学或在国内办学校讲授西方数学.此时,他在翻译西方数学上做出杰出贡献.他与英国人伟烈亚力(Alexander Wylie)合译出版了《几何原本》后九卷,之后又翻译并于1859年出版了《代数学》《代微积拾级》(即《解析几何与微积分初步》)等书.今天代数学与微积分学的很多中文的名词、术语,都是他和他那一代的译者引入和首先使用的.他才智出众,数学功底很深,早年著有《方圆阐幽》《弧矢启秘》,晚年著有《垛积比类》等很多著作,并有以他命名的"李善兰恒等式"传世.《代微积拾级》是我国第一部积分著作;《代数学》是我国第一部应用代数符号进行演算的读本;《圆锥曲线说》在我国近代数学发展上起了重要作用.李善兰是学贯中西的第一位数学教授.

华蘅芳(1833—1902) 江苏无锡市人.他以数学为业佐理洋务活动,与英国人傅兰雅(J. Fryer)合作翻译了数学著作10部,已刊行的有7部,即《代数术》(25卷)、《三角数理》(12卷)、《微积溯源》(18卷)、《代数难题解法》(16卷)、《决疑数学》(10卷,这是最早介绍我国概率论的著作)、《算式解法》(14卷)、《合数术》(11卷),并亲自撰写了《开方别术》《数根求解》《开方古义》《积较术》《学算笔谈》《算草丛存》等著作,对介绍西方数学理论,普及数学知识,培养数学人才等方面做出了重要的贡献.他是东方夜空中的数学之星.

阮元(1764—1849) 研究中国古代数学史方面,于1799年撰写了《畴人传》(包括243位天文学家、数学家传),后人又进行了续写,于1799至1898年间完成,共71卷,总计60余万字.

王贞仪(1768—1797) 著述计有56卷之多.在数学方面的主要论著有:《历算简存》五卷,《筹算易知》《重订策算证讹》和《西洋筹算增删》等;天文学方面有:《星象图解》二卷,《象数窥余》四卷,《岁轮定于地心论》等;诗词文学方面有:《德风亭初集》十四卷,《德风亭二集》六卷,《文选诗赋叁评》十卷,《女蒙拾诵》《沈病呓语》各一卷等.她的全部著作最精华的部分,都收在《德风亭集》之中.她在数学研究中,注意吸取包括梅文鼎在内的中西算法之长,改进概括,化繁为简,灵活运用,不受旧方法、旧思想的束缚.她在《勾股三角解》中有一段十分精彩的论述:"中西固有所异,而亦有所合.然其法理之密、心思之微,而未可以忽视,夫益知理求是,何择乎中西?唯各极其兼收之义."

李锐 其主要著作有《开方说》.《开方说》卷上主要讨论一元高次实系数方程的正根的个数与其系数符号变化之间的关系.李锐正确地给出了构造含有虚根的实系数方程的一般方法.他已经认识到实系数方程还可能具有一类与实根有本质区别的根——虚根(即"无数"),并正确地得到了有关方程虚根的一系列结论(如实系数方程的虚根必成对出现等),给出了若干具有虚根的方程实例.

焦循(1763—1820)论述了运算律. 董祐诚、项名达、戴煦在级数和对数理论等方面取得重要成果. 这一时期的数学家在解说西方传入的割圆术、对数术、三角学、圆锥曲线以及独立地论述我国旧有的剩余定理、整数论、方程论、级数与三角等方面取得一些成果.

到 20 世纪初期,中国沦为半封建半殖民地,中国古代数学除了少数研究数学史的人员再也无人问津. 我国数学教科书与西方数学已经大致相同了,中国数学已走上世界化的道路.

此时,先后有一批有志之士到国外留学专攻数学,如郑之蕃、胡明复、姜立夫、陈建功、熊庆来、苏步青、江泽涵等人. 他们学成回国,不仅开展了各方面的数学研究工作,还将外国先进的数学知识在国内传播,为我国创建了从事现代数学研究及数学教学工作的队伍.

北京大学于 1912 年最早创建了数学系,相继姜立夫在天津南开大学、熊庆来在东南大学与清华大学成立了数学系. 1930 年,清华大学又招收了数学研究生,陈省身、吴大任为我国国内最早的数学研究生. 但当时数学系的学生很少,有的一个年级只有两三名学生. 1931 年,陈建功和苏步青在浙江大学首先创办了数学讨论班,1933 年华罗庚在西南联大也举办了代数讨论班,这对培养数学人才,活跃学术思想起了积极作用.

到三四十年代,我国已翻译编著了一大批现代数学著作,有了一支数学教师队伍,能够独立地培养中等和高等数学人才,而且也取得了一些数学研究成果,个别人在国际上有一定的地位. 我国在函数论研究领域的开拓者是陈建功. 他三次东渡日本留学,发表了世界著名的《三角级数论》(1929 年),成为第一个荣获日本理学博士学位的中国人. 熊庆来三次西赴法国留学,从事函数论的研究工作,在整函数和半纯函数方面取得重要成就. 是他首先发现了华罗庚的数学才华,奖掖这位自学成才的数学家,成为世界数坛的精英. 如今"庆来慧眼识罗庚"已成为数学界人口皆碑的佳话. 苏步青早年留日,专攻微分几何,荣获日本理学博士学位,发表了大量重要的研究成果,奠定了我国微分几何研究的基础.

在数论和代数学研究方面,成绩卓著的首推华罗庚教授. 他在研究数论中著名的华林(E. Waring)问题、他利(G. Tarry)问题方面,取得了优秀成果,1940~1941 年完成的《堆垒素数论》已成为世界著名的解析数论专著. 还有柯召、闵嗣鹤(1913—1973)等人在数论方面也取得了成就.

此外,许宝騄早年留英,先后获得哲学博士及科学博士学位. 他在概率论和数理统计领域的成就受到国内外的推崇.

还值得一提的是,到抗日战争前夕为止,有人初步统计,应北京大学、清华大学等邀请来我国讲学的外国数学家有十人左右. 如德国的科努普(K. Knopp)、英国的罗素(B. Russell)、美国的维纳(N. Wiener)以及法国大数学家阿达玛(J. Hadamard)等人. 这对开拓我国数学界的视野,促进我国现代数学人才的成长都起了积极的促进作用.

旧中国由于社会制度落后,人才力量薄弱,数学成就与水平都是很有限的,比如,新中国成立前《数学学报》共出刊两卷发表的数学论文只有 31 篇. 1949 年新中国成立后,我国数学的科学与教育事业才开始走向蓬勃发展的新时期.

3.1.7 走向蓬勃发展的新时期

新中国刚刚成立时,我国数学界的特点是:底子薄,有世界声誉的数学家只有陈省身、周炜良、许宝騄、华罗庚、林家翘、苏步青等人,研究领域狭窄,只是在函数论、数论及微分几何的一些分支上形成流派;队伍小,新中国成立前全国数学系毕业生每年不过二三十人,而且还有一部分毕业生不得不改行从事其他工作(旧中国发表过数学论文的总人数不过 74 人,总篇数为 652 篇);在研究工作上,很少能将理论研究与社会实际需要结合起来.

1956~1966 年,是新中国数学发展中极其重要的十年.1950 年成立了中国科学院数学研究所,1951 年中国数学会创刊了《数学学报》,1955 年创刊了《数学进展》.1956 年,国务院召开了国家科学十二年规划会议,会议上针对数学的发展工作指出:要在理论与实际相结合的方针指导下,为数学研究开辟新的发展道路.同年,党中央提出"百花齐放、百家争鸣"的双百方针,活跃了学术空气,推动了学术研究工作的开展.在党的领导下,经过数学工作者 17 年的努力,到 1966 年不少数学分支的研究工作取得了较有系统的成果,趋向于接近当时国际水平,某些分支取得相当出色的成绩.华罗庚的著作《指数和的估计及其在数论中的应用》先后出版了德文版(1959 年)、中文版(1963 年)、俄文版 (1964 年);《多复变函数论中的典型域的调和分析》先后在国内、苏联、美国出版;《数论导论》在国内出版(1957 年).苏步青的《射影曲线概论》《一般空间的微分几何学》《现代微分几何学概论》等重要的微分几何学专著陆续出版.此外,还有陈建功的《实函数论》(1958 年)、关肇直的《拓扑空间概论》(1958 年)、李国平的《半纯函数的聚值线理论》(1958 年)、秦元勋的《运动稳定性理论》(1958 年)、吴文俊的《可剖形在欧氏空间中的实现问题》(1965 年)等大量研究成果出版问世.苏步青的学生谷超豪在微分几何和微分方程方面取得了重要成就.冯康于 1965 年独立地发展了有限元法,先于西方建立了严密的理论基础,被国内外广泛应用推广.莫绍揆在数理逻辑,胡世华在算法语言,夏道行在泛函分析方面都取得了令人瞩目的成就.华罗庚的学生王元和山东大学的潘承洞,于 1962 年在解决数论中的哥德巴赫猜想问题上取得世界水平的成果.他们和丁夏畦、尹文霖等人被国际上誉为"解析数论的中国学派".1966 年 5 月,陈景润登上数坛,刷新了向证明哥德巴赫猜想问题进军的世界纪录,发表了关于(1+2)的简化证明,距最后摘下这颗数学王冠上的明珠只差一步之遥,为祖国赢得了荣誉.

1966~1976 年,"十年动乱"时期,数学发展处于低潮,数学专业被取消,数学研究组织被拆散,原来已与国际水平缩小的差距又被拉大了.除个别领域外,整个数学水平比国际上发达国家落后一二十年.

但在这十年内,仍有坚持数学理论研究,并取得了第一流水平的成果.

杨乐、张广厚在关于半纯函数的波莱尔方向和亏值方面达到了国际水平;冯康从事有限元方法的研究在世界上居于领先地位;侯振挺在《齐次可列马尔可夫过程》一书中得到非保守 Q 过程的唯一性准则,被国际上誉为"侯氏定理",荣获英国戴维逊奖.

在应用数学方面,以华罗庚为首的数学工作者将优选法、统筹法在全国推广研究,被应用于实际生产部门.苏步青结合船体放样,开展了曲线奇点和拐点的理论研究及计算几何的研究.此外,关肇直、秦元勋、周毓麟、李德元等在国防建设方面做出了重大贡献.

在国外,美籍华人王浩,在 1959 年利用机械化方法只用了 9 分钟证明了罗素等著的《数学原理》中几百条定理,当时轰动了全世界的数学界.美籍华人邱成桐在陈省身教授的指导下取得博士学位,在微分方程、复变函数论与拓扑学、多种几何学等方面取得了杰出成就,于 1982 年成为世界上获菲尔兹(J. C. Fields)国际数学奖的第一位华裔数学家.

1976 年,粉碎了"四人帮",政治生活发生了重大的变化,党的十一届三中全会的召开迎来了科学的春天,数学百花园中出现了百花争艳、万紫千红的景象.1977 年,制订了新的数学发展规划,恢复了全国数学会和各地数学分会,加强了基础理论和应用数学的研究工作.《中国科学》《数学学报》《应用数学学报》及各大学的学报每年发表大量的优秀数学论文.中国学者在国外发表数学论文每年约 300 篇(1990 年统计数字).

1980 年以前,中国数学家在国外出版的专著只有 6 本.但据 1990 年统计,在国外已出版专著 50 余本.若将约稿计算在内,则总数将近 100 本.国际上最负盛名的斯普林格出版社出版了 36 名数学家的选集,其中有 3 名华人:陈省身、华罗庚、许宝䯣.这家出版社出版的数学丛书已收有 3 位中国青年数学家的著作:肖刚(华东师大,第 1137 号)、时俭益(华东师大,1179 号)、王小路(北京大学,1257 号).

我国在 1956、1982、1987、1989 年四次颁发国家自然科学奖中,各个自然科学学科共有 394 项成果获奖,其中数学有 39 项.近年来,还出现了不少以数学家名字命名的数学奖,如"许宝䯣统计数学奖"(1984 年)、"陈省身数学奖"(1985 年)、"华罗庚金杯奖"(1986 年)、"钟家庆纪念基金"(1987 年)、"苏步青数学教育奖"(1991 年)等.这些数学奖的设立,进一步推动了我国现代数学的蓬勃发展.

到了 1986 年,中国在国际数学联合会(IMU)的代表权问题终获解决.国际数学联合会第十届会员国代表会议,于 1986 年 7 月 31 日至 8 月 1 日在美国加利福尼亚州的奥克兰举行.在这次会上,一致通过了中国数学会提出的方案,即中国为第一类会员国,共 5 票投票权,其中有中国数学会 3 票和位于中国台北的数学会 2 票,中国数学会理事长吴文俊和秘书长杨乐以观察员身份参加会议.此后,中国数学界与 IMU 的交往增加,1990 年我国派出 70 人的队伍参加了在日本京都举行的国际数学家大会.

关于应邀在国际数学家大会上做报告,我国曾经有华罗庚、陈景润、冯康接到过邀请,但因当时代表权未获解决没有出席.1986 年在伯克利的会议上,吴文俊应邀做了 45 分钟学术报告——"中国数学史的新研究".1990 年京都会议上,我国旅美的数学家田刚(原北京大学)、林芳华(原浙江大学)各做了 45 分钟报告.

2002 年 8 月,我国成功地举办了第 24 届国际数学家大会,这是自 1892 年以来国际数学家大会第一次在发展中国家召开,是我国数学界的一件大事,也是中国数学家和数学工作者的光荣.这次大会上,我国有 12 位数学家做了 45 分钟报告.还有十几位海外华人数学家应邀作报告,其中有两人做了 1 个小时大会报告,这在我国数学界是前所未有的.

中国派往国际数学教育委员会(ICMI)的国家代表先后是吉林大学伍卓群、山东大学潘承洞和复旦大学李大潜.1980 年,华罗庚等 5 人参加了第四届国际数学教育大会(ICME-4),并且华罗庚做了大会报告.此后 1988 年的 ICME-6 和 1992 年 ICME-7 都有我国代表参加.1994 年,华东师大张奠宙应邀担任国际数学教育委员会第 8 届执行委员会(1995~1998 年)的 8 名委员之一.在 1996 年 8 月的 ICME-8 上,张奠宙担任国际程序委员;唐瑞芬在大会圆桌讨论会上发言;顾怜沅、王长沛、裘宗沪做了 45 分钟报告;叶其任数学应用和建模小组的召集人.另外,1991 年和 1994 年分别在北京师大和华东师大成功地举办了两次国际数学教育大会的地区性会议.2002 年我国又在北京主办了第 24 届世界数学家大会.这些都标志着中国的数学教育开始走向世界(最近几年未统计).

在陈省身教授的倡导下,1988 年和 1991 年在天津南开大学召开了两次"21 世纪中国数学展望学术讨论会".会议提出了"数学科学率先赶上世界先进水平"的口号.陈省身说:"要有信心,千万要把自卑的心理放弃,要相信中国会产生许多国际第一流的数学家,也没有理由说中国不能产生牛顿、高斯级的数学家. 中国应该能够有自己的数学研究课题,平等独立地开展与国际数学界的交流. 我们坚信,'21 世纪数学大国'的目标一定会成为现实."

下面介绍这一时期的著名数学家:

胡明复(1891—1927) 江苏无锡人,是第一位获得博士学位的中国数学家. 1910 年得以用"庚子赔款"到美国纽约绮色佳(Ithaca)城的康奈尔大学学习. 1914 年以优异成绩毕业并进入哈佛大学研究院专攻数学. 1917 年获博士学位. 1915 年,《科学》——中国历史上第一本综合性的现代科学普及杂志在绮色佳城问世. 胡明复做了大量的编辑整理工作. 他在《科学》前三卷发表的 47 篇文章中,涉及数学的 4 篇,物理的 8 篇,化学的 2 篇,生物医学的 6 篇,天文气象的 4 篇,教育的 5 篇,军事的 3 篇,由此可见他知识渊博. 1923 年他参与了数学名词审定工作. 他十几年把全部心血都用在中国科学社和大同大学上面.

姜立夫(1890—1978) 浙江平阳人. 中国的第二位数学博士. 1911 年考取美国庚款第三批公费生,在加州大学伯克利分校学习一年后,转至哈佛大学. 他也是中国科学社的早期成员. 1919 年南开大学成立后,次年初,姜立夫就到南开大学任教. 抗战胜利后,他被委任为当时的中央研究院数学研究所所长. 1949 年被迫去了台湾,不久,他又毅然回到祖国,一直任教于中山大学,并任全国政协委员.

陈建功 中国现代著名的数学家,他生于浙江绍兴,从小好学,一向是文理兼优的好学生,数学成绩尤其突出. 1913 年到 1929 年,陈建功曾 3 次东渡日本求学,1929 年获得日本理学博士学位,成为 20 世纪初留日学生中第一个获得理学博士学位的中国人,也是在日本获得这一荣誉的第一个外国学位,这件事轰动了日本. 当时,他的导师藤原教授苦于自己专业领域内缺少日文著作,只能用英文上课,便委托陈建功用日文写了一部《三角级数论》. 此书既反映国际最新成果,也包括了陈建功自己的研究心得. 陈建功在写书时首创的许多日文名词,至今仍在使用.

回国后,陈建功被聘为浙江大学数学系教授,他与著名的数学家苏步青一起,从 1931 年开始举办数学讨论班,对青年教师和高年级大学生进行严格训练,培养他们的独立工作和科学研究能力,逐渐形成了国内外著名的陈苏学派. 这个学派代表了当时中国函数论和微分几何研究的最高水平.

熊庆来 中国著名的数学家和教育家. 他生于 1893 年,卒于 1969 年,云南弥勒人. 熊庆来 18 岁时考入云南省高等学堂,因为成绩优异,20 岁时便被派往比利时学习采矿技术. 后来他又到法国留学,并获得了博士学位. 熊庆来主要从事函数论方面的研究,他定义了一个"无穷级函数",国际上称之为"熊氏无穷数".

熊庆来非常热爱教育事业,他为培养中国的科学人才,做出了卓越贡献. 1930 年,他在清华大学当数学系主任时,从学术杂志上看到了华罗庚的名字,了解到华罗庚的自学经历和数学才华后,破格录取只有初中学历的华罗庚到清华大学学习. 在熊庆来的指导下,华罗庚通过不断的努力,成为我国著名的数学家. 我国许多著名的科学家也都是熊庆来的学生. 他在 70 多岁高龄时,虽已身染重病,还是耐心地指导着两位研究生,这两位研究生就是后来享誉数学界的数学家杨乐和张广厚.

熊庆来爱惜和培养人才的高尚品格,深受人们的敬佩. 1921 年,他在当时的东南大学任教时,发现一个叫刘光的学生虽然很贫困,但非常有才华. 熊庆来便经常指点他读书、研究,在经济上还经常帮助他. 有一次,熊庆来为了资助刘光,甚至卖掉了自己穿的皮袍子. 刘光成为著名的物理学家后,经常满怀深情地提起这段往事,他说:"教授为我卖皮袍子的事,10年后我才听到. 当时,我感动得热泪盈眶,这件事我永生不能忘怀. 他对我们这一代付出了多么巨大的关爱啊!"

1937年,他接受云南省政府之聘,回家乡任云南大学校长,在抗日战争艰难的条件下从事教育工作.

1949年,熊庆来第三次去巴黎,参加联合国教科文组织会议. 他留在巴黎,想在那里搞学术研究,以弥补十二年来致力校务而脱离学术研究之憾. 不幸,次年他患了脑溢血,右半身不遂,他以顽强的毅力锻炼左手写字,坚持从事研究与论文写作. 他一生中发表的具有创造性的论文60余篇,晚年病残中写的就超过半数.

1956年,周恩来总理召熊庆来回国. 回国后,熊庆来被任命为中国科学院数学研究所研究员,并担任函数论研究室主任等职. 1964年,他当选为中国人民政治协商全国委员会常务委员.

熊庆来治学严谨,厚积薄发,文稿中有一字不妥也从不放过,哪怕是深夜也要起床改妥. 为了数学研究工作,他还坚持自学俄语,竟达到可阅读原著的水平.

华罗庚 我国著名的数学家,中国科学院院士. 他1910年11月12日生于江苏金坛,1985年6月12日卒于日本东京.

华罗庚原来也是个调皮、贪玩儿的孩子,但他很有数学才能. 华罗庚酷爱数学,没钱上学,就向老师借来数学书,一看,便着了魔似的. 从此,他一边做生意、算账,一边学数学. 华罗庚不幸染上了伤寒,在贫病交加中,仍然把全部心血用在数学研究上,接连发表了好几篇重要论文,引起了清华大学熊庆来教授的注意. 1932年,在熊庆来教授的帮助下,华罗庚进入了清华大学数学系. 他历任中国科学院数学研究所所长、应用数学研究所所长、中国数学学会理事长、美国国家科学院国外院士、第三世界科学院院士、中国科学院主席团成员、中国科协副主席、国务院学位委员会委员等职.

他主要从事解析数论、矩阵几何学、典型群、自守函数论、多复变函数论、偏微分方程、高维数值积分等领域的研究与教学工作,并取得了突出成就. 20世纪40年代,他解决了高斯完整三角和的估计这一历史难题,得到了最佳误差阶估计;对哈代与李特尔伍德关于华林问题及赖特关于塔里问题的结果做了重大的改进,至今仍是最佳纪录.

在代数方面,他证明了历史长久遗留的一维射影几何的基本定理,给出了体的正规子体一定包含在它的中心之中这个结果的一个简单而直接的证明. 他的专著《堆垒素数论》系统地总结、发展并改进了哈代与李特尔伍德圆法、维诺格拉多夫三角和估计方法及他本人的方法,成为20世纪经典数论著作之一. 他的专著《多个复变典型域上的调和分析》以精密的分析和矩阵技巧,结合群表示论,具体给出了典型域的完整正交系. 他倡导应用数学与计算机的研制,曾出版《统筹方法平话》《优选学》等多部著作并在我国推广应用. 他在发展数学教育和科学普及方面也做出了重要贡献.

张恭庆 我国著名的数学家,上海人. 他1959年毕业于北京大学数学系,1994年当选为第三世界科学院院士. 他是北京大学数学系教授、北京大学数学与应用数学重点实验室主任. 他还曾任北京大学数学研究所所长,中国数学会理事长.

张恭庆以同调类的极小极大原理为基础,把许多临界点定理纳入无穷维理论,使几种不同理论在这里汇合、交织,形成一个强有力的理论框架,由此发现了好几个新的重要的临界点定理,并使过去的许多结果的证明大为简化,所得结论也更为精确. 这一理论被广泛地应用于非线性微分方程,特别是有几何意义的偏微分方程的研究. 此外,他还曾将一大类数理方程自由边界问题抽象成带间断非线性项的偏微分方程,发展了集值映射拓扑度和不可微泛函的临界点理论等工具,成功地解决了这类问题. 1991 年,他当选为中国科学院院士.

杨乐 我国著名数学家,江苏南通人. 他 1962 年毕业于北京大学,曾任中国科学院数学与系统科学研究院院长、数学研究所研究员.

杨乐主要从事复分析研究,对整函数与亚纯函数亏值与波莱尔方向间的联系做了深入研究. 杨乐与另一位青年数学家张广厚合作,最先发现并建立了这两个基本概念之间的具体联系. 他对亚纯函数奇异方向进行了深入研究,引进了新的奇异方向并对奇异方向的分布给出了完备的解答. 他对全纯与亚纯函数族的正规性问题进行了系统研究,建立了正规性与不动点间的联系. 他还引进亏函数的概念,证明了有穷下级亚纯函数的亏函数至多是可数的. 他还与英国学者合作,解决了著名数学家李特尔伍德的一个猜想,对整函数及其导数的总亏量与亏值数目做出了精确估计. 1980 年,他当选为中国科学院院士.

王元 我国当代著名数学家,原籍江苏镇江,出生于浙江兰溪. 他 1952 年毕业于浙江大学,现任中国科学院数学研究所研究员. 20 世纪 50 年代至 60 年代初,王元首先将筛法应用于哥德巴赫猜想的研究,并证明了命题"3+4",1957 年又证明了"2+3",这是中国学者首次在此研究领域居世界领先地位,其成果被国内外有关文献多次引用. 王元与华罗庚于 1973 年合作证明用分圆域的独立单位系构造高维单位立方体的一致分布点贯的一般定理,被国际学术界誉为"华王方法". 20 世纪 70 年代后期,王元对数论在近似分析中的应用作了系统总结,产生了广泛的国际影响. 20 世纪 80 年代,在丢番图分析方面,他将施密特定理推广到任何代数领域. 在丢番图不等式组等方面,王元做出了创造性的贡献. 1980 年,王元当选为中国科学院院士.

陈景润 中国当代著名的数学家,他 1933 年生于福建福州,1953 年毕业于厦门大学数学系. 陈景润主要从事解析数论方面的研究,在哥德巴赫猜想研究方面,取得了国际领先的成果. 20 世纪 50 年代,他对高斯圆内格点、球内格点、塔里问题与华林问题做了重要改进. 20 世纪 60 年代以来,他对筛法及其有关问题做了深入研究. 他于 1979 年初完成论文《算术级数中的最小素数》,将最小素数从原有的 80 推进到了 16,深受世界数学界的称赞.

1966 年,蛰居于 6 平方米小屋的陈景润,借着一盏昏暗的煤油灯,伏在床板上,用一支支笔,耗去了几麻袋的草稿纸,攻克了世界著名数学难题"哥德巴赫猜想"中的"1+2",距摘取这颗数论皇冠上的明珠"1+1"只有一步之遥. 陈景润证明了"每个大偶数都是一个素数及一个不超过两个素数的乘积之和",这使他在"哥德巴赫猜想"的研究上居世界领先地位. 这项工作还使他与王元、潘承洞在 1978 年共同获得中国自然科学奖一等奖. 他研究哥德巴赫猜想和其他数论问题的成就,至今仍然在世界上遥遥领先. 对于陈景润的辉煌成就,一位著名的外国数学家曾敬佩和感慨地说:他移动了群山!

吴文俊 中国科学院院士、第三世界科学院院士、当代中国杰出的数学家. 吴文俊生于 1919 年 5 月 12 日,1940 年毕业于上海交通大学数学系,1949 年在法国斯特拉斯堡大学获法国国家科学博士学位,他还曾任中国数学学会理事长.

吴文俊的研究工作涉及代数拓扑学、代数几何、博弈论、数学史、数学机械化等众多学术领域. 他对数学的主要领域——拓扑学做出了奠基性的贡献. 他引进的示性类和示嵌类被称为"吴示性类"和"吴示嵌类",他导出的示性类之间的关系式被称为"吴公式". 他的工作是20世纪50年代前后拓扑学的重大突破之一,成为影响深远的经典成果. 20世纪70年代后期,他又开创了崭新的数学机械化领域. 他提出了用计算机证明几何定理的"吴方法",被认为是自动推理领域的先驱性工作. 他建立的"吴消元法"是求解代数方程组最完整的方法之一,后来他又将这一方法推广到了偏微分代数方程组. 这些成果不仅对数学研究影响深远,还在许多高科技领域得到了应用. 吴文俊是我国最具国际影响力的数学家之一,他的成就缩短了中国当代数学与国际上的差距.

吴文俊曾获首届"国家自然科学一等奖""中国科学院自然科学一等奖""第三世界科学院数学奖""陈嘉庚数理科学奖"、首届"香港求是科技创新基金会杰出科学家奖"和首届"国家最高科技奖".

谷超豪 我国当代著名的数学家,1926年5月15日生于浙江温州,1948年毕业于浙江大学数学系,后留校任教. 1953年他到复旦大学从事教学和研究工作,1957年赴苏联莫斯科大学力学数学系进修,1959年获该校物理数学科学博士学位. 1960年后,他历任复旦大学教授、数学系主任、数学研究所所长,中国科学技术大学校长,国家科委"攀登计划"非线性科学科研项目首席科学家. 他还曾兼任中国数学会副理事长,国务院学位委员会学科评议组数学组召集人,中国科学工作者协会杭州分会和中国自然科学专门学会联合会浙江分会理事. 1980年他当选为中国科学院院士,1994年当选为国际高等学校科学院院士. 谷超豪主要从事偏微分方程、微分几何、数学物理等方面的研究和教学工作,同时还致力于大学的行政工作,均取得重要成就,为我国数学研究和科学教育事业的发展做出了重要贡献. 在一般空间微分几何学、齐性黎曼空间、无限维变换拟群、双曲型和混合型偏微分方程、规范场理论和孤立子理论等方面,也取得了一系列研究成果. 他于2012年获"国家最高科技奖".

陈省身 浙江嘉兴人. 1926年,正规初中只读了一天,高中还没有念完的陈省身,插班到天津扶轮中学毕业班. 因为他的数学成绩好,决定在天津考北洋大学(现天津大学)或南开大学.

陈省身感到学数学有无限的乐趣,因此,1930年当他从南开大学毕业后,又进入了清华大学研究院深造. 1935年他在德国汉堡大学完成博士论文后来到巴黎,随数学大师嘉当工作了一年.

不管是在大学,或者在研究机构,陈省身始终醉心于微分几何学. 姜立夫引他进入了这个王国,嘉当则给了他开启殿堂大门的钥匙. 陈省身把嘉当精通的微分形式的运算技巧用到几何问题上,创立了整体微分几何,成为20世纪伟大的几何学家.

陈省身长期从事微分几何的研究,是现代微分几何的奠基人. 1950年和1970年,他曾两度在国际数学家大会上作现代微分几何进展情况报告. 这意味着,在长达20年的时间里,他在微分几何这个领域的科学研究,一直处于世界领先地位. 这种情况即使不是独一无二的,也是很少见的. 所以国外数学专家、学者认为:"陈省身先生就是现代微分几何."

1984年,国际舆论界发出一条引人注目的新闻:美籍华裔著名数学家陈省身以"整体微分几何上的卓越贡献"获得沃尔夫奖. 该奖是专门颁给国际上在数学方面有杰出贡献的学者的. 因为诺贝尔奖中没有设数学奖,陈省身获得的是国际上最高数学奖.

陈省身从事数学研究和教学半个世纪. 每当取得成就,他就更加怀念远方的祖国,他一心希望中国成为数学大国. 数十年来,他在美国培养了40个数学博士,有的已成为著名数学家,如香港客家人丘成桐曾获 1982 年世界数学大奖菲尔兹奖. 1984 年,73 岁的陈省身从美国伯克利的数学研究所退休. 他定居旧金山,尽管晚年生活舒适,儿女都很有出息,但他眷恋祖国的赤子之心使他难以安享悠闲. 他曾给老同学、南开大学副校长吴大任写信表露心愿:"培养高级专门人才,派遣留学生是一种方法,更重要的是在国内建立培养高级人才的基地. 我愿把我的余年和最后的心血,倾注在祖国的土地上."1985 年初,陈省身偕夫人来到他久别的南开母校,应聘担任南开大学数学研究所所长,并将荣获沃尔夫奖的 5 万美元奖金以及一万多册私人藏书全部献给了数学所. 同年 6 月,一座乳白色的现代化教学科研大楼,在幽静的南开校园里拔地而起. 他的办所方针是:立足南开,面向全国,放眼世界.

陈省身还提出了雄心勃勃的办学计划,要以"学术活动年"的方式,每年围绕一个数学重点方向,聘请 10 名世界一流的数学家来所讲学,每年从全国挑选 100 名优秀的数学研究生与青年教师来所听课. 他的这种"双聚式"的办学模式,已取得了巨大成功.

1987 年 5 月,陈省身在南开大学为他举行的执教 50 周年纪念会上,发表了热情的演讲:"当今的青年,只要肯努力,奋发图强,一定会产生出中国的伟大的数学家. 21 世纪的中国,将步入世界数学大国的行列!"他的话,既表达了对年轻一代的热切希望,也表达了对祖国美好明天的坚定信念!

关肇直 广东南海人,1919 年 2 月 13 日出生于北京. 1931 年入北京崇德中学学习,1936 年考入清华大学土木工程系,1938 年转入燕京大学数学系,1941 年毕业. 曾在燕京大学、北京大学任教. 1947 年赴法国留学,在巴黎大学庞加莱研究所从事研究工作,导师是著名数学家弗雷歇.

1949 年底,关肇直回到祖国,满腔热情地投身于新中国的建设. 他曾参与筹划中国科学院的组建工作,为确定中国科学院的方向、任务、体制做出了一定的贡献. 1952 年,关肇直参加筹建中国科学院数学研究所,历任数学研究所副研究员、研究员、研究室主任、副所长. 他还曾担任北京数学会理事长、中国数学会秘书长及《中国科学》《科学通报》《数学学报》和《系统科学与数学》等杂志的编委或主编. 1980 年,他与其他科学家一起创建中国科学院系统科学研究所,担任研究所所长和中国系统工程学会理事长. 1980 年 11 月,关肇直当选为中国科学院学部委员.

关肇直长期从事泛函分析、数学物理、现代控制理论等领域的研究,成绩显著,为我国社会主义现代化建设做出了重大贡献. 1978 年,关肇直获全国科学大会奖. 1980 年,他获国防科委、国防工办科研奖十几项. 1982 年,他与宋健等同志一道获国家自然科学奖二等奖. 1985 年,关肇直参与主持的一个科研项目获国家科技进步特等奖,他本人获"科技进步"奖章.

关肇直注意在数学研究中学习前人的理论,做了继承工作;但他更注意在继承的基础上进行创造,提出新概念,开辟新领域,发展新理论. 关肇直认为,学习是为了创造,继承是为了发展. 他说:"对科学家来说,第一强调的是创造".

关肇直在数学研究和数学教育中始终注意掌握和运用正确的思想方法. 他的思想方法给我们的启示是要善于学习别人和总结自己,形成具有自己特色的科学的思想方法;在数学研究中学会用辩证法,养成勤奋、踏实、严谨的学风.

关肇直长期担任数学科研的领导工作,并先后担任北京师范大学、北京大学、中国人民大学和中国科技大学教授,为培养和造就数学人才献出了毕生的精力. 在我国数学界享有很高的声望.

1982年11月12日,关肇直逝世于北京,享年六十三岁.

柯召 1910年出生于浙江温岭的一个平民家庭.他从小多思好问.柯召毕业于清华大学数学系.1935年,他考上了英国曼彻斯特大学公费留学生,师从于著名数学家莫德尔的门下.

莫德尔教授治学严谨,待人热情.入学时,他问了柯召的一些基本情况,柯召据实以答,并把在清华时写的论文给他看.莫德尔看后很满意,便同意接收,还把学习年限定为两年(按规定,一般为三年).莫德尔给柯召的第一个研究课题是"关于闵可夫斯基猜测".柯召专心琢磨了整整一周,毫无头绪,他便去见老师,说没有找到办法.莫德尔笑笑对他说:"这个问题我研究了三年都没有解决",并向正在他办公室的一位力学教授解释道:"年轻人也许有新的想法."其实,莫德尔本人便是世界知名的解题高手,攻克过许多难题,"闵可夫斯基猜测"的难度可想而知.他这样做是对这位中国学生寄予厚望.

两个月后,柯召完成了一篇很有创见的研究论文.莫德尔看了之后评论甚高,告诉柯召说:"行了,你的博士论文已可通过.不过,按制度你还要两年之后才能毕业."他还让柯召到伦敦数学会报告过这篇论文.在此之前,还没有中国人登过伦敦数学会的讲台,当时听众惊奇地说:"中国人!这么年轻!"著名数学家哈代也在座,对此印象很深.后来哈代在主持柯召的博士论文答辩时对他说:"你已经做过报告了,很好!很好!"就这样,柯召于1937年就获得了博士学位.

新中国成立之后,柯召获得了新生,他以极大的革命热情投入到教育和科研中去.由于他的突出贡献,1983年在中国数学会第四次全国代表大会上,代表们一致推举他为名誉理事长.这是中国数学界所能赋予的最高荣誉.

1990年4月12日,四川大学、四川省科协和四川省数学会联合举行了祝贺柯召教授80寿辰暨执教60周年的庆祝会.各界人士数百人到会祝贺,并收到贺电、贺信百余件.中国科学院、国家科委的贺电指出:"数十年来,柯召教授热爱社会主义祖国,忠诚人民的教育事业,努力献身国家的科学事业,为我国的教育事业和科学技术事业做出了重大贡献."《四川大学学报》(自然科学版)为庆祝柯召80寿辰出版了"专辑",庆祝会上举行了首发式."专辑"共刊出献给柯召80寿辰的学术论文38篇,包括他的老朋友爱尔特希,以及国内外多位数学家,如王元、万哲先、陈景润、潘承洞、格拉厄姆、泰德曼等人撰写的优秀论文.

潘承洞 1934年5月26日出生于江苏省苏州市.1949年,潘承洞考入苏州桃坞中学高中.一次,他发现《范氏大代数》一书中有关循环排列题的解答有错,并做了改正,这使得教他数学的祝忠俊先生对他不迷信书本,善于发现问题,进行独立思考的才能十分赞赏.

1952年,潘承洞考入了北京大学数学力学系.当时全国高校刚调整院系,许多著名学者如江泽涵、段学复、戴文赛、闵嗣鹤、程民德、吴光磊等,为他们讲授基础课.以具有许多简明、优美的猜想为特点的数学分支——数论,在历史上一直使各个时期的数学大师着迷.但是,它们中有很多仍未解决的问题,这些猜想深深地吸引着潘承洞.在闵嗣鹤教授循循善诱的引导下,他选学了解析数论专门化.1956年,潘承洞以优异的成绩毕业,留校工作,翌年二月,成为闵嗣鹤的研究生.在学习期间,他还参加了华罗庚教授在中国科学院数学研究所主持的哥德巴赫猜想讨论班,与陈景润、王元等一起参加讨论,互相学习与启发.潘承洞很有才华,在他做学生的时候就有突出的表现,他在北京大学期间完成的主要论文有《论算术级数中之最小素数》《堆垒素数论的一些新结果》等.

1960年,潘承洞研究生毕业后分配到山东大学工作.山东大学领导相当看重与照顾潘承洞,使他能继续从事被一些人认为"理论脱离实际"的解析数论的研究.到济南后的短短几年中,他发表了论文《表大偶数为素数与殆素数之和》《表大偶数为素数与一个不超过四个素数的乘积之和》《林尼克大筛法的一个新应用》等.这些工作对哥德巴赫猜想与算术数列中最小素数这两个著名问题的研究做出了重要贡献,受到华罗庚、闵嗣鹤及国内外同行的高度评价.

1966年开始的"文化大革命"严重地搅乱了科学研究,尤其是基础理论研究的正常秩序.1973年陈景润关于哥德巴赫猜想的著名论文发表后,潘承洞又开始了解析数论的研究,这一时期工作的代表性论文是《一个新的均值定理及其应用》,他的主要贡献是提出并证明了一类新的素数分布的均值定理,给出了这一定理对包括哥德巴赫猜想在内的许多著名数论问题的重要应用.

1978年,潘承洞获全国科学大会奖;1979年被授予全国劳动模范称号;1982年与陈景润、王元一起获国家自然科学奖一等奖;1984年被评为我国首批有突出贡献的中青年专家;1988年获山东省首批专业技术拔尖人才荣誉称号.

1997年12月27日,潘承洞病逝于济南,享年64岁.

丘成桐 当代著名数学家,他1949年生于广东汕头市,后随家人移居香港,就读于香港中文大学.其后,丘成桐到美国加州大学伯克利分校,师从当代微分几何大师陈省身先生.1971年,他获得博士学位.1981年,他获得美国数学会几何学大奖.1983年,他又获得菲尔兹奖.1986年,他当选台湾"中央研究院"院士.丘成桐曾任教于纽约州立大学、斯坦福大学、普林斯顿研究所、加州大学圣地亚哥分校,现任教于哈佛大学.

丘成桐以卓越的能力和杰出的贡献向数学界显示了自己在微分几何领域的领先作用.他不仅具备几何学家的直观能力,而且兼有分析学家的智慧.丘成桐的研究硕果累累,而且意义重大、影响深远.他的最有影响且最重要的成果是对著名的卡拉比猜想的证明.这一猜想是著名几何学家卡拉比(E. Calabi)在1954年的国际数学家大会上提出的.从数学上看,该猜想实质上就是给定里奇曲率,而求黎曼度量问题.这在流形理论研究中有着重要意义,可是,这一问题的解决涉及一个非常困难的非线性偏微分方程的求解.曾引起世界上许多著名数学家的兴趣,但都未曾解决.1976年底,丘成桐利用他强有力的偏微分方程估计,显示其对先验估计方面的高深造诣和娴熟的技巧,力盖群雄,彻底解决了数学上著名的卡拉比猜想.不仅如此,丘教授在解决这一问题的过程中还建立了解决一大类非线性程度很高的偏微分方程方法,把人们对非线性偏微分方程的研究大大向前推进了一步,从而开创了该领域研究的崭新局面.与此同时,他创立的方法用于复变函数与代数几何等方面的工作震动了世界数学界.譬如,他在20世纪70年代致力于闵科夫斯基(Minkowski)问题的研究,终于在1975年与郑绍远合作解决了高维闵科夫斯基的光滑问题;丘成桐还创造性地解决了著名的普拉托(Plateau)问题和道格拉斯(Douglas)-莫里解的嵌入问题,该结果在拓扑学中有许多应用,后者成为解决史密斯(Smith)猜想的不可缺少的一部分.丘氏方法还被用于广义相对论的正质量猜想:"引力效应不只局限于局部,也可以在宇宙边缘处发现",从数学的眼光看,这实质上是一个极其困难的大范围微分几何问题,但丘成桐这位中国年轻的数学家不畏艰难带领着他的学生们,用微分几何的方法造出极小曲面.1978年,丘成桐和舍恩(R. Schoen)合作首先解决了这一正质量猜想的特殊情形,不久就用解非线性方程的手段彻底地解决了最一般的正质量猜想!

丘成桐成功地把微分几何与偏微分方程的技巧与理论结合在一起,解决了许多有名的猜想.在偏微分方程、微分几何、复几何、代数几何以及广义相对论方面,也都有不可磨灭的贡献.因而,在2013年,他又获得了"沃尔夫奖".丘教授还十分关怀中学生的成长.在他的倡导下,2008年首次设立"丘成桐中学生数学奖".

3.2 外国数学史部分及外国古代著名数学家

3.2.1 萌芽时期

数学作为一门科学的萌芽时期,是从奴隶社会开始的,结束于约公元前6世纪.

埃及数学 大英博物馆的东方展室在英国人兰德的珍藏品中,有一份"阿默士(Ahmes)纸草书",还有一部埃及纸草数学文献珍品——"莫斯科纸草书".这是了解埃及数学的主要资料来源.

埃及的数学,重心在于实际计算,不论算术还是几何、代数方面都是这样,而且是解决个别问题实例的汇集,没有形成论证数学.

巴比伦数学 巴比伦数学已有代数的开端.他们的数学中心虽然仍然是具体问题、具体数学的计算,但已掌握了个别的简单且带有典型的抽象的数学模型,但是还没有逻辑证明思想,当然也不会形成数学理论.

总体来说,萌芽时期的数学是直接与实践相联系的,是从经验中提出的具体方法的汇集,没有统一的逻辑系统,也没有建立起数学逻辑证明理论.算术与几何没有分开,彼此交错着,代数只有个开端,三角学思想至多是个胚芽.

3.2.2 初等数学时期

这一时期,约从公元前6世纪到17世纪中叶的1665年(牛顿发现微积分),大约延续了2 200年.从数学内容上说,大体上从公元前6世纪到公元前2世纪的400多年是几何学发展时期,而从2世纪至17世纪是代数学发展占优势的时期,三角学早期是作为天文学的一部分而出现的.希腊人在公元前1世纪已掌握了一些三角学原理.到15世纪,德国数学家基奥蒙田纳斯(J. Regiomontanus)约于1464年完成了《论一般三角形》一书(去世后在1533年发表),才正式使三角学成为独立的学科.

1.希腊文明时期(公元前6世纪末至641年缪斯学院图书馆被毁)

希腊时代的数学,特别是几何学已惊人的发达,不仅建立了跨越实用的理论数学,而且创立了数学史上的一大伟绩.

希腊的数学奇迹,并不是发源于希腊本土,而是始于小亚细亚的爱奥尼亚地区的城邦米利都(Miletus),而且是埃及与巴比伦的数学为希腊预先做好了知识上与思想上的准备.

(1)雅典时期(公元前6世纪到公元前325年)

爱奥尼亚(Ionia),位于亚洲小亚细亚西岸,这使它更易于吸收埃及与巴比伦的文化;再者爱奥尼亚的数学不像东方埃及巴比伦那样受到神权观念的束缚,首先得到繁荣.泰勒斯

(Thales,公元前624—约前547),生于爱奥尼亚的第一大城米利都,创立了爱奥尼亚学派.据说他曾根据杆长与影长之比的原理,利用金字塔影长算出金字塔高.他还发现了一些重要的三角形定理.更为重要的是,他首开先河提出了数学命题的证明,他是希腊数学的鼻祖.

萨摩斯岛(Samos Island),位于土耳其西岸小岛,有一个叫毕达哥拉斯(Pythagoras,约公元前572—前497)的古希腊数学家、天文学家和哲学家,他组织了一个后世称为毕达哥拉斯学派的社团,研究成果都以毕达哥拉斯的名义发表.毕达哥拉斯学派最早证明了大地为球形,最早证明了直角三角形两直角边平方之和等于斜边的平方.毕达哥拉斯学派在素数、毕达哥拉斯数(我国称为勾股数)、多角形数、完全数和发现无理数方面有系列的成就.欧洲人认为,数学作为一门科学,开始于毕达哥拉斯.他们以"万物皆为数"作为最高信条,研究音乐、天文、几何及算术(西方称之为 quadrivium——四艺,是当时教育的中心内容).他们把研究数学作为净化灵魂的手段.在数学上,他们证明了勾股定理,研究数论问题,发现了无理数 $\sqrt{2}$,引起了数学史上的"第一次危机".最重要的是,他们给予数学以演绎的特性.

还有埃利亚(Elea)学派,是以芝诺(Zeno,公元前496—前430)为首的.他提出了四个著名的数学悖论,即"物体永远不可由甲地运动到乙地""神行太保赛不过乌龟""飞着箭是静止的""一半的时间可以等于全体的时间".对数学乃至哲学思想的发展有着深远的影响.

公元前480年,雅典成为地中海地区最大的商业及文化中心(见图3.1).雅典人崇尚学术自由辩论的精神,形成了哲人学派(sophism).他们在数学上的研究中心是所谓"古典数学"三大作图难题:①三等分角;②倍立方(求作一立方体,使其体积是一已知立方体积的2倍);③化圆为方(求作一正方形,使其面积等一已知圆).问题的难点在于,只准用圆规和不带刻度的直尺(即规尺作图法).探索三大难题过程刺激了数学家的钻研精神,虽然后来证明了限定规尺作图法三大难题的不可解性,但却开拓了新的数学方法和理论,如发现了圆锥曲线,三次、四次代数曲线及"割圆曲法",等等.哲人学派的数学家安提丰(Antiphon)提出了"穷竭法",实为西方近代极限理论的胚芽,他所提出的细分法计算圆面积则成为阿基米德割圆术的先导.

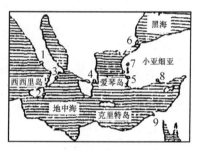

图 3.1
1. 爱利亚　2. 锡拉库萨(叙拉古)
3. 克罗顿　4. 雅典　5. 米利都
6. 比赞昆(伊斯坦布尔)　7. 佩尔血蒙　8. 贝尔格(木尔托那)
9. 亚历山大城

雅典的中心地位延续了半个多世纪.公元前431至公元前404年,雅典与斯巴达之间展开了著名的伯罗奔尼撒战争,最后以雅典失败告终.雅典虽然衰落了,但是文化典籍与人才依然存在,所以它仍然是希腊的文化中心.哲学家苏格拉底的学生柏拉图(Platon,公元前427—前347)对数学有着浓厚的兴趣,他曾访问过意大利的南部及东方的埃及,他的哲学渗透着数学思想,有人说是数学的哲学.他回到雅典的城邦创办了柏拉图学园(Akademeia),校门口高悬"不懂几何学的学生,禁止入内".西方科学界尊重数学的传统,就是从这个学园兴起的.柏拉图认为打开宇宙之迹的钥匙是数与几何图形,因而非常重视几何与算术.他发展了证明论中的分析证明法,与希腊人往常用的综合证明法相互补充.柏拉图学派研究了数学方法论,用几何学方法总结巴比伦的代数学,还研究了正多面体理论及比例理论;尤为重要的是,柏拉图学派发展了用演绎逻辑方法系统整理零散的数学知识的思想,这些在知识、方法、思想上的准备,成为滋养欧几里得《几何原本》产生的重要因素. 在柏拉图学园学习和工作了20年之久的亚里士多德(Aristotle,公元前384—前322)是形式逻辑的奠基人,非常重视数学,尤其重视抽象概念、抽象思维. 他区别了数学的基本原理——公理和公设. 他认为公理是一切科学所公有的真理,而公设则只是某一门科学所接受的第一性原理. 公理与公设应该愈少愈好. 他的这一卓越思想在数学史上影响很大.

(2)亚历山大时期

公元前338年希腊人被马其顿人所战败,雅典数学一蹶不振. 马其顿的领袖亚历山大(Alexander)建都于亚历山大城,并在这里建起了著名的博物馆和宏伟的图书馆(据说藏书达五十万卷),精心扶植艺术与科学. 直到641年遭到阿拉伯入侵者的洗劫之前的近一千年间,亚历山大城一直是希腊的包括数学在内的学术中心. 亚历山大数学兴旺的主要原因是这里汇集了西方与东方数学成果与思想;有繁荣科学的社会需要及国家对于科学的奖励政策;特别是亚历山大城有当时世界上第一流的博物馆(相当科学院)及图书馆. 因而几乎当时所有(阿基米德除外)最卓越的数学家都集中在这里. 公元前3世纪,是希腊数学的黄金时代.

①亚历山大前期

这一时期是雅典衰落到公元前146年希腊被罗马所灭. 杰出的数学家有泰勒斯、欧几里得、阿基米德、毕达哥拉斯、阿波罗尼斯等.

泰勒斯 古希腊著名的学者、数学家,他出身富裕之家,但却对此不屑一顾,而是倾注全部精力从事哲学和科学的钻研. 在科学上,他倡导理性,不满足于直观的、感性的、特殊的认识,崇尚抽象的、理性的、一般的认识. 譬如,等腰三角形的两底角相等,并不是指我们所能画出的个别的等腰三角形,而应该是指"所有的"等腰三角形. 这就需要论证、推理,才能确保数学命题的正确性,才能使数学具有理论上的严密性和应用上的广泛性.

泰勒斯在数学方面曾发现了不少平面几何学的定理,诸如:"直径平分圆周""三角形两等边对等角""两条直线相交,对顶角相等""三角形两角及其夹边已知,此三角形完全确定""半圆所对的圆周角是直角"等. 这些定理虽然简单,而且古埃及、巴比伦人也许早已知道. 但是,泰勒斯把它们整理成一般性的命题,论证了它们的严格性,并在实践中广泛应用. 据说他可以利用一根标杆测量、推算出金字塔的高度.

泰勒斯醉心于钻研哲学与科学,清贫守道,而遭市井嘲笑. 他不以为然地说,君子爱财,取之有道. 他在对气候预测的基础上,预计来年油料作物会大丰收. 于是他垄断了米利都和开奥斯两地的所有油坊,到了季节以高价出租,赚了大钱. 人们深深佩服这位伟大的科学家.

欧几里得(Euclid,约公元前330—前275) 生平不详,大概是雅典人. 在亚历山大从事教学与科学活动,欧几里得广泛地搜集、整理、总结和发展了前人的数学成果,写成内容丰富、体系严整的经典数学名著《几何原本》13卷(后世按其"平行公设"的特点称其为欧几里得几何学,并引申出欧几里得空间). 直到今天,世界上大多数的中学平面几何教材基本上是《几何原本》前6卷的改写本;全世界具有初中以上数学知识的人,很少有不受这部书的影响的.《几何原本》严格的逻辑思想和定义、公理、定理等构成的体系,不仅是数学著作的典范,而且影响到科学各个领域.

欧几里得将公元前7世纪以来希腊几何学积累起来的丰富成果整理在严密的逻辑系统之中,使几何学成为一门独立的科学. 除了《几何原本》之外,他还有不少著作,可惜大部分都已失传.《已知数》是除《几何原本》之外唯一保存下来的他的希腊文纯几何著作,体例和

《几何原本》前 6 卷相近，包括 94 个命题。这本书指出，若图形中某些元素已知，则另外一些元素也可以确定。《图形的分割》一书现仅存拉丁文本与阿拉伯文本，论述用直线将已知图形分为相等的部分或成比例的部分。《光学》是早期几何光学著作之一，研究透视问题，叙述光的入射角等于反射角，认为视觉是眼睛发出的光线到达物体的结果。

阿基米德（Archimedes，约公元前 287—前 212） 物理学家、数学家，生于西西里岛上的叙拉古。物理学中他有如杠杆原理、浮力定律（阿基米德定律）等重大成就，并精通机械学。阿基米德有大量的数学著作传世，对抛物弓形面积、柱体、球体及截得体的表面积、体积等提供了计算方法或公式，他的"穷竭法"和"逼近"的思想与方法对后世数学有深远的影响。他是最早用上下限来界定圆周率 π 之值，并证明是在 $3\frac{10}{71}$ 到 $3\frac{1}{7}$ 之间的人。他运用穷竭法计算几何体的平面或体积（已相当接近积分法运算），并成功地运用力学方法解决数学问题。他进行了螺线、球及圆柱的研究，并出色地将数学知识应用于物理学科及技术的实际。阿基米德与牛顿、高斯被列为古代三个最伟大的数学家。

阿基米德，又称古希腊的"神明"。关于他的传说很多，譬如，利用浮力原理判断叙古拉王冠是否掺假；利用巨大镜面反射阳光使敌船焚烧；利用杠杆原理计算抛物线弓形面积和球体积；设计螺旋扬水器、太阳观测仪等，还有最著名的豪言壮语："给我一个支点，我可以把整个地球撬起来。"

阿基米德幼年时受到良好的家庭教育，父亲是一位天文学家。年轻时代，由亲戚资助，曾去亚历山大里亚求学，因才智过人，不断取得成果。后回到家乡叙古拉，潜心从事学术研究，再也没有离开家乡，但与亚历山大里亚的学者们保持密切的联系，并受到同时代的人的敬佩与尊崇。公元前 212 年，罗马人攻入叙古拉。据传说，阿基米德正在聚精会神地思考几何问题，竟然没有听见破门而入的罗马兵的呵斥，被恼怒的罗马兵当场刺死。

对于阿基米德之死，罗马统帅马塞拉斯也深感惋惜，不但处决了那位士兵，还专门为阿基米德修建了一座墓，在墓碑上刻着球内切于圆柱的图形，以纪念阿基米德发现球的体积和表面积都是其外切圆柱的 $\frac{2}{3}$。

阿基米德的学术成就是多方面的，涉及数学、物理学、力学、天文学及工程技术等学科。他撰写了大量科技著作，都以小册子的形式出现，而没有大部头巨著。在他的这些著作中，现存最早的文本是希腊手稿和从 13 世纪起由希腊翻译的拉丁文手稿。在阿基米德的著作中表现出来的数学思想和方法独具特色，他将娴熟的计算技巧和严格的逻辑证明融为一体。他又善于将抽象的理论和工程技术的具体应用紧密结合起来，形成了独步一时的"阿基米德数理方法"，至今仍令人交口称赞。

毕达哥拉斯 古希腊数学家、哲学家。对他的生平知道得很少。毕达哥拉斯和他的学派在数学上有很多创造，尤其对整数的变化规律感兴趣。他们发现的"直角三角形两直角边平方和等于斜边平方"，西方人称之为毕达哥拉斯定理，我国称为勾股定理。当今数学上又有"毕达哥拉斯三元数组"的概念，指的是可作为直角三角形三条边的三数组的集合。

毕达哥拉斯学派亦称"南意大利学派"，是一个集政治、学术、宗教三位于一体的组织，由古希腊哲学家毕达哥拉斯创立。它产生于公元前 6 世纪末，公元前 5 世纪被迫解散，其成员大多是数学家、天文学家、音乐家。它是西方美学史上最早探讨美的本质的学派。

毕达哥拉斯学派认为数是万物的本原,事物的性质是由某种数量关系决定的,万物按照一定的数量比例而构成和谐的秩序. 由此他们提出了"美是和谐"的观点,认为音乐的和谐是由高低长短轻重不同的音调按照一定的数量上的比例组成的,"音乐是对立因素的和谐的统一,把杂多导致统一,把不协调导致协调",这是古希腊艺术辩证法思想的萌芽,也包含着艺术中"寓整齐于变化"的普遍原则. 他们认为天体的运行秩序也是一种和谐,各个星球保持着和谐的距离,沿着各自的轨道,以严格固定的速度运行,产生各种和谐的音调和旋律,即所谓"诸天音乐"或"天体音乐". 他们还认为,外在的艺术的和谐同人的灵魂的内在和谐相合,产生所谓"同声相应",认为音乐大致有刚柔两种风格,对人的性格和情感产生陶冶和改变,强调音乐的"净化"作用.

他们偏重于美的形式的研究,认为一切平面图形中最美的是圆形,一切立体图形中最美的是球形. 据说他们最早发现了所谓"黄金分割"规律而获得关于比例的形式美的规律. 毕达哥拉斯学派证明了"三角形内角之和等于两个直角"的论断;还发现了正五角形和相似多边形的作法;还证明了正多面体只有五种——正四面体、正六面体、正八面体、正十二面体和正二十面体.

毕达哥拉斯学派认为数最崇高、最神秘,他们所讲的数是指整数. 他们认为宇宙间各种关系都可以用整数或整数之比来表达. 但是,有一个名叫希帕索斯的学生发现,边长为1的正方形,它的对角线却不能用整数之比来表达. 这就触犯了这个学派的信条,于是规定了一条纪律:谁都不准泄露存在无理数这个秘密. 天真的希帕索斯无意中向别人谈到了他的发现,结果被杀害. 但无理数的发现很快就引起了数学思想的革命.

阿波罗尼斯(Apollonius,公元前260—前170) 编著的《圆锥曲线》,内容详尽、完美的程度达到和近代的圆锥曲线理论大体相同,已经接近了解析几何,只不过采用的是几何语言. 他的圆锥曲线理论,对于近两千年后的开普勒行星运行理论、解析几何与微积分的建立都有启迪作用.

以上几位数学家的成就,把希腊几何学几乎提高到西方17世纪后才得以超越的高峰.

② 亚历山大后期

公元前146年,希腊被罗马征服,亚历山大城的政治与文化地位虽然开始逐渐走向衰落,但那里的一些学者继承前期的成就,在数学上以代数学与三角学为主仍然取得一些成就.

海伦(Heron,约60年) 在其《度量论》(Metrica,约100年)中提出著名的海伦公式($S=\sqrt{p(p-a)(p-b)(p-c)}$,$S$是三角形面积,$a,b,c$是三角形的三边,$p$是三角形的半周长).

天文学家托勒密、梅涅劳斯为创立独立的三角学做出了贡献.

丢番图(Diophantus,3世纪) 希腊数学家,生平不详. 留传至今的只有其《算术》(Arithmetika)十三卷中的六卷和关于多角形数的一些论文的残篇. 其中《算术》一书是1575年译成拉丁文后才广为人知,但对后世数论的研究有极深远的影响,后世由丢番图开创研究的不定方程称为丢番图方程;丢番图开创的对近似理论的研究称为丢番图近似理论,丢番图关于二次方程求根的方法已经与今天相仿,但他只求有理数正根;他率先使用个别的数学符号,其工作是代数占主导地位时期的开端. 丢番图的《算术》对法国费马有影响.

帕普斯(Pappus,约300年) 他不仅是搜集整理、考释评注希腊古代数学的佼佼者,而且是亚历山大时代最后一位富有创造性的数学家.他提供的珍贵史料《数学汇编》对笛卡儿有着影响,同时也可以从中看出他敏锐的洞察力和高深的数学修养.

海帕西娅(Hypatia,约370—415) 她是位杰出的女数学家,她注释过丢番图的《代数学》及阿波罗尼斯的《圆锥曲线论》.她被基督教徒残酷迫害致死,成为数学史上骇人听闻的事件.

希腊的代数早有成就,但它主要缺欠是没有负数和零,也没有非几何学上的无理数,更没有发达的字母符号系统.亚历山大城的缪斯图书馆于公元前48年被罗马人焚毁(后又重建,398年再度被烧毁,包括数学在内的各种文献损失巨大.641年,亚历山大城陷于阿拉伯人之手,他们焚烧了两个半世纪收集的藏书,据说有几十万份手稿.大批学者携带着典籍逃到东方,文化中心转移到东罗马帝国的君士坦丁堡,到此宣告了初等数学希腊时代的结束.

2.罗马、中世纪及阿拉伯时期

追溯到罗马征服希腊后,罗马人除了用算盘计算以外,对数学很少有兴趣,也很少有贡献.从公元前4世纪雅典衰落开始,希腊数学已经萌发出了理论脱离实际的倾向.比如,研究有关数的理论而轻视"计算术";认为几何方法是数学证明的唯一方法,研究几何学而鄙视"测量术";畏于无理数的存在,而不准把算术应用于几何;在几何作图法中严格限制于规尺作图;并且还有数学为神学服务的唯心主义思想,等等.这样的谬见流传,形成积弊,恐怕是影响希腊数学传统绵长传扬再展宏图的重要因素.从社会的外在因素分析,整个地中海地区呈现为"闭关锁国"的状态,阻滞了生产力的发展,再加上基督教在罗马取得了合法地位,摧残了科学.从精神上说,罗马人征服了希腊后,遭到奴隶般驱使的希腊科学家当然丧失了热情与气魄.说到底,最根本的因素,是到了亚历山大后期西方奴隶制社会已走上衰落.

罗马四世(Theodosius,379～395年在位)在法典上规定:"任何人不得向占卜人和数学家请教."529年,柏拉图学园被东罗马(即拜占庭)帝国查士丁尼(Justinianus)关闭.同年,公布的《查士丁尼法典》中竟然记载着"关于恶根、数学家"的条款,规定:"绝对禁止应受到取缔的数学艺术",但是基督教为了宗教宣传也常常需要利用一点数学知识做工具,所以罗马教皇又把包括数学在内的"四艺"拿来为神学服务.

东方的君士坦丁堡成为新的文化中心,那里的数学家把主要精力放在研究和整理古代希腊著作,也没有巨大的数学成就.可以说,从476年西罗马被日耳曼灭亡敲响了奴隶制社会的丧钟起,西方数学就逐步沦落到中世纪封建社会的黑暗之中,直到13世纪末文艺复兴运动兴起,才见到走向黎明的曙光.随着希腊数学的终结,世界数学发展的中心就转移到东方的阿拉伯、印度、中亚细亚和中国.对于西方的数学来说,12～15世纪主要是吸收古代希腊东方数学思想的时期.

7世纪前,阿拉伯半岛的穆罕默德创立了伊斯兰教.几十年内,阿拉伯人完成了阿拉伯半岛的统一,在伊斯兰教旗帜下迅速向外扩张,建立了横跨亚、非、欧三大洲的阿拉伯帝国(中国史称"大食"国),并完成了向封建制社会的过渡(到1258年被蒙古所灭).这一广大地区的官方文字为阿拉伯文(如欧洲曾以拉丁文为官方文字),用它撰写的数学著作通称阿拉伯数学.

首先,通常所说的阿拉伯数字(码),应当称为印度-阿拉伯数字.它并不是阿拉伯人首创的,而是印度人发明的.8世纪,阿拉伯人发现了印度数字和十进位法,比阿拉伯原用的28

个字母记数符号及欧洲人使用的罗马记数方法既简便又科学.①阿尔·花拉子模著《算术》第一次把印度记数法介绍到阿拉伯,然后在全国推广,又通过西班牙传入欧洲并传播到世界各国.印度-阿拉伯数字,对人类文明的推动作用是十分巨大的.就在这一世纪,印度的天文学和数学著作,已译有阿拉伯文本.从 9 世纪起,古希腊数学家欧几里得、阿基米德、阿波罗尼斯的著作,都被译成阿拉伯文本.后来欧洲人正是通过阿拉伯译本才重新继承了这些古希腊数学成果.

阿拉伯数学,在 9 世纪至 15 世纪,先后出现了著名数学家阿尔·花拉子模(Al-Khwarizmi,9 世纪)、阿尔·比鲁尼(Al-Biruni,973—1048)、奥玛尔·海雅姆(Omar Khayyam,约 1048—约 1124)、阿尔·卡黑(Al-Karkhi,? —约 1029)、阿尔·卡西(Al-Kashi,? —1436)等,他们在算术、代数、几何及三角学等各方面,都有过重要贡献.

在算术方面,他们发现了小数,创造了数的开方法,掌握了"贾宪三角",第一次精确地建立了指数是任意自然数的牛顿二项式公式(牛顿的功绩是将二项式指数 n 由正整数推广到任意分数与无理数)等.

在代数学方面,阿尔·花拉子模的主要著作《还原与对消》,是他于 820 年的重要著作,直到 16 世纪还是欧洲大学使用的主要数学教本.17 世纪代数学传入我国时,也是采用音译法,译为"阿尔热巴拉",无疑也是拉丁文"algebra"的音译."代数学"这个词"algebra"就是来源于这部著作的书名中的"al-jabr".阿尔·海雅姆会利用圆锥曲线来解三次方程,并解出了一个四次方程.阿拉伯数学家不仅能运用几何方法解决代数问题,还能用代数方法解决几何学问题.

在几何学方面,他们主要是对欧几里得《几何原本》的翻译与注释.阿尔·卡西计算圆周率精确到 17 位,即 $2\pi = 6.283\ 185\ 307\ 179\ 586\ 5$,这一结果首次超过我国祖冲之在 5 世纪创造的纪录,而且比欧洲数学家同一纪录约早 500 年.

在三角学方面,阿拉伯数学家已掌握了球面三角形基本原理,已使用现在通用的 6 个三角函数,对建立独立的三角学做出了开创性的贡献.

值得指出的是,阿尔·卡西等人所写的数学著作中,有不少和中国数学有相似或相同的内容,如贾宪三角、高次开方法、盈不足术等,因而阿拉伯数学与中国数学的学术交流的历史原貌,有待于进一步考证研究.

阿拉伯帝国于 755 年分裂成两个独立王国,数学崛起的原因是多方面的.他们曾经烧毁过古希腊文化典籍,但很快地改变了做法,开始重视文化与科学.首府巴格达及科尔多瓦吸引了大批数学家.巴格达设立了学院、图书馆、观象台.国家聘请了印度的科学家到巴格达讲学,并在东罗马帝国以及东方的埃及、叙利亚、波斯等地招贤纳士,广集人才.他们在政治上与中世纪欧洲的基督教国家不同,对不同种族及信仰的人采取宽容政策,因而广泛地吸收了古希腊、印度、中国等其他民族的先进的数学遗产,并有一定的创新,成为东西文化交流桥梁,直到 14 世纪末,数学成就传播四海,其中欧洲获益最大.

印度古代数学的全盛时期是 5 世纪至 12 世纪.最著名的数学家有阿利耶毗陀(Aryabhata,约 476—550)、婆罗摩及多(Braiimagupta,约 598—660)、婆什迦罗(Bhaskara,1114—约

---

① 比如,3 888 用罗马记数法将写 MMMDCCCLXXXVIII 这么一大长串.

1185)等.

阿利耶毗陀著有《阿利耶毗陀历书》,包括《天文表集》《算术》《时间的度量》《球》等部分.他指出圆周率之值:"100 加 4 再乘 8,再加 6 200,就得到直径是 2 000 的圆周长近似值."即,求得 π=3.141 6.他对三角学贡献很大,制出的正弦与希腊人不同.他默认曲线与直线可用同一单位来度量.

婆罗摩及多代表作为《婆罗摩及多修正体系》(628 年).该书有世界上较早的正负数乘除法规则的明确记载和最早在数字上加上符号(该书是加圈或点)表示负数,该书使用"等间距二次内插法"仅比最早使用此法的中国数学家刘焯晚 28 年;书中对二次不定方程进行了深入的研究并给出了求二次方程一个根的公式;该书还在三角学方面有若干成就.

婆什迦罗在其 1150 年的著作中指出正数的平方根有两个,一正一负;认为二次方程有两个根.他还著有《立拉瓦提》等书.

印度最重要的数学成就有两个:一个是广泛采用了十进记数法及用零来表示空位,并在此基础上形成接近近代的运算方法;第二是建立了包括自由运用分数、无理数及负数的代数学.此外,他们在几何学、三角学、代数学方面都有一些贡献.

欧洲的教俗两界为了掠夺东方的财富,于 1096 年至 1291 年发动了一场前后 8 次、历时近 200 年的侵略战争,即"十字军东征(侵)".这场战争以失败告终,但客观上促进了东西文化的交流,使西方接触了丰富的东方文化与技术.

12~15 世纪,对于欧洲来说主要是吸收古希腊及阿拉伯等东方国家的数学遗产.从 14 世纪开始欧洲已进入文艺复兴阶段.在 12、13 世纪,欧洲的数学已经有一些进步的象征与准备,并非完全处于停滞状态.例如,意大利数学家斐波那契游历过希腊及东方的许多国家.以他的《算法之书》(常译《算盘书》,1202 年)为代表著作介绍了阿拉伯数学和古希腊数学成果,并有我国的"盈不足术",等等,此外他还有一些很有影响的数学发现(如著名的"斐波那契级数").

3. 文艺复兴、科学革命时期

一般认为从 14~16 世纪,欧洲进入文艺复兴时期,其中 15 世纪中叶至 16 世纪末这个阶段可以称作科学的革命时期.

欧洲世界走出黑暗的中世纪的根本原因,是封建主义没落,资本主义生产方式从萌芽走向成熟的结果.正如恩格斯所指出的:"如果说,在中世纪的黑夜之后,科学以意想不到的力量一下重新兴起,并且以神奇的速度发展起来,那么,我们再次把这个奇迹归功于生产."(《自然辩证法》,人民出版社,1971 年版)

以恢复古代西方文化的面目出现的"文艺复兴运动"首先是从意大利开始的,很快扩大到整个欧洲.1453 年,君士坦丁堡陷落,大批东罗马帝国的知识分子携带着古希腊的文化典籍、手稿逃到西欧各国,助长了欧洲兴起的科学革命.特别是 15 世纪欧洲印刷术的发展,为传播科学文化创造了空前的优越条件.

1535 年,意大利数学家泰塔格利亚(N. Tartaglia,约 1499—1557)与卡尔丹(Cardano, 1501—1576,有毁有誉的数学家)先后找到了三次方程的代数解法公式.1545 年出版的卡尔丹的《大法》一书是一部出色的数学著作,书中有三次方程的求根公式(书中虽两次声明此公式是泰塔格利亚告诉他后自己证明的,但实际上卡尔丹未遵守不发表的诺言),书中还有卡尔丹的学生费拉里(L. Ferrari,1522—1565)推得的四次方程求根公式.此书有两大功绩,其一是诱导人们追求五次方程求根公式的研究,导致后来近代数学的出现;其二是该书确立了负数和虚数在数学中的地位.中国人在公元前三四世纪就发现的负数及其运算,于十二三世纪经阿拉伯人传入欧洲后,曾受到欧洲一些数学家顽固的非难与反对.卡尔丹的《大法》一书出版后,负数与虚数才逐渐被欧洲数学家接受.1572 年,意大利数学家蓬贝利(R. Bombelli,1526—1572)引进虚数概念.荷兰数学家斯蒂文(S. Stevin,约 1548—约 1620)试建指数理论与符号,并系统提出十进小数的表示法及计算法.1614 年,英国数学家耐普尔(J. Napier,1550—1617 年)制订了对数,并已显露出解析学思想的萌芽.这一时期最为突出的数学成就,就是创立了符号代数学.法国数学家韦达(Vieta,1540—1603)在其名著《分析术引论》(1591 年)中开创了符号代数学,后来笛卡儿在《几何学》(1637 年)又改进了它.这对数学的发展起了巨大的促进作用.我们现今使用的一般数学符号,是在此基础上又经过二三百年才逐步形成的.

在这一时期,我们再介绍如下两位数学家:韦达和帕斯卡.

韦达 法国著名数学家,他 1540 年出生于法国东部的普瓦图的韦特奈.韦达早年学习法律,曾以律师身份在法国议会工作.韦达不是专职数学家,但他非常喜欢在政治生涯的间隙和业余时间研究数学,并做出了很多重要的贡献,成为那个时代最伟大的数学家.

韦达是第一个有意识地、系统地使用字母表示数的人,并且对数学符号进行了很多改进.他在 1591 年所写的《分析术引论》是最早的符号代数著作.是他确定了符号代数的原理与方法,使当时的代数学系统化,并且把代数学作为解析的方法使用.因此,他获得了"代数学之父"的称号.他还写下了《数学典则》《应用于三角形的数学定律》等不少数学论著.韦达的著作,以独特的形式包含了文艺复兴时期的全部数学内容.只可惜韦达著作的文字比较晦涩难懂,在当时无法得到广泛的传播.在他逝世后,才由别人汇集整理并编成《韦达文集》于 1646 年出版.

帕斯卡 法国著名的数学家、物理学家及思想家.他生于 1623 年 6 月 19 日,卒于 1662 年 8 月 19 日.帕斯卡自幼十分聪明,而且求知欲很强,12 岁便开始学习几何,并通读了欧几里得的《几何原本》,16 岁发现了著名的帕斯卡六边形定理.17 岁时,他完成了论文《圆锥曲线论》,这项工作是自古希腊以来对圆锥曲线论研究的最大进步.

1642 年,他设计并制作了世界上第一台能自动进位的加减法计算装置,被称为是世界上第一台数字计算器,为日后的计算机设计提供了基本原理.1654 年,他同时对几方面的数学问题加以研究.在无穷小的分析上,他深入探讨其不可分的原理,得出了求不同曲线所围面积和重心的一般方法,并以微积分的原理解决摆线问题,于 1658 年写出《论摆线》,这本书对于莱布尼兹建立微积分有很大的启发.在研究二项式系数的性质时,他写成论文《论算术三角形》,但实际上这已由中国古代数学家贾宪在 500 年前发现了.帕斯卡对早期概率论的发展也有很大的影响,这源于他与费马在通信中讨论的赌金分配问题.

3.2.3 高等数学时期

这一时期从 17 世纪开始至 19 世纪初.其突出的特点是超越了希腊数学传统的观点,认识到"数"的研究比"形"更重要,以积极的态度开展对"无限"的研究,由常量数学发展为变量数学.这是整个数学史上,一个重大的转折点.这一时期最突出的成就就是解析几何与微积分的创立,以及在此基础上建立的"数学分析"的飞跃发展.

(1) 解析几何的创立

恩格斯在《自然辩证法》一书中指出:"数学中的转折点是笛卡儿的变量. 有了它,运动进入了数学,因而,辩证法进入了数学,因此微分和积分的运算也就立刻成为必要的了."

费马(Fermat,1601—1665) 是解析几何的先驱者. 他于 1629 年写成题为《平面和立体轨迹引论》的论文(发表于 1679 年),将希腊数学家阿波罗尼斯等人用综合几何方法研究得出的圆锥曲线的光辉成果,使用坐标法的代数语言,运用方程的形式加以表达与研究. 但是费马的坐标法是不完善的,他的解析几何思想也还是不成熟的. 费马在数学中的贡献是多方面的,在数论中以他命名的有费马小定理、费马大定理、费马数、费马二平方和定理、费马二平方差定理等成果;几何学中有费马螺线和费马点等成果;微积分学中有求函数极值的费马定理. 此外,物理学中的费马最小时间原理是几何光学的基本原理. 费马还首创了无限下推法,他也是概率论的首创者之一.

笛卡儿(Descartes,1596—1650) 笛卡儿于 1637 年发表了《科学中的正确运用理性和追求真理的方法论》(简称《方法论》),从而确立了解析几何,表明了几何问题不仅可以归结成为代数形式,而且可以通过代数变换来实现发现几何性质,证明几何性质. 他不仅用坐标表示点的位置,而且把点的坐标运用到曲线上. 他认为点移动成线,所以方程不仅可表示已知数与未知数之间的关系,表示变量与变量之间的关系,还可以表示曲线,于是方程与曲线之间建立起对应关系. 此外,笛卡儿打破了表示体积、面积及长度的量之间不可相加减的束缚. 于是,几何图形中各种量之间可以化为代数量之间的关系,使得几何与代数在数量上统一了起来.

笛卡儿就这样把相互对立着的"数"与"形"统一起来,从而实现了数学史的一次飞跃. 古典几何与代数的关系,由后者隶属于前者倒转成为前者在后者的统摄之下;不仅如此,更重要的是他为微积分的成熟提供了必要的条件,从而开拓了变量数学的广阔领域.

"解析几何"学科的诞生,是初等数学进入高等数学的转折点并载入史册.

(2) 微积分的创立

这是变量数学发展的第二个决定性步骤. 微积分研究的对象是变量间的函数关系及其性质. 开普勒(Kepler,1571—1630)、卡瓦列利(B. Cavalieri,1598—1647)、瓦里士(J. Wallis,1616—1703)、巴鲁(I. Barrow, 1630—1677,牛顿的老师)等人是微积分的先驱者. 微积分思想,可以追溯到希腊的阿基米德等人提出的计算面积和体积的方法. 正是在这个意义上说,微积分"是由牛顿和莱布尼兹大体上完成的,但不是由他们发明的"(恩格斯:《自然辩证法》).

下面先介绍这两位伟人的情况.

牛顿(Newton,1642—1727) 英国物理学家、数学家、天文学家,英国皇家学会会长. 牛顿的重要著作为 1687 年出版的《自然哲学的数学原理》. 在此书中,牛顿用数学方法总结并解释了万有引力定律和机械运动的三个定律,创立了经典力学. 在这部书和其他几篇论文中,牛顿以"流数法"之名(与莱布尼兹同时)创立了微积分学. 此外,牛顿在大学期间已求得二项式定理公式. 牛顿是首先用三棱镜揭示太阳光由七色组成的人,是光谱学的开创者.

莱布尼兹(Leibniz, 1646—1716) 德国数学家、哲学家和物理学家. 他首创了柏林科学院并担任第一任院长. 莱布尼兹于 1684 年发表在《数学学报》上的论文《为了寻找极大、极小以及切线的新方法,而这方法不被分数的和无理数的量所阻碍,及关于这方法的一个巧妙类型的演算》及其后的论文(与牛顿同时)创立了微积分学. 微分、积分以及函数、坐标等微积分学中常用的名称、记号及运算规则等,全是莱布尼兹首创建立的. 莱布尼兹在大学学习时写的论文《论组合的艺术》及后来写的论文《万能算法》标志着他是现代数理逻辑的创始人. 同时,他是二进制研究和现代机器数学的先驱. 莱布尼兹是行列式在西欧的创始人,是物理学中"动能"概念的首创者,莱布尼兹很尊重中国古代文化并且有深入的研究,他曾写信给康熙皇帝.

微积分的起源,主要是力学与几何学两大类问题:

①已知变速运动的路程为时间的函数,求瞬时速度及加速度;求曲线的切线等.

②已知变速运动的速度为时间的函数,求运动体通过的路程;求曲线围成的面积等.

上述①类问题的数学抽象化,即微分学;②类即积分学.

牛顿主要是从物理学问题出发于1665年发现的微积分,莱布尼兹主要是从几何学问题出发,于1673~1676年独立发现微积分的. 牛顿与莱布尼兹首先确定了微分与积分两种运算之间的互逆关系并以著名的"微积分基本定理"(即牛顿-莱布尼兹公式)$F(x) - F(a) = \int_a^x dF(x)$ 联系着. 但就微积分公开发表的时间说,莱布尼兹比牛顿要早. 莱布尼兹率先创用"dx"和"$\int$"等优越的微积分符号,成为数学分析学发展的巨大推动力. 对于微积分,恩格斯评价道:"在一切理论成就中,未必再有什么像17世纪下半叶微积分的发明那样被看作人类精神的最高胜利了."(恩格斯:《自然辩证法》)

以解析几何、微积分为先导的变量数学产生的根源,归根结底是16世纪以后欧洲封建社会日趋没落代之以资本主义的兴起,为科学技术的发展开创了美好的前景. 航海、天文、力学、军事、矿山建设等各个领域提出不少亟待解决的课题. 当时社会上重视实验科学,确定了数学在自然科学中的地位,因而变量数学应运而生,并得以长足的发展.

微积分诞生的初期,首先显示出计算的优越性,但理论上如函数、极限、连续、无限小等基本概念都不清晰,因而1734年遭到英国大主教贝克莱(G. Berkeley)等人的攻击. 他提出的"无穷小悖论"引起了数学史上所谓的"第二次危机". 一场关于微积分基础问题的论战,长达十多年之久,经过麦克劳林(C. Maclaurin,1698—1746)、泰勒(B. Taylor,1685—1731)以及后来的达朗贝尔(D. Alembert,1717—1783)、拉格朗日等人的努力,促进了微积分理论基础的建设.

(3)数学分析和近代数学的发展

18世纪继牛顿与莱布尼兹之后,西方数学界分成两派. 英国派坚持牛顿的传统,拒不采用欧洲大陆派莱布尼兹创始的微积分的优越符号系统,影响数学水平的提高. 而欧洲派的伯努利家族、欧拉、拉格朗日、拉普拉斯等人推动了微积分学,衍生出许多新的数学分支,如微分方程、无穷级数、微分几何、变分学等.

下面也来介绍几位著名的数学家的情况.

约翰·伯努利(Johann Bernoulli,1667—1748) 瑞士数学家,他和哥哥雅各布·伯努利早年都分别与莱布尼兹合作在《数学学报》上发表微积分、微分方程等方面的数学论文,后来兄弟之间不和睦,成了学术上的劲敌,各自在数学领域中取得多方面大量的成果. 伯努利家族包括他们的子孙和外甥在将近一百年间产生了11位有成就的数学家. 伯努利兄弟和欧拉、拉格朗日都对早期变分学做出过大贡献. 教学效果好、脾气暴躁的弟弟约翰·伯努利的成就比哥哥更大些,他于1742年写成的《积分学教程》表明他是积分系统理论的建立上的功臣.现在人们所称的定未定式的"洛必达法则"其实是他的工作.他的成就遍及数学中的微积分学、微分方程、变分学和物理学中的光学.关于伯努利家族的情况请参照本节后的介绍.

欧拉(Euler,1707—1783)　瑞士数学家、物理学家、天文学家.早年受教于伯努利兄弟,与丹尼尔·伯努利等关系密切.欧拉是人类历史上迄今最高产的科学家,他在世时发表了530本(篇)书和论文,逝世后到1830年彼得堡科学院还不断发表他未发表的书和论文,使著作增加到886本(篇).1911年起,瑞士自然科学会开始出版欧拉全集,已经出了七十多卷,尚未出完.欧拉写的《微分学》与《积分学》曾长期作为这方面教材的蓝本,他使数学符号规范化,如$f(x)$,$\sum$,e,i等都是从他开始规范使用的.欧拉是杰出的数论大师,是变分学、拓扑学、图论的首创人.科学中以欧拉命名的如欧拉常数、欧拉函数、欧拉指标、欧拉角、欧拉公式、欧拉方程等多得不可胜数.由于欧拉首先研究过的微分方程太多,有的只好以第二个再从事这方程的别的数学家的名字命名.欧拉解决了光学中的很多复杂的理论和计算问题,欧拉在力学的各个分支都有出色的贡献并是理论流体力学的创始人.在天文学中,欧拉发表过关于彗星的计算、日食的计算和月球新理论的论文.当社会需要时,如气象、水力、火炮、音乐、造币规划、地图绘制、运河改造、社会保险等难题他都参与解决.欧拉生性乐观,意志坚强,即使是嘈杂喧闹的环境中和火灾烧掉了资料与手稿的情况下,甚至1766年双目失明以后,他仍不屈不挠地不断创造出惊人的重大成就,直到逝世.对于欧拉公式请参照本节后的介绍.

拉格朗日(Lagrange,1736—1813)　法国数学家、物理学家、天文学家.拉格朗日和欧拉等奠定了变分学的基础,并由拉格朗日创造了"变分法"这一术语.在数学分析中他贡献了拉格朗日定理、拉格朗日乘数法和拉格朗日插值多项式等.数论中证明了正整数表为四整数平方和的华林问题和证明了威尔逊定理.在代数方面,拉格朗日引入对置换的研究是阿贝尔、伽罗瓦在置换群工作上的先导,拉格朗日在微分方程、分析力学、天体力学与天文学上都有重大贡献.

拉普拉斯(Laplace,1749—1827)　法国天文学家、数学家.在天体力学和星云假学方面有突出的成就;对物理学中的毛细现象的理论有重要贡献;数学领域里代数学中的拉普拉斯定理、微分方程中的拉普拉斯变换和拉普拉斯方程、概率论中拉普拉斯-高斯定律等均为其重要的贡献.

拉普拉斯的研究领域很广,涉及数学、天文、物理、化学等方面的许多课题.单就数学学科来说,他就在行列式论、位势理论、概率论等多个领域做出过重要贡献.

拉普拉斯的研究成果大都包括在他的3部总结性名著中:1796年的《宇宙体系论》,1799年至1825年的《天体力学》,1812年的《概率的分析理论》.《天体力学》是一部5卷16册的巨著,实际上是牛顿、克莱罗、欧拉、拉格朗日及拉普拉斯本人关于天文学研究工作的总结和统一.

由于拉普拉斯在科学上的重要成就,他被誉为"法国的牛顿".

高斯(C.F. Gauss,1777—1855)　德国数学家.他是跨越18和19两个世纪数学家群峰中的主峰,他开辟了数论研究的新时代,他不仅在函数论和非欧几何等纯数学方面都有卓越的研究,并且发展了应用数学理论及有关误差理论的最小二乘法等.他11岁发现二项式定理,15 岁发现质数定理. 他从大学一年级起直到逝世,高斯的杰出成就几乎遍及数学的各个分支,被称为"数学之王"(或称"数学王子"). 在大学时代,高斯就提出了"最小二乘法",证明了数论中的"二次互反律",用尺规作图法作出了正十七边形并阐明:直尺圆规作图法能作出的素数边的正多边形的充要条件是该素数为费马型素数. 1799 年,高斯的博士论文是关于代数学基本定理的证明(此后他一生中给出了四个证明). 1801 年,高斯发表了享誉世界的名著《算术论文集》,有人认为此书的出现是近世数论的开始. 高斯在数论与代数中的二次型、三次剩余、四次剩余、高斯整数等方面都有开创性的工作. 他还在超几何级数、复变函数、场论、曲面微分几何、非欧几何等方面有杰出重大的贡献. 在天文学上,高斯 24 岁时就创造过只需三次观测数据就能确定行星轨道的方法,他于 1809 年发表的《天体运动论》是天文学上的重要著作. 高斯还对大地测量学、光学、地磁学与电学等方面做出过杰出的贡献. 并且,他还是语言学家,精通很多国家的语言文学. 高斯强调数学的严谨性,其名言是"$\frac{1}{2}$个证明等于 0". 高斯力求精益求精,他的格言是"宁肯少些,但要好些". 高斯发表论文和著作非常慎重,生前只发过 155 篇论文,每篇都很精彩,逝世后人们查看他的遗稿,才知他尚有大量创见尚未发表.

惠更斯(C. Huygens,1629—1695) 荷兰数学家. 他与费马以及拉普拉斯等人开创并建立了概率论理论体系. 法国的蒙日、彭赛列等人发展了射影几何和画法几何.

对微积分理论基础的建设,是 18 世纪数学研究的重点课题;函数、极限、无限等概念得到了不断的完善,欧拉的《无穷小分析》(1748 年)在这方面做出了杰出贡献. 法国数学家柯西(A. Cauchy,1789—1857)发表的著作《分析教程》(1821 年)、《无穷小计算讲义》(1823 年)、《无穷小计算在几何中的应用》,对微积分的基本概念给出严格的定义(他的极限定义至今仍在普遍使用着),使连续、导数、微分、积分、无穷级数的和等概念建立在比较稳固的基础上. 当然,相当严格的理论基础问题,是 19 世纪末才得到解决的. 柯西大量的工作是在复变函数方面,他确立了复变函数的很多概念和大量的理论,为复变函数理论的发展奠定了基础. 柯西在确立行列式的理论方面做了很多工作,并在代数学的其他方面以及数论、微分方程、固体力学与天体力学、数学物理方法等方面都有很多优秀的成果,其中固体力学方面的工作奠定了弹性理论的基础. 柯西出版了很多本书并发表了 789 篇论文,数量之大可能仅次于欧拉,但有些论文发表后,一再"补正",曾被人评为"高产而轻率".

这一阶段数学的发展,突出的是来自力学、光学及其他科学技术的激励. 比如,傅里叶(Fourier,1768—1830),法国数学家,物理学家. 傅里叶于 1822 年出版的《热的分析理论》是数学物理学中的重要著作,书中对热传导方程及其在不同条件下的积分法,特别是分离变量法和由此引入的傅里叶级数是重大的贡献,傅里叶级数与傅里叶在数学史上有着深远影响. 拉普拉斯是在研究天体理论时建立了著名的"拉普拉斯方程";蒙日是在研究工程问题时建立了画法几何.

值得特别提出的是,法国在蒙日等数学家的领导下,1794 年创立了"公共工程中心学校",两个月后更名"综合技术学校",拿破仑称它为"生金蛋的母鸡",成为培养法国数学家的摇篮,比如,泊松、柯西、彭赛列、杜鹏等. 这所学校还汇集着优秀的数学教师,如拉普拉斯、拉格朗日、蒙日、傅里叶、卡诺等. 1795 年,该校曾有一条规定:"凡需要数学和物理学知识的职业者,可免费学习."1804 年,拿破仑皇帝将这一规定改为,该校的毕业生不一定要参军,可以当工程师、学者,等等.于是这所学校不仅成为培养优秀科技人才的地方,也造就了一大批卓越的数学人才.

这一时期,由于欧拉、拉格朗日与法国数学家勒让德(Legendre,1752—1833)的研究,使数论成为一门系统的学科,并奠定了解析数论的基础.在代数学方面,瑞士数学家克莱姆(G. Cramer,1704—1752)在《线性代数分析导言》一书提出了解决线性方程组的著名的克莱姆法则.1748 年,欧拉提出联系复数三角形式和指数形式之间联系的公式,即

$$\sin\theta = \frac{e^{i\theta} - e^{-i\theta}}{2i}, \cos\theta = \frac{e^{i\theta} + e^{-i\theta}}{2}$$

使复数在数学分析中的应用得到拓广.

19 世纪中叶,在电动力学、磁学及热力学的激励下,数学分析得到进一步发展.

伯努利数学家族简介[45]

在世界数学史上出现过一个很有名的数学家族,这个数学家族就是瑞士的伯努利家族(Bernoullis).

伯努利家族,是从荷兰移居到瑞士巴塞尔的新教徒,从 17 世纪末起在大约一个世纪内,这个家族在三代人里,出现的杰出数学家竟达 8 位之多.这个家族几乎对当时数学的每个分支都做出过重大贡献,特别在微积分的发展史上起过重要作用.这个家族的主要成员的世系如下:

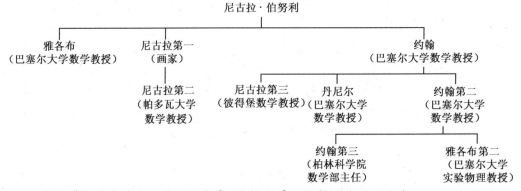

这个数学家族中最杰出的是雅各布、约翰兄弟及约翰的次子丹尼尔.

雅各布(Bernoulli, Jakob, 1654—1705) 在青年时,根据父亲的意愿学习神学,但不久就放弃了神学而从事于他喜欢的数学,他的数学几乎是无师自通的.他在荷兰及英国旅行期间,结识了一些知名的学者并成了德国著名数学家莱布尼兹的好友.从此,他们之间一直保持着经常的通讯联系,互相探讨微积分的有关问题.雅各布从 33 岁到逝世共 18 年的时间里,一直是巴塞尔大学的教授.在数学许多分支中都做出了重大的贡献.他提出了微分方程中的伯努利方程并指出这种方程经过变量代换可以化为线性微分方程;他研究过无穷级数,引出了函数 $\tan x$ 的幂级数展开式的伯努利数;他的《关于无穷级数及其有限和的算术应用》被认为是级数理论方面的第一部教科书;他的名著《推测术》的出版是概率论的一件大事,此书可以说是把概率建立在稳固的基础上的首次尝试.他得出了著名的大数定律,这使他的名字在概率论上永存不朽,从雅各布自己的话中可以看出他为发现这个定律而自豪:"这个问题我已经压了 20 年没有发表,现在打算把它公之于世了,它又难又新奇,但它有极大的用处,在这门学问所有其他分支中都有高度的价值和位置."为了纪念他的这个发现,现在许多书籍都把这个著名的定律称为伯努利大数定律.他对建立变分学也有很大的功绩;

他曾给出了直角坐标和极坐标的曲率半径的公式,并指出某些高次曲线用极坐标可以易于表示且便于研究.这是系统地使用极坐标的开始.他研究过许多特殊曲线,提出并解决了悬链线问题,尤其对于对数螺线作了深入的研究.他发现这种曲线经过多种变换后还是对数螺线,从而惊叹这种曲线的美妙特性,以至他在遗嘱里提出把对数螺线刻在他的墓碑上并附以颂词"虽然改变了,我还和原来一样".

约翰(Bernoulli, Johann, 1667—1748) 青年时从事经商,后来在其兄雅各布的指导下研究数学和学习医学,于27岁获得了巴塞尔大学博士学位,其论文是关于肌肉的收缩问题.不久他也爱上了微积分并且很快地掌握了它.他28岁时任荷兰格罗宁根大学数学物理教授.当雅各布去世后他继任巴塞尔大学数学教授达43年之久.他被选为彼得堡科学院名誉院士,也是莱布尼兹的好友,并为莱布尼兹的微积分辩护时起了很大作用,他的《积分法数学讲义》便成为微积分发展中的里程碑式著作.他是一位多产的数学家:在几何方面给出了空间坐标的定义,研究了各种特别的曲线,并建立了焦散曲面;在力学方面对一些力学上的概念作了准确的解释,提出了所谓虚拟速度原理,对微分方程和指数函数论都做出了出色的成就;特别是1696年他曾向全欧数学家提出了一个很难的挑战性的数学问题:"设在垂直平面内,有任意两点,一个质点受地心引力的作用,自较高点下滑到较低点,不计摩擦,问沿什么曲线时间最短?"——这就是有名的"最速降线"问题.当时许多著名数学家立刻被这个问题的新颖所吸引,不久分别为牛顿、莱布尼兹、洛必达、雅各布和他自己所解决.后来欧拉、拉格朗日更找出了这类问题的普遍解法,从而引出了一门新的数学分支——变分学.

丹尼尔(Bernoulli, Daniel, 1700—1782) 是约翰之次子,他也像其父亲一样最先学医.但在其家庭的熏陶感染下,不久放弃了医学而在父亲及其兄长的指导下从事数学研究,并且成为这个家族中成就最大者.他25岁就成为彼得堡科学院数学教授,并被选为该院名誉院士.33岁回到巴塞尔任教授,75岁时又当选为皇家学会会员.丹尼尔对概率论、微分方程、物理学、流体力学、植物学、解剖学等都做出过重大的贡献.曾先后荣获法兰西科学院奖10次.1734年与其父亲一道以《行星轨道与太阳赤道不同交角的原因》的论文,分享过双倍的奖金.他的名著《流体动力学》中讨论了流体力学并对气体力学理论作了最早的论述.对这些问题所用的新分析方法,解决了当时一般认为不能解决不了的问题.其中关于水压力的定理就是以他的名字命名的.他在解决这些问题以及与此类似问题时所表现出处理偏微分方程的高度技巧和他在这个领域的探索和成就,被认为是第一位真正的数学物理学家;被誉为数学物理方程的开拓者或奠基人.他还首次把微积分用于概率论,并将概率论用于人口统计,引入了正态分布误差理论并发表了第一个正态分布表.

当牛顿和莱布尼兹的微积分出现时,尽管不少人热烈欢迎这种新的方法,可是由于这种新的方法的基本原理解释得含糊不清,从而遭到了不少人的非难和抵制.在这时,雅各布和约翰用大家都能通晓的语言来阐述这种新方法的原理,从而使微积分成为欧洲大陆人们了解的知识.在伯努利家族的推动和影响下,微积分才迅速成为一种有巨大分析力的数学工具.

伯努利家族还在数学及其他科学领域里培养出了不少出类拔萃的科学家,如欧拉和洛必达都是约翰的得意门生,哥德巴赫也是这个家族的好友.

初等数学中的欧拉定理(公式)简介[31]

(ⅰ) 关于分式的欧拉公式

$$\frac{a^r}{(a-b)(a-c)} + \frac{b^r}{(b-c)(b-a)} + \frac{c^r}{(c-a)(c-b)} = \begin{cases} 0 & (r=0,1) \\ 1 & (r=2) \\ a+b+c & (r=3) \end{cases}$$

(ⅱ) 关于整式的欧拉恒等式

$$a^3 + b^3 + c^3 - 3abc = (a+b+c)(a^2+b^2+c^2-ab-bc-ca)$$

$$(a_1^2 + a_2^2 + a_3^2 + a_4^2)(b_1^2 + b_2^2 + b_3^2 + b_4^2) =$$
$$(-a_1b_1 + a_2b_2 + a_3b_3 + a_4b_4)^2 + (a_1b_2 + a_2b_1 + a_3b_4 - a_4b_3)^2 +$$
$$(a_1b_3 - a_2b_4 + a_3b_1 + a_4b_2)^2 + (a_1b_4 + a_2b_3 - a_3b_2 + a_4b_1)^2$$

不难看出,如果把式子两边展开,再应用我们大家熟悉的公式

$$(\sum_{i=1}^{4} a_i)^2 = a_1^2 + a_2^2 + a_3^2 + a_4^2 + 2a_1a_2 + 2a_1a_4 + 2a_2a_3 + 2a_2a_4 + 2a_3a_4$$

这个恒等式就可轻易地证明.

这个恒等式有一个很有价值的解释:如果两个整数可以表示成四个整数的平方和,则这两个整数的乘积也能表示成四个整数的平方和. 运用这个结论,法国大数学家拉格朗日于1770年出色地证明了著名的费马猜想:"每个正整数可以表示成最多是四个平方数之和."

(ⅲ) 组合中的欧拉定理

从 $1,2,3,\cdots,n$ 中允许重复地选择 r 个的组合数为 C_{n+r-1}^r.

这个结论到底是否为欧拉最先得到,现已不得而知,但下面的证明则是由欧拉给出的:

证明任意一种可重复的 r 组合可以记为: $a_1 \leq a_2 \leq a_3 \leq \cdots \leq a_r$,现将这 r 个数从第2个起分别加上 $1,2,3,\cdots,(r-1)$,得到另外 r 个数: $b_1,b_2,b_3,\cdots,b_r$,其中 $b_1 = a_1, b_2 = a_2 + 1$, $b_3 = a_3 + 2, \cdots, b_r = a_r + (r-1)$. 显见: $1 \leq b_1 < b_2 < b_3 < \cdots < b_r \leq n+r-1$. 于是,对于 $1,2,3,\cdots,n$ 的任意 r 个重复组合都唯一地对应着 $1,2,\cdots,n+(r-1)$ 的一个不允许重复的 r 组合. 反之亦然,且二者的个数相等,而后者显然为 C_{n+r-1}^r,故定理得证.

这个定理有多种证法,一般也都不太复杂. 但数欧拉的证明最为巧妙,令人叹服. 这虽是个很小的问题,但同样显示出了这位数学天才的超人智慧.

(ⅳ) 关于多边形划分问题的欧拉公式

1751年,欧拉在给数学家哥德巴赫的信中提出这样一个很有意思的问题:

一个平面凸 n 边形,若用其对角线将它划分成三角形,总共有多少种不同的划分方法?

这个乍看很容易的问题其实非常麻烦. 对于四、五、六边形,我们凭直接观察也数得出分别有 2,5,14 种划分法,如图 3.2 所示. 但一般情形呢?要得出计算公式就不容易了. 欧拉曾为这个问题伤透了脑筋. 经过反复推证,最后居然得到一个计算公式:凸 n 边形共有 $E_n =$

$$\frac{\prod_{i=3}^{n}(4i-10)}{\prod_{i=3}^{n}(i-1)} = \frac{2 \times 6 \times 10 \times \cdots \times (4n-10)}{(n-1)!}$$ 种划分方法!

(ⅴ) "欧拉圆"和"欧拉线"

1765年,欧拉在一篇论文中提出并解决了这样一个问题:

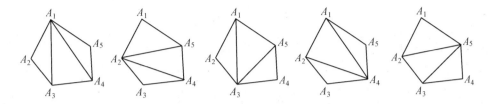

图 3.2

三角形中三边的中点、三条高的垂足、垂心到三顶点的连线段中点,这九点共圆,如图 3.3 所示,这就是著名的"九点圆定理". 但是, 欧拉这一极有价值的发现在当时并未引起人们注意,直到半个多世纪后的 1821 年,葛尔刚和庞西雷特才又重新讨论了这个问题. 1822 年,一位高中数学教师费尔巴哈也发现了这个结果,并指出:九点圆内切于三角形的内切圆而外切于三角形的三个旁切圆,且九点圆的半径等于三角形外接圆半径的一半. 至此,九点圆才闻名于世. 因此,九点圆又被人称为"费尔巴哈圆".

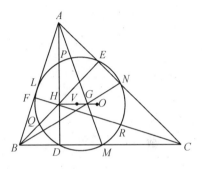

图 3.3

在这篇论文中,欧拉还证明了另外一个重要结论:三角形的外心、重心和垂心共线(这条直线叫"欧拉线". 后人又指出,九点圆圆心也在欧拉线上),且垂心到重心的距离两倍于外心到重心的距离.

下面几个定理也是欧拉首先发现的.

(vi) 若 P,A,B,C 是一直线上的任意四点,则:$\overline{PA} \cdot \overline{BC} + \overline{PB} \cdot \overline{CA} + \overline{PC} \cdot \overline{AB} = 0$.

(vii) 如果三角形的外接圆和内切圆半径分别为 R 和 r,两圆的连心距为 d,则 $\frac{1}{R+d} + \frac{1}{R-d} = \frac{1}{r}$.

这个结论可以推广到四边形中去. 即若四边形存在外接圆(半径为 R)和内切圆(半径为 r),两圆连心距为 d,则 $\frac{1}{(R+d)^2} + \frac{1}{(R-d)^2} = \frac{1}{r^2}$.

(viii) 四边形各边上的正方形面积之和,等于其对角线上的正方形面积以及两对角线中点联结线段上的正方形面积的 4 倍的和.

以上这些定理的证明在一般较系统的平面几何书中都可找到,限于篇幅,这里不再赘述.

(ix) 欧拉数

指指形为 $n^2 + n + 41 (n \in \mathbf{N}_+)$ 的数,通常在数学归纳法的学习中碰到.

设 $E_n = n^2 + n + 41 (n \in \mathbf{N}_+)$,不难发现 $E_1 \sim E_{39}$ 都是素数. 而 $n = 40$ 时,$E_{40} = 41^2$;又 $n = 41$ 时,$E_{41} = 41 \times 43$,这两个是合数. 接着 $E_{42} \sim E_{50}$ 都是素数. 那么欧拉素数——是素数的欧拉数——有无限个吗?

欧拉还研究了完全数、亲和数、费马数等.

（ⅹ）欧拉图　即韦恩图.

（ⅹⅰ）欧拉公式

设凸多面体的顶点数为 V，面数为 F，棱数为 E，则有 $F + V = E + 2$.

在复数部分，$e^{x+yi} = e^x(\cos y + i\sin y)$，特别地，当 $x = 0$，$y = \pi$ 时，有 $e^{i\pi} + 1 = 0$，这个式子联系了五个重要数字，被称为史上最华丽的数学等式.

（ⅹⅱ）欧拉常数

$$r = 0.577\,218\cdots$$

$r = \lim\limits_{n \to +\infty} \left[1 + \dfrac{1}{2} + \dfrac{1}{3} + \cdots + \dfrac{1}{n} - \ln(n+1)\right]$ 或 $1 + \dfrac{1}{2} + \dfrac{1}{3} + \cdots + \dfrac{1}{n} = \ln(n+1) + r$.

（ⅹⅲ）欧拉函数

设 $M = p_1^{a_1} p_2^{a_2} \cdots p_n^{a_n}$（$p_i$ 均为素数，$a_i \in \mathbf{N}_+$），则小于 M 且与 M 互质的整数个数（包括 1）为 $\varphi(M) = p_1^{(a_1-1)} p_2^{(a_2-1)} \cdots p_n^{(a_n-1)} \cdot (p_1 - 1)(p_2 - 1) \cdots (p_n - 1)$，称 $\varphi(M)$ 为欧拉函数.

（ⅹⅳ）欧拉定理

若 $m > 1$，$m \in \mathbf{Z}$，$(a, m) = 1$，则有 $a^{\varphi(m)} \equiv 1 \pmod{m}$，其中 $\varphi(m)$ 为欧拉函数.

（ⅹⅴ）欧拉方阵

如果 $A, B, C, D, \cdots$ 代表不同的队伍，而 $a, b, c, d, \cdots$ 代表不同的"军衔"，那么

$$\begin{matrix} A_a & B_c & C_b \\ B_b & C_a & A_c \\ C_c & A_b & B_a \end{matrix}$$

表示了 $n = 3$ 的欧拉方阵. 在方阵中，每行、每列都有不同的队伍、不同的军衔.

（ⅹⅵ）在数学课本上的 i（即根 $\sqrt{-1}$），$f(x)$ 函数符号，$\sum$（求和号），sin，cos（三角函数符号）等都是他创立并推广的. 哥德巴赫猜想也是在他与哥德巴赫的通信中提出来的.

欧拉还首先完成了月球绕地球运动的精确理论，创立了分析力学、刚体力学等力学学科，深化了望远镜、显微镜的设计计算理论. 欧拉一生能取得伟大的成就，原因在于：他有着惊人的记忆力，能够聚精神，不受喧闹的干扰，保持镇静自若，孜孜不倦.

关于凸多面体欧拉公式 ($V - E + F = 2$) 和关于复数的欧拉公式 ($e^{i\theta} = \cos\theta + i\sin\theta$)，这两个公式在数学史上占有非常重要的地位，前者是欧拉于 1750 年给出证明的，从此开始出现了"拓扑几何学"的研究；后者揭开了指数函数与三角函数的关系，这在数学发展史中是一件惊人的大事，影响深远. 欧拉对初等数学的贡献是多方面的，除上面列出的这些欧拉定理（公式）外，弧度制的引入、坐标轴的平移与旋转公式以及四次方程的欧拉解法等都与欧拉的名字连在一起. 欧拉一生的杰出成就大都在高等数学方面，在初等数学领域内只不过偶尔涉足，但即使如此，上述这些成果亦足以使他跻身于著名数学家的行列而彪炳青史. 怪不得法国大数学家拉普拉斯说："他是我们一切人的老师."

3.2.4　近代数学时期

这一阶段，从时限说，自柯西 1821 年发表《分析教程》算起，延展到 1945 年第二次世界大战结束.

高等(变量)数学发展时期,以笛卡儿、牛顿、莱布尼兹等人为代表,是与资本主义初期相适应发展起来的.但是到了18世纪末法国的三位数学家"三L"——Laplace(拉普拉斯),Lagrange(拉格朗日),Legendre(勒让德)和蒙日等人发展到了顶点,竭尽全力为物理学、天文学及工程技术服务,形成了18世纪的风格,产生了数学应用于其他学科的光辉著作.如拉普拉斯的《天体力学》、拉格朗日的《分析力学》、勒让德用于确定彗星轨道的最小二乘法原理(1805年)、蒙日的《画法几何》、彭赛列的《射影几何》等.到了18与19世纪之交,在解析几何微积分基础上高等数学新学科蓬勃发展,枝干参天,冠盖如云.此时产生一种思想,认为数学的力量是至高无上的,可以穷尽宇宙的一切奥秘.比如,拉普拉斯于1812年就提出"神圣计算者"的谬论.他认为,只要掌握了自然界的各种力量与状态并以此作为条件,"整个世界的过程都可以在一个简单的数学公式中表现出来,从一个联立微分方程式的巨大系统中,宇宙中每一个原子运动的位置、方程和速度都可以在任何瞬时间计算出来".后来数学家庞加莱于1900年在巴黎的国际数学家大会上乐观地声称:"今天我们可以说,绝对的严格已经取得了."这一时期还产生了与此相关的"数学危机论".数学的历史证明,这类停止的论点、悲观的论点,都是错误的.

山重水复,曲径通幽,峰回路转,会迎来柳暗花明的景象.19世纪20年代数学革命的狂飙,终于降临了,数学世界里崭新的数学思想开创了五光十色的新天地.几何学上突破了几千年里"天经地义"的欧氏几何的体系;代数学上突破了以方程论为中心的代数学;数学分析上奠定了严格的逻辑基础,并随之开拓了函数逼近论、复变函数论、泛函分析论、拓扑学等新的数学领域;产生了以《数论》(高斯)、《椭圆函数论》(雅可比)、有关群论的论文(伽罗瓦)、《几何学原理》(非欧几里得几何学,罗巴切夫斯基)等为代表的更加抽象的纯粹数学的"艺术精品".

在历经两千年里,众多的数学家试图努力用欧几里得《几何原本》中的其他公理证明第五公设(平行线公理)均告失败.俄国的罗巴切夫斯基(1826年)与匈牙利的博利亚(1825年)基本完成,迟至1832年各自独立地从"由所给直线外一点可以引出无数条直线与它平行"这一公理出发,建立起非欧几里得几何学,展现出一个"离奇古怪"的世界.比如"三角形内角之和小于两个直角".黎曼于1854年又建立了"不存在任何平行直线"的黎曼几何学.从此以后,几何学不仅研究物质世界的空间形式和关系,还研究与它们相类似的形式和关系,"空间"也获得更广泛的抽象意义,不过当时未受到应有的重视.到1868年,意大利数学家贝特拉米(E. Beltrami, 1835—1899)在伪球上解释了罗巴切夫斯基几何,才使人们认识到非欧几何并非虚构,得到普遍的承认.到1915年,爱因斯坦创立一般相对性原理时,使非欧几何学派上用场,它所描述的几何空间才找到现实的模型.从而证实了它是认识周围物理空间的更完美的工具.希尔伯特说:"19世纪最有启发性最重要的数学成就是非欧几何的发展",因而可以说,非欧几何的创立是几何学的一次伟大的革命.

继高斯、柯西之后,法国的数学大师庞加莱于1895年出版了《位置分析》,率先系统地论述了组合拓扑学的内容,到20世纪发展成为一门繁荣的数学分支.

19世纪代数学的新发展,是由探求方程的代数法开始的.在一元三次、四次方程的代数解法问题解决之后,数学家们致力寻求五次或五次以上代数方程的代数解法,近300年来毫无进展.拉格朗日在18世纪后期曾将置换概念用于代数方程的求解,这是"群"概念的萌芽.1824年,挪威22岁的数学家阿贝尔证明了五次方程代数解法的不可能性.1830年,法国的19岁的数学家伽罗瓦引进了"群"的概念,彻底解决了这一难题,后人发展成为"群论".由于研究代数方程解法、解析几何及射影几何的问题的需要,1841年,德国数学家雅可比建立了行列式系统的理论. 英国的凯莱(A. Cayley,1821—1895)和西尔维斯特(J. Sylvester,1814—1897)等人是开创现代抽象代数的先驱,尔后,发展为线性代数学,成为近代数学和物理学的重要工具. 此外,1831年高斯建立了复数平面,确立复数代数学. 1843年,英国的哈密尔顿发现了四元数,拓广了数系,扩大了高等数学发展的领域. 1847年,英国数学家布尔(G. Boole)创立了布尔代数学,为后来的电子计算机的发展提供了重要的条件. 总之,这时期的代数学所研究的对象是不限于"数"的更加抽象的"量",所研究的量之间的关系是不限于代数运算的更加一般化的关系(如矢量代数的"加法"),同时在更加广阔的领域中得到更广泛的应用.

数学分析领域也产生了深刻的变化. 一方面,它的基本概念,如函数、极限、积分、变量等,得到精确的描述并给出相当严格的定义. 这一工作的基础,是波尔察诺(B. Bolzano,1781—1848)和柯西等人奠定的;使数学分析理论建立在严格的极限理论与实数理论基础之上的,是由德国魏尔斯特拉斯、戴德金(Dedekind,1831—1916)和康托等人完成的. 另一方面,无穷集合理论奠定了基础. 在二者的基础上,推动了对函数理论更加深入的研究. 法国的波莱尔(E. Borel,1871—1956)、勒贝格(H. Lebesgue,1875—1941)等人开创了实变函数论. 1876年,德国的魏尔斯特拉斯发表《解析函数论》确立了实变函数论. 俄国伟大的数学家切比雪夫创立了函数逼近论. 此外,庞加莱以首创了微分方程定性理论及自守函数理论著称于世.

泛函分析的兴起,是近代数学的最为重要成就之一. 泛函分析,是把函数看作变化的量,而用函数与函数间的关系来确定核函数的性质. 它所考察的已不是单个的函数,而是共同具有某些特征的函数的集合("函数空间"). 泛函分析,显然是数学分析中一般函数论的拓广,它为解决数学物理问题提出许多新方法,成为量子力学与原子力学的数学工具.

19世纪数学的百花园中还有一枝奇葩,即概率论. 16世纪它已萌芽,17世纪有所发展,18世纪和19世纪得到迅速发展,到20世纪初才得到完善. 苏联的数学家柯尔莫哥洛夫(A. H. Колмогоров,1903—1987)于1933年给出了概率论的公理体系的定义,标志着概率论已成为一门从数量角度来研究随机现象规律性的成熟的数学分支. 到了19世纪末期,由于无理数理论、集合论及非欧几何的建立推动了数学公理方法的深入探讨,开展了对作为数学理论的基础概念和原理的研究,以及分析公理的完备性、相容性与独立性的公理化运动. 1872年,德国23岁的数学家克莱因(F. Klein,1849—1925)就任爱尔兰大学教授时,发表了题为《近代几何研究的比较评述》的讲演,即"爱尔兰根纲领",利用变换群的思想,给出了各种几何学的综合分类. 1899年,希尔伯特(D. Hilbert,1862—1943)发表了《几何基础论》,使公理化的方法深入到数学各个分支. 1908年,实现了集合论的公理化,20世纪20年代又出现了代数学的公理化,等等. 公理化、抽象代数、拓扑学的发展,使20世纪前半世纪的数学与19世纪相比有质的变化.

最后,具有特殊意义的1900年,希尔伯特在国际数学家大会上所做的《数学问题》的报告,提出了23个有待解决的重大难题(包括哥德巴赫猜想),揭开了20世纪数学发展的序幕.

下面,简介这一时期的几位著名数学家的情况.

罗巴切夫斯基(Лобачевский,1792—1856)　俄国数学家,非欧几何的创始人.大约在1823年,他与匈牙利人博利亚(Bolyai,1802—1860)、德国数学家高斯都认定可以有不同于欧几里得"平行公设"的几何学.在这种几何学里,过直线外一点至少存在两条过该点且与给定直线平行的直线;三角形内角和小于180°,但后两人没有发表,罗巴切夫斯基虽遭各种非议、压制和攻击,仍于1826年2月23日发表了,这是最早出现的非欧几里得几何(简称非欧几何),称为罗巴切夫斯基几何.罗巴切夫斯基在数学上虽然还有其他贡献,但非欧几何是他最杰出的贡献.

阿贝尔(N. H. Abel,1802—1929)　英年早逝的挪威数学家,家境十贫困,在教授们的资助下读克里斯蒂安尼亚大学时即发表了对一类积分方程有开创意义的论文——《一般五次代数方程根式解不可能性的证明》(1824年),宣告了三百年来人们追求的一般五次代数方程的根式解是不存在的.阿贝尔在椭圆函数等数学的很多领域里都有出色的贡献,享誉世界的《纯粹与应用数学杂志》(亦称《克雷勒杂志》)前三期就登了阿贝尔的22篇论文.今天,数学领域中用阿贝尔命名的概念、函数、定理、方程、方法、公式等至少有十个.可惜怀才不遇,贫病交加,阿贝尔27岁时死于肺痨.阿贝尔生前曾亲自到巴黎将其论文《论一类极广泛的超越函数的一般性质》交法国科学院,可惜被院长柯西"忘了放到什么地方".阿贝尔逝世12年后的1841年才被找出来发表,法国杰出数学家埃尔米特(Hermite,1822—1901)后来评论此论文时说:"阿贝尔留下的问题,足够数学家们忙500年的."

雅可比(Jacobi,1804—1851)　德国数学家,与阿贝尔同为椭圆函数论的创始人.他的成就遍及数学的很多领域.数学史上说,数学中很少有他未接触到的部分,主要是在线性代数、数论、微分方程、变分学等方面工作.这些方面的很多公式、定理以及恒等式、方程式、曲线、函数、积分、根式、符号、行列式、矩阵等都是以他的名字命名的.

狄利克雷(Dirichlet,1805—1859)　德国数学家,解析数论的创始人,杰出的著作为《数论讲义》(出版于逝世后的1863年),此外在三角级数、实变与复变函数、偏微分方程等方面也有卓著的贡献.数学中有很多以他的名字命名的名词术语,如狄利克雷问题、狄利克雷条件、狄利克雷原理、狄利克雷函数、狄利克雷级数等.

哈密尔顿(W. R. Hamilton,1805—1865)　英国数学家、物理学家.哈密尔顿于1843年创造了第一个非交换代数——四元数.此外他还在变分学、代数学、拓扑学与图论中做了很多工作,如哈密尔顿-凯莱定理、哈密尔顿圈等.哈密尔顿在物理学特别是分析力学中有重大的贡献,如哈密尔顿原理等.此外,在动力学中有哈密尔顿正则方程和与能量有关的哈密尔顿函数.

伽罗瓦(E. Galois,1811—1832)　英年夭折的法国数学家,伽罗瓦中学时即因阅读了大量数学名家的著作而有很高的数学修养,从中学时起,他三次将自己高水平的论文送交法国科学院,可惜审稿的院士们不是将他的稿件弄丢了就因看不懂而退稿.他因反对国王而两次被捕监禁,二十岁时因决斗受重伤而身亡.逝世14年后,1846年法国科学院院士、数学家刘维尔(Liouville,1809—1882)将伽罗瓦的包括杰出的《关于用根式解代数方程的可解性条件》论文在内的手稿,陆续发表在自己创办主编的《理论数学与应用数学》杂志上,此后,伽罗瓦的工作才为人所知.1852年起,有人首先读懂了伽罗瓦的论文并弄清了他的思想.1866年,"伽罗瓦理论"被编入大学数学教材.伽罗瓦所开创的工作及群、环、域等代数结构的研究发展成为"近代数学"、伽罗瓦的工作使五次代数方程不可能有普遍的根式解及平面几何尺规作图三大难题等迎刃而解,他的工作给代数学乃至整个数学带来划时代的变革.

魏尔斯特拉斯(K. Weierstrass,1815—1897) 德国数学家.魏尔斯拉斯最有影响的突出贡献是根据他所创立的实数理论提出的数学分析的逻辑体系;用幂级数建立的解析函数理论和行列式的定义,其中特别的是将数学分析的原理归结为实数概念,被誉为"现代分析之父".此外,魏尔斯特拉斯还在数学分析、解析函数理论、变分学、微分几何与线性代数学方面有很多杰出成果,他是第一个举出任何点上都不可微的连续函数例子的人.魏尔斯特拉斯教了十五年的中学数学才转入了柏林大学任教,他精心备课、严谨执教被誉为典范.

切比雪夫(П. Л. Чебыщев,1821—1894) 俄国数学家、机械学家.切比雪夫是彼得堡学派的奠基人,在函数逼近论中有切比雪夫多项式,还有切比雪夫不等式;在数论中自然数列的素数分布的研究中有切比雪夫的近似公式;在概率论中有大数定律的一般公式及他专门独创的方法,他有大量的概率论著作传世.此外,在数学分析中还有些重要成果,其中包括切比雪夫代换.切比雪夫在机械学中最有影响的贡献是圆周运动与直线运动的转换机械的设计四十多种,他还改造了其他八十多种机械设计.

黎曼(Riemann,1826—1866) 德国数学家.黎曼是数学史上最具独创性精神的数学家之一,他在众多的数学领域里做出了许多奠基性和创造性的研究工作:他从几何方向开创了复变函数论;他是现代意义的解析数论的奠基者;从数学分析中的黎曼和、黎曼积分,解析函数的许多重要理论的提出与证明,到奠定拓扑学、微分几何学的理论基础,从引入黎曼七函数来研究数论中的素数到创建每一种高维曲面都有一种非欧几里得几何学的理论等.在短暂的一生中,黎曼的每一项成果都是高水平的成就,黎曼还创始了非欧几何中的黎曼几何(又称椭圆几何),与罗巴切夫斯基几何(又称双曲几何)和欧几里得几何(又称抛物几何)齐名.

康托(G. Cantor,1845—1918) 德国数学家,集合论创始人.1869 年获博士学位后即在哈雷大学长期任教,早年曾研究数论、不定方程和三角级数,并在无理数理论上有建树,1874 年起开创集合论的研究,1883 年起发表了《一般集合论基础》等论文,被一些数学家所反对,骂他有精神病.康托的老师、很有权势的数学家克罗内克(Kronecker,1823—1891)对康托不仅强烈反对,还进行打击压制,甚至使康托不能在柏林大学任教.克罗内克死后,康托于 1895 和 1897 年又发表了关于集合论的两篇文章,集合本身以其强大的生命力得到长足的发展和被数学家们所推崇,罗素曾赞扬集合论"可能是这个时代所能夸耀的最巨大的工作".后来,康托却真的患了精神抑郁症,逝世于精神病医院.康托所开创的集合论深入到数学的很多领域,取得了辉煌的成就.

18 世纪和 19 世纪是数学史上百花争艳、硕果累累、群星璀璨、人才辈出的年代,杰出的数学家及成就多得难以一一列举,以上只是扼要地粗略简介,欲了解详情请查阅有关的数学史或数学家们的传记.

3.2.5 现代数学时期

从第二次世界大战结束前后至今的 70 多年来,是现代数学时期.

这一阶段,由于计算机的出现,使数学得到了史无前例的迅速发展,不仅每门学科不断地完善自己的面貌,而且各自衍生出许多新的数学分支.数学各学科之间还包括它们与自然科学乃至社会科学各学科之间相互交叉渗透,形成许多新的边缘性、综合性的学科.数学这棵古老的大树,焕发了青春的活力,枝干交错,成为人类文明世界的擎天柱之一.

当今数学各学科之间虽有联系,但理论上又自成系统,令人有"隔行如隔山"的感觉.下面只是简略地介绍一下现代数学发展的几个方面的情况.

(1)应用数学方面

现代科学日益趋向定量化,不仅各门自然科学,而且各门社会科学乃至关于人类思维的科学里都已渗透着数学理论的应用.马克思早就说过:"一种科学只有成功地运用数学时,才算达到真正完善的地步."(转引自拉发格:《马克思回忆录》)

①对策论(又称博弈论)

这是研究社会现象的数学方法.这门学科是在冯·诺伊曼(von Neumann,1903—1957)在1944年与摩根斯特恩(Oskar Morgenstern)合著的《对策论与经济行为》①一书的基础上发展起来的.对策论研究是斗争双方如何控制对方及反控制,如何战胜对方,如何选取最优策略等.对策论给予数理经济和其他社会科学以很大的影响,使得拓扑学、代数学方法在这些领域得到积极的应用.在研究的根本方向上可分为合作对策论(cooperative game)与非合作对策论(non-cooperative game)两支,现在研究的主流是前者.

②数学规划论(又称规划论)

它研究计划管理工作中的安排和估值问题(比如选择最佳的物资调运方案、最佳的调配方案等).其数学模型即为:求某一函数在一定约束条件下的最大(或者最小)值的问题.如果约束条件和目标函数都是线性函数,属线性规划问题;否则属非线性规划问题.规划论可分为线性规划、非线性规划及动态规划等,它们是在19世纪30年代末陆续发展起来的数学领域.

最优化问题,就是在给定的条件下,如何充分利用现有的这些条件更好达到理想的目的,有许多内容与数学规划相类似.这一理论在20世纪40年代末期国外有人研究.我国的华罗庚教授于1964年起率先在国内推广统筹法,于1970年起推广优选法,这在生产实践中取得了巨大效益.而这种方法就是最优化方法的一部分.

③信息论

运用数理统计、概率论、泛函分析及代数学等数学方法研究信息的形态、传输以及处理和存贮的理论是信息论.1948年,美国数学家申农(C. E. Shannon,1916—2001)发表了论文《通讯的数学理论》奠定了信息的基础.由于控制论、电子计算机和通信技术的相互结合,信息论正在获得迅速的发展.

④控制论

通俗地说,如何控制(或操纵)客观对象的理论即控制论.控制论的思想在古希腊的柏拉图的著作中已经提到过,此后不断地发展.1948年,美国数学家维纳(N. Wiener,1894—1964)发表了《控制论》,综合了经典控制理论、信息论、生物学、神经学以及萌芽的电子计算机理论之间的联系与共性,提出了完整的"控制论"思想.他把控制论定义为"关于在动物和机器中控制和通讯的科学".维纳被认为是现代控制论的奠基人.

控制论延拓了人类的智能,现在已经发展成为当今人类社会由"工业社会"向"信息社

---

① 中文译本为《竞赛论与经济行为》,王建华等译.

会"转变中成为微电子技术、通信技术、遗传工程等信息科学的基础理论.

以上所列的是数学新学科中应用数学的很小一部分. 还有计算数学,它的内容大致分为计算方法和程序设计两个方面,主要研究有关的数学和逻辑问题怎样由数字自动计算机加以有效解决,它是应用数学的重要部分. 传统的应用数学,有效且应用面广的仍应包括微分方程(常数、偏微)、复变函数、概率统计等方面.

进入 20 世纪以来,数学的应用不仅在它的传统领域——所谓物理领域(诸如力学、电学、电磁学、光学、热力学等学科及机电、土木、冶金等工程技术)继续取得许多重要进展外,而且迅速进入了一些新领域——所谓非物理领域(诸如经济、交通、人口、生态、医学、生物学、社会学、管理学、语言学等),产生了计量经济学、数理经济学、数学生态学、数字分类学、统计遗传学、数理心理学、数理社会学、计量史学等交叉性应用数学学科.

二次世界大战后,各国政府大力支持应用数学,各种应用数学团体如雨后春笋,而且各类科学技术研究所中都有相当比例的数学家参加工作,大大地推动了应用数学的发展. 当今应用数学已经发展成为独立的学科,再不应被看成数学理论的附庸或装饰. 因而,各国许多大学从数学系中独立分出应用数学系,并在研究培养应用数学家的方法及编写教材等方面做了很多探讨与尝试. 无疑这些做法与经验是值得瞩目的.

(2) 纯粹数学方面

法国的大文学家雨果(V. Hugo,1802—1885)曾深刻指出:科学到了最后阶段,就遇上了想象. 在圆锥曲线中、在对数中、在概率计算中、在微积分计算中、在声波的计算中、在运用于几何学的代数中,想象都是计算的系数,于是数学也成了诗.

的确,由于现代数学的高度抽象,而且又是以严格的逻辑方法建立起来的,所以"纯粹数学成为逻辑思想的诗篇". (爱因斯坦语)

20 世纪初,英国数理学家罗素(B. Russell,1872—1970)生动地比喻"理发师悖论"①,揭示了作为现代数学基础的康托集合论的悖论,引起了所谓"第三次数学危机". 此后,在这场围绕着数学基础的 30 年大辩论期间,诞生了数学基础论这门新学科,形成了逻辑、直觉和形式三大学派. 它们各有短长,各有所见,对 20 世纪的数学进展有着不同程度的推动作用.

现代数学时期的近世代数,一般是从伽罗瓦提出群论的 19 世纪 30 年代算起,而最突出的进展之一是抽象代数的兴起,群论不仅扩展到整个数学,而且应用到物理、化学以及其他各领域中去. 1930~1931 年间,荷兰数学家范德瓦尔登的《近世代数学》出版,确定了抽象代数学(研究群、环、域等)在近世代数的中心地位,使之成为现代数学的基础. 德国的杰出女数学家爱米·诺特是抽象代数的奠基人. 德国外尔 1946 年发表了《代数几何基础》,把几何学建立在可靠的代数基础之上.

解析数论,即用解析方法研究数论问题. 它在这一数学发展时期内,取得可喜的成就. 我国数学家华罗庚的《堆垒素数论》和《数论导引》两部名著,受到世人的推崇和赞誉. 陈景润的论文《大偶数表为一个素数及一个不超过两个素数的乘积之和》的成就(即通常所谓的"1+2"定理)被世界誉为"陈氏定理". 近年来,超越数论取得了重大进展,并解决了数论中一些经典问题(比如 $a^b - b^a = 1$,只有唯一一组解,即 $3^2 - 2^3 = 1$,直到 1977 年才用超越数论得

---

① 有个理发师约定:"给而且只给那些自己不给自己刮胡子的人刮胡子."那么这位理发师属于给自己刮胡子的人呢,还是属于自己不给自己刮胡子的人呢? 看来属于哪种人都与自己上面的约定相矛盾.

以解决).但是如哥德巴赫猜想、孪生素数、黎曼猜想等问题进展不大,看来大的突破有待于新的数学方法的开创.

拓扑学,俗称"橡皮几何学",基本上是20世纪的产物,系统的研究始于庞加莱.拓扑学可分为点集拓扑和组合拓扑,它是20世纪最丰富多彩的一个数学分支,虽然在1945年前基本成熟,但是,在第二次世界大战后,组合拓扑学几乎成为数学的主流.比如,在这方面有研究成就而获国际数学界菲尔兹奖的数学家竟占总获奖人数的三分之一,有的数学家说"不懂拓扑就不能懂得现代数学",甚至称赞组合拓扑学为"20世纪数学的女王".1950年,美籍华人数学家陈省身提出了纤维丛理论.

泛函分析发端于20世纪,大体上完成于20世纪30年代,但第二次世界大战之后泛函分析取得了很大的进展.法国的布尔巴基(Bourbaki)学派做出了重要贡献.这门学科,研究的是现代数学分析的问题,采取的是几何学的观点,运用的是代数学的方法,而且应用于十分广阔的范围,因而它成为20世纪中叶以后发展迅速的综合性基础学科之一.

布尔巴基学派是对现代数学影响巨大的数学家团体.它是20世纪30年代由法国的一群青年数学家结合而成的,写出了四十卷的宏著《数学原本》,提出"数学结构"的概念,并用来统一数学.他们认为数学只是研究数学结构的科学,只对抽象的数学结构感兴趣,而对其对象究竟是数、是形、是函数还是其他别的什么都不关心.所谓数学结构是指一个集合元素之间的内在关系,包括顺序关系、代数运算关系、相邻关系等.他们用公理化方法对这些关系组合形成复杂的关系体系.他们的工作起到了承先启后的作用.

20世纪60年代以来,数学界思想极其活跃,美国数学家科恩(J. Cohen,1934—)的研究成果推动了数理逻辑的发展.1931年,奥地利25岁的数学家哥德尔(K. Gödel)在逻辑学领域内证明了"不完备性定理",并预言,否定连续假说也不会导致矛盾.1963年,科恩证实了这个预言.1961年,美籍数学家A·罗宾逊(A. Robinson,1918—1974)发表的《非标准分析》标志着非标准分析作为一门新学科诞生了.菲尔兹奖获得者法国的数学家勒内·托姆从1968年陆续发表"突变理论",1972年出版的《构造稳定性和形态产生学》一书风靡世界.托姆认为微积分是一种数学模型,它能解释并加以计算和预测连续变化的自然现象(如行星运行、卫星发射等),但对充满突变的和跳跃的自然现象(如火山爆发、建筑物的破坏等由量变引起质变的现象)是不够用的.所以这只能依赖突变,突变论的数学基础仍在继续研究,突变论的潜力还很大,能否创造更大的作为,有待于今后人们的努力.

1965年,美国数学家扎德(L. A. Zadeh)发表了《模糊集合》的论文,修改了康托的集合概念.不仅在自然界与社会上存在边界模糊的集合,人类思维也存在着模糊的特点.人脑不仅能处理精确信息,而且以处理模糊信息为其特有的本领,所以在探讨人工智能的研究领域里是一定离不开模糊数学的.我国数学家正在开展这方面的研究工作.

20世纪60年代开创的非标准分析,突变理论、模糊数学引起了数学上的一场革命.

(3)计算机科学方面

1946年,在数学家冯·诺伊曼的主持下,第一台电子计算机在美国问世了,这对数学(可以说是对整个人类生活)产生了巨大的影响.随之不仅有计算机科学问世,而且它为人类的大脑提供了辅助性的思维工具(1976年,计算机证明了悬难未解达124年之久的"四色问题"就是个典型实例).不仅数学领域,现代社会的每个领域到处可见计算机应用的足迹.因而可以认为电子计算机是20世纪最伟大的技术成就,它使人类面临一切新的科学技术与工业革命,其威力要超出以蒸汽和电为标志的工业革命,也为数学的发展开拓了光辉灿烂的前景.

　　应用数学是社会需要的产物,纯粹数学的动力往往来自数学内部矛盾的运动.数学发展的源泉在于客观世界的数量关系.数学的存在全在于其逻辑性,但数学的价值归根结底在于它的应用性.数学是质和量的对立统一,是从质和量的互变的角度去研究整个客观世界的,因而数学是研究自然科学与社会科学不可离开的有力武器.而数学史正是剖析数学发展机理的显微镜,观察数学发展风貌与前程的望远镜.所以,要学好数学,进一步了解数学思想的内在联系,理解数学家的思想与成就,更多地从中汲取教益,了解数学发展史的概貌是完全必要的.

第四章 算术史话

"算术"是初等数学的一个重要分支,其内容包括自然数及在加、减、乘、除、乘方、开方运算下产生的数的性质、运算法则以及在实际中的应用.历史的推进,给"算术"赋予了如此广泛的意义.

4.1 对自然数认识的几个阶段

数,作为人类对物体集合的一种性质的认识,是以长期经验为依据的历史发展结果.这段历史过程大致可以分为"多少"概念的形成;对应关系的建立和集合间等数性的发现;对自然数"后继性"的认识;科学记数法的确立等几个阶段.

远在原始社会,人类以狩猎、捕鱼和采集果实为生,食品的有无,自然是他们最为关心的事情.例如,出去狩猎,可能打到野兽,但也可能一无所获,这就是"有"与"无"这两个数学概念的实际基础.因此,"有""无"概念的形成,是自然而又必然的结果.

"有"是存在的一种形式,有多少才是这种形式之下的一个具体内容.在狩猎过程中,每天猎取的野兽多少不等,这又慢慢地产生了笼统的"多"与"少"的概念.因此,对"有"认识的进一步结果,产生了"多""少"两个概念.但"多""少"是相对的,它无法明确地表达某事物集合的量的特征.严格地说,"多""少"这两个概念并没有在刻画集合的量的特征上比"有"这个概念有多大的进步.不过"多"与"少"毕竟已摆脱了对量的孤立认识,而进入了事物间联系的比较过程,这是了不起的进步.有比较才有鉴别,对事物集合的量的具体表示,正是在这种比较中鉴别出来的.把猎取的野兽分配给大家,这里就产生野兽集合与人的集合之间的"对应"关系:每一份兽肉分配给某一个人,而每一个人都可以分配到一份兽肉.有了这种对应的关系,人类才有可能比较两个数量的大小.例如,要比较今天猎取的野兽和昨天猎取的野兽,到底哪天猎取的多?就可以把昨天猎取的野兽和今天猎取的野兽一只一只地对应起来进行比较.如果比到最后,昨天猎取的野兽已经取完了,而今天猎取的野兽还有剩余,那自然今天猎取的比较多;如果昨天猎取的野兽还没有取完,而今天猎取的野兽已经取完,那自然今天猎取的比较少了.正因为有了这种对应关系,人们才有可能把生活中事物的数量与自然数之间一一对应起来,从而也才有可能确切地比较事物的多少.

两个集合之间元素个数多与少的比较,最直接而又合理的办法,是建立两集合元素间的一一对应的关系.通过一一对应,不仅可以比较两集合之间量的大小,更重要的是还可以发现相等关系.这是认识自然数的一个关键性步骤.

对集合间等数性的认识,是人类对物体集合进行定量分析的第一阶段.在这个阶段中,人类经过了一个使用自身器官、贝壳、石子、树枝等,专门用作与被计数集合进行比较的"专用集"(即计数器)过程.人类所使用的最早的计数器是自己身上的手、耳、脚等.人们通过手、耳、脚与计数集合间量的比较,就可以了解到被计数集中元素的个数——尚未抽象的数."耳""手""整个人"可以说是数的雏形,它的实际内容是"像耳朵一样多""像手上的指头那样多""像整个人身上所有的手指和脚趾那样多"等,而不是抽象地被理解为 2, 5, 20 这些数.在一些民族的原始文化中,同一个数常常有不同的名称,用于不同种类的物体,一些是用来计算牛羊数的,一些是用来计算人口数的,甚至同一个数不同的名称可达十余种.显然,这些还不是严格意义下的抽象的数,而是分别属于一定种类物体的"有名数".

抽象的数的概念是在摆脱物体的各种具体属性之后产生的.这里很重要的步骤是采用统一的计数器来计量各种不同物体的集合量值(个数).计数器的一个重要效用,是揭示两集合之间元素个数的"多""少".我们知道,当两个物体集合处于近旁,可以直接通过一一对应比较多少的时候,一般是采用直接比较的办法来判断.然而,当两个集合不可直接比较时,计数器就显得重要了.在某一集合中,每取出一个物体,就放上一个贝壳或树枝,或者在兽骨上刻一个痕迹.如果对于甲、乙两个集合所放的贝壳或所刻的痕迹相同,那么人们就可以断言它们之间元素的个数相同.不然,就是所放贝壳多的那个集合的元素个数多.这样,经过世世代代的千百万次的重复比较,一种脱离了各种集合元素具体特征的集合的一类性质——数量属性,从贝壳、石子、树枝、痕迹等计数器的使用中抽象出来了.这种数量属性具体反映在以下两点上:

(ⅰ)任何一个"数"都是由"单位"积累起来的;

(ⅱ)每一个"数"都有一个后继者.

其中(ⅰ)的客观原型来自用贝壳和石子之类的东西计数时一个一个的积累;(ⅱ)的客观原型来自一一对应的比较.这两点正是自然数的本质属性.因此,对它的认识,也就标志了自然数概念的形成.1889 年,皮亚诺(Giuseppe Peano, 1858—1932)为自然数的理论建立了五条公理:

(ⅰ)1 是一个自然数;

(ⅱ)1 不是任何其他自然数的后继者(注:现在规定 1 为 0 的后继);

(ⅲ)每一个自然数 a 都有一个后继者;

(ⅳ)如果 a 与 b 的后继者相等,则 a 与 b 也相等;

(ⅴ)若一个自然数组成的集合 N 含有 1,同时当 N 含有任一数 a 时,它也一定含有 a 的后继者,则 N 就是所有自然数所组成的集合.

这五条公理就是在上面两条基础上发展起来的.由于通过计数器的比较过程,实际上也是一个计数过程,所以人们发现了数与数之间的一些简单的加减运算关系.现在一些地区,特别是与世隔绝的一些岛屿上的民族,他们的数字名称很少.如生活在澳大利亚的波利尼西亚群岛、托列斯海峡群岛上的一些居民,只有 1 和 2 的名称.碰到 3 时就读 2-1,4 读作 2-2,5 读作 2-2-1,6 读作 2-2-2 等,这显然是他们对加法的认识.

随着社会实践的不断深化,对人们的反映实践能力的要求也越来越高.当需要计数的集合元素的个数很多,或者需要把计算的结果保留下来的时候,采用贝壳之类计数器,机械地用一一对应的办法来计数和记数,自然是不行了.不能为了"计"或"记"一万数目,而带上一万个贝壳或树枝,这就出现了以一物表一物的单调记数法的局限性.当贝壳、树枝数少于物体个数时,就会出现"束手无策"的情况."无策"是个现象,它暴露了原始记数方法与客观事物量之间的矛盾,从而提出了创立科学记数法的任务.

科学记数法是通过两步完成的,第一步是利用符号代替贝壳、树枝等实物记数;第二步是用尽量少的符号,最方便地记载一切自然数.世界各国曾采用的记数符号虽然各不相同,但是记数的方法却不谋而合,几乎不是十进制、五进制就是二进制,其中尤以十进制居多.这是由于人手有十指的缘故. 手是人类的天然计数器,物体数目不大于 10,就屈指可数,超过 10,就屈指难数. 10 是关键点,是分界线. 在这点上,人类实现了计数技术的一次重大飞跃.

我国是最早采用十进制记数的国家之一. 早在三四千年前,我们的祖先就以十进制记数法来记数了. 卜辞中有表示十、百、千、万等十进制单位的专名和 1 到 9 的数码,数码与位值名词(十、百、千、万等)互相配合,就能记出各种数字来. 这说明,我国甲骨文时代的十进制记数法是完整和发达的. 但是,用位值名词来表示各种数码的数值,毕竟是浪费和累赘,尤其在运算时,更显得碍手碍脚. 十进制记数法的进一步改善,关键在于创造一种能使十、百、千、万的意义"不言而喻"的方法. 这就是十进位值制记数法.

位值制是将十、百、千、万等意义,通过数码所在地位来表示的一种记数法. 这种记数法早在使用石子、贝壳、树枝计数时就隐含着了. 比如说,当树枝排满 10 根时,人们就在另一个位置上放 2 根树枝代表它们,原先的 10 根就可以撤去;当第二个位置上也满 10 根时,就用第三个位置上的 1 根代表;依此类推,假如第一、第二、第三个位置上分别有 6 根、5 根、3 根树枝,那么它所表示的就是 653,无须写出十、百这些数字,位置本身就有了十、百等意义. 当人们明确地意识到这一点,从而形成位置观念时,科学的十进位值制记数法的基本原理就算完备了,自然数的概念也就完全形成了.

4.2 自然数的早期研究

在公元前 1000 年时,古希腊人称正奇数为男性数,正偶数为女性数. 无疑这种称呼比较贴切. 因为男人一般总是脾气暴戾,好勇斗狠,而女人则甜蜜温顺. 当时,1 被视为一切数的根源,2 是第一个女性数,3 是第一个男性数,而和 2+3 = 5 代表婚姻. 即使在数的王国里,女性数也在男性数之前! 数字 8 掌握了爱情的奥秘,因为它是男性数 3 与婚姻数相加起来所得的数值.

奇合数的男子气质显得不足,真正的男性应该具有来历的不可分割性,而这种特性只是在素数身上才体现出来. 因此,像 9 或 15 那样的奇合数被认为是"缺少丈夫气概的数",但奇素数 3 被认为是女性数 2 的佳偶,两者合成婚姻数. 图 4.1 显示的数的性别模式,令人不禁想起在某些生物学教科书上所画出来的染色体的排列形态图.

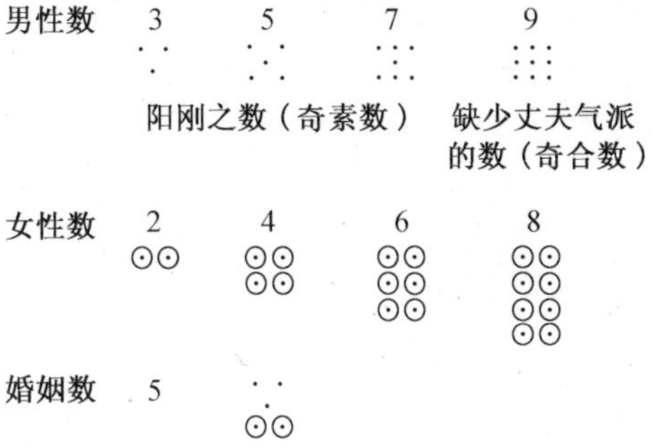

男性数　　3　　　5　　　7　　　9
　　　　　∴　　 ∴∴　　∴∴∴　∷∷
　　　　阳刚之数(奇素数)　　缺少丈夫气派
　　　　　　　　　　　　　　的数(奇合数)

女性数　　2　　　4　　　6　　　8
　　　　　○○　　○○　　○○　　○○
　　　　　　　　 ○○　　○○　　○○
　　　　　　　　　　　　○○　　○○
　　　　　　　　　　　　　　　　○○

婚姻数　　5　　　∴
　　　　　　　　 ○○

图 4.1

信奉"万物皆数"的毕达哥拉斯派研究过奇、偶数的性质及素数(即质数),研究过满足 $a^2+b^2=c^2$ 的整数 a,b,c(国外称为毕达哥拉斯或毕达哥拉斯三角形,我国称为勾股数),知道

当 m 为奇数时,$a=m$,$b=\dfrac{m^2-1}{2}$,$c=\dfrac{m^2+1}{2}$ 就是一组毕达哥拉斯数.

毕达哥拉斯学派研究了三角形数:

即先是 1 个点,之后加 2 个点、3 个点、4 个点(保持三角形的形状)等. 他们知道

$$1+2+3+\cdots+n=\dfrac{n(n+1)}{2}$$

称每一个这样的数为三角形数.

他们也研究了四边形数(正方形数):

即先是 1 个点,之后加上 3 个点,使它成为正方形,之后加上 5 个点、7 个点(均保持正方形的形状),形象化一层层地添加上去的情形(图 4.2),所以他们轻而易举地就证明了公式

$$1+3+5+7+\cdots+(2n-1)=n$$

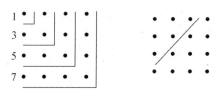

图 4.2

他们还研究了三角形数与四边形数的性质,知道并由右边的图形证明了两个相继的三角形数之和是正方形数. 此外,他们还研究了五边形数、六边形数等多边形数.

毕达哥拉斯学派还研究过完全数,即它的真因子(除了它自身以外的因子)之和等于它自身的整数,并找到 6,28,496 这三个完全数,这对后世的数论颇有影响. 后来,人们找到了偶完全数的公式,而奇完全数的存在性至今仍是难题. 他们还研究了亲和数等(可参见笔者另著《数学眼光透视》第四章).

4.3 常用最繁的数码

目前,所见常用最繁的数码,是我国商业用的数字:

壹 贰 叁 肆 伍 陆 柒 捌 玖 拾 佰 仟 万
1　2　3　4　5　6　7　8　9　10　100　1 000　10 000

以上商业用的数码,在我国唐宋以后出现,到现在大约已有一千三百多年的历史了. 广东省韶州南华寺有一口大钟,上面刻印着以下的文字:

"大汉皇帝维大宝七年岁次

"甲子(964 年),正月一日戊寅,铸造洪钟一口,重铜壹阡贰佰陆拾斤,于长寿寺,永充供奉."

所用数字,除"阡"字略有不同外,其余与上述商用数字完全相同.

目前,会计上票证及重要证件文凭编号仍常采用这种数码,因为它字体较繁,不易涂改,以防笔误.

现在,把上述商用数码与阿拉伯数字、罗马数字以及我国古今几种数码的写法列表对照如下,我们从中可以比较出它们的繁简:

阿拉伯数字	1	2	3	4	5	6	7	8	9	10
罗马数字	I	II	III	IV	V	VI	VII	VIII	IX	X
中国现代小写体	一	二	三	四	五	六	七	八	九	十
甲骨文	一	二	三	亖	𠄡	∧	+	) (	𠃍	∣
中国现代大写体	壹	贰	叁	肆	伍	陆	柒	捌	玖	拾

4.4 "0"的符号溯源

在所有的十个阿拉伯数码中,"0"也许是最特殊的了."0"是"零"的符号,从量上说,它代表着"无",然而它又不是毫无内容.作为一切正数和负数之间的界线,作为能够不是正又不是负的唯一真正的中性数.零不只是非常确定的数,而且它本身比其他一切被它所限定的数都更重要.

"0"产生于其他各整数之后.它的产生不是为了表示"无",而是为了填补十进位值制记数法中的空位,使十进位值制记数法得到完善.

前面说到,在自然数的产生过程中,"有"这个概念是起了很大作用的."有"是相对于"无"来说的.正是由于客观实际存在着"无",所以才会反映出"有"的特征.那么怎样在数学中表示"无"呢?这是一个难题.纵观所有的数学古国,尽管他们已在代数、几何等方面取得令人赞叹的成就,但是都没有在产生出用来表示"有"的数的同时,产生出用以表示"无"的数来.原因很简单,因为人们并不把"无"作为一个数量特征来对待,只需要用"无""没有"之类的文字就可以了.

我们中国是世界上的文明古国,也是数学最发达的国家之一,我国古代的数学家们,很早发现了数学中"〇"字的运用价值和重要作用.然而采用什么样的形式来表示,却又是一个难以解决的问题,即使当时那些最优秀、最聪明的数学家也冥思苦想而不可得,而是一代又一代的思索,一代又一代的创造,采用了一个又一个符号,作了一次又一次的尝试,最后才使之完善地确定下来"〇"这一个简单的圆圈.根据现有的历史资料,我们归纳起来,大抵有四个过程:①用空位不写表示零;②用"空"字代替零;③用"□"代替零;④用圆圈"〇"表示零.

早在公元前 4 世纪以前,也就是春秋战国时期,那时正是我国古代科学文化十分繁荣发达的时期,数学家们已开始使用了零的表示法,他们采用在筹算盘上留下空位的方法来表示零,这在我国敦煌石窟的唐代手抄本《立成算经》中有了记载,其中记载:当时(战国以前)把405 表示成"|||| ||||".筹算记数中各数字都应遵守纵横相间的规则.所以由 |||| 和 |||| 都是纵

式,很容易看出它们中间的横式位置的数是空下来的.又把 90 写成"⊥", 120 写成"│=",容易看出它们的个位是空下来的;这种表示零的方法是我国古代数学家们最早的天才的创造,把数的计算中无法表示的零,用那么一个空白的位置表示出来了.虽然它是原始的、简单的、极不完善的,甚至是虚的,但是运用这个虚空的位置,明确地表达了一个准确的意思.有了它就可以将数字位置的大小区别开来.不过这个空格又仅仅是一个空格而已,并没有什么实在的符号表示.这就很容易使人们产生误解,也许在无数次计算实践中已经使人产生了多次的误解,像上面列举的 405 写成"‖‖ ‖‖",中间的空格给予人们的形象概念尚不够准确,人们或许以为它是什么衍文,有什么遗漏的数字,甚至在计算时往往容易忽略.当数学家们多次发现了空位的缺欠时,就想办法用一个实在的符号来表示.于是数学家们自然想到"空"字,用空字来代表零.这样把 405 写成"‖‖ 空‖‖"如《旧唐书》(后晋人刘昫著)和《宋史》(元人脱脱等著).在讲到历法时,都用空字表示天文数据的空位.这无疑比留一个空位要好得多,因为它表示一个实实在在的数字概念,再也不会引起人们的误会.有几个空字就表示几个零,数位也就清楚无误了,这是数学史上零的表示法的一个大进步,它标志着用文字符号表示零的开始,零在数学计算中从此不仅是在意义上有了表示,而且有了实际形象表示,它为后来的完美的零——"○"的产生迈出了第一步.

用这个"空"字代替零,虽然显得实在了,准确了,然而它不是理想的.一方面这"空"字在数字运算过程中比较难写;另一方面,它和纵横相间表示数的符号夹在一起显得很不调和,失去了统一和谐的美感.人们就想用一个更简便的和纵横相间的符号比较统一的一个符号来代替这个"空"字.后来即出现用"□"表示零,在古文献中的记载是很多的.例如,南宋蔡沈著的《律吕新书》中就曾把 118 098 记作"十一万八千□九十八",把 104 976 记作"十□四千九百七十六".

很显然,这种用"□"表示零,放在数字中比写一个"空"字来,不仅简便多了,而且自然多了,和谐多了.它已经是一个数字的符号,尽管这个符号还不完美,但它标志着从用文字代替零,转变到用符号表示零的新阶段,这是一个很大的进步.

用圆圈表示零在宋元时期的著作已普遍运用.例如,金的《大明历》(1180 年)中把 405 写成"四百○五",另外还有"五百○五""三百○九"等.到 13 世纪 40 年代,宋元时期数学家李冶和秦九韶等,在著作中更是大量地运用圆圈"○"来表示零.李冶在《益古演段》第四问中用"○≡π"表示 0.47;在第六问中用"○π≡"表示 0.75.他又在《测圆海镜》第八卷中用"│○‖⊥π○‖‖≡‖⊥⊤"表示 10 277 093 376,这种例子是很多的.秦九韶在《数书九章》(1247 年)中也大量运用了符号"○",如把 10 192 写成"│○│⊥‖",把 3 076 800 写成"‖‖π⊥Ⅲ○○".圆圈符号"○"与现代数学中竖立的椭圆零的符号"0"是不同的,圆圈零"○"是我国古代数学家的独创.当代数学史家钱宝琮先生说:"根据考证,这个'○'号是宋朝天文学家的创作,不需要有外来的影响."

一个圆圈,今天看来多么简单,然而它却表示了我国古代数学家的勤奋思考和丰富的想象力.用"○"来表示零,它既好写,又具有很强的美感,把科学的逻辑和艺术的形象完美结合,它既代表数式中的一个空位,又反映了我们中国人民传统审美观念.不过应该说明的是,我国古代数字中采用"□",或用这个美丽的圆圈"○",但在意义上只表示一个空位,并没把"○"作为一个数来使用.

至于这个圆圈"〇"后来又怎样变成了现在数字中所用椭圆形"0"的,并当作一个数来使用的呢？这仍有一番从中国到外国,又从外国到中国的长时间的曲折过程.

世界上还有一些民族,在零的表示法的发展变化过程中,也和我们中国一样,先是用空位,后再用符号,最后用类似圆圈的零,可以说是殊途同归的.例如,683年,柬埔寨的碑文上用"$e \cdot \varepsilon$"表示605,其中的"·"就表示零.印度任唐期太史监的天文学家瞿昙悉达所编《开元占经》中提到"每空位处恒安一点",即用黑点表示零.苏门答腊的碑文上用"$e\bigcirc\forall$"表示608,其中的"〇"就与现在"〇"相近了.据说,印度的阿利耶毗陀已经知道零的符号的应用.至于黑点"·"何时变成椭圆"0",这个用椭圆"0"表示零的发明荣誉属于谁,还没有可靠的资料来考证.据现有的材料研究,科学史家们大多认为,椭圆零"0"是4世纪(东晋时代)产生于中印两国的边界一带.当代英国学者李约瑟博士风趣地说过："也许我们可以冒昧地把这个符号看作是代筹算盘空位上摆上了一个印度花环."也就是可以用一个比喻说:中国是椭圆零"0"的父亲,印度是它的母亲.

中印两国早有文化交流.627年,唐朝和尚玄奘到印度取经(即《西游记》中所写的),把中国的文化带到了西方.也许就在这个时候中国的圆圈零"〇"传到了印度.此后在印度的碑文上就有了用"〇"来表示零的情况.据李约瑟博士的研究,中印文化交流,印度更多地从中国受到启迪.

印度采用符号"〇"表示零,并给1~9的数字单位设立记号,大大减少了数字的个数(在这以前的希腊人、犹太人、叙利亚人等的记数法要用到27个不同的数字符号,记数很麻烦),他们把零作为一个数,参加运算,完善了十进位值制,简化了数的运算.8世纪印度记数法传到阿拉伯,又经过几百年的演变,到16世纪写法就和现在基本一致,这就是历史上的印度-阿拉伯数码.它在记数法中占据压倒优势的地位,迅速传播开来,为全世界所通用,为数学的发展做出了伟大的贡献.

中国的圆圈零"〇"在印度、阿拉伯为什么会演变成椭圆零"0"呢？这恐怕可用美学观点来解释,从1~9都是长条的形状,"〇"也就自然地构成了"0".

综上所述,零的产生,是中外文化交流的结果,我们中国古代的数学家为零的产生做出了巨大的贡献,印度、阿拉伯等外国科学家为之付出了杰出的劳动.

4.5 数的运算

古埃及人的算术主要是叠加法.进行加减法时,用添上或拆掉一些数字记号求得结果,而进行乘法或除法运算时,则需利用连续加倍的运算来完成.例如,计算27×53与$745 \div 26$时,只要把53的$1+2+8+16(2^0+2^1+2^3+2^4=27)$这些倍数加起来,即求得$27 \times 53$的积；连续地把除数26加倍,直到再加倍就超过被除数745为止,即$745=416+329=416+208+121=416+208+104+17$,从而得商为$16+8+4=28$,得余数为17.

古埃及算术最值得注意的方面是分数的记法和计算.古埃及人通常用单位分数(指分子为1的分数)的和来表示分数,如"🝆"表示$\frac{1}{5}$,"ȣ"表示$\frac{1}{10}$等.古埃及人是利用单位分数表: $\frac{2}{5}=\frac{1}{3}+\frac{1}{15}, \frac{2}{7}=\frac{1}{4}+\frac{1}{28}, \cdots, \frac{2}{97}=\frac{1}{56}+\frac{1}{679}+\frac{1}{776}, \frac{2}{99}=\frac{1}{66}+\frac{1}{198}$等来表示一个分数或两个正整

数相除. 例如,要用5除以21,运算程序可以如下地进行: $\frac{5}{21} = \frac{1}{21} + \frac{2}{21} + \frac{2}{21} = \frac{1}{21} + \frac{1}{14} + \frac{1}{42} + \frac{1}{14} + \frac{1}{42} = \cdots = \frac{1}{7} + \frac{1}{14} + \frac{1}{42}$. 由于整数与分数的运算都较为繁复,古埃及算术难以发展到更高的水平.

巴比伦人对于加减法的运算只不过是加上或去掉些数字记号而已. 加法没有专门的记号,减法用记号"⌐"表示,例如,"⌐"表示40-3. 关于乘法,是在整数范围内进行的,其记号是" ". 如果要计算36×5,做法是30×5+6×5,这可以看作是乘法分配律的萌芽. 为了便于计算,他们大约在公元前2000年以前已经研制了从1×1到60×60的乘法表,并用来进行乘法运算了. 关于除法,是整数除以整数的运算,是采用与倒数相乘的办法来进行,于是经常要使用分数. 除了乘、除法之外,巴比伦人还能借助于泥板上的数表来进行平方、开平方、立方、开立方的运算. 对于$\sqrt{2}$的近似表达已达到了很高的水平,但是还没有根据证明他们已认识了无理数.

公元前2100年,巴比伦人使用了比较复杂的分数. 记数时采用六十进制,在他们的著作中已出现六十分制的分数. 如用 $\frac{1}{60} + \frac{1}{60^2} + \frac{1}{60^3}$ 表示1°角的正弦函数值,即 $\sin 1° = \frac{1}{60} + \frac{1}{60^2} + \frac{1}{60^3}$. 这是世界上最早的分数.

中国古代人用的计算工具是算筹,摆筹进行加减运算. 在商代至少有加法、减法和乘法运算,只是没有明确的记载. 实际上,甲骨文只能记录结果,而不能记载算法和运算过程. 周代以后有了一些运算的记载,例如,战国时李悝在《法经》中以一户农民为例计算了收支情况: "今一夫挟五口,治田百亩,岁收亩一石半,为粟百五十石,除十一之税十五石,余百三十五石. 食:人月一石半,五人终岁为粟九十石,余有四十五石. 石三十(钱),为钱千三百五十,除社闾尝新春秋之祠用钱三百,余千五十. 衣:五人终岁用千五百,不足四百五十."这笔账里用到了减法、乘法和除法,由于加法早已通行,所以这里算术四则运算已经齐备了. 特别值得注意的是,计算中最后还出现了"不足"的数,李悝未必理解现代观点下的负数,但却为负数概念的形成提供了实例.

从出土的文物来看,春秋战国时期的文献中已有乘法口诀,次序与现代不同,由"九九八十一"开始,因此又称乘法口诀或乘法表为"九九",这种次序流行了一千六七百年,直到南宋初才改为现今的顺序.

我国使用分数的时间应该很早,至迟在春秋战国时期的著作中有许多有关分数及其应用的记载. 例如,《墨子》中讲到有关食盐分配问题时有: "二升少半"和"一升大半"的记载,其中"少半"和"大半"就是$\frac{1}{3}$和$\frac{2}{3}$,还有当时称"半"的,即为$\frac{1}{2}$. 我国很早就有合理的分数表示法,在筹算中,除法本身就已包含了分数的表示法. 例如,176÷15,按筹算除法规则,第一步先摆成如图4.3左边的式子. 这种摆法也就是分数$\frac{176}{15}$的筹算表示式(见图4.3).

通过相除的运算后,图4.3左边所示的筹式就转变为图4.3右边的形式,这又成了带分数的一种表示式. 尽管这种分数的表示法与现代的不同,但是这些差异并不妨碍筹式分数运算的准确性和简捷性.

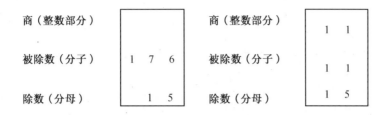

图 4.3

早在 1 世纪,在我国的《九章算术》"方田章"中,就有关于"约分""通分""合分"(分数加法)、"减分"(分数减法)、"乘分"(分数乘法)、"经分"(分数除法)、"课分"(分数的大小比较)、"平分"(求分数的平均数)等分数运算法则的记载.其中约分法与现在一样,先求最大公约数,后用最大公约数分别除分子、分母,在做除法时,将除数的分子、分母颠倒而与被除数相乘,这在当时是一个很杰出的创造.

《九章算术》是世界上最早的系统叙述分数的著作,比欧洲要早出 1 400 余年.在三四世纪,印度开始出现与我国同样的分数表示法,如 $1\frac{1}{3}$ 写成 $\frac{1}{3}^{1}$,也是把带分数的整数部分定在分数部分的上面.直到 12 世纪,印度数学家波什伽逻著《立拉瓦提》(Lilavati),仍采用中国的这种记法.12 世纪后期,在阿尔·哈萨(Al-Hassar)的著作中首次出现分数线,如 $\frac{3}{5}\frac{3}{8}\frac{2}{9}$ 用现在的表示法为 $\dfrac{3+\dfrac{3}{5}}{2+\dfrac{8}{9}}$

后来,斐波那契著《算盘书》介绍了阿拉伯数学,把分数线一起介绍到了欧洲.但是,没有被欧洲数学界及时接受.难怪一些欧洲数学家说:"欧洲人长期专注于单分数是文化上的一种偏见,它像罗马记数法一样严重地推迟了数学的进步."

古代印度是在不大的书写板上进行数的计算,写上的字容易被擦掉,但和今天的顺序不一样,是从左向右进行计算的.例如,345 和 488 相加时,在书写板下方并列写上这两个数,3+4=7 写在最左一列的上头;然后 4+8=12 把 7 擦掉,改为 8,后面写个 2;然后 5+8=13,把 2 擦掉改为 3,后面写个 3,得最后结果为 833,如图 4.4 所示.

	8	3	
	7̸	2̸	3
	3	4	5
	4	8	8

图 4.4

减法用的是"补足法".在此法中,总是从 10 中减去底下的数字,将差加入上面的数字中.例如 6 273-1 528,从个位开始做,10 中减去 8 为 2,2 加 3 是 5;6 中减去 2 为 4;10 中减去 5 为 5,5 加 2 是 7;5 中减去 1 为 4,最后答案为 4 745.

乘法用"格栅法".例如,计算 738×416,先画一个格栅,把 738 写在顶上,416 写在右边.计算 4×8=32,4×3=12,等等,依次将所得结果都列入格栅后,从右下角起给对角线相加得

307 008,如图 4.5 所示.

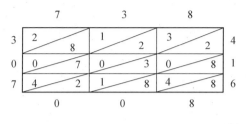

图 4.5

做除法用"帆船法".由于此法较繁,在此就不介绍了(见科学普及出版社出版的[美] A.吉特尔曼著,欧阳绛译的《数学史》P.129).

从上面的计算程序看出,计算方法与我们今天的程序很相近.这种运算程度大约在 19 世纪被阿拉伯人所采用,后来又传到西欧,对于算术运算方法的发展起了重要的作用.

4.6 小数的产生与表示

小数,即不带分母的十进分数,它的完整称呼应是"十进小数".小数的出现标志着十进位记数法从整数扩展到了分数,使分数与整数在形式上获得了统一.

小数产生的前提有两个:一是十进制记数法的使用,二是分数概念的完善.3 世纪,我国数学家刘徽在注释《九章算术》时,在处理平方根问题中提出了十进小数.在世界上,这是最早的.刘徽说:"……凡开积为方……求其微数,微数无名者,以为分子,其一退十为母,其再退以百为母,退之弥下,其分弥细……"

刘徽提出的十进小数包含三层意思:

(ⅰ)在求一个数的平方根时,如果求得平方根的个位后,被开方数仍未开尽,这时可以继续开方求出其"微数".所谓"微数"即整数以下小数部分的统称;

(ⅱ)"微数"的表示方法有两种:一是署名,用比整数单位更小的名称来表示;二是以十进分数表示,其分子是继续开方时所求得的各数,分母分别是十、百、千等;

(ⅲ)十进分数的表示具有无限性.

这三层意思完整地揭示了十进分数,即小数的本质.如果与现代的小数概念比较,只是差在小数的符号形式上.下举例说明:设有被开方数 N(平方忽),其平方根的整数部分为 a 忽(忽是我国当时最小的一个长度单位,它的上面是丈、寸、分、厘、毫、秒等).另有余数为 r(平方忽),对其继续开方,求"微数".若 a_1 为继续开方后的第一个数字,那么就把它作为分子,以 10 作为分母("其一退十以为母");若仍有余,则再求一次得 a_2,又以 a_2 为分子,以 100 为分母("其再退以百为母"),依此类推,若开到第 n 次对开尽,那么就得: $\sqrt{N}=a+\dfrac{a_1}{10}+a+\dfrac{a_2}{100}+\cdots+\dfrac{a_n}{10^n}$(忽).若仍开不尽,则可再开,其值越来越精细("退之弥下,其分弥细").由于我国的筹算具有很强的位置观念,一般十进分数都可以通过该数字所在的位置来表示,而无须再置分母.因此像上面的十进分数在筹算中就被表示为

$$\overset{\text{忽}}{a}\quad a_1\quad a_2\quad \cdots\quad a_n$$

其中 a 上面注"忽"表示它是整数部分,其余各数相应地表示整数以下(小数)的各位数. 例如,元代刘瑾在其《律吕成书》(约 1300 年)中,将 11 314 285 714.72 写为

又将 106 368.631 2 写成

这种十进小数的记法与现代记法本质完全一样,只差一个小数点.

我国十进小数的这种表示法,后来影响到印度. 古代印度数学家在开平方开不尽时,也采取刘徽提出的继续开的办法. 他们将小数部分的各数,分别用圆圈出示与整数区别,如 42.56 表示为 42⑤⑥. 这种方法后来又影响到中亚和欧洲.

欧洲关于十进小数的最大贡献者是荷兰工程师斯台文(Simon Stevin). 他从制造利息表中体会到十进小数的优越性,因此他竭力主张把十进小数引进到整个算术运算中去,使十进小数有效地参与记录. 不过,斯台文的小数记法并不高明,例如,139.654,他写作 139◎6①5②4③,每个数后面圈中的数,是用来指明它前面数字位置的. 这种表示方法,使小数的形式复杂化,而且给数和运算带来很大的麻烦.

在俄罗斯人杰普门所写的《数学故事》里,提出历史上较早地把小数引进数学里的是中亚数学家阿勒-卡西. 阿勒-卡西在 15 世纪初期写了一本《关于圆的教科书》,书中计算了一个有 800 335 168 边的正多边形的边长,得到 π 精确到小数点后 16 位的值. 杰普门认为这比欧洲出现小数要早 175 年,是世界上较早出现的小数.

《关于圆的教科书》中算出

$$2\pi = 6 + \frac{16}{60} + \frac{59}{60^2} + \frac{28}{60^3} + \frac{1}{60^4} + \frac{34}{60^5} + \frac{51}{60^6} + \frac{46}{60^7} + \frac{14}{60^8} + \frac{50}{60^9}$$

并在这数的下面写道:

原数　6　283　185　307　179　586　5

这个数就是把上面所写的 2π 的值从六十进制转变为十进制数:6.283 185 307 179 586 5. 把这个数除以 2,就得到 π 的近似值:3.141 592 653 589 793 2.

1592 年,瑞士数学家布尔基(Jobst Burgi,1552—1632)对此做出较大的改进. 他用一个空心小圆圈把整数部分和小数部分隔开,比如,把 36.548 表示为 36。548 这与现代的表示法已极为接近. 大约过了一年,德国的克拉维斯,首先用黑点代替了小圆圈. 他在 1608 年发表的《代数学》中,将他的这一做法公之于世. 从此,小数的现代记法被确立下来.

1617 年,耐普尔(John Napier, 1550—1617)提出用逗号","做分界记号. 这种做法后来在德、法、俄等国广泛流传. 至今,小数点的使用仍分为两派,以德、法、苏联为代表的大陆派用逗号,以英国为代表的岛国派包括美国用小黑点,而将逗号作分节号. 如 π 的数值,大陆派的写法是 3.141 592 653…,岛国派的写法则是 3.141,592,653,….

我国在 18 世纪笔算逐渐代替了筹算,西方的小数记法也传了进来. 1723 年,由康熙(1654—1722)主持下编纂的《数理精蕴》中就出现了小数点记号,比如把 345.67 写作(三四五　六七),把和点放在整数部分的右上角. 但是这种记法在当时没被普遍采用,对小数的记法在我国仍很杂乱,直到 19 世纪后期小数的现代形式,才在国内普遍流行起来.

4.7 最早的二进位制

相传,八卦是我国上古时期一位贤明的帝王伏羲氏创造的.当时,我国正由渔猎社会逐步向农业社会过渡.由于耕种、放牧和捕鱼等生产上的需要,人们就得研究天文和地理.而研究天文和地理,又需要数学的帮助.为了记数,伏羲氏发明了八个符号,并规定了它们的名称:

| 乾 | 坤 | 震 | 艮 | 离 |

| 坎 | 兑 | 巽 |

后来,人们就把这八个符号叫作"八卦".

上面这八个字,每个字都表示一样东西:乾表示天,坤表示地,震表示雷,艮(读作 gèn)表示山,离表示火,坎表示水,兑表示泽,巽表示风.为了帮助人们记忆这八个符号,伏羲氏还专门编了八句歌诀:

乾三连.坤六断.震仰盂.艮复盌.离中虚.坎中满.兑上缺.巽下断.

这每一句三个字,第一个字就是卦名,后两个字形容卦形或所表示的东西的形状,如"乾三连"是讲乾形的上、中、下三划都是连而不断的,"艮复盌"是讲艮卦形如一只倒放着的碗.

每个卦的上、中、下三划叫作"三爻"(音肴).形状如"——"的叫"阳爻",如"— —"的叫"阴爻".上面一划叫"上爻",中间一划叫"中爻",下面一划叫"初爻".如果把阳爻"——"当作阿拉伯数字中的"1",阴爻"— —"当作"0",把初爻看作是第一位上的数字,中爻和上爻依次看作是第二位和第三位上的数字,我们便可以把八卦所代表的二进位数表示如下:

卦名	符号	二进位制记法	十进制
坤	☷	$000(0\times2^2+0\times2^1+0\times2^0)$	0
震	☳	$001(0\times2^2+0\times2^1+1\times2^0)$	1
坎	☵	$010(0\times2^2+1\times2^1+0\times2^0)$	2
兑	☱	$011(0\times2^2+1\times2^1+1\times2^0)$	3
艮	☶	$100(1\times2^2+0\times2^1+0\times2^0)$	4
离	☲	$101(1\times2^2+0\times2^1+1\times2^0)$	5
巽	☴	$110(1\times2^2+1\times2^1+0\times2^0)$	6
乾	☰	$111(1\times2^2+1\times2^1+1\times2^0)$	7

由此可见,八卦实际上是最早的二进位制.

4.8 "算术"一词的内涵

在我国,"算术"一词正式使用于《九章算术》一书中.《九章算术》一书为九章,即"方田""粟米""衰分""少广""商功""均输""盈不足""方程""勾股"九章.这些大都是实用的名称.如"方田"是指土地形状,讲的是土地面积的计算,属于几何的范围;又如,"粟米"是粮食的代称,讲的是各种粮食间的兑换,主要涉及的是比例,属于今天算术的范围;再如,"方程"指一种计算程式,讲述了一次联立方程的解法,属于代数的范围.可见,当时的"算术"是泛指数学的全体,与现今的意义不同.

"算"的古体字之一是"筭".据我国最早的分部首字典《说文解字》解释:"筭,长六寸,计历数者,从竹从弄,言常弄乃不误也.""筭"是指一种竹制的计算器具.筭下面的"弄"字表示计算之事并非容易,需"常弄而不误".摆弄这套"筭(算)",需要技术,于是它就叫作"算术"了.既然"算"字的含义包括了一切与计算有关的数学内容,那么作为计算技术的"算术"就是泛指当时的全部数学.

5世纪以后(隋朝时代),我国数学再次获得高度发展,国家成立了培养天文学家和数学家的专门机构,称之为"算学",它相当于在大学里的数学系."算学"虽作为一个机构的名称,但因其专与算术打交道,久而久之它便和"算术"相通了.

约6世纪,我国还出现过"数术"这一名词.它曾见于北周甄鸾(约550年)所撰的《数术记遗》,当时的含义是指数的记法、进位法则计算法等,较"算术"的含义窄小.大约于12世纪由数术派生出"数学"这一名词,如秦九韶所著的《数书九章》也叫作《数学大略》.在其他宋元时代数学家的著作中,也可见到"数学"与"算学"相并用的情况.

在西方,"算术"是指有关数的运算方法和技巧,不包括几何、代数等内容,与我国泛指全部数学不同.

希腊数学家把数的理论分成两种:一是"数目学"(arithmetica),它以整数为对象,从哲学的角度来研究整数的性质,它相当于现今的数论;二是"计算术".可见希腊的"算术"与现在所指的算术大致相仿.由于希腊的"数目学"与哲学相关,因此备受当时哲学家器重,而"算术"则被讥之为"低下技术",受到轻视.也正因为如此,希腊在算术方面远不如在几何与数论方面的成就.

12世纪,希腊、中国的数学连同"算术""几何""数论"等名词,经阿拉伯、印度等地流传到欧洲,始于阿拉伯的"代数"这个名词也随之传入.于是,根据研究对象和方法的不同,开始较明显地出现几个不同的数学分支.虽然在相当长的一段时间里,"算术"还是作为数学总体的身份出现,但随着各个数学分支的不断充实,彼此的特征愈益明显,"算术"也就逐渐失去了作为整个数学的统称的资格,而恢复其在古希腊时的面目.不过,现在西方还有一些数学家仍把算术看作是包括数论在内的数学分支,像高斯的数论名著就叫《算术研究》.

19世纪起,西方的一些数学学科,包括代数、三角、解析几何、微积分、概率论等相继传入我国.我国古有的"算术"一词,已经无法作为数学的统称,于是就彻底失去了与算学、数学相当的地位.1935年,中国数学会成立数学名词审查委员会,对当时使用的数学名词逐一进行审查,确立起"算术"现在的意义,而算学与数学仍并存使用.1939年6月,为了统一,才确定用"数学"而不用"算学".

历史上曾出现过的算术、算学、数术、数学,经千百年的发展变化,特别是近几百年中西数学融会贯通,至今留下了算术和数学两名称,其意义变得更加确切和完整了.

4.9 珠算与算盘史略

我国古代很长时间内的计算工具都是"算筹".随着社会生产力的发展,人们逐渐简化和改进了算筹及其计算方法,于是有了"珠算"的产生.

"珠算"一词最早见于《数术记遗》(汉徐岳撰)一书.从南北朝时北周的甄鸾对《数术记遗》中"珠算"一词的注释中,人们知道这种珠算是指一种用可移动的珠子在带槽的木制盘中进行计算的工具,这还不是今天的算盘与珠算.(编者注:由于《数术记遗》中的词汇、事物及地名等有些是汉以后才有的,故一般认为《数术记遗》一书不会出自汉朝.著名中算史专家钱宝琮教授曾在其著《中国数学史》中说:"我们认为《数术记遗》是甄鸾的依托伪造而自己注释的书")

现今的算盘及珠算大约起源于北宋初年.宋元时代的许多文学家、戏曲家、诗人、画家等曾对算盘进行过生动的描绘.

北宋(960~1127年)时期的著名画家张择端的名画《清明上河图》(该画现藏于故宫博物院)中,画的左端"赵太丞家药铺"正面的柜台上,放着一把与现今算盘相同的算盘,这是迄今所见最早的算盘画图,它也是我国在北宋初年已有了算盘的证据.

南宋时的张孝祥(1132—1169)在《于湖居士文集》中有一首五言诗说:"提封连岭海,风土似江吴,仙去山藏乳,商归计算珠."后一句的意思是:商人归家拨动着算盘珠.这是较早提及珠算的文学著作.

此后,元代的诗、文、图画和戏曲中,多次提到和画出算盘.从元初画家王振鹏的《乾坤一担图》(1310年)所画的货郎担上放的一把算盘来看,式样也和今天的算盘一样,这是继《清明上河图》之后的又一图证.进入明朝以后,这类的图证就太多了.这里,我们选刊出明洪武辛亥年(1371年)出版的一本看图识字读物《魁本对相四言杂字》中所画的算盘图形供读者参看(见图4.6),图中右侧是古写的"筭盘"二字.

在正式的数学书中,首次提到"算盘"的是宋代的《谢察微算经》,可惜此书已失散,只是在《古今图书集成》中收有它的片段.

图4.6

此外,明朝程大位(1533—1606)的《算法统宗》(1592年)卷十三"古今算学书目"条中,介绍了宋元丰(1078—1085)、绍兴(1131—1162)、淳熙(1174—1189)以来刊印的算学书目,其中有《盘珠集》和《走盘集》两种,这些已失传,从书名看可能也是关于珠算方面的著作.

现有传本的讲述珠算的专门著作,最早的一部是1573年福建人徐心鲁校订的《盘珠算法》二卷.有人认为可能是根据《盘珠集》校订的.这部书对珠算进行了比较系统的介绍,书中载有珠算的加法口诀和一把菱珠算盘的图式.此后,1578年,柯尚迁著《数学通轨》及1584年朱载堉的《算学新说》中的珠算都与今天相同.

《算法统宗》一书,它对我国珠算的普及和发展起过重大的作用.明末清初,此书出现了大量的翻刻本,还传到了朝鲜、日本以及东南亚各地.清康熙五十五年(1716年),其族孙程光坤在翻刻该书时的序文中曾说：(此书)"风行宇内,迄今盖已百有数十年,海内握算持筹之士,莫不家藏一编."

1987年7月,在福建漳浦县清理明朝户部、工部尚书卢维祯(1543—1610)的墓时,出土了一把上一珠下五珠的黑木质菱珠算盘,这是迄今所见最早的六珠算盘的实物,与前面所说的福建人徐心鲁校订的《盘珠算法》一书中的图示和说法完全一致.

第五章 代数学史话

代数学是数学中最古老的分支之一,也是基础性的重要数学分支.中学课程中的代数,叫作初等代数,也叫古典代数.由于生产实践的需要,代数在远古时代就已经产生,经过漫长的历程,至17世纪上半叶,它的理论和内容得到完善.

"代数学"一词,来自拉丁文 algebra,它是从阿拉伯文演变来的.1859年,清代著名数学家李善兰与英国人伟烈亚力合译德·摩尔根(De. Morgan,1806—1871)的"Elements of Algebra"正式译为《代数学》.

在19世纪以前,代数学是一门关于字母计算,关于由字母构成的公式的变换及关于代数方程等的科学,可以说包括了几何学以外的全部数学.在19世纪以后开始研究代数方程的可解性,代数学被认为是关于代数方程的理论,后来又发展了行列式与矩阵理论等.20世纪30年代起,代数学成为以各种代数系统为研究对象的所谓公理化的或抽象的代数.

追溯代数学的发展进程,可分为三个阶段:初等代数、高等代数和抽象代数.

5.1 从算术到代数

算术是代数产生的基础,代数是算术发展到一定阶段的必然产物.在算术里积累了大量的各种数量问题的解法以后,为了寻求有系统的、更普遍的方法解决各种数量关系的问题,于是产生了以解方程原理为中心的初等代数.从算术发展到代数是数学思想方法的一次重大发展.

在算术发展的过程中,人们发现,算术解题的局限性在很大程度上限制了数学的应用.正是由于这一矛盾,代数解题法的产生也就成了历史的必然.

算术解题法的局限性,主要表现在只允许具体的、已知的数进行运算,不允许抽象的、未知的数参加运算.也就是说,利用算术解应用题时,首先要根据所求的数量,将已知数量按问题的条件列出算式,然后通过四则运算求出算式的结果.许多古老的数学应用题,如行程问题、工程问题、分配问题、盈亏问题等,都是借助于这种方法求解的.这里的关键是列出算式,而对于那些具有复杂数量关系的应用题,要列出相应算式并非易事,而往往需要很高的机敏和技巧.特别对于那些含有几个未知数的应用题,要通过列出的算式求解,有时甚至是不可能的.

正是为了解决这一矛盾,便产生了代数解题法.其特点是允许未知数参与运算,把已知数与未知数放在同等地位对待.其解题思想是,首先依据问题的条件列出包含已知数和未知数的方程,然后通过对方程的同解变换求出未知数的值.这就克服了算术解题法的局限性,使代数方法有了更大的普遍性及灵活性.

代数解题法的产生过程,也就是代数学的形成过程.这个过程经历了一个漫长的历史阶段,很难以一个具体年代作为它问世的时间.但从它的发展历史看,大体经历了三个不同的阶段:第一阶段,文词代数,即全部算法用文字语言来表达;第二阶段,简字代数,即用简化了的文词来表述算法的内容和步骤;第三阶段,符号代数,即普遍使用抽象的符号.在从文词代数向符号代数演变的过程中,许多民族和数学家都有自己的贡献.在我国古代的《九章算术》中已研究了正负数、线性方程组等代数问题并取得相当大的成就.如对负数的认识及其加减运算法则、解线性方程组的加减消元法等,欧洲人都是在一千年后才发现的,唐代王孝通作《缉古算经》(630年),最早提出了三次方程的代数解法,后经秦九韶发展出一元高次方程的一般数值解法;元代朱世杰给出了四元高次方程组的解法,这些都为代数学做出了重大贡献.

希腊的丢番图被誉为代数学的鼻祖.他写的十三卷本的《算术》,在历史上与《几何原本》有着同样的重要性.《算术》的内容大部分属于代数的范围.在这本书中,丢番图研究了解方程的理论,特别是整系数不定方程的解法,因此这类不定方程通常称为"丢番图方程".

在西方数学史里,把最早研究不定方程的功绩归于数学家丢番图.

丢番图在数学上的贡献应予肯定.但是,世界历史上最早提出不定方程的并不是丢番图,而是我国的《九章算术》.例如,《九章算术》的"方程"章中有这样的一题(图5.1):

"今有五家共井,甲二绠不足如乙一绠,乙三绠不足如丙一绠,丙四绠不足如丁一绠,丁五绠不足如戊一绠,戊六绠不足如甲一绠,如各得所不足一绠皆逮.问:井深绠长各几何?"(答曰:井深七丈二尺一寸,甲绠长二丈六尺五寸,乙绠长一丈九尺一寸,丙绠长一丈四尺八寸,丁绠长一丈二尺九寸,戊绠长七尺六寸)

图5.1

这个题目的意思是说,有五家共用一口水井,甲用汲水绳子去量井深,绳子的二倍还不够,所缺正等于乙家的绳长,乙用绳子的三倍还不够,所缺正等于丙家的绳长……问井深绳长各多少?

设五家各用每根绳长依次为 x,y,z,w,u,依题意,可得到方程
$$2x+y=3y+z=4z+w=5w+u=6u+x$$
这是一个五元一次不定方程组,大家不难解得原书的答案.

《九章算术》是我国公元前后陆续完成的一部数学巨著.由此看来,我国提出不定方程问题是要比丢番图早了一百多年.

阿拉伯数学家花拉子模于820年写成《代数学》,此书名的阿拉伯文手稿为"AI-jabrw´al muqabalah",原意是"还原与对消的科学".该书由三部分组成,特别是第一部分讲述到现代意义下的初等代数.书中列出了6种类型方程用现代符号表示为
$$ax^2=bx, ax^2=c, ax^2+bx=c, ax^2+c=bx, bx+c=ax^2$$

每一类方程都通过几个例子详尽地叙述解法步骤,从而深入地揭示出解一次和二次方程的一般规律.该书后来被译成拉丁文,成为欧洲沿用了几个世纪的代数学标准教科书,因此,有人称他为"代数学"之父.

在符号的改进上,法国的韦达和笛卡儿的功绩最突出.笛卡儿是第一个提倡用 x,y,z 代表未知数的人,他提出和使用的许多符号,同现代的写法基本一致.例如,他用 $x^3-9xx+26x-24 \infty 0$ 表示 $x^3-9x^2+26x-24=0$.笛卡儿等人对抽象符号的使用,表明初等代数已进入成绩时

期.

解方程是初等代数最基本的内容.它的产生不仅极大地扩充了数学的应用范围,使得许多利用算术不能解决的问题得以解决,而且对数学的发展产生了巨大的影响.例如,对二次方程的求解,导致了虚数的发现;对五次和五次以上方程的求解,导致了群论的诞生,等等.

随着数学的发展和社会实践的深化,代数学的研究对象和思想方法也在不断地扩大和创新,不仅由初等代数发展到高等代数,而且高等代数又出现了许多分支学科,如线性代数、多项式代数、群论、环论、格论、布尔代数、李代数、同调代数等.

高等代数与初等代数在思想方法上有很大的差别.初等代数属于计算型,并且只限于研究实数和复数等特定的数系,而高等代数是概念型和公理化的,他的研究对象一般是抽象代数系统.因此,高等代数比初等代数具有更高的抽象性、更大的普遍性和更加广泛的应用范围.

5.2 数系的扩张

自然数概念形成以后,在人们对它考察、研究和应用的时候,数的概念也随之进一步扩展,产生了零、分数.分数概念的引入,担当了表示连续分割量的重要角色,同时也解决了自然数除法不能完全施行的矛盾.从自然数开始,到分数概念产生,这是数系的第一次扩张.

5.2.1 负数的产生与确定——数系的第二次扩张

人们在生产实践中形成了自然数、零和分数的概念,许多量都可以用它们表示.但由于社会不断进步,又遇到了一种新的量.比如,某天最高气温是零上 5 摄氏度,最低气温是零下 5 摄氏度.某人收入 400 元,又支出了 200 元等.这类量的共同特点是它们不仅有大小,而且还有两个相反的方向.但是,相反意义量的存在不是负数产生的充分条件.换句话说,有了负数有利于表示相反意义的量;没有负数,并非就不能表示相反意义的量,人们只要在同一个数的前面注上两个反义词就可以了.

从历史上看,负数产生的直接原因是解方程的需要.负数的产生是数的概念的第二次扩张.

世界上最早、最详细记载负数概念和运算法则的是我国的《九章算术》.书中"方程"一章第 3 题:"今有上禾二秉,中禾三秉,下禾四秉,实皆不满斗.上取中,中取下,下取上,各一秉,而实满一斗.问上、中、下禾实一秉各几何?"这段话的意思是:设上等稻秸 2 束,中等稻秸 3 束,下等稻秸 4 束,出谷后都不满 1 斗.如果将上等稻秸 2 束加中等稻秸 1 束,或者将中等稻秸 3 束加下等稻秸 1 束,将下等稻秸 4 束加上等稻秸 1 束,那么出谷正好都满 1 斗,问上、中、下等稻秸一束出谷多少?如分别设上、中、下各禾一秉的谷子重是 x,y,z,则按题意列出的方程是

$$\begin{cases} 2x+y=1 \\ 3y+z=1 \\ x+4z=1 \end{cases}$$

用《九章算术》中的直除法消元(类似于加减消元法)必然会出现从零减去正数的情况.要使运算进行下去,就必须引进负数.

《九章算术》的"正负术",就是紧接着这个题目之后提出的,这是世界数学史上最卓越的成就之一."正负术"的全文是:"正负术曰:同名相除,异名相益,正无人负之,负无人正之.其异名相除,同名相益,正无人正之,负无人负之."前四句是讲正负数以及零之间的减法,意思是:同号相减,异号相加,以零减正得负,以零减负得正;后四句是讲正负数以及零之间的加法,意思是:异号相减,同号相加,零加正得正,零加负得负.显然,这是完全正确的.

中国古代进行的是筹算,那么用算筹怎样来表示正负数呢?刘徽有一个说明:"今两算得失相反,要令正负以名之.正算(筹)赤,负算(筹)黑.否则以邪正为异."就是说,对两个相反意义的量,要以正负加以区别.通常采用红筹表示正,黑筹表示负.不然的话,可将算筹斜放和正放来区别.

由于有了正负数概念和运算法则,因此对正负数的处理非常得心应手.如"方程章"第八题:"今有卖牛二、羊五,以买十三豕,有余钱一千.卖牛三、豕三,以买九羊,钱适足.卖羊六、豕八,以买五牛,钱不足六百.问牛、羊、豕价各几何?"这是一个有买有卖的问题,因此列方程时会涉及正负情况.对此,在《九章算术》中明确指出,若"卖"为正,则"买"为负;"余"为正,则"不足"为负,只要以此"用正负术人之"即可.

唐、宋时期随着印书的出现,算筹的正负表示法又过渡到了数学符号表示法.南宋秦九韶在他的《数书九章》中采用两种表示法:一是用红色数码表示正,黑色数码表示负,这红、黑数码显然就是由古时红、黑算筹演变来的;二是在数码旁边作注.

南宋杨辉采取在正数后写一个正字,负数后写一个负字来表示,如 135 写成"一百三十五正",-25 写成"二十五负"等.与秦九韶、杨辉同时代的另一位数学家李冶则创立在负数上画一斜线"\"表示的办法,李冶的负数记法与现在的负数记法相比较,除了"-"与"\"不同外,本质上是一样的.

用直除法解线性方程组,碰到了正负数与零之间的加减运算,于是提出了正负数的加减运算法则.元代后,我国出现了立方程的一般法则——天元术,随后又出现了多项式的乘除问题.多项式的乘除离不开正负数之间乘除,于是正负数的乘除运算法则又相继出现了.元朝朱世杰撰写的《算学启蒙》中明确指出,正负数乘法法则是"同名相乘为正,异名相乘为负".对除法,朱世杰虽未明确指出法则,但在他撰写的《四元玉鉴》中,已出现了正负数之间的除法运算,其法则归纳起来不外乎是"同名相除为正,异名相除为负".这样,到元代时我国的正负数四则运算法则已经臻于完整.

世界上除我国外,负数概念的建立和使用也都经历了一个曲折的过程.

希腊数学家注重几何而忽视代数,他们几乎没有建立过负数的概念.虽然丢番图知道"减数乘减数是加数,加数乘减数得减数",但这完全缺乏负数的概念.他认为式子 $2x-10$ 中,当 $2x<10$ 时,是不合理的,所以全力避免.正如德国数家列特曼(W. Lietmann)所说:"希腊人是否知道负数和零是值得怀疑的."

7 世纪,印度的婆罗摩及多开始认识负数,他对负数的解释是负债和损失.他用小点或小圈记在数字的上面表示负数.12 世纪时,婆什迎罗在《算法本原》中比较全面地讨论了负数,他得出:"正数、负数的平方,常为正数;正数的平方根有两个,一正一负……"

阿拉伯人虽然通过印度人的著作了解到负数和负数的运算,但他们却摒弃负数.

欧洲出现了把负数解释成负债,是在 13 世纪初.1202 年,斐波那契在解决一个关于某人的盈利问题时说:"我将证明这问题不可能有解,除非承认这个人可以负债."

直到15世纪,欧洲才在方程的讨论中出现负数.1484年,法国的舒开(Nicolas Chuquet)曾给出二次方程的一个负根,不过他没有承认它,说负数是荒谬的数.1545年,卡尔丹承认方程中可以有负根,但他认为负数是"假数",只有正数才是"真数".韦达则完全不要负数,而笛卡儿只是部分地接受了负数,他把方程的负根称作假根,因为它们代表着比无还少的数.

总之,在18世纪以前,欧洲数学家对负数大都是持保留态度的,他们被当时盛行的机械论框住了头脑,只看到负数与零在量值上的大小比较(认为零是最小的量,而比零还小是不可思议的),看不到正负数之间的辩证关系.这种认识即使在著名的数学家头脑中也存在着.最典型的是英国皇家学会会员马塞雷(Baron Fancis Maseres,1731—1824),他认为在方程中承认负根只会把方程的整个理论搞糊涂,因此,只有把负数从代数里驱逐出去,才能使代数简洁明了,并在证明能力方面能与几何相比.为了在解方程中避开负数,马塞雷把二次方程仔细分类,将有负根的方程单独考虑,并最后舍去负根.

到了1831年这样晚的时候,著名的英国代数学家德·摩尔根还强调负数与虚数一样都是虚构的.他特意举了个例子来解释他的观点:父亲56岁,他的儿子29岁,问什么时候,父亲的岁数将是儿子的2倍?解这个问题列出的方程是$56+x=2(29+x)$得$x=-2$,因此他说,这个结果是荒唐的.德·摩尔根认为,出现这种情况的原因是因为问题的提法有毛病,这个毛病导致了不能接受的负答数.因此,纠正毛病的办法,就应该舍去这种荒谬的负数.

当然在整个18世纪,像德·摩尔根那样,固执地排斥负数的人是不多了.由于负数的运算法则在直观上是可靠的.它并没有在计算上引起麻烦,所以人们还是理直气壮地加以使用着.正如法国数学家达朗贝尔所说:"对负数进行运算的代数法则,任何人都是赞同的,并认为是正确的,不管我们对这些量有什么看法."

随着人们对于量的认识不断深化,正负数概念逐渐被大家所认识.它不仅能表示相反意义的量,而且也能揭示运算之间的转化规律.减法可以转化为负数的加法,加和减之间的固定差别消失了.例如,$a-b$可以用加法$a+(-b)$表示出来,$\frac{1}{a^m}$可以写成a^{-m}的形式.这种从一个形式到另外一种相反形式的转化,为数学的实际应用开辟了广阔的道路.

负数在欧洲的最终确立,是在19世纪为整数奠定了逻辑基础以后.这种从基础上考虑数的实在性的做法,体现了现代数学的特征,是古代数学所不及的.如果说古代的中国、印度数学家为负数的引出做了贡献的话,那么在数学上给负数以应有地位的是现代的欧洲数学家.其中主要的是德国数学家魏尔特拉斯、戴德金和皮亚诺.由于负数的概念被引入,使整个数学家获得了巨大的进步.

5.2.2 无理数的发现——数系的第三次扩张

无理数的发现,在历史上较之负数为早.

公元前585年到公元400年是古希腊毕达哥拉斯学派的全盛时期.在数学发展史上,他们曾经做出过许多贡献.从不可通约的线段中发现无理数是他们最重要的成就,也是数学史上的一件大事.

毕达哥拉斯学派主张"万物皆数",他们的数指的是整数以及整数之比.这种认识是近乎荒诞的.公元前5世纪,这个学派的一名叫依帕索(Hippasus,前5世纪),对于几何中的

"比例中项"问题很感兴趣. 有一次,一个朋友问他:"1 和 2 这两个数的比例中项是多少?". 依帕索考虑了很久,也没找出这个比例中项来. 如果设 1 和 2 的比例中项为 x,那么由 $1:x=x:2$,可得到 $x^2=2$. 在有理数中哪个数的平方形的边长为 1,对角线的长为 x,按照勾股定理:$x^2=1^2+1^2=2$,既然 x 代表正方形对角线的长. 说明 x 一定是一个确定的数. 但这条对角线无论如何不能用他们所谓的数来表示. 据说这个足以摧垮他们信念的发现,引起了他们的惊恐不安. 为了驱走这个异端,他们把依帕索投进了大海.

$\sqrt{2}$ 的出现也诱惑了这个以研究数的性质为宗旨的学派. 他们对 $\sqrt{2}$ 进行了深入的研究,试图弄清它究竟能否用整数和它的比来表示,结果导致了 $\sqrt{2}$ 与 1 不可公度的证明:

假设正方形的对角线与边长之比可写成既约的两个整数之比 $\dfrac{p}{q}$. 于是,根据毕达哥拉斯定理有 $p^2=2q^2$.

因 $2q^2$ 是偶数,即 p^2 是偶数,则 p 应是偶数(p 不可能是奇数,因为任一奇数 $2n+1$ 的平方 $(2n+1)^2=4(n+\dfrac{1}{2})^2=4(n^2+n)+1$ 必是奇数).

又因 $\dfrac{p}{q}$ 是既约的,则 q 必是奇数.

p 既是偶数,可设 $p=2a$,于是 $p^2=4a^2=2q^2$,即 $q^2=2a^2$.

这说明了 q^2 是偶数,q 也必然是偶数. 但 q 同时也是奇数,这就产生了矛盾. 因此 $\sqrt{2}$ 不可能用整数之比来表示.

毕达哥拉斯学派在 $\sqrt{2}$ 面前之所以难堪,是因为他们对数采取了离散的观点,而现实世界的量却是连续的. 解决这个矛盾在当时有两种方法:一是放弃对数的算术处理,而以几何处理,因为 $\sqrt{2}$ 虽不能用一定数目的单位表示,但可以用一条线段(如单位正方形的对角线)来表示;二是把无理数当作通常的数来处理,即承认它与整数及整数之比具有同等地位.

后一种方法对毕达哥拉斯学派是不能接受的. 传统观念使希腊人选择了前一种方法. 古希腊第一流数学家欧多克斯(Eudoxus,约前 408—前 305)首先引进了量的概念,用以表示能连续变动的线段、角、面积、体积、时间等. 在欧多克斯的定义中,量跟数不同,数是离散的,而量是连续的. 然后,欧多克斯又定义了两个量之比和比例. 欧多克斯所做的这项工作并没把无理数当作数. 实际上,他对线段长度、角的大小以及其他的量与量之比都避免给予数值. 但是欧多克斯的这个理论,给不可公度比提供了逻辑依据,从而使希腊的几何学得到很大发展. 在此后的两千年间,希腊的几何学几乎成了全部数学的基础. 当然,这种将整个数学捆绑在几何上的狭隘做法,对数学的发展也产生了不利的影响.

对无理数的处理,中国和印度采取的最后一种方法. 中国古代很早就接触了无理数,但在求某些数的平方根时,由于实际问题中对这些根的值要求并不精确,只要求出近似值就可以了. 因此对这种数的性质,常不予过问. 3 世纪,刘徽采用 $\sqrt{a^2+r}\approx a+\dfrac{r}{2a}$ 和 $\sqrt{a^2+r}\approx a+\dfrac{r}{2a+r}$ 两个办法求不尽根. 他以后的一些数学家大都采用了这种办法,所求得的值也愈益精确.

印度人在进行无理数运算时,也是把它当作有理数来对待的. 例如 $\sqrt{c}+\sqrt{d}=\sqrt{(c+d)+2\sqrt{cd}}$,因为 $a+b=\sqrt{a^2+b^2+2ab}$,实际上就是把 $\sqrt{c}$ 和 $\sqrt{d}$ 当作有理数看待了.

中国人和印度人在对待无理数上不像希腊人那样拘谨,他们把兴趣放在了计算上,但却忽视了各概念之间的本质区别.无理数不全是不尽根,揭示无理数的本质,对于建立实数理论是具有重要意义的事情.

在 16 世纪上半叶,欧洲人对待无理数的态度几乎与中国人和印度人一样.巴奇欧里、史蒂福(Michael Stifel,1487—1567)、斯蒂文以及卡尔丹等这些 15、16 世纪欧洲数学家都是按照这种传统来处理无理数,并不断使其扩充.

不过,在讨论用十进小数表示无理数时,他们发现"它们无止境地往远跑",这是无限不循环小数的具体表现.1696 年,英国人华利斯曾把有理数与循环小数等同起来,而这无止境往远跑的小数是否就是无理数,当时还不清楚.

最早接受无理数的代数学者是英国的喻里奥特(Thomas Harriot,1560—1621),他认为只要能参与计算就是数,不管它能否用十进小数确定下来.16 世纪在无理数的表示上除了用十进小数以外,还提出了一种用连分数来逼近平方根的做法.意大利数学家蓬贝利首先给出 $\sqrt{2}$ 的连分数.不过他并不注意这展开式是否真收敛于 $\sqrt{2}$.后来,英国的布朗克(William Brouncker,约 1620—1684)又给出了关于 π 的连分数,至于用无限连分数计算平方根的一般方法是欧拉给出的.欧拉同时还给出了 e 和 e^2 是无理的最初证明.兰伯特(Johann Heinrich Lambert,1728—1777)又借助于连分数证明了 π 是无理数,同时还给出了 e^x,tan x,arctan x 一般是无理数的证明.另外,在对圆面积的计算中,勒让得又提出了 π 可能不是有理系数方程根的猜测,这又导致了无理数的分类.整个 18 世纪,虽然在弄清无理数的本质方面没有什么突破,但是也产生了上述这些比较重要的结果.

无理数逻辑结构的真正解决是在 19 世纪.1833 年与 1835 年哈密尔顿发表的两篇文章提出了无理数的第一个处理.在《代数学作为纯时间的科学》一文中,他把关于有理数与无理数全体的概念放在时间的基础上.对于数学一说,这个基础当然是不能令人满意的.1886 年,施图尔兹(Otto Stolz,1842—1905)得出了一个很有意义的结论:每一个无理数都可以表达成不循环小数.这实际上就是我们现在通常对无理数的定义.

19 世纪后期的数学家们,把注意力集中到建立无理数理论的目标上.这方面最有贡献的是魏尔斯特拉斯、戴德金和康托.魏尔斯特拉斯用递增有界数列来定义无理数.他的理论于 1872 年发表在《算术基本原理》一书中.康托利用了一个基本序列概念,证明了任意一个实数 b 都被一个由有理数构成的基本序列所确定.戴德金则引入一个"分割"的概念,他证明了对应于一个"分割",必存在唯一的一个有理数和无理数的结论.

经过 19 世纪许多数学家的努力,为无理数理论打下了坚实的逻辑基础.古希腊数学家梦寐以求的目标总数算达到了.

5.2.3 虚数、复数的发现——数系的第四次扩张

当人们确认了无理数的地位之后又发现,即使使用全部的有理数和无理数,也不能彻底解决代数方程的求解问题.用我们现在初等代数中所举的例子来看,如 $x^2+1=0$,这样简单的二次方程,在实数范围内竟然也没有解!当形式地解这个方程时,得到了 $x^2=-1$.12 世纪的印度大数学家婆什迦罗认为这个式子是没有任何意义的,他说:"正数的平方是正数,负数的平方也是正数.因此,一个正数的平方根是两重的,即一个正数和一个负数,负数没有平方根.因此,负数不是平方数."

随着生产力的发展,需要计算比较复杂物体的体积,这就必须研究三次方程. 其中,对于一个特殊的三次方程: $x^3+px+q=0$,可表示为

$$x=\sqrt[3]{-\frac{q}{2}+\sqrt{\frac{q^2}{4}+\frac{p^3}{27}}}+\sqrt[3]{-\frac{q}{2}-\sqrt{\frac{q^2}{4}+\frac{p^3}{27}}}$$

公式中把求解三次方程的基本运算归结为开平方和开立方. 比如,当用此公式解方程 $x^3-6x+4=0$ 时,要把 $p=-6,q=4$ 代入公式,其中 $\sqrt{\frac{q^2}{4}+\frac{p^3}{27}}=\sqrt{-4}$.

这就遇到负数开平方的问题. 可见,只有允许对负数开平方,同时把负数的平方根作为一个数来处理,才能把求根的运算进行到底. 许多数学家断言,负数没有平方根;也有人对三次方程的求根公式,感到很不满意,企图找一个避免对负数开平方的求根公式,结果都是徒劳的.

第一个正视虚数的是卡尔丹. 有一次卡尔丹在讨论"怎样将 10 分成两部分,使两者的乘积等于 40"时发现:如果把 10 分成 $5+\sqrt{-15}$ 和 $5-\sqrt{-15}$,那么不管这两个数学式子代表的数是什么,结果却是对的. 这类情况也发生在用求根公式解三次方程中. 例如,在解方程 $x^3=15x+4$ 时,卡尔丹用公式求出

$$x=\sqrt[3]{2+\sqrt{-121}}+\sqrt[3]{2-\sqrt{-121}}$$

能不能由于出现 $\sqrt{-121}$,就像求 $x^2+1=0$ 出现了 $\sqrt{-1}$ 那样,断言方程没有根呢? 不能! 因为事实上这个方程有三个实数根 $x_1=4, x_2=-2+\sqrt{3}, x_3=-2-\sqrt{3}$. 这使卡尔丹感到十分困惑,因为在实系数三次方程中,实根需要用负数的平方根来表示.

负数的平方根究竟是不是"数"? 卡尔丹对此显得十分为难. 说它是数,其意义是什么? 说它不是数,但按数的运算法则计算时,得出的结果又都是正确的. 于是,卡尔丹就称它为"虚构的""超诡辩的量". 后来它在给数分类时,还把它与负数归在一起,统称为"虚伪数",而把正数称为"证实数".

卡尔丹对虚数的这种处理,虽然是初步的,但还是遭到一些人的责难. 首当其冲的是当时的代数学权威韦达和他的学生哈里奥特. 他们认为既然这种数是"虚构的",因此也就不能允许称它们是数,若允许了,且不等于承认过去把 $x^2+1=0$ 之类的方程,判为无解是错的了. 但是在碰到需要进行虚数计算的问题时,哈里奥特还是把它当数来对待的,后来甚至认为虚根可以作为方程根的一部分.

最理直气壮地承认虚数的是意大利数学家蓬贝利. 他在解方程 $x^3=7x+6$ 时也发现卡尔丹那样的情况:明明方程有三个实根,即 $3,-2,-1$,但按求根公式则得到

$$x=\sqrt[3]{3+\sqrt{9-\frac{343}{27}}}+\sqrt[3]{3-\sqrt{9-\frac{343}{27}}}$$

蓬贝利认为,要使矛盾得到统一,必须承认 $\sqrt{9-\frac{343}{27}}$ 是实实在在的数,让它参加通常的运算.

为此,蓬贝利给出了 $+\sqrt{-1}-\sqrt{-1}$ 以及 $a+b\sqrt{-1}$ (a,b 是实数)的计算法则. 蓬贝利还把这种会出现用虚数来表示实根的方程称为"不可约的方程". 后来德国数学家莱布尼兹还专门指出,解不可约的三次方程是不能不用到虚数的.

自从卡尔丹引进虚数以后,数学家们为它的实在性问题一直争论不休. 17世纪,很少有人理睬虚数,尽管像荷兰的基拉德,法国的笛卡儿等人都为虚数讲过一些公道话,但影响都不大. 1632年,笛卡儿首先把"虚构的根"这一出自于解方程的名称,改称为"虚数",与"实数"相对应. 虽然只是小小的更改,却使虚数以"数"的面目出现了. 笛卡儿还给出了如今意义下的"复数"的名字.

18世纪,人们试图理解虚数究竟是什么. 1768年,欧拉在《对代数的完整的介绍》一文中解释说:"由于虚数既不比零大,也不比零小,又不等于零,因此它不能包括在数(实数)中……就虚数的本性来说,它只存在于想象之中." 欧拉的观点是:虚数有用,但它不包括在他所认为的数的范围之内. 可见,欧拉并不想扩展数的概念. 然而,在整个18世纪中,复数的卓有成效的应用,已足以使得数学家们对它刮目相看了. 首先是由积分 $\int \frac{\mathrm{d}x}{ax^2+bx+c}$ 所引出的复数的应用. 因为 ax^2+bx+c 的一次因式可能是复数,这样,由部分分式法会导致含有复数的积分: $\int \frac{\mathrm{d}x}{ax+b}$,其中 b 至少是复数. 当时已经知道,这个积分是一个对数函数,因而又不可避免地涉及了复数的对数. 当时像莱布尼兹、约翰·伯努利等人都毫不犹豫地这样积分. 当然,这会引起关于复数的对数性质的讨论. 但到了1714年,利兹(Roger Cotes,1682—1716)已经得出一个有关的定理,这个定理指出

$$\sqrt{-1}\,x = \log(\cos x + \sqrt{-1}\sin x)$$

1722年,法国数学家棣莫弗(Abraham de Moivre,1667—1754)又给出棣莫弗定理

$$(\cos x + \mathrm{i}\sin x)^n = \cos nx + \mathrm{i}\sin nx$$

其中 n 是大于0的整数. 1748年,欧拉又利用了它于1743年发现了以下两个结果

$$\cos x = \frac{e^{\sqrt{-1}x} + e^{-\sqrt{-1}x}}{2}$$

$$\sin x = \frac{e^{\sqrt{-1}x} - e^{-\sqrt{-1}x}}{2\sqrt{-1}}$$

证明了棣莫弗定理对 n 是实数时也成立,欧拉得出的公式是 $e^{\mathrm{i}x} = \cos x + \mathrm{i}\sin x$.

复变函数理论的建立,特别是它在流体力学中的有效应用,也极大地充实了人们对复数的认识. 虽然当时人们对这些做法还感到不那么自然,但事实是:不管什么地方,只要在数学推理中用到了复数,结果都被证明是正确的. 这不能不在数学家头脑中产生有力的反响.

代数基本定理的证明,是复数地位彻底巩固的最重要条件. 因为证明必须依赖于对复数的承认,而高斯又在证明中巧妙地给出了复数的直观表示,这更使人们深信复数与实数一样具有数的性格——可与几何点建立联系.

给复数以几何表示并不是从高斯开始的. 1693年,英国数学家华利斯提出"虚数可看作是正数与负数的比例中项". 华利斯认为,可以用一条与表示实数的直线相垂直的直线来表示虚数. "虚数可看作是正数与负数的比例中项",这句话不难理解,因为任一虚数 $\sqrt{-a^2}$ 可看作 $+a$ 与 $-a$ 的比例中项. 然而为什么由此可以得出虚数能用一条与实数轴相垂直的数轴来表示呢? 华利斯没有细说. 对此作出说明的是两个不著名的人物——寇享与波埃. 以波埃的说明为例,他说,如以单位长为半径画一个半圆,那么过直径中点所作的垂线 AB 就是 AC 与 AD 的比例中项,由于 $AC=1,AD=-1$,因此 $AB=\sqrt{(+1)(-1)}=\sqrt{-1}$,如图5.2所示. 这就

是说,波埃在垂直于表示实数的直线上,给出了虚数$\sqrt{-1}$的几何表示.后来波埃又以两根垂直交错的直线表示了$+1,+\sqrt{-1},-1,-\sqrt{-1}$,如图 5.3 所示.

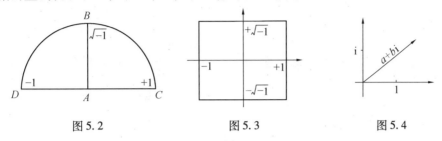

图 5.2　　　　　　图 5.3　　　　　　图 5.4

波埃等人的功绩在于,提出了虚数可以在垂直于实数轴的数轴上表示的原则意见,并进行了实践,但是没有将这一实践贯彻到底.

完整地给出复数的几何意义,并予以合理解释的,是挪威的威塞尔(Caspar Wessel,1745—1818)和瑞士的阿尔刚(Jean-Robert Argand,1768—1822). 1799 年,威塞尔在他的一篇论文中引进了现在所谓的复平面概念.其中除了有以 1 为单位的实轴外,还引进了一根以$\sqrt{-1}$为单位的虚轴,并且把$\sqrt{-1}$写成 i. 威塞尔说,一个复数$a+bi$可以用一个有向线段来表示,如图 5.4 所示.其中 a 是水平方向的坐标,b 是垂直方向的坐标.他还说复数也可以运算,他的四则运算法则可以用有向线段的运算法则几何地表示出来.阿尔刚与威塞尔在复数的几何解释上没有什么太大的不同,只是阿尔刚注意到了可以把$\sqrt{-1}$看成是按逆时针方向转过 90°的旋转,而$-\sqrt{-1}$是按顺时针方向转过 90°的旋转,这是因为阿尔刚把有向线段表示为$r(\cos\alpha+i\sin\alpha)$的结果,他用模这个词来表示复数$a+bi$的长度.

高斯在使人们直观地接受复数方面做了极为有效的工作. 1799 年、1815 年,他在代数基本定理的证明中都用了复数,并假定了直角坐标上的点与复数一一对应,这种证明必须依赖于对复数的承认,相应地巩固了复数的地位.高斯在 1811 年 12 月 18 日给威塞尔的信中写道:"……所有实数能用一条直线来表示.同样,虚数也能用一个平面上的点来表示.这时,在直角坐标系中,在横轴取对应实数 a 的点,在纵轴取对应实数 b 的点.如果通过这两点引平行于坐标轴的直线,此二直线只有一个交点,这个交点就是表示复数$a+b\sqrt{-1}$……"

高斯在 1799 年已经知道复数的几何表示,但直到 1831 年才作出详细的说明.他首先主张用数对(a,b)来代表$a+bi$,这样复数的和与积都可以用纯代数的方法来定义,而无需作几何解释.虽然,高斯首先形成了有序对概念,由于他没有公开自己的想法,对数学界未产生什么影响.解决这个问题的是著名英国数学家哈密尔顿在 1837 年发表的《共轭函数及作为纯粹时间的科学的代数》一文中,他用实数有序对(a,b)解释复数$a+bi$,并用有序对定义复数的四则运算.给定两个复数$a+bi,c+di$,它们的和、差、积、商定义为

$$(a,b)\pm(c,d)=(a\pm c,b\pm d)$$
$$(a,b)\cdot(c,d)=(ac-bd,ad+bc)$$
$$\frac{(a,b)}{(c,d)}=\left(\frac{ac+bd}{c^2+d^2},\frac{bc-ad}{c^2+d^2}\right)\quad(c,d\text{ 不同时为零})$$

这样定义复数运算,同样满足交换律、结合律、分配律及其他性质.复数理论的逻辑基础终于在实数基础上圆满地建立起来.复数有着鲜明的几何意义和计算的简捷性,使之成为

物理学和其他自然科学的重要工具."虚数不虚",这才是正确的结论.

18世纪,法国数学家棣莫弗给出了复数乘方的所谓棣莫佛公式.

$$[r(\cos\theta+i\sin\theta)]^n=r^n(\cos n\theta+i\sin n\theta)$$

其中 $r=\sqrt{a^2+b^2}$,辐角 $\theta=\arctan\dfrac{b}{a}$.

由此又可得复数的 n 个 n 次方根,即

$$\sqrt[n]{r(\cos\theta+i\sin\theta)}=\sqrt[n]{r}\left(\cos\dfrac{n+2k\pi}{n}+i\sin\dfrac{n+2k\pi}{n}\right)\quad(k=0,1,2,\cdots,n-1)$$

欧拉在1748年给出著名的公式

$$e^{ix}=\cos x+i\sin x$$

若令 $x=\pi$,就得到:$e^{i\pi}+1=0$.

克莱因(Klein,1894—1925)认为这是整个数学中最卓越的公式之一,它把数学中5个最重要的数 $1,0,i,\pi,e$ 联系起来. 复数的引进彻底解决了代数方程的根的个数问题,引起了著名的代数基本定理. 复数引入分析之后,产生了新的学科——复变函数.

5.2.4 超复数——四元数

四元数是继复数后的又一新的数系. 复数自16世纪出现之后,很长一段时间人们认为它只是代数上虚构的量,而不是真正意义上的数. 直到18世纪末19世纪初的时候,数学家韦塞尔、阿尔冈和高斯分别用复数来表示平面上的点和向量后,复数才渐渐被人们承认. 在对复数的性质有了一定认识后,人们很自然会有这样的想法,会不会有表示空间中的点或向量的复数类似物呢?

迎接这一挑战的是数学家哈密顿. 哈密顿首先对复数进行了思考,他认为复数 $a+bi$ 不是一个真正的和,bi 是不能加到 a 上去的,复数 $a+bi$ 不过是一个二元数组 (a,b). 随后,他又给出了二元数组的加法和乘法运算. 哈密顿对复数只是略加研究,他的重点是要给出表示空间向量的三元数组. 模仿复数的写法,他把三元数组写成 $a+bi+cj$ 这种形式. 接下来,就要给新数组定义运算. 其中,加法和减法运算很简单,然而在定义乘法运算时出了麻烦. 依照复数的乘法运算,令 $i^2=j^2=-1$,可是该如何规定 i 和 j 的积呢?哈密顿要求三元数组满足"模法则". 即若

$$(a_1+a_2i+a_3j)(b_1+b_2i+b_3j)=c_1+c_2i+c_3j$$

则

$$(a_1^2+a_2^2+a_3^2)(b_1^2+b_2^2+b_3^2)=c_1^2+c_2^2+c_3^2$$

实际上,满足模法则的一般三元数组是不存在的,但是哈密顿那个时期的人并不知道. 他曾对 i 和 j 的乘积做过多种假定,如令 $ij=0$,$ij=-1$,$ij=1$ 等,但总能构造出两个三元数组,它们的积不满足模法则. 多次试验后,哈密顿意识到这样的三元数组可能不存在. 于是他令 $ij=k$,k 是和 $1,i,j$ 一样的单位,并把三元数组写成 $ai+bj+ck$ 这种形式. 现在面临的问题是如何规定 i,j 和 k 之间的乘法运算.

据哈密顿自己的叙述,他为寻找三元数组的乘法运算耗费了近15年时间. 他的儿子后来回忆道,哈密顿每天坐在办公室里冥思苦想,如果食物不送到面前,他就不吃了. 直觉告诉他乘法运算是可行的,但是他就是看不到它. 家里人和他一样经受这样的烦恼. 每次哈顿来

吃早餐时,两个儿子都会问,"你已经找到三元数组的乘法运算了吗?"这已经成了他们对父亲的问候语了. 每次,他不得不摇着头重复说,他只能做加法和减法运算.

科学史上不乏这样的科学家,他们对一个问题思考多年,却在某个不经意间灵感突现,哈密顿就属于这种情况. 1843 年 10 月 16 日,他和妻子一起沿着皇家运河散步,突然间灵感像电火花似的迸发,脑海中出现了这样一个公式 $i^2=j^2=k^2=ijk=-1$. 真是踏破铁鞋无觅处,得来全不费功夫. 哈密顿非常兴奋,这个整整耗费他十五年的难题终于解决了. 他马上取出随身带的一把小刀,把 i,j,k 之间的基本公式刻在那座桥的石栏上. 现在在桥上人们立了一个小石碑,上面刻着:"这里在 1843 年 10 月 16 日当哈密顿爵士走过时,天才的闪光发现了四元数的乘法基本公式 $i^2=j^2=k^2=ijk=-1$,他把这个结果刻在这桥的石栏上". 怕这个公式会遗忘掉,哈密顿马上掏记事簿把公式写下来. 在记事簿上他写的是导出的规律

$$i^2=j^2=k^2=-1;ij=k,jk=i,ki=j$$
$$ji=-k,kj=-i,ik=-j$$

不难看出,按照上面公式做两个三元数组乘法,得到的积不再是一个三元数组,而是一个四元数组. 哈密顿接下来又考虑除法. 他发现两个三元数组的商和它们的积一样,不是含有三个分量,而是四个分量. 于是,他称这种新数为四元数. 四元数的一般形式为 $a+bi+cj+dk$. 不难验证,任意两个四元数的加、减、乘、除后还是四元数. 显然,四元数形成了一个新的数系. 同时,哈密顿又证实了四元数的乘法满足"模法则". 原来是要寻找三元数组,最后找到的却是四元数,这是哈密顿最初没想到的吧.

还有一点是哈密顿没想到的,那就是他放弃了乘法交换律. 四元数的乘法不满足交换律. 如 $ij=-ji$. 这是一个与正统思想完全相悖的想法,因为已有数系都满足乘法交换律. 我们很自然会问,哈密顿如何想到要放弃乘法交换律呢? 遗憾的是,哈密顿并没有详细记录他发现四元数的过程. 所以对此,我们无从得知. 不过有学者推测,他或许受到复数的下面性质影响

$$(x+iy)(x-iy)=x^2+y^2$$

而对于三元数组,则有

$$(x+iy+jz)(x-iy-jz)=x^2+y^2+z^2-(ij+ji)yz$$

只有令 $ij=-ji$,才能使三元数组具备和复数类似的性质.

哈密顿不受正统思想的束缚,勇敢地放弃了乘法交换律是非常值得称道的.

哈密顿探索四元数的初衷是要找到表示三维空间中的向量的复数类似物. 四元数创立之后,他深信四元数是揭开几何学和数学物理中所有奥秘的钥匙. 他通过考虑向量的商,证明了在处理三维空间具有四个分量的物体时的合理性. 但是它的重要性不在于它在物理学上的应用,而是它对代数的影响. 这就像非欧几何的产生导致了几何学的变革一样,四元数的出现也是代数学的一次变革. 四元数的非交换性暗示着,数学中并不是只有一种代数,而是有多种代数. 数学家们可以通过减弱、放弃或替换普通代数中的不同定律和公理(如交换律、结合律等)来构造新的数系. 到目前为止,数学家们像哈密顿所做的那样,已经研究了约二百多种的代数学,如布尔代数、李代数、若当代数等. 从这一点来看,哈密顿的思想超越了他所处的时代. 可以说,那个时代的数学家都没能真正领会四元数的价值.

5.3 方程与方程组的简史

5.3.1 方程的研究简史

提起代数,自然会想到方程,经典代数中的核心内容是解方程与方程组. 代数的发展是和方程分不开的.

(1) 各地域关于方程的研究历史线索

①巴比伦

大约在公元前 1500 年,巴比伦人在泥板上留下了研究方程的符号,是用象形文字记载的方程,是世界上最早的方程式.

$$3\ 3\quad 整\ 数\ 堆\qquad \frac{1}{7}\quad \frac{1}{2}\quad \frac{2}{3}\quad 一\ 堆$$

上面这些符号,是象形文字图形,下面的汉字和阿拉伯数字字板上原来并没有,为了使大家能看懂,我们特意加上去. 自右向左读,它们的原意应该是:"一堆(未知数),$\frac{2}{3}$,$\frac{1}{2}$,$\frac{1}{7}$,整数(堆)等于33." 如果"翻译"成今天的数学语言,那就是方程

$$x+\frac{2}{3}x+\frac{1}{2}x+\frac{1}{7}x=33$$

把这个古老的方程和今天的方程一比较,你可以看出我们今天方程的写法多么简单和方便啊!

在古代数学中,巴比伦利用特殊的方法解出了一些一次、二次甚至三次、四次方程. 在汉谟拉比时期的泥板上,我们发现巴比伦人早已知道了二次方程的解法. 例如,一块泥板上载有"两正方形中,一个边长为另一个边长的 2/3 少 10,两者面积之和为 1 000,求两个正方形的边长各是多少?" 这实际上是相当于解联立方程

$$\begin{cases} x^2+y^2=1\ 000 \\ y=\frac{2}{3}x-10 \end{cases}$$

为了求出方程中的 x 和 y,人们把后一个方程代到前一个方程中去,得到

$$x^2+\left(\frac{2}{3}x-10\right)^2=1\ 000$$

经过化简就得到一个二次方程

$$\frac{13}{9}x^2-\frac{40}{3}x-900=0$$

它就是我们现在所知道的世界上最古老的完全二次方程的实例之一.

如果我们把这个方程中二次项的系数 $\frac{13}{9}$ 看成是 a,把一次项系数 $-\frac{40}{3}$ 看成是 b,常数项 -900 看成是 c,原方程成为 $ax^2+bx+c=0$,这就是大家所熟悉的完全一元二次方程的标准形

式.

在泥板中,还有一例相当于方程 $x+\frac{1}{x}=b$,b 为已知数,即
$$x^2-bx+1=0$$

他们求出了 $(\frac{b}{2})^2$,又求出了 $\sqrt{(\frac{b}{2})^2-1}$,得解
$$\frac{b}{2}+\sqrt{(\frac{b}{2})^2-1} \text{ 和 } \frac{b}{2}-\sqrt{(\frac{b}{2})^2-1}$$

这实际上是二次方程的求根公式,也就是说巴比伦人那时已知道了一元二次方程的求根公式. 由于他们不用负数,所以二次方程的负根是略去而不提的. 巴比伦人在解方程的过程中只说明求解的步骤,至于这些步骤的根据却只能靠我们去推测.

②埃及

对于兰德草卷上的 85 个问题,我们发现了这一事实:有不少的数学问题都来自于像分面包和确定酿造啤酒的浓度这一类的实际生活问题. 其中多数问题,只需要用一个简单的一元一次方程便能解决,而且用的方法纯粹是算术的. 如兰德纸草书上的第 11 题:

"一个数的 $\frac{2}{3}$,加上这个数的 $\frac{1}{2}$,再加上它的 $\frac{1}{7}$,再加上这个数的本身等于 37,求这个数."

实际上,只需列出方程 $\frac{2}{3}x+\frac{1}{2}x+\frac{1}{7}x+x=37$,便可轻易地解决.

在莫斯科草卷上有一个关于土地面积的问题,从中引出了二次方程:"把这一个面积为 100 的正方形分为两个小正方形,使其中一个的边长是另一个的四分之三." 写成现在的形式是

$$\begin{cases} x^2+y^2=100 \\ x=\frac{3}{4}y \end{cases}$$

③亚历山大里亚时期的罗马

亚历山大里亚时期,代数的重大成就是产生了代数符号. 第一次系统地提出代数符号的是丢番图. 这一套符号,称为"缩写代数",即用符号列算式,与过去用文字叙述算式不同,是近代符号代数的先驱. 他把未知量称为题中之数,用符号 S 表示. 未知量平方用 Δ^y 表示,立方是 K^y、平方的自乘是 $\Delta^y\Delta^y$,x^5 是 ΔK^y,x^6 是 K^yK^y 等. 用 $\bar{\alpha},\bar{\beta},\bar{\gamma}$ 分别代表 1,2,3. 在运算符号方面用个表示减号、加、乘和除未创造符号,并且用符号 L 表示等号.

丢番图的生平几乎没有什么记载有一本大约是 4 世纪的希腊诗文选集里,由麦特罗多尔所写的一首短诗(也有人说是墓志铭),用谜语的形式叙述了他的生平:

"丢番图的一生,童年生活占 $\frac{1}{6}$,青少年占 $\frac{1}{12}$,然后独身生活占 $\frac{1}{7}$,结婚后 5 年生了一个儿子,儿子比父亲早 4 年死亡,他只活父亲年龄的一半."

设丢番图活了 x 岁,列出方程 $\frac{1}{6}x+\frac{1}{12}x+\frac{1}{7}x+5+\frac{1}{2}x+4=x$,解得 $x=84$.

在丢番图的《算术》中,内容主要包括代数和数论的问题,而大多数内容与不定方程有

关.他解各种题目时并没有说明普遍的方法,也没有形成演绎式的逻辑结构.但是解每一个独立的问题时,他找到了自己特殊的方法,这一方面显示出丢番图巨大的数学才能,另一方面也降低了他的著作的科学价值.

对方程解法的研究,丢番图导出了一次和二次方程的解法,还解出了一些很特殊的三次方程及不定方程,在解方程中,能够把纯粹的文字叙述转换为简单的词和某些符号,并采用了比较简单的写法.其二次方程的解法与海伦的方法差不多,可能是从海伦那里承袭下来的.

海伦用纯粹算术方法提出和解决了代数问题.他没有采用特别的符号,他是用文字来陈述的.例如,他处理这样一个问题:给定一正方形,知其面积与周长之和为896尺,求其一边.这个问题用我们的解法是,求满足 $x^2+4x=896$ 的 x.海伦在方程两边加上4配成完全平方,然后开方.海伦也曾经对二次方程 $11x^2+29x=212$ 给出一个相当于公式 $x=(\sqrt{841+11\times 4\times 212}-29)/11\times 2$ 的根的表达式,这个表达式明显由公式 $x=\dfrac{-b+\sqrt{b^2-4ac}}{2a}$ 变通而来.海伦用配方的方法,解 $ax^2+bx=c$.他的方法是:

(ⅰ)用 a 乘方程的两边,得
$$a^2x^2+abx=ac$$

(ⅱ)方程两边同时加上 $(\dfrac{b}{2})^2$,得
$$a^2x^2+abx+(\dfrac{b}{2})^2=ac+(\dfrac{b}{2})^2$$

(ⅲ)使方程两边都成完全平方,得
$$(ax+\dfrac{b}{2})^2=\left[\sqrt{ac+(\dfrac{b}{2})^2}\right]^2$$

(ⅳ)两边开平方,得
$$ax+\dfrac{b}{2}=\sqrt{ac+(\dfrac{b}{2})^2}$$

于是
$$x=\dfrac{\sqrt{ac+(\dfrac{b}{2})^2}-\dfrac{b}{2}}{a}$$

由于海伦没有负数的概念,所以他得出的也只是一个正根.

④中国

在我国的《九章算术》中,出现一种叫作"开带从平方"的求二次方程根的方法."开带从平方",是开平方的发展.开平方是求 $x^2=c$ 的根,如果在 x^2 项的后面跟有一个 x 的一次项 bx,那么我国古代称这一次项为"从法",简称为"从",于是称求 $x^2+bx=c$ 的根为"开带从平方".

"开带从平方"法是求形如 $x^2+bx=c$ 的根的一般方法.它通过对系数进行一定程式的运算,从而获得方程的根.这与利用求根公式求解不同,用这方法求得的根只取正的.若计算的结果无法取得精确值,那就以近似值代替.

3世纪,数学家赵君卿注《周髀算经》不仅提出二次方程,而且我们发现有求根公式的雏形.他在《周髀算经》的注文中有一篇有名的论文——《勾股圆方图注》,论文的内容主要是

用几何方法证明勾股定理,但其中有一段是关于二次方程解法的论述:"其倍弦($2c_1$)为广袤合(x_1+x_2),而令勾股见者自乘($x_1x_2=a_1^2$ 或 $x_1x_2=b^2$)为实,四实以减之$(2c_1)^2-4a_1^2$ 开其余,所得为差$\sqrt{(2c_1)^2-4a_1^2}=x_2-x_1$,以差减合,半其余为广。"最后得公式 $x_1=[2c_1-\sqrt{(2c_1)^2-4a_1^2}]/2$,这是二次方程 $x^2-2c_1x+a_1^2=0$ 的一个根. 若将方程改为 $x^2-bx+c=0$ 的形式,这上面的公式就变为 $x=(b-\sqrt{b^2-4c})/2$ 的样子了,这正是首项系数为1,一次项系数为负的二次方程的一个根的表达式.

特别要指出的是,上文中"其倍弦为广袤合,而令勾股见者自乘为实",这两句话论述的就是根与系数的关系,相当于"韦达定理". 而韦达是16世纪法国的数学家,他的结果大约比赵君卿晚一千三百年.

我国南北时成书的《张丘建算经》中有二次方程问题二则,由于书的残缺和叙述的简略,无法知道其解法.

8世纪,我国著名的天文家僧一行由于研究历法,而得到二次方程 $x^2+bx+c=0(b>0,c>0)$,他用公式 $x=(\sqrt{b^2+4c}-b)/2$ 来求一个根.

13世纪,在杨辉所著的《田亩比类乘除捷法》一书中,详载多种解二次方程的方法,他的"四圆积步"法显然是从赵君卿的方法发展而来. 他分别使用了公式

$$x=\frac{-b+\sqrt{b^2+4c}}{2}$$

和

$$x=\frac{b+\sqrt{b^2+4c}}{2}$$

来求 $x^2+bx=c$ 与 $x^2-bx=c$ 的根.

元代朱世杰在他的《算法启蒙》(1299年)中也用过求根公式.

中国解二次方程的传统方法,是"开带从平方法". 至于张遂和杨辉也只是在接触到一些具体方程时偶尔使用"公式"来解的. 由于"开带从平方法"运算程式整齐,直截了当,因此求根公式法没有被中国古代数学家所器重,它也无法在中国发展到成熟的地步.

⑤印度

印度人在解一元一次方程时采用了假设法的方法.

给出问题形如:$ax+c=b$. 先假设未知数 x 为一数 g,按题意算得:$ag+c=b'$. 然后计算题设的结果之差 $b-b'$,所求数就是 $x=\dfrac{b-b'}{a}+g$. 7世纪,印度数学家婆罗摩及多对代数学也有很大推进,婆罗摩及多大量地将代数用于天文学,得到了二次方程 $ax^2+bx=c$ 的根是

$$x=\frac{\sqrt{4ac+b^2}-b}{2a}$$

而印度数学家摩诃犬罗用配方法求根,即先把方程 $ax^2+bx=c$ 化为

$$4a^2x^2+4abx+b^2=4ac+b^2$$

开平方得 $2ax+b=\sqrt{4ac+b^2}$,得 $x=\dfrac{\sqrt{4ac+b^2}-b}{2a}$.

婆什迦罗对二次方程讨论更为深入,他是印度最突出的数学家,其著作的内容涉及天文、算术、度量、代数等方面,其中以《丽罗娃提》最为驰名. 在他的名著《丽罗娃提》中列举了

各种二次方程的求解,他对一次和二次方程的讨论比其他印度数学家更详尽,同时也大大超过了希腊的丢番图. 婆什迦罗承认了二次方程有两个根,但将负根弃去不取,例如,$x=50$,$x=-5$ 都是 $x^2-45x=250$ 的根,而把 $x=-5$ 作为不适宜,故弃去. 其次,令人瞩目的是无理方程的处理,如给出方程:$x-\frac{7}{2}\sqrt{x}=2$. 他的处理方法用算式表达为

$$x=[\sqrt{(\frac{7}{4})^2+2}+2\frac{7}{4}]^2$$

$$x=16$$

婆什迦罗在他的著作中,还曾提过三次方程和双二次方程.

⑥中亚细亚

从 9 世纪到 15 世纪,阿拉伯人进入吸收希腊文化和再创造时期. 他们在吸收希腊、印度数学的基础上,为数学的发展做出了卓越的贡献. 他们把代数作为一门独立的学科,提出一次和二次方程的一般解法,三次方程的几何解法,并借助于圆锥曲线去求方程的解. 这种方法是整个阿拉伯数学最重要的功绩之一. 它是希腊圆锥曲线论的发展,当然这个时期最有代表的人物要算是阿尔·花拉子模.

阿尔·花拉子模有两部重要著作,其中一部是拉丁语传抄本,可译为《阿尔·花拉子模"关于印度的数"》,即用数字解释计算. 由于在这部书中,将"印度数字"称为"阿拉伯数字",于是,在阿拉伯国家中流传得更为广泛.

另一种著作是"Kitab al-jabr wal-mugabala",其中 al-jabr 是表示把方程式的系数通过移项变成正数,可译成"移项". wal-mugabala 表示通过合并同类项化简,可译成"合并",于是,这部著作的标题应是《方程式的移项与合并》. 当译成拉丁文"Liber algebrae et almucabolae"时,受到欧洲读者的普遍欢迎. 欧洲人喜欢简称为"Liber algebrae",后来,把研究方程式解法的数学称为"algebrae". 我国译成《代数学》,这就是《代数学》名称的起源.

花拉子模的代数著作用十分简单的问题说明了解方程的一般原理,条理清楚,通俗易懂. 他把一次或二次方程分为六种类型来求解,这六种类型用现代符号表示如下:

（ⅰ）平方等于根　　$ax^2=bx$;

（ⅱ）平方等于数　　$ax^2=c$;

（ⅲ）根等于数　　　$ax=c$;

（ⅳ）平方和根等于数　$ax^2+bx=c$;

（ⅴ）平方和数等于根　$ax^2+c=bx$;

（ⅵ）根和数等于平方　$bx+c=ax^2$.

其中系数 a,b,c 都是正数. 没有给出一般形式 $ax^2+bx+c=0$.

在求解过程中,做到详尽和系统. 对于每一个例子,指明解法步骤,使读者很容易掌握其解法. 如第(ⅳ)种的例子:"平方加上 10 个根等于 39,问平方是多少."其解法为"取根的数目之半,即 5. 自乘得 25,加 39 得 64. 开平方得 8. 再减去根数的一半,即 5,等于 3,这就是根". 用现代符号表示就是

$$x^2+10x=39$$

$$x=\sqrt{(\frac{10}{2})^2+39}-\frac{10}{2}=3$$

书中用文字表示的意义相当于给出方程 $x^2+px=q$ 的一个正根,即

$$x=\sqrt{\left(\frac{p}{2}\right)^2+q}-\frac{p}{2}$$

当时无负根概念.

在解第(Ⅴ)类方程 $x^2+21=10x$ 时,他给出

$$x=\frac{10}{2}\pm\sqrt{\left(\frac{10}{2}\right)^2-21}=\begin{cases}7\\3\end{cases}$$

这是世界上最早提出二次方程有两个根!一般认为,把这六种类型方程统一起来就得出现形如 $x^2+px+q=0$ 的二次方程,六种求解公式则可合并为

$$x=-\frac{p}{2}\pm\sqrt{\left(\frac{p}{2}\right)^2-q}$$

《代数学》一书运用几何方法证明了这一求解公式.

《代数学》一书还给出大量用一次、二次代数方程来解决的应用问题,如遗产的继承和分配、财物的分割、法律诉讼、沟渠挖掘、土地丈量、几何图形的面积与体积的计算等.

在上述意义上,花拉子模被冠以"代数学之父"的称号也是当之无愧的.

在《代数学》这部著作中,没有式子和符号,都是用语言叙述的.他把要求的 x 表示的东西称为"根",把"根"的平方称为"平方",如前例,一个"平方"与10个"根"的和等于39.这种"根"的称呼也就沿袭下来了.

在目前的中学数学教材中,把方程式的解叫作根,这是从阿拉伯语直译过来的.

在讨论了六种类型的方程以后,花拉子模转向一般形式的方程.他指出,通过"还原"与"对消"两种变换,所有其他形式的一次、二次方程都能化为这六种标准方程.例如,根据问题"把10分成两部分,使其平方之和等于58",列方程为

$$x^2+(10-x)^2=58 \quad 或 \quad 2x^2+100-20x=58$$

将"$-20x$"移到方程右端变成"$+20x$",花拉子模称这种变换为"还原",即

$$2x^2+100=58+20x$$

再从方程两端同消去58,得

$$2x^2+42=20x$$

他把这种变换称为"对消",再除以2得标准方程为

$$x^2+21=10x$$

花拉子模提出的"还原"与"对消"两种变换,被长期地保持下来,形成了现在解方程的两种基本变形——移项与合并同类项.

《代数学》存在着明显的不足和倒退,书中完全不使用字母符号,全部内容都用文字语言来叙述,在这一点上,花拉子模比印度人甚至比丢番图倒退了一步.另外,花拉子模所列举的问题都比较简单,远远赶不上希腊数学家丢番图的《算术》水平.

既然如此,为什么花拉子模的《代数学》影响如此之大,以至于几个世纪以来,欧洲人一直把他奉为代数教科书的鼻祖呢?这是因为,他所阐述的问题具有一般性,他提出的"还原"与"对消"的方法,使解方程的概念逐渐明朗起来.

⑦欧洲

12,13世纪欧洲数学界的中心人物是意大利的斐波那契,他写的《算盘书》在数学发展

的历史中,占有重要的地位. 这本书共分 15 章,第 1 章至第 7 章是记数制度和整数、分数的各种算法,第 8 章至第 12 章是商业上的应用,第 13 章是有名的试位法,第 14 章是开平方、开立方的法则,第 15 章是几何度量和代数问题.

这里的"试位法",相当于中国《九章算术》中的"盈不足术". 它的主要形式是所谓"两次假设". 这就是:

设 x_1, x_2 是方程 $ax+b=0$ 的解的两个猜测值,而 Δ_1 和 Δ_2 是误差,即

$$ax_1 + b = \Delta_1 \qquad ①$$

$$ax_2 + b = \Delta_2 \qquad ②$$

如果猜测值是正确的,误差应当等于零. 由式①②之差得

$$a(x_1 - x_2) = \Delta_1 - \Delta_2 \qquad ③$$

又由式①乘 x_2 减去式②乘 x_1,得

$$b(x_2 - x_1) = \Delta_1 x_2 - \Delta_2 x_1 \qquad ④$$

用式③除式④,得

$$-\frac{b}{a} = \frac{\Delta_1 x_2 - \Delta_2 x_1}{\Delta_1 - \Delta_2} \qquad ⑤$$

但由原方程可知 $-\frac{b}{a} = x$,与式⑤比较,得到原方程的解为

$$x = \frac{\Delta_1 x_2 - \Delta_2 x_1}{\Delta_1 - \Delta_2}$$

在代数方面,斐波那契还写了《象限议书》和《精华》,其中有一次和二次确定方程或不定方程以及某些三次方程的问题. 但是,最突出的是他在求三次方程

$$x^3 + 2x^2 + 10x = 20$$

的根时,在几次试解失败后,严格地证明了这个方程的根不是代数数.

斐波那契的数学著作,为欧洲读者提供了东方的数学知识,使得在欧洲首次用代数解几何问题,充分反映了斐波那契较出色地理解算术、几何之间的关系,二者应该是:"彼此帮助"的. 然而代数方程论的进一步突破,还是发生在 16 世纪初的意大利.

(2) 三次方程、四次方程的研究

①三次方程

关于三次方程的问题出现得也很早. 在巴比伦泥板上曾经发现这样一个问题:"求给定体积的长方体的长、宽、高,其中已知长是高的 12 倍,而宽与高相等."

这个问题用现在设未知量立方程的办法求解,其方程是

$$x = 12z, \quad y = z, \quad xyz = v$$

变形后得

$$12z^3 = v$$

巴比伦人通过查立方根表的办法,先算出高 z,然后算出长与宽.

3 世纪,丢番图接触了一些可以归结为三次方程求解的具体问题. 比如,"已知一直角三角形的面积与它的斜边之和为一平方数,而其周长为一立方数,求这直角三角形的三条边." 丢番图用了一种十分特殊的方法,把这个问题归结为求方程

$$x^2 + 2x + 3 = x^3 - 3x^2 + 3x - 1$$

的根,其中 x 是一条直角边. 将方程两边相同项抽去,用现在的话说是合并同类项,方程就变为

$$x^3+x=4x^2+4$$

即
$$x(x^2+1)=4(x^2+1)$$

消去 x^2+1 后,得 $x=4$.

这里,丢番图失去了两个根. 他也没有在寻找三次方程公式解上面下功夫.

与解二次方程相仿,我国古代曾从开立方,即从求 $x^3=N$ 的根中扩展出了一种用所谓"开带从立方法"来求形如 $x^3+px^2+qx=N(p>0,q>0,N>0)$ 的正根. "带从"是指立方项后面带有二次项或一次项. 相传在祖冲之所撰写的《缀术》一书中,介绍过这种方法,并且介绍了解 p,q 不全为正数的三次方程的方法. 遗憾的是祖冲之的《缀术》已经失传,他的方法也就无从考查了.

7 世纪,我国数学家王孝通著《缉古算经》,内载不少需要用三次方程求解的实际问题. 这些问题所列出的方程基本形式也是 $x^3+px^2+qx=N$. 对于这种方程的解法,王孝通在著作中只说:"开立方除之",而没有详细地说明. 因此我们也不知道王孝通是怎样解三次方程的,估计不会用求根的公式来解.

在三次方程求根公式出现之前,对三次方程有两种解法是值得介绍的. 第一种是 11 世纪中亚地区数学家奥玛尔·海雅姆提出的,通过曲线的交点,来求出三次方程根的方法,海雅姆把所有正系数的三次方程分成各种类型,然后分别通过各种不同的圆锥曲线的交点来求解. 比如方程

$$x^3+bx=c$$

海雅姆首先令 $b=p^2,c=p^2r$,使方程变成

$$x^3=p^2(r-x)$$

这个方程式可以看作是

$$x^2=py,y^2=x(r-x)$$

消去 y 后的结果,其中 $x^2=py$ 的图形是一条抛物线,$y^2=x(r-x)$ 的图形是一个圆. 令这两方程联立,在图形上得到一个交点,这个交点的横坐标就是原方程 $x^3+bx=c$ 的根.

海雅姆当时还没有坐标的概念,他是采用先画出一条正焦弦为 p 的抛物线,然后在长度为 r 的直径 QR 上作半圆,抛物线与半圆的交点为 P,再从 P 向直径 QR 作垂直线 PS,于是 QS 便是三次方程的解,如图 5.5 所示.

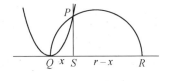

图 5.5

这个方法不仅在代数发展史上有重要地位,而且在几何学上也是很有意义的. 它是解析几何产生之前,在坐标概念和曲线方程方面最卓越的见解,海雅姆的思想可以说是笛卡儿思想的前奏. 当然,从三次方程求根来说,海雅姆的方法也不是无懈可击的. 由于他所得出的解都是用线段的长度来表示的,因此都是正值,从而排斥了其他可能的解. 海雅姆方法的繁难之处那是更明显的了.

第二种方法是由印度数学家婆什迦罗使用的. 这是先将方程两边配成完全立方,而后再开立方的方法. 比如,解方程

$$x^3+12x=6x^2+35$$

婆什迦罗首先去掉方程右边含 x 的项,使它只含常数. 具体做法是在方程两边同时减 $6x^2$,得

$$x^3-6x^2+12x=35$$

然后两边同时减 8 配成完全立方,即

$$(x-2)^3=27$$

于是 $x-2=3, x=5$

由于当时不知道三次方程应有三个根,因此他只取了一个根.

直到 16 世纪以前,欧洲的数学尽管经过文艺复兴引进东方成就之后有了不少发展,出现了像斐波那契和帕奇欧里这样一些重要的数学家,但是在解方程的方法上并没有什么超过前人的地方. 在帕奇欧里于 1494 年出版的《算术、几何、比与比例集成》中,只是谈到了二次方程的数值解法及解 $x^2+x=N$ 型的二次方程的法则,并只注意正根. 他还宣称,即使像 $x^3+px=q$ 或 $x^2+q=pz$ 这样的三次方程,也是不可能获得一般方法求解的. 当然,对一般三次方程更是如此了.

在 16 世纪初,情况发生了很大变化. 意大利波仑亚的数学教授费尔洛在 1500 年左右解出了形如 $x^3+px=q$ 的三次方程.

1535 年,费尔洛的学生菲俄当得知意大利数学家泰塔格利亚也掌握了这类方程的解法时,很不服气,他向泰塔格利亚提出了挑战. 双方约定在 30 天内解 30 个三次方程,解出的多者获胜,由于泰塔格利亚已掌握了不少类型的三次方程的解法,因此,他只花两个小时的时间就把 30 道题解完了,而菲俄却一筹莫展. 从此,泰塔格利亚进一步研究更一般的三次方程的解法,于 1541 年获得成功.

1539 年,在意大利数学家卡尔丹的再三请求并答应保密的情况下,泰塔格利亚将他的方法写成一首语句晦涩的诗告诉了卡尔丹. 结果,卡尔丹失信了,在 1545 年出版的他的一本《大法》中,发表了泰塔格利亚的方法. 这使泰塔格利亚极为恼火,于是出现一场难堪的争论. 泰塔格利亚为了抗议卡尔丹的背信弃义,于 1546 年发表了他自己的方法,但并没有提出关于解三次方程更多的资料.

从卡尔丹所发表的方法来看,泰塔格利亚实际上只是得出方程

$$x^3+px=q \qquad (*)$$

的求根公式,其中 $p>0, q>0$.

为了导出这个公式,泰塔格利亚首先引进 u, v 两个量,并设 $x=u+v$,则

$$x^3=(u+v)^3=u^3+v^3+3uv(u+v)$$

即

$$x^3=u^3+v^3+3uvx$$

和式 $(*)$ 作比较,可知

$$3uv=-p, u^3+v^3=q$$

或者

$$u^3v^3=-\frac{p^3}{27}, u^3+v^3=q$$

泰塔格利亚知道 u^3 和 v^3 应是二次方程

$$y^2-qy-\frac{p^3}{27}=0$$

的两个根,即

$$u^3=\frac{q}{2}+\sqrt{\frac{q^2}{4}+\frac{p^3}{27}}, \quad v^3=\frac{q}{2}-\sqrt{\frac{q^2}{4}+\frac{p^3}{27}}$$

于是,得
$$x=u+v=\sqrt[3]{\frac{q}{2}+\sqrt{\frac{q^2}{4}+\frac{p^3}{27}}}+\sqrt[3]{\frac{q}{2}-\sqrt{\frac{q^2}{4}+\frac{p^3}{27}}}$$

如果说上述公式是属于泰塔格利亚的话,那么卡尔丹在以下三个方面是有发展的:一是给出上述公式几何上的证明;二是发现将一般三次方程 $x^3+ax^2+bx+d=0$ 通过 $y=x+\frac{a}{3}$ 的变量代换,变成 $y^3+Ay+B=0$ 的方法,这使得泰塔格利亚公式能应用于一般三次方程;三是认识到三次方程有三个根,并且不仅讨论了负根,而且注意到了虚根. 这样说来,卡尔丹就不只是失信者,而更是一位创造者了.

②四次方程

卡尔丹在《重要的艺术》一书中,还记载了意大利的达·卡伊曾于1540年请教卡尔丹解决的一个问题:"把10分成三个数,此三个数成连比例,头两个数的积是6,求这三个数."用现代记号表示为:设中间数为 x,则第一数为 $\frac{6}{x}$,第三个数为 $\frac{x^3}{6}$,于是有 $\frac{6}{x}+x+\frac{x^3}{6}=10$,即 $x^4+6x^2+36=60x$.

卡尔丹委托他的学生费拉里来解决这个问题. 其解法如下:

方程两边加 $6x^2$,配方得
$$(x^2+6)^2=6x^2+60x$$
两边再加 $(x^2+6)2y+y^2$,其中 y 为待定量,再配方得
$$(x^2+6+y)^2=(6+2y)x^2+60x+12y+y^2$$
令右边的 x 的二次判别式等于零,即使其变量为 x 的一次式的完全平方,得
$$60^2-4(6+2y)(12y+y^2)=0$$
即
$$y^2+15y^2+36y=450$$
设此方程的解为 y_0,于是
$$x^2+y+y_0=\sqrt{(6+2y_0)x^2+60x+12y_0+y_0^2}$$
这是 x 的二次方程,x 不难求出.

对于一般形式的四次方程
$$x^4+ax^3+bx^2+cx+d=0$$
用同样的方法,变成对一个三次辅助方程的求解问题,从
$$y^3-by^2+(ac-4d)y-d(a^2-4b)+c^2=0$$
解出其根 y_0 后,所求方程变成如下形式
$$(x^2+\frac{ax}{2}+\frac{y_0}{2})^2=(ax+\beta)^2$$
于是,便可求得方程的四个根.

另外,法国数学家韦达对四次方程也有类似于费拉里的解法.

他考虑一般的被化简的四次方程
$$x^4+ax^2+bx=c$$
也可以写成
$$x^4=c-ax^2-bx$$

两边加上 $x^2y^2+\dfrac{y^4}{4}$,得到

$$(x^2+\dfrac{y^2}{2})^2=(y^2-a)x^2-bx+(\dfrac{y^4}{4}+c)$$

然后选取 y,使右边成为完全平方的条件是

$$y^6-ay^4+4cy^2=4ac+b^2$$

这是 y^2 的三次方程. 这样,只要再取平方根就可以求得 y 的值.

(3) 方程论

①代数基本定理与其历史

方程论是古典代数的中心问题. 用根式求解四次与四次以下方程的问题,16 世纪已获解决. 剩下的问题便是对高于四次的方程求根公式的探索. 所谓求根公式就是指通过对方程的系数进行四则运算和开方运算而求出根的方法.

1770 年,法国数学家拉格朗日发表《关于代数方程解法的思考》一文. 在此以前长达 200 多年时间里,甚至没有人怀疑解五次甚至更高次方程的求根公式的存在性. 尽管寻找求根公式屡屡失败,人们仍觉得只是尚未有效地找到正确的方法,然而看来必定是十分诡秘的方法而已.

在四次以上的高次方程的求解问题研究中,人们沿袭了两种习惯做法:一是全力倾注在求根公式上;二是千方百计将五次与五次以上的方程化为四次方程. 显然,四次以上高次方程求解的一个前提问题——"解的存在问题"一直被当年看作是无需论证的肯定结论.

正当数学家们在四次以上方程的解法上大做文章的时候,1799 年,年仅 22 岁的高斯,在他的博士论文中,首先解决了四次以上方程解的存在问题的严格证明. 他证明:每一个实系数和复系数的 n 次代数方程至少有一个实根或复根. 这就是数学史上所谓"代数基本定理".

高斯在证明了代数基本定理以后,接着又探讨高次方程的具体解法. 1801 年,高斯证明方程 $x^p-1=0$(p 为整数)可用根式求解. 这表明,并非所有高次方程都不能用根式求解,问题在于可用根式求解的是所有高次方程,还是一部分高次方程.

高斯提出的这个问题是由挪威青年数学家阿贝尔解决的. 阿贝尔一方面受高斯影响,企图把高斯证明方程 $x^p-1=0$(p 为整数)可以用根式求解的方法推广到任意方程. 但他在发现自己的错误后便改变了思路,其新思路受到拉格朗日著作的启发,便着手考查可用根式求解的方程具有什么性质. 在 1824 年,他证明了"高于四次的一般方程 $x^n+a_1x^{n-1}+a_2x^{n-2}+\cdots+a_{n-1}x+a_n=0$($n\geqslant 5$)的全部系数组成的根式,不可能是它的根". 阿贝尔又发现了一类可用根式求解的特殊的高次方程,其特点是一个方程的全部根都是其中一个根的有理函数. 这类方程现在叫作阿贝尔方程. 正当阿贝尔试图找出所有可以根式求解的特殊方程时,阿贝尔不幸早逝. 他的未竟事业落在另一位命运同他类似的更年轻的法国数学家伽罗瓦身上.

伽罗瓦的主要工作是多项式方程的可解性理论. 受拉格朗日的影响,伽罗瓦相信方程能否有根式解与方程根的排列(置换)的性质有内在联系. 一个 n 次方程的 n 个根 $x_1,x_2,\cdots,x_n$ 的每一个变换,叫作一个置换. n 个根共有 $n!$ 个可能的置换,它们的集合关于置换的乘法构成一个群,叫作根的置换群. 方程的可解性可以在根的置换群的某些性质中反映出来. 基于这一认识,伽罗瓦把方程论的问题转化为群论的问题来解决.

正是在群的基础上,伽罗瓦回答了方程可用根式解的重要条件:一个方程在一个含有它的系数的数域中的群若是可解群,则此方程式是可能用根式解的,而且仅仅在这个条件下方程才可用根式解.

②韦达定理

在符号体系上使代数产生最大变革的是法国数学家韦达.他是第一个系统地在代数中使用字母的人,他的名著《分析术引论》被认为是一部符号代数的最早著作.1635年,他的重要著作《方程的认识和订正》出版.这是方程论发展史中的一个重要里程碑.韦达因此成为代数发展转折时期的一个关键人物.

当时,韦达所面对的是这样一个问题,意大利的数学家们只是依靠代数方法去解各种类型的三次和四次方程.例如,在卡尔丹的《重要的艺术》中,方程的种类就有66种之多,对于每一种方程都需要一些特别的解法.因此.韦达认为,必须找出一种求解各种类型代数方程的通用方法.为此,首先要使方程变成带有字母系数的更普遍形式.

韦达在代数中系统地引入字母符号之后,就称一般的代数方程所表示的为"类"的计算术,以别于"数"的计算术,并以此作为代数与算术的分界线,使代数成为研究类型的形式和方程的学问.

韦达还研究求方程近似根的方法,他提出关于方程的根与各项系数关系的定理,即韦达定理.诸根之和等于 x^{n-1} 的系数取负值,每两个根的乘积之和等于 x^{n-2} 的系数,等等.

③笛卡儿符号法则

17世纪,除了代数基本定理外,另一个主要课题是不解出方程,而根据方程的系数去探求根的一些性质.例如,一个方程的实根个数,有多少正根、负根以及根所在范围.

在笛卡儿的《几何学》里我们可以看到所谓"代数基本定理".他的结论是:任何方程的根的个数,等于方程的幂的次数.同时,笛卡儿承认,在这些根中某些可能是"假的"(把负根称为假的),或者是"想象的"(即虚的).但是在笛卡儿的著作里没有这个定理的证明.

笛卡儿求方程的正根与负根个数的方法,给方程理论做出很大的贡献.这个方法表达为"符号法则".按照这个法则,方程正根的个数(如果全部都是实根)等于方程各项相对于前一项的变号次数,而负根的个数等于方程各项相对于前一项保持符号不变的次数.例如,已知方程

$$x^5 - 5x^3 + 4x = 0$$

仅有实根,其系数列 1,-5,4 的变号数为 2,故有两个正根.再用 $-x$ 代替 x,得到方程

$$(-x)^5 - 5(-x)^3 + 4(-x) = 0$$

其系数列变号数仍为 2,故此方程也有两个正根.这表明原方程也有两个正根,从而还知道它有一个零根.

又如,方程 $x^3 - 3x^2 + 3 - 1 = 0$ 有 3 个正根,而方程 $x^3 - 2x^2 - x - 2 = 0$ 有 1 个正根,2 个负根.

笛卡儿这一符号法则,使我们对于仅有实根的实系数方程根的分布情况一目了然.关于笛卡儿法则的完整形式及证明,由高斯所完成.但是如何确定一个实系数方程有实根存在,却迟至笛卡儿符号法则后的 200 年,为法国数学家斯图姆(Sturm,1803—1855)所解决.

(4)方程的近似解

找不到高次方程的求根公式,并不能认为是一件很可悲的事情.正当我们已经看到的那样,尽管人们得到了三次、四次方程的求根公式,但由于它们的烦琐难记而几乎没有什么实

际用途. 另一方面, 工程和物理中所提出的许多高次方程, 其系数常是由测量得到的一些近似值. 因此, 我们也只需知道根的具有一定准确度的近似值就足够了. 由于这个缘故, 代数方程实际上是沿着下面三个方向进行的: 一是关于根的存在问题; 二是不通过解方程, 而直接按照方程的系数去考察根的性质, 如是否有实根? 有多少个实根? 等等; 三是研究根的近似计算.

斯图姆定理不仅解决了实系数多项式在实轴上任何区间内根数的计算问题, 而且可以求出一组区间, 使每一区间内仅含有多项式的一根(即所谓根的"分离"). 因此, 这一定理对于实根的近似计算有重要价值. 只要不断缩小包含每个实根的区间长度, 便可以得到每个根的一组越来越精确的近似值. 斯图姆定理只指出了实根在的范围, 但要求近似根, 还要用一些专门的方法.

1819 年, 霍纳在英国皇家学会宣读他的论文《用连续逼近法解所有阶的数字方程的新方法》, 并提出求实根的近似值的方法——"霍纳方法". 实际上类似的方法, 数学家鲁菲尼(Ruffini, 1765—1822)在 1804 年也得到过.

在印度利用假设法求解一元一次方程 $ax+c=b$ 及斐波那契利用试位法求解程 $ax+b=0$, 这都是根的一种近似计算方法.

我国方程的近似解法可追溯至古代的"盈不足术". "盈不足术"的原理可用代数观点来解释: 求方程 $f(x)=0$ 的根, 相当于求曲线 $y=f(x)$ 与 x 轴交点的横坐标. 先估计两个近似值 x_1, x_2 对应的函数是 $y_1=f(x_1), y_2=f(x_2)$. 过 $A(x_1, y_1), B(x_2, y_2)$ 作直线, 方程为

$$y-y_1=\frac{y_1-y_2}{x_1-x_2}(x-x_1)$$

交 x 轴于 $(x', 0), x'=\frac{x_1 y_2 - x_2 y_1}{y_2 - y_1}$ 就是 $f(x)=0$ 根的真值. 如果不是一次函数, x' 是近似值. 反复用这种方法, 可以逐步逼近真值. 这种方法现在解高次代数方程或超越方程经常被使用. 这个方法实际上就是现在的线性插值法.

杨辉著《九章算法纂类》中记有"贾宪立释锁平方法""增乘开平方法""贾宪立成释锁立方法""增乘(开方)方法"等四种开方方法及"开方作法本源图". 增乘开方法的实质与鲁菲尼和霍纳方法完全一致, 但却比他们要早约 770 年. 它导致后来高次方程求实根的一整套方法(见 5.8.7).

秦九韶的正负开方术是总结和改进了《九章算术》的"开方术"、刘益的"正负开方术"及贾宪的"增乘开方法"得到的. 其实质上与霍纳方法基本一致, 它已是求高次方程求根的一般方法. 其运算程序为随乘随加, 即采用倍根、减根及"以方约实"(试除法)等步骤.

对于一般 n 次方程

$$a_0 x^n + a_1 x^{n-1} + \cdots + a_{n-1} x + a_n = 0$$

这里常数项 $a_n = -A$ 是负数. 秦氏设计了多种类型的方程, 并取了一些专用名词, 如称未知数为"天元"; 奇次项系数为零的方程叫"开玲珑某乘方"; 当 $|a_0| \neq 1$ 时, 则称之为"开连枝某乘方"等. 如果方程经代换 $x=a+y$ 后所得新方程常数项符号不变, 且绝对值增大, 就称"投胎"; 如果常数项由负变正, 则称"换骨". 当方程的根不是整数时, 用"进退开除"法求得小数值, 或用"命分"法表示成带分数. 总之, 他使数字高次方程的解法达到完善的境地.

随着计算数学的发展, 给方程的近似计算带来许多方法. 常用的方法有迭代法、差分方

法、变分方法、随机模拟方法等.其次,因为任何计算只能是对有限个数进行的,所以计算方法中还要包含有简化计算的理论,如函数逼近论、数值微分、数值积分和误差分析等.

5.3.2 方程组的研究简史

(1) 方程组的解法

关于解方程组的最早记载是在巴比伦.巴比伦人能解出含5个未知量的5个方程这类个别的问题.在校正天文观测数据而引出的一个问题中,包括含10个未知量的10个方程.但是,他们用的是特殊的方法,解决的是个别问题,并没有形成解线性方程组的一般方法.

印度人在求解了一元一次方程后,也研究了方程组的解法.从巴克沙里的手稿中,我们能看到印度数学家,在当时已掌握了一些特例;类型的线性方程组的解法,如用现代的数学符号表示就是

$$\begin{cases} x_1+x_2=16 \\ x_2+x_3=17 \\ x_3+x_4=18 \\ x_4+x_5=19 \\ x_5+x_6=20 \end{cases}$$

这个方程组的解是:$x_1=9, x_2=7, x_3=10, x_4=8, x_5=11, x_6=9$.

线性方程组的一般解法最早记载于我国的数学名著《九章算术》.其中的第8章专门论述线性方程组的解法,共有二元的8题、三元的6题、四元和五元的各2题.

《九章算术》所采用的解法是"遍乘直除法".具体地说,就是反复对方程组施行"遍乘"(即以某数遍乘其一方程的各项)和"直除"(即以某一方程中的各个项连续减去另一方程中的各对应项,使前一方程中的某项系数为零)两种手续,以达到消元的目的,使之在保值变换下显示出方程组的解.

例如,第8章的第1题:"今有上禾三秉,中禾二秉,下禾一秉,实三十九斗;上禾二秉,下禾三秉,实三十四斗;上禾一秉,中禾二秉,下禾三秉,实二十六斗,问上、中、下禾实一秉各几何?"

方程组的布列与现在的列方程组有很大的不同,它既不是用文字,也不是用字母来表示未知量,而是一种典型的位置模式.如本例的布列方法如下:

"置上禾三秉,中禾二秉,下禾一秉,实三十九斗,于右方.中、左行列如右方".以此列出的图式是

	左行	中行	右行		左	中	右
上禾	Ⅰ	Ⅱ	Ⅲ	⇒	1	2	3
中禾	Ⅱ	Ⅲ	Ⅱ		2	3	2
下禾	Ⅲ	Ⅰ	Ⅰ		3	1	1
实	二十六	三十四	三十九		26	34	39
	③	②	①		③	②	①

其中每一竖行相当于一个方程,即

$$\begin{cases} 3x+2y+z=39 & \text{①} \\ 2x+3y+z=34 & \text{②} \\ x+2y+3z=26 & \text{③} \end{cases}$$

把这个方程组中每一个方程的系数用算筹布列起来,就得到前面的图式.每一行上面三个筹分别表示上、中、下禾的秉数,下面一个筹表示共有的斗数,也就是常数项.三国时,魏国的数学家刘徽对"方程"的定义是这样下的:"程,课程也,群物总杂各列有数.总言其实.令每行为率,二物者再程,三物者三程,皆如物数程之,并列为行,故谓之方程."这里"课程"不是我们学校里上课的课程,而是指按不同的物品、不同的价格而列成的式子."实"就是方程中的常数项."令每行为率"就是立出三个等式."如物数程之"就是说明有一个未知数,列一个方程,有两个未知数就列两个方程,三个未知数就列三个方程.因为,古代是用算筹来表方程中的系数和常数的,几行并列成一方形,好像一个方阵,所以叫作"方程".由此可见,当时所讲的"方程"就是多元一次方程组,它不完全同于我们今天代数学中所讲的方程,而这种线性方程组的出现,全世界要算《九章算术》为最早.

该方程组的解法如下:

"以右行上禾遍乘中行而以直除,又乘其次,亦以直除",即以右行上禾数3遍乘中行的每一个数,将结果连续地减去右行中相应的数,直至中行上禾数为0时为止.又以3遍乘左行,其结果减去右行,上式变为

0	0	3
4	5	2
8	1	1
39	24	39

"然以中行中禾不尽者遍乘左行而以直除.左方下禾不尽者,上为法,下为实,实即下禾之实",即以中行中禾数5遍乘左行,其结果连续四次减去中行,又以9约分,变为下式

0	0	3
0	5	2
4	1	1
11	24	39

左行上禾数、中禾数皆为0,下禾数4称为法,下面的11称为实.

"求中禾,以法乘中行下实,而除下禾之实,余如中禾秉数而一,即中禾之实",即以左行的法4遍乘中行,其结果直除左行,再以5约分,得下式

0	0	3
0	4	2
4	0	1
11	17	39

"求上乘,亦以法乘右行下实,而除下禾、中禾之料,余如上禾秉数而一,即上禾之实",即以左行的法4遍乘右行,以左行直除,又以中行直除,再以3约分,得

0	0	4
0	4	0
4	0	0
11	17	37

"实皆如法,各得一斗",即以各竖行的法,除各行的实,可得上、中、下禾一秉之实,分别是 $9\frac{1}{4}$ 斗,$4\frac{1}{4}$ 斗和 $2\frac{3}{4}$ 斗.

从上面的例子,我们可以看出,《九章算术》的线性方程组解法是一种一般解法,它可以看成是一种矩阵的运算."直除法"使用起来有些不便,我国南宋时期的数学家秦九韶改进了"遍乘直除法",成为"互乘对减法",省却了连续减法的麻烦,这就和我们今天使用的方法十分接近了.

线性方程组的一般解法在国外是出现得较晚的,最早系统地研究线性方程的欧洲人是莱布尼兹.线性方程组的一般解法和一般理论直到1764年由贝佐特建立.他们都是用行列式来研究线性方程组的.

无论是在中国还是在欧洲,最先研究的都是方程的个数与未知数的个数相同的有唯一解的情形.19世纪初,德国杰出数学家高斯提供了一种被称为"高斯消元法"的方法,这种方法很有生命力,直到今天还是线性代数和计算数学中的有用方法,但是,这一方法早已出现在1世纪成书的中国古代数学著作《九章算术》之中,称为"方程术"(兼用"正负术").所以"高斯消元法"是中国古法.(有兴趣的读者可参看高等教育出版社《教材通讯》1992年第一期《高斯消元法是中国古法》一文)为什么欧洲人获得这一方法要比中国晚一千七八百年呢?原因是使用这一方法离不开正负数的运算,由于欧洲人掌握正负数及其运算太晚,所以他们很晚才得到"高斯消元法".

对于多元联立高次方程求解,据欧美的数学史书上说,法国科学院院士、数学家贝佐特最先于1764年提出可以用先将两个未知数消去一个的方法来解二元高次方程组,可是他很长时间都没有找到如何消去一个未知数的方法.整整过了15年,即到了1779年,贝佐特才给出了一个从二元高次方程组中消去一个未知数,化为一个一元高次方程求解的例子,这在当时的欧洲,被认为是一项重大的成就.

实际上,在贝佐特之前的四百多年,中国元代杰出数学家朱世杰在他于1303年(元成宗大德七年)出版的《四元玉鉴》一书中,早已建立了用消元法解二元、三元、四元高次方程组的方法,称为"四元术".朱世杰不仅解了36个二元高次方程组,还解了13个三元高次方程组和7个四元高次方程组.例如,其中有一个三元高次方程组,消去两元后得到的是一个15次代数方程,即使是在今天,解这类的方程也绝非易事.20世纪以来,当西方的科技史专家们惊奇地发现包括朱世杰的《四元玉鉴》、秦九韶的《数学九章》等著作的杰出成就后,对中国宋、元时期的数学家朱世杰、秦九韶等是十分赞誉和崇敬的.数学家们为中华民族争了光、添了彩.

(2)行列式与矩阵

我们在学习解线性方程组时,要引进行列式.用行列式解某些线性方程组,显得比较方便.

例如,对于三元一次方程组

$$\begin{cases} a_1x+b_1y+c_1=d_1 \\ a_2x+b_2y+c_2=d_2 \\ a_3x+b_3y+c_3=d_3 \end{cases}$$

我们有

$$x=\frac{\begin{vmatrix} d_1 & b_1 & c_1 \\ d_2 & b_2 & c_2 \\ d_3 & b_3 & c_3 \end{vmatrix}}{\begin{vmatrix} a_1 & b_1 & c_1 \\ a_2 & b_2 & c_2 \\ a_3 & b_3 & c_3 \end{vmatrix}}, \quad y=\frac{\begin{vmatrix} a_1 & d_1 & c_1 \\ a_2 & d_2 & c_2 \\ a_3 & d_3 & c_3 \end{vmatrix}}{\begin{vmatrix} a_1 & b_1 & c_1 \\ a_2 & b_2 & c_2 \\ a_3 & b_3 & c_3 \end{vmatrix}}, \quad z=\frac{\begin{vmatrix} a_1 & b_1 & d_1 \\ a_2 & b_2 & d_2 \\ a_3 & b_3 & d_3 \end{vmatrix}}{\begin{vmatrix} a_1 & b_1 & c_1 \\ a_2 & b_2 & c_2 \\ a_3 & b_3 & c_3 \end{vmatrix}}$$

只要会解三阶行列式,用这种方法来解三元一次方程组,要比用代入法或消元法方便.

一般人认为,行列式的名字最早是由法国数学家柯西于1812年创用的,实际上德国数学家莱布尼兹于1693年、瑞士数学家克拉梅尔于1750年、法国数学家拉格朗日于1773年都使用过.但是,1914年,日本的三上义夫在《日本行列式论》这本书中曾指出,日本数学家关孝和在1683年前就已经有了行列式的观念.这应该是世界上最早的行列式了.

1693年,莱布尼兹从含有两个未知量x与y的三个线性方程的系统中消去两个未知量,得到一个行列式,现在叫作方程组的结式.这个行列式等于零就意味着存在一组x和y,满足所有的这3个方程.用行列式的方法解含有两个、三个和四个未知量的线性方程组是在1729年由麦克劳林(Machlaurin,1698—1746)开始的.他的记法不太好,但是他的法则是我们今天使用的法则.1764年,贝佐特把确定行列式每一项的符号的手续系统化了.他还证明了:给定含n个齐次线性方程组,系数行列式等于零(结式等于零)是这个方程组有非零解的条件.

范德蒙德(Vandermonde,1735—1796)是第一个对行列式理论作出连贯的逻辑的阐述的人.也就是说,他是第一个把行列式理论与线性方程组求解分离开来的人,当然他也把它应用于解线性方程组.他还给出了一条法则,用二阶子式和它们的余子式来展开行列式.从集中到对行列式本身进行研究这一点来说,他是这门理论的奠基人.拉普拉斯在1772年的论文中,证明了范德蒙德的一些规则,并推广了他的展开行列式的方法,用r行中所含的子式和它们的余子式的集合来展开行列式.柯西首创了把元素排成方阵并采用双重足标的记法,他还给出了行列式的第一个系统的、几乎是近代的处理,主要结果之一是行列式的乘法定理.柯西还改进了拉普拉斯行列式展开定理,并给出了一个证明.肖克(Scherk,1789—1885)建立了只有一行(或列)不同的两个行列式相加的规则和一常数乘行列式的规则.他还叙述了,当一个方阵的某一行是另几行的线性组合时,其行列式的值为零,以及三角行列式的值是主对角线上的元素的乘积.

行列式虽然产生于线性方程组的求解,但是它在坐标变换、多重积分中的变数替换、解行星运动的微分方程组、将三个或多个变数的二次型及二次型族化简成标准型等方面,都有广泛的应用.

上面我们已经看到,用行列式来解某些线性方程组是有一定的优越性,但对于未知数较多的方程组,列出的高阶行列式,在理论上是可以解的,但实际上展开时很麻烦,已不实用.另外,用行列式解一次方程组,只限于未知数个数和方程个数相同的情形,如果未知数个数与方程个数不等,行列式解法就无能为力.这时,矩阵却是解方程组的有力工具.

我们在数学学习中将要学用矩阵来解线性方程组的方法."矩阵"就是由方程组的系数

及常数所构成的方阵. 如对于方程组

$$\begin{cases} a_1x+b_1y+c_1z=d_1 \\ a_2x+b_2y+c_2z=d_2 \\ a_3x+b_3y+c_3z=d_3 \end{cases}$$

而言,可以构成两个矩阵

$$\begin{pmatrix} a_1 & b_1 & c_1 \\ a_2 & b_2 & c_2 \\ a_3 & b_3 & c_3 \end{pmatrix}, \quad \begin{pmatrix} a_1 & b_1 & c_1 & d_1 \\ a_2 & b_2 & c_2 & d_2 \\ a_3 & b_3 & c_3 & d_3 \end{pmatrix}$$

因为这些数字有规则地排成矩形,所以人们称它们为矩阵. 矩阵是解线性方程组的一种很好的工具,通过矩阵的变化,最后就可以得出方程组的解.

最古老的矩阵,出现在我国《九章算术》的"方程章"中. 当时在解线性方程组时,要排列算筹(图5.6),用算筹把方程各项的系数、常数依序排列成一个长方形的形状,然后移动算筹,解此方程. 它的性质和运算过程,和后来的矩阵相当,这可以说是世界上最古老的矩阵. 在欧洲,运用这种方法来解线性方程组,要比我国迟两千年以上. 当然,我国当时还没有提出矩阵概念. 矩阵概念的正式出现并形成理论,则是19世纪以后的事了.

图 5.6

在逻辑上,矩阵的概念先于行列式的概念,而在历史上次序正相反. 行列式包括一个数字方阵,通常总是涉及这个方阵的值,然而从行列式的大量工作中明显地表现出来的是,在某些场合,只要研究和使用方阵本身,而不管行列式的值是否与该问题有关,于是人们需要认识方阵本身的性质. 矩阵这个词是西尔维斯特(Sylvester,1814—1897)首先使用的,他实际上希望引用数字的矩形阵列而又不能再用行列式这个词的时候,他引用了矩阵这个词. 实际上,在根本没有说到矩阵的时候增广矩阵就已经在自由地使用了,因此,在矩阵引进的时候它的基本性质就已经清楚了. 凯莱是首先指出矩阵本身的,而且关于这个题目首先发表了一系列文章,所以他自然地被归功为矩阵论的创立者.

凯莱定义了矩阵的相等、矩阵的和、矩阵的积、逆矩阵、转置矩阵、方阵的特征方程等一系列概念. 矩阵的秩的概念是由弗罗贝纽斯(Frobenius,1849—1917)引进的,他还引进了不变因子和初等因子的概念,并且以合乎逻辑的形式整理了不变因子和初等因子的理论. 正交矩阵这个术语在1854年才由弗罗贝纽斯发表正式定义. 相似矩阵的概念,也是起源于行列式的早期研究. 用相似矩阵和特征方程的概念,约当(Jordan,1836—1922)证明了矩阵可变列标准型.

行列式和矩阵在数学上并不是大的改革,它们本身不能说出方程或变换所没有说出的任何东西,然而,方程和变换的表达方式是冗长的,而行列式和矩阵是紧凑的表达式,是速记的表达式,它们是高度有用的工具. 它们的简化的记法,大大促进了线性代数学的发展,为计算科学的形成起了重要的作用.

5.3.3 高次方程根式解及"群"概念的产生

从 16 世纪起,随着四次方程根式的解法的得出,数学家们的视线转向了对五次方程根式解法的探索. 所谓根式解法,是指通过对方程的系数进行四则运算和开方运算,从而求出根的方法.[6]

人们开始采取的措施,是将五次方程通过诱导出四次的辅助方程,然后利用四次方程的求根公式获得结果.

17 世纪有两位数学家采取过这种步骤. 一位是英国的格雷戈里,另一位是德国的奇尔恩豪斯(Walter Von Tschirnhausen,1651—1708). 奇尔恩豪斯是莱布尼兹在巴黎时的同学. 1683 年,他在柏林发表了论文《万能变换方法》,介绍了如何将五次方程变成低次方程的方法. 不过,这个变换本身需要解某些辅助方程. 经过深入地考察,特别是经莱布尼兹证明,奇尔恩豪斯的变换方法实际上只对二次、三次及四次方程有意义,对于五次方程则需要事先解出一个还不知如何去解的六次辅助方程. 因此,奇尔恩豪斯的方法没有实际意义.

五次方程求根,从解方程的角度来说,它是个传统问题的继续,但是,17 世纪的研究结果表明:如果说二、三、四次方程求根问题代表着古代和中世纪代数性格的话,那么五次方程的求根问题已经完全超脱了古典性格,而表现出了近代数学的特点. 它已不是一个孤立的问题,至少代数学上的几个基本问题与它联系着. 比如,代数基本定理,方程根与系数的关系,复数理论,等等. 解决它所需要的方法也是新的. 这个方法在日后产生的作用虽说当时无法估量,但人们已经察觉到集中精力来研究这个问题是值得的.

1770 年与 1771 年法国数学家拉格朗日和范德蒙德先后发表长篇研究论文,论述方程根式解的问题.

拉格朗日、范德蒙德虽然没有完成四次以上一般方程不可能根式解的证明,但是他们提供了日后彻底解决问题的思想基础. 这包括:结束 17 世纪意大利数学家采用过的对不同次方程逐个探索求根公式的办法,而采用统一的方法导出二、三、四次方程的求根公式,从中观察这些方法对于解更高次方程能够提供什么线索,引进对称多项式理论、置换理论及预解式概念,并指出根的排列理论是"整个问题的真谛". 这被后来伽罗瓦的研究证明是完全正确的,为得出置换或代数群的理论创造了条件. 可以这样说,拉格朗日的著作是一切关于群论著作的先导.

在拉格朗日的影响下,鲁菲尼(Paolo Ruffini,1765—1822)于 1799~1813 年奋力证明四次以上的高次方程不可能根式解,然而没有成功. 不过,他也得出了一条极为重要的定理:"如果一个方程能用开根解出来,那么根的表达式就能写出这样一种形式,其中的根式是已知方程的根和单位根的有理系数的有理函数."鲁菲尼没有给出证明,证明是由阿贝尔给出的,所以现在通常称这个定理为"阿贝尔定理".

1824 年,22 岁的阿贝尔利用这个定理,证明了次数大于四的一般代数方程不可能根式解. 他的结论用现在的话说是:一般的一个代数方程,如果方程的次数 $n \geqslant 5$,那么此方程的根不可能由方程的系数组成的根式来表示. 这个定理不排斥对某些特殊方程,其根完全可能由系数组成的根式表示. 年轻的数学家阿贝尔,把一个曾被世界上许多一流数学家苦苦探求的问题解决了.

既然已经知道高于四次的一般方程是不能用根式解,而某些特殊方程是可以用根式解的,那么某些方程可以用根式解的充分必要条件是什么呢? 解决了这个问题,要比阿贝尔的不可能性定理的意义还要大.

1830 年 1 月,法国青年数学家伽罗瓦把他的关于方程可解性理论的研究论文交给了法国科学院. 该文送到了傅里叶那里,由于傅里叶不久死去,这篇文章也被遗失. 1831 年在泊松(Simeon-Denis Baron, Poisson 1781—1840)的提议下,伽罗瓦又写了一篇新的论文——《关于用根式解方程的可能性条件》.

我们现在所见到的伽罗瓦的成就,是 1846 年由法国数学家刘维尔整理发表的. 1866 年,塞雷特(Joseph Alfred Serret, 1819—1885)对伽罗瓦的思想作了叙述. 1870 年,法国数学家约当给出了伽罗瓦理论的第一个全面而清楚的阐述.

伽罗瓦的成就在于,他在方程论中第一次引进了非常重要的概念——群. 这个概念后来在整个数学中扮演了非常重要的角色. 正是在"群"的基础上,伽罗瓦回答了方程可用根式解的重要条件:

一个方程在一个含有它的系数的数域中的群若是可解群,则此方程式是可能用根式解的,而且仅在这个条件之下方程才能用根式解.

5.4 等差、等比数列小史

5.4.1 等差数列

数列是一个很古老的数学课题,特别是等差数列,在数学发展的早期就有许多地区的人接触或研究过它. 在现存的古代数学文献中还可见到有趣的等差数列问题.

在埃及的兰德纸草中载有这样两个等差数列问题.

问题一 有 5 人分享 100 只面包,后一人所得比前一人所得恒少若干只,且其中后两人所得是前三人所得的 $\frac{1}{7}$,问后一人所得比前一人所得少(公差)多少?

当时埃及人给出了一个颇有特色的解法,设公差为 $5\frac{1}{2}$,并令末项为 1,则所成等差数列是:$23, 17\frac{1}{2}, 12, 6\frac{1}{2}, 1$.

由于这数列之和为 60,是题目的总和 100 的 $\frac{2}{3}$,因此为使数列的各项之和等于 100,应该将数列的各项扩大 $\frac{100}{60}$ 倍,于是有:$38\frac{1}{3}, 29\frac{1}{6}, 20, 10\frac{5}{6}, 1\frac{2}{3}$.

题解中所设的公差 $5\frac{1}{2}$ 是怎么想出的? 草卷中没有说明,有人设想,若令 a 与 $-d$ 分别为等差数列的首项与公差,按题意有

$$\frac{1}{7}[a+(a-d)+(a-2d)]=(a-3d)+(a-4d)$$

$$d=5\frac{1}{2}(a-4d)$$

令末项为 1,使其有公差 $-d=-5\frac{1}{2}$. 至于令末项为 1 是否合理,那需要像前面那样进行检查,不合理则进行调整. 这种先假设后调正的方法,后人称为"假设法"或"正伪法".

问题二 把 10 袋大麦分给 10 个人,使从第二人起每个人都比他前面的人少 $\frac{1}{8}$ 袋.

根据"正伪法",若令最后一个人所得为一袋,则每个人所得分别为:$1,\frac{9}{8},\frac{10}{8},\frac{11}{8},\frac{12}{8}$, $\frac{13}{8},\frac{14}{8},\frac{15}{8},\frac{16}{8},\frac{17}{8}$,其和 $\frac{125}{8}$ 比题中的总数 10 多 $\frac{45}{8}$. 于是,只需将数列中的每项减少 $\frac{4.5}{8}$(即 $\frac{9}{16}$),即得

$$\frac{7}{16},\frac{9}{16},\frac{11}{16},\frac{13}{16},\frac{15}{16},\frac{17}{16},\frac{19}{16},\frac{21}{16},\frac{23}{16},\frac{25}{16}$$

这种按级递减分物的等差数列问题,在巴比伦晚期泥板中也有出现. 有一个问题大意是:10 个兄弟分 100 两银子,长兄最多,依次减少相同数目. 现知第 8 个兄弟分得 6 两,问相邻两兄弟相差多少?

这是已知等差数列总和 S_n 及其中一项 a_8,求其公差. 按现在通常做法是利用公式

$$S_n=\frac{n[2a_1+(n-1)d]}{2}$$

$$a_n=a_1+(n-1)d$$

通过解方程组求得公差 d. 巴比伦人虽没有完整的求解公式,但他们的方法却很合理.

设 10 个兄弟各分得数目为:$a_1,a_2,a_3,a_4,a_5,a_6,a_7,6,a_9,a_{10}$.

因为 $a_1+a_{10}=a_2+a_9=a_3+6=a_4+a_7=a_5+a_6=\frac{100}{5}=20$,所以 $a_3=20-6=14$. 从 a_3 到 a_8 相差 5 级,共差银子 8 两,因此每级相差 $\frac{8}{5}$(即 $1\frac{3}{5}$)两.

我国古代算家,对数列概念的认识很早,在古代许多著名算书,如《周髀算经》《九章算术》《孙子算经》《张丘建算经》及《前汉书》等古典算书中,都载有一些很有趣味的数列计算问题.

在《周髀算经》中,计算七衡(七个同心圆)的各直径,周长之差,就已应用了等差数列通项.

每一衡直径的差数是 $19\ 833\frac{1}{3}$ 里,设内一衡直径为 D_1,次一衡直径为 D_2,距离为 d,则

$$D_2=2d+D_1$$
$$D_n=2d+D_{n-1} \quad (n=2,3,4,\cdots,7)$$

每衡的周长为 L_n,是以 $2\pi d$ 为公差的等差数列

$$L_n=\pi D_n=2\pi d+\pi D_{n-1}$$

《周髀算经》卷下"凡八节二十四气,气损益九寸九分,六分分之一,冬至晷长一丈三尺五寸,夏至晷长一尺六寸,问:次节损益寸数长短各几何?"这是已知冬、夏至日影长及公差而求各节气日影长,《周髀算经》算得如下表:

节气名	冬至	小寒	大寒	立春	雨水	惊蛰
日影长(分)	1 350	$1\,250\frac{5}{6}$	$1\,151\frac{4}{6}$	$1\,052\frac{3}{6}$	$953\frac{2}{6}$	$854\frac{1}{6}$
节气名	夏至	小暑	大暑	立秋	处暑	白露
日影长(分)	160	$259\frac{1}{6}$	$358\frac{2}{6}$	$459\frac{3}{6}$	$556\frac{4}{6}$	$655\frac{5}{6}$
节气名	春分	清明	谷雨	立夏	小满	芒种
日影长(分)	755	$655\frac{5}{6}$	$518\frac{4}{6}$	$417\frac{3}{6}$	$358\frac{2}{6}$	$259\frac{1}{6}$
节气名	秋分	寒露	霜降	立冬	小雪	大雪
日影长(分)	755	$854\frac{1}{6}$	$953\frac{2}{6}$	$1\,052\frac{3}{6}$	$1\,151\frac{4}{6}$	$1\,250\frac{5}{6}$

在《九章算术》衰(cuī)分、均输、盈不足等章中,共载有六个等差数列问题,根据大数学家刘徽的注文,可知刘徽在注文中创造了下列有关等差数列的计算公式

$$a_n = a_1 + (n-1)d$$

$$d = \frac{a_n - a_1}{n-1}$$

$$d = \frac{\frac{S_1}{n_1} - \frac{S_2}{n_2}}{n - \frac{n_1 + n_2}{2}}$$

$$S_n = \frac{(a_1 + a_n)n}{2}$$

$$S_n = \left(a_1 + \frac{n-1}{2}d\right)n$$

$$S_n = a_1 n + \frac{(n-1)n}{2}d$$

这在我国数学发展史上,是空前的,是一项很伟大的创造.

关于等差数列计算的完整"公式",见之于我国的《张丘建算经》. 在这本成书于 5 世纪的书中,作者张丘建通过五个具体的例子,分别给出了求公差、求总和、求项数的一般步骤. 卷上第 23 题(用现代语言叙述,以下同):有一女子不善于织布,逐日所织布按同数递减,已知第一日织 5 尺,最后一日织 l 尺,共织了 30 日,问共织布多少?

这是一个已知首项 a_1、末项 a_n 以及项数 n 求总数 S_n 的问题,对此原书提出的解法是: 总数等于首项和末项除 2 乘以项数. 它相当于公式

$$S_n = \frac{a_1 + a_n}{2} n$$

这和现今代数里的求和公式

$$S_n = \frac{n(a_1 + a_n)}{2}$$

是完全一致的. 7 世纪,印度数学家婆罗摩及多也得出了这个公式. 并且给出了求末项公式

$$a_n = a_1 + (n-1)d$$

卷上还有一题:有女子善于织布,逐日所织布按同数递增,已知第一日织5尺,经一月共织39丈.问每日比前一日增织多少?

这是一个已知首项 a_1、总数 S_n 以及项数 n,求公差 d 的问题.对此原书给出的解法相当于公式

$$d = \frac{\frac{2S_n}{n} - 2a_1}{n-1}$$

与用现在的求和公式

$$S_n = \frac{n[2a_1 + (n-1)d]}{2}$$

所导出的结果完全一样.

卷中第1题:今有某人拿钱赠人,第一人给3元,第二人给4元,第三人给5元,其余依次递增分给.给完后把这些人所得的钱全部收回,再平均分派,结果每人得100元.问人数多少?

这是一个已知首项 a_1、公差 d 以及 n 项的平均数 m,求项数 n 的问题.对此原书给出的解法是相当于公式

$$n = [2(m - a_1) + d] \div d$$

已知首项 a_1、公差 d 与级数之和 s,求项数 m,婆罗摩及多给出的公式是

$$n = \frac{\sqrt{(2a_1 - d)^2 + 8ds} - (2a_1 - d)}{2d}$$

自张丘建以后,我国对等差数列的计算日趋重视,特别是在天文学和堆叠求积等问题的推动下,使得对一般的等差数列的研究,发展成了对高阶等差数列的研究.沈括在《梦溪笔谈》中提到的"隙积术",就是第一个关于高阶等差数列的求和法.

所谓"隙积术"是求堆积起来有空隙的物体(如缸、瓮、弹丸等)的叠积总数的一种方法,也称"堆垛术"或"积弹术".

设有许多同样大小的弹丸一层一层地堆积起来,各层都是一个长方形,由上而下逐层的长和宽各增1个,n 层的弹丸数就构成一个 n 项数列:$ab, (a+1)(b+1), (a+2)(b+2), \cdots, [a+(n-1)][b+(n-1)]$.这个数列不是等差数列,但由它的相邻两项之差所构成的数列是等差的,因此属于高阶等差数列.对这个数列沈括给出了相当于如下的求和公式

$$S_n = ab + (a+1)(b+1) + (a+2)(b+2) + \cdots + [a+(n-1)][b+(n-1)] = \frac{n}{b}[(2b+B)a + (2B+b)A] + \frac{n}{6}(A-a)$$

其中 $B = b + (n-1)$,$A = a + (n-1)$.

沈括是怎样得出这个公式的,原书上没有详细说明,后人虽有各种猜测,但至今仍未肯定.自沈括之后,人们对高阶等差数列求和问题的研究有了深入的发展,先后有杨辉、朱世杰、董佑诚、李善兰等人,创造了许多重要的求和公式.

5.4.2 等比数列

19世纪末,德国著名数学家M·康托考察了埃及兰德草卷中一个题目.这个题目由房

子、猫、老鼠、麦穗、量器等画面,以及各图画旁边分别所注的数字 7,49,343,240,16 817 等组成,没有更多的文字说明. 康托勾画出这个图画算题的原意是:

有 7 间房子,每间房子里有 7 只猫,每只猫吃 7 只老鼠,每只老鼠吃 7 棵麦穗,每棵麦穗可长出 7 个量器的大麦,问房子、猫、老鼠、麦穗、量器各多少?

这可以说是现存最早的一个等比级数问题. 据说题中还给出一个数字是 19 607,显然是前面的五个数目之和. 没有什么证据说明,这总和是通过等比数列求和公式得出的,其实只要把五个数字加起来就可以得出总和,无须用到求和公式.

对等比数列进行比较系统的研究,是从希腊数学家开始的,在欧几里得的《几何原本》中达到了相当高的水平. 在《几何原本》第八卷中,欧几里得通过对连比例的分析,集中讨论了等比数列问题. 在欧几里得的心目中,等比数列是一系列构成连比例 $\frac{a}{b}=\frac{b}{c}=\frac{c}{d}=\frac{d}{e}=\cdots$ 的数. 对连比例性质的研究,就是对等比数列的研究. 比如,他证明了"如果一系列数成比例,则它们的平方、立方等也成比例". 这实际上等于证明了:若 $a,b,c,d,\cdots$ 成等比数列,则 $a^n,b^n,c^n,d^n,\cdots$ 也成等比数列.

在《几何原本》第九卷中,欧几里得给出了求等比数列之和的正确公式. 他的推导过程为:

设 $a_1,a_2,a_3,\cdots,a_{n-1},a_n$ 是一等比数列,即

$$\frac{a_1}{a_2}=\frac{a_2}{a_3}=\cdots=\frac{a_{n-2}}{a_{n-1}}=\frac{a_{n-1}}{a_n}$$

利用分比性质有

$$\frac{a_1}{a_2-a_1}=\frac{a_2}{a_3-a_2}=\cdots=\frac{a_{n-2}}{a_{n-1}-a_{n-2}}=\frac{a_{n-1}}{a_n-a_{n-1}}$$

又根据已证明的第七卷命题 12:如果有任意多个数成连比例,则任一前项与后项之比,等于所有前项的和与所有后项的和之比,即

$$\frac{a_1}{a_2-a_1}=\frac{a_{n-1}+a_{n-2}+\cdots+a_1}{a_n-a_1}$$

由此可得

$$S_{n-1}=a_1+a_2+\cdots+a_{n-1}=\frac{a_1(a_n-a_1)}{a_2-a_1}$$

令 $a_n=a_1q^{n-1}$ 代入上式,便得出现在通常所用的等比数列前 $n-1$ 项的求和公式,即

$$S_{n-1}=\frac{a_1(q^{n-1}-1)}{q-1}$$

阿基米德从抛物线弓形的求积问题引出了一个以 $\frac{1}{4}$ 为公比的无穷等比数列,即

$$1,\frac{1}{4},\left(\frac{1}{4}\right)^2,\left(\frac{1}{4}\right)^3,\cdots$$

阿基米德没有用欧几里得的方法来求这数列的和,可能是他考虑到这个级数是无穷的缘故. 尽管阿基米德清楚地了解到,这个数列的无穷项之和是那样地接近于 4/3,但是他还是没有大胆地去定义无穷数列的和. 原因也很简单,因为阿基米德的思想仍被古希腊关于无限的疑难所限制.

阿基米德的方法是,设
$$a_1=1, a_2=\frac{1}{4}, a_3=(\frac{1}{4})^2, \cdots, a_n=(\frac{1}{4})^{n-1}$$

则
$$a_1=4a_2, a_2=4a_3, \cdots, a_{n-1}=4a_n$$

因为
$$a_2+a_3+\cdots+a_n+\frac{1}{3}(a_2+a_3+\cdots+a_n)=\frac{4}{3}a_2+\frac{4}{3}a_3+\cdots+\frac{4}{3}a_n=$$
$$\frac{1}{3}(4a_2+4a_3+\cdots+4a_n)=$$
$$\frac{1}{3}(a_1+a_2+\cdots+a_{n-1})$$

则
$$a_2+a_3+\cdots+a_n=\frac{1}{3}a_1-\frac{1}{3}a_n$$

两边同加 a_1,得
$$a_1+a_2+\cdots+a_n=\frac{4}{3}a_1-\frac{1}{3}a_n$$

即
$$1+\frac{1}{4}+(\frac{1}{4})^2+\cdots+(\frac{1}{4})^n=\frac{4}{3}-\frac{1}{3}(\frac{1}{4})^{n-1}$$

阿基米德只回答了 $1+\frac{1}{4}+\cdots+(\frac{1}{4})^n$ 的和,而没有回答
$$1+\frac{1}{4}+\cdots+(\frac{1}{4})^n+\cdots$$

第 n 项以后的各项之和是多少.

如果说阿基米德没有应用欧几里得的有限项等比数列求和公式,来求无穷项等比数列的和是正确的话,那么 16 世纪的韦达将欧几里得的公式加以推广,得出第一个无穷等比数列的求和公式,则是更为明智而富有创造性的了.

1593 年,韦达在《各种各样的解答》中表述了他的思想. 他从欧几里得的《几何原本》中得知,n 项等比数列之和 $a_1+a_2+a_3+\cdots+a_n$ 可用
$$\frac{S_n-a_n}{S_n-a_1}=\frac{a_1}{a_2}$$

给出. 既然这样,当 $\frac{a_1}{a_2}>1$,即 $a_1>a_2$ 时,由于 a_n 在 n 超向无穷时趋向于 0,因此有
$$\frac{S_\infty}{S_\infty-a_1}=\frac{a_1}{a_2}$$

即
$$S_\infty=\frac{a_1^2}{a_1-a_2}$$

令 $a_2=qa_1$ 代入上式,那么韦达的这个公式就是现在我们通常所用的无穷等比数列求和公式,即
$$S=\frac{a_1}{1-q} \quad (|q|<1)$$

韦达虽然提出了求和公式,但却忘了回答无穷等比级数究竟是否存在一个确定的常数作为它的和,会不会和的数目越加越大,以至无穷呢? 如果根本就无法保证这种作为和的确

定常数的存在,那么提出求和公式有什么意义呢？在当时的条件下,在韦达回答这些问题是不现实的.在17世纪以后的级数研究中,这些问题才逐步得到了解决.

5.4.3 高阶等差数列的和与"招差术"

17世纪末的瑞士数学家伯努利建立了一个公式:对任一多项式$f(x)$,均有

$$\sum_{k=1}^{n} f(k) = \sum_{k=1}^{n} C_n^k \Delta^{k-1} f(1)$$

其中,$\Delta^{k-1} f(1)$是$f(x)$的$k-1$级差分$(k=1,2,\cdots,n)$.

这个公式在求高阶等差级数的和时效用很大.因为,如果$f(x)$是一个m次多项式,则对于一切x而言$\Delta^{m+1} f(x) = 0$.因此,不论n是多么大的数,以上的求和公式只包含$m+1$个项,计算的时候只要列出相应的逐差表,对解题就会带来很大的方便.[26]

例如,求$1^2+2^2+3^2+\cdots+n^2$的和S_n.

可令$f(x)=x^2$,它的逐差表为

$$(m+1=2+1=3)$$

$$\begin{array}{ccc} f(1) & f(2) & f(3) \\ 1 & 4 & 9 \\ & 3 \quad 5 & \\ & 2 & \end{array}$$

$$\Delta^0 f(1) = 1, \Delta^1 f(1) = 3, \Delta^2 f(1) = 2$$

由伯努利公式得

$$S_n = C_n^1 + 3C_n^2 + 2C_n^3 = n + 3\frac{n(n-1)}{2\times 1} + 2\frac{n(n-1)(n-2)}{3\times 2\times 1} =$$

$$\frac{1}{6} n(n+1)(2n+1)$$

又例如,求$1^4+2^4+3^4+\cdots+n^4$的和S_n.

这可令$f(x)=x^4$,它的逐差表为

$$(m+1=4+1=5)$$

$$\begin{array}{ccccc} f(1) & f(2) & f(3) & f(4) & f(5) \\ 1 & 16 & 81 & 256 & 625 \\ & 15 \quad 65 & 175 & 369 & \\ & 50 & 110 & 194 & \\ & & 60 & 84 & \\ & & & 24 & \end{array}$$

$$\Delta^0 f(1) = 1, \Delta^1 f(1) = 15, \Delta^2 f(1) = 50, \Delta^3 f(1) = 60, \Delta^4 f(1) = 24$$

由伯努利公式得

$$\sum_{k=1}^{n} k^4 = 1^4 + 2^4 + 3^4 + \cdots + n^4 = S_n$$

$$S_n = C_n^1 + 15C_n^2 + 50C_n^3 + 60C_n^4 + 24C_n^5$$

同理可求出 $\sum_{k=1}^{n} k^5$, $\sum_{k=1}^{n} k^6$ 等形式的高阶等差数列的和.

伯努利公式实际上在我国隋朝就已由数学家刘焯发现了. 他在《皇极历》一书中称这种方法为"招差术", 唐朝的僧一行(张遂)在《大衍历》(727 年)中亦用此术, 后来元朝数学家朱世杰于 1303 年在他的《四元玉鉴》里也用了此术来解决高阶等差级数求和问题. 这本书里有这样一个问题:

"今有官司依立方招兵, 初日招方面三尺, 次日招方面较多一尺……已招二万三千四百人. 问几日招来？"

按题意, 第一日招兵 $3^3 = 27$ 人, 第二日招兵 $4^3 = 64$ 人, 第三日招兵 $5^3 = 125$ 人……问几日共招到 23 400 人？

令 $f(x) = (x+2)^3$, 列出逐差表

$$(m+1 = 3+1 = 4)$$

$$\begin{array}{cccc} f(1) & f(2) & f(3) & f(4) \\ 27 & 64 & 125 & 216 \\ & 37 & 61 & 91 \\ & & 24 & 30 \\ & & & 6 \end{array}$$

$\Delta^0 f(1) = 27$, $\Delta^1 f(1) = 37$, $\Delta^2 f(1) = 24$, $\Delta^3 f(1) = 6$

设第 n 日的总人数为 S_n, 则有

$$S_n = 27 C_n^1 + 37 C_n^2 + 24 C_n^3 + 6 C_n^4$$

令 $S_n = 23\,400$, 这是一个关于 n 的四次方程, 朱世杰用"增乘开方法"解得 $n = 15$.

我们还可以用"招差术"证明北宋杰出数学家沈括发现的一个高阶等差级数求和公式.

例如, 求证 $ab + (a+1)(b+1) + (a+2)(b+2) + \cdots + a'b' = [(2a+a')b + (2a'+a)b' + (a'-a)] \cdot n \div 6$. (其中 $a'-a = b'-b = n-1$)

事实上, 可令 $f(x) = (a+x)(b+x)$ 列出逐差表为

$$(m+1 = 3)$$

$$\begin{array}{ccc} f(1) & f(2) & f(3) \\ (a+1)(b+1) & (a+2)(b+2) & (a+3)(b+3) \\ & a+b+3 & a+b+5 \\ & & 2 \end{array}$$

$\Delta^0 f(1) = (a+1)(b+1)$, $\Delta^1 f(1) = a+b+3$, $\Delta^2 f(1) = 2$

则
$$ab + (a+1)(b+1) + (a+2)(b+2) + \cdots + a'b' =$$
$$ab + (a+1)(b+1) \cdot C_{n-1}^1 + (a+b+3) C_{n-1}^2 + 2 C_{n-1}^3 =$$
$$[(2a+a')b + (2a'+a)b' + (a'-a)] n \div 6$$

5.5 对数的产生与发展

5.5.1 对数的产生

十五六世纪,天文学处于科学的前沿,许多学科在它的牵动下发展起来. 1471 年,德国数学家约翰·谬勒(Johann Muller,1436—1476)亦即雷基奥蒙坦纳从天文计算的需要,造出了一张具有八位数字的正弦表. 尔后,余弦、正切等表也相继出现. 但是,对于大数的运算当时并无一个简单的办法. 为了确定一个星球的位置,常在计算上花去几个月的时间. 能否用加、减运算来代替乘除运算? 这是当时迫切需要思考的问题. 德国天文学家约翰·维尔纳(Johann Werner,1468—1528)首先尝试用三角函数来达到目的.

维尔纳的方法相当于利用现在我们所熟知的积化和差公式

$$\sin\alpha \cdot \sin\beta = \frac{1}{2}[\cos(\alpha-\beta) - \cos(\alpha+\beta)]$$

$$\cos\alpha \cdot \cos\beta = \frac{1}{2}[\cos(\alpha-\beta) + \cos(\alpha+\beta)]$$

即,若求小于 1 的两个数 a 与 b 的乘积,可以先由三角函数查得,使 $\sin\alpha=a, \sin\beta=b$ 的 α 与 β,然后求出 $\cos(\alpha-\beta)$ 与 $\cos(\alpha+\beta)$,再应用上面的公式求出它们差的一半,就得所要求的数. 由于大于 1 的数可用小于 1 的数乘上 10^n 表示,因此,上面两个公式实际上对于任意两个数据是适宜的.

这样做毕竟太烦琐了,况且还不能直接应用于除法、乘法和开方. 从 16 世纪起,一些数学家揣摩着从协调等差数列、等比数列的关系中来解决这个问题. 因为,等差数列中的相邻两项包含着与公差之间的加减关系;等比数列中相邻的两项包含着与公比之间的乘除关系. 其中最著名的先驱者是德国的米海尔·史蒂福.

1544 年,史蒂福在《整数算术》一书中刊载了如下的表达式

$$-3,-2,-1,0,1,2,3,4,5,6,\cdots$$

$$\frac{1}{8}, \frac{1}{4}, \frac{1}{2}, 1, 2, 4, 8, 16, 32, 64, \cdots$$

上排是等差数列,下排是等比数列. 史蒂福称上排之数为"指数",意思是"代表者". 史蒂福发现,上排数之间的加、减、乘、除的结果与下排数的乘、除、乘方、开方的结果有一种对应的关系. 具体地说,若求下排中 $a(=4), b(=16)$ 两数的乘积,则可先查看 a,b 各自的指数(代表者)——分别是 2 和 4,然后通过指数相加,得和为 6,再由表查得 6 所代表的数 64,即是 4×16 的结果. 同样,利用这个表还可以将除法、乘方、开方转化为减法、乘法、除法.

应该说,史蒂福的上述发现已经触及到了对数的本质. 如果我们设上排数为 y,下排数为 x,那么整个表中的数保持着 $x=2^y$ 的关系. 如果以 1 为公差的等差数列与以 a 为公比的等比数列相对应,那么等比数列中任意两数的积和商,就可以分别从这个数列由相应指数的和与差来求得.

史蒂福的这张表至多只能进行偶数的或 $\frac{1}{2}$ 的整数幂的计算,因此无法付之实用. 为此,史蒂福曾设想细分等差数列的间隔,即在 $0,1,2,\cdots$ 中间插入它们的中项,使之趋于细密. 这

样一来,对应于插入中项的等差数列

$$0, \frac{1}{2}, 1, 1\frac{1}{2}, 2, 2\frac{1}{2}, 3, \cdots$$

等比数列应该是

$$2^0, 2^{\frac{1}{2}}, 2^1, 2^{1\frac{1}{2}}, 2^2, 2^{2\frac{1}{2}}, 2^3, \cdots$$

这时,史蒂福被难住了. 由于当时指数的概念尚未完善,史蒂福更无法认识分数指数,因此使他仍然无法前进.

最先做出对数表的人是英国的约亨·耐普尔(John Naeipr,1550—1617)和瑞士的一位仪表技师乔伯斯特·布尔基(Jobst Burgi,1552—1632). 耐普尔毕业后研究对数,约1594年掌握了对数的基本原理,1614年在爱丁堡出版了《奇妙的对数规律的描述》,给出了对数的性质、定义、应用. 他首创"对数"术语(即"比的数"). 布尔基花了多年心血也约于1600年发明了对数(以 1.000 1 为底),并在1610年写出、1620年发表他的著作《进数表》,由于他们都花了多年时间,所以难判先后,多认为后者手稿早于前者,但前者思想酝酿更早.

耐普尔的对数定义颇为有趣. 他说:如图 5.7 所示,假设有两个质点分别沿着线段 AZ 和射线 $A'Z'$,以同样的初速度运动,其中沿 $A'Z'$ 运动质点 P 保持原速度,而沿 AZ 运动的质点 Q 的速度以如下的方式变化:其路径上任一点(比如 B)的速度与它尚需经过的距离 BZ 成正比. 如果当 P 位于 B' 时, Q 位于 B;当 P 位于 $C',D',E',\cdots$ 时,Q 位于 $C,D,E,\cdots$,那么 $A'B'$ 就是 BZ 的对数,同样 $A'C'$, $A'D'$, $A'E'$ 就分别是 CZ,DZ,EZ 的对数.

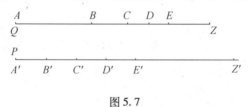

图 5.7

耐普尔如此构筑起来的两个质点的运动,在相同时间间隔下所产生的一系列距离满足:AZ 上各点与端点 Z 之间的距离 $AZ,BZ,CZ,\cdots$ 形成等比数列,而 $A'Z'$ 上各点到 A' 的距离 $A'B', A'C', A'D', \cdots$ 形成等差数列. 因此,耐普尔如此定义对数,实质就是从等差数列与等比数列的关系中定义对数. 不过,耐普尔借助于运动或者说几何而定义的对数是连续的. 由数列定义的对数,无论数列的各项如何密集终究是离散的.

由于耐普尔给出了对数的定义,而且又给出了对数的名称,并制作了第一张正弦对数表,因此,耐普尔被认为是对数的创立者.

英国布里格斯于1615年发明"常用对数"(以 10 为底),因此,常用对数也称"布里格斯对数",英国的奥特雷多(W. Oughtred)是"自然对数(以 e = 2.718… 为底)"的发明者. 自然对数也称"耐普尔对数"(但耐普尔用的底仅是接近 e).

自然对数,这个名字首先是1619年在伦敦出版的《新数学》这本书里出现的,作者为伦敦的数学教授司皮得尔.[22]

我们知道,一般对数的底可以为任意不等于 1 的正数,即在 $\log_a x$ 中,$a>0$ 且 $a \neq 1$. 如果

$$a = e = 2.718\cdots$$

也就是说,对数的底若为无理数 e,我们就把这样的对数叫作自然对数,用符号"ln"表示. 这

里,"l"是"logarithm"(对数)的第一个字母,"n"是"nature"(自然)的第一个字母,两个字母合在一起,"ln"就表示"自然对数".

在微分学中,我们可以知道

$$e = \lim_{n \to \infty}(1+\frac{1}{n})^n = 2.718\ 281\ 828\ 459\ 045\cdots$$

它是一个无限不循环的小数,是一个超越数.

雅各布·伯努利于1702年最先引出复数的对数. 欧拉则指出每个复数有无限多个对数值. 欧拉提出"对数源于指数"后,学校才开始教对数.

17世纪,对数通过西方传教士传入中国. 1648年,波兰教士穆尼阁(P·Nicolas smogolenski,1611—1656)带着《比例对数表》等各类算书来到中国,1653年,他又奉诏由南京到北京. 同年,清朝政府派方中通(1633—1698)、薛凤祚(1599—1680)等人向其学习,并由薛凤祚将《比例对数表》译成中文. 将对数传入中国时称 lg $N=b$ 中 N 为"真数",b 为"假数",后来"假数"渐不使用,只把 b 叫 N 的对数.

1722年,由康熙主持编纂的《数理精蕴》完成,书中列置了"对数比例"一节,可见对数当时在中国已成定局."对数比例"称:"以假数与真数对列成表,故名对数表."假数就是现在对数的别名. 该书对对数运算已作了相当详尽的叙述.

清代有不少数学家研究对数很有成绩. 如戴煦(1805—1866)在深入研究的基础上,创造了许多求对数的捷法,并著成《求表捷法》一书.

5.5.2 对数表的发展和完善

位数的变化,经历了渐增和渐减两个过程. 前述耐普尔写于1614年的书中,载有200余页世界上第一个表,他花了20多年心血制成了间隔为1″的正弦对数表. 布里格斯于1617年制成的1~1 000的14位常用对数表. 1624年,布里格斯又扩充到1~2×10^4 和从 9×10^4 ~10^5,中间空当则由荷兰德斯克(E. Decker)在富拉克(A. Vlacq)的帮助下于1627年补齐,长达数百页. 凯莱、活尔佛兰姆、沙尔普、帕尔克赫尔斯特、亚当斯又分别造出20,48,61,102,260位的对数表,但人们很快就认识到短尾数表的优点:①篇幅小;②使用方便,计算快;③在多数情况下,因为计算的准确度不能超过量度的准确度. 所以,仅过了几年,前述14位表就被填补者之一富拉克压为10位了. 1794年,又出现7位表. 今天,用得最多的是4位表,连学校用5位表也改为4位了.

制表方法的改进导致选择最优的"底",耐普尔用的底是 $(1+10^{-7})^7$,被称为"耐氏对数表",由于方法不先进,编表用了20年. 第一个自然对数表是英国斯佩杰尔(J. Speidell)于1622年编成的1~1 000的《新的对数表》. 由于以 e 为底,他仅用了几年时间. 1668年,尼·麦卡托已把对数分解为级数,大大简化了编表工作. 但从理论上解决编表最简方法并确定以 e 为底,则是在牛顿-莱布尼兹微积分理论创立之后(若以其他数为底,仅需乘以变换模即可).

首、尾数的应用,节约了篇幅,加快了制表计算速度. 1624年,布里格斯发表他前述对数表时,首先引进"首数"一词,而"尾数"一词则是在1693年英国华利斯(J. Wallic)的《代数》中最先出现的. 耐普尔的表不分"首""尾"数,篇幅很大. 后来的表采用"首""尾"数,使篇幅大减,亚当斯的260位表则更巧妙,是用2,3,5,7和10的自然对数(由此可算常用对数)及换算因数构成,也使篇幅大减.

根据需要,造出了多种适应不同用途的表,例如,1620 年,英国冈特最先制成的以 10 为底的正弦、正切对数表. 有人统计过,各类表已超过 500 种.

5.6 数学符号的产生与演进

克莱因指出:代数上的进步是由于引进了较好的符号体系,这对它本身的发展和分析的发展比 16 世纪技术上的进步更为重要. 事实上,采取了这一步,才能使代数成为一门科学.

数学大量的运算和推理都是通过数学符号进行的. 数学符号是一种特殊的数学语言,它能清楚地表达数学概念、运算过程和人的思维过程. 在叙述上起着节约时间的作用,而且还能精确而深刻地表述着某种概念、方法与逻辑的关系. 伟大的德国数学家莱布尼兹说过:"符号(指数学符号)的巧妙和符号的艺术,是人们绝妙的助手,因为它们使思考工作得到节约……在解释说明上有所方便,并且以惊人的形式节省了思维."俄国数学家罗巴切夫斯基也说过,数学符号的语言更加完善、准确、明晰地提供了把一些概念传达给别人的方法.

下面介绍有关运算中的一些符号的由来.

5.6.1 加法符号"+"

加号是 1489 年德国数学家魏德迈(Widmann, J, 1466—?)首先在其所写的一本算术书中使用的.

加号的来历经过一段曲折的发展道路. 古代许多国家除了用文章式的书写加法外,还有的将数学衔接在一起书写来表示加法. 例如,古希腊和印度人就不约而同地把两个数字写在一起表示加法,如 $78\frac{8}{11}$ 就表示 $78+\frac{8}{11}$,这种记法的痕迹直到今天还可以看到. 15 世纪,在欧洲已采用了拉丁字母的"P"(Plus 的第一个字母,意思是相加)或"$\bar{P}$". 例如,$4P3$ 表示 $4+3$,$3\bar{P}5$ 就表示 $3+5$. 中世纪后期,欧洲的商业逐渐发达起来,一些商人常在装货的箱子上画一个"+"号,表示质量超过了. 在 1489 年之后,经过法国数学家韦达的提倡和宣传,加号开始普及.

关于加号的由来,还有下述说法[22]:

符号"+"是由拉丁文"et"演变而来的,原字就是"and",是"增加"的意思. 14 世纪至 16 世纪欧洲文艺复兴时期,意大利数学家泰塔格利亚用意大利文"Piu"(就是"Plus","相加"的意思)的第一个字母表示加,并写成"φ"(见图 5.8).

加号正式得到大家的公认,还是 1630 年.

在中国,以"李善兰恒等式"闻名于世的数学家李善兰曾经用"⊥"表示加号(用"丅"表示减号),由于我国当时社会上普遍使用算筹和珠算进行加、减、乘、除四则运算,因而没有提出和准行专门使用的数学运算符号,李善兰提出的加(减)号没有得到推广使用.

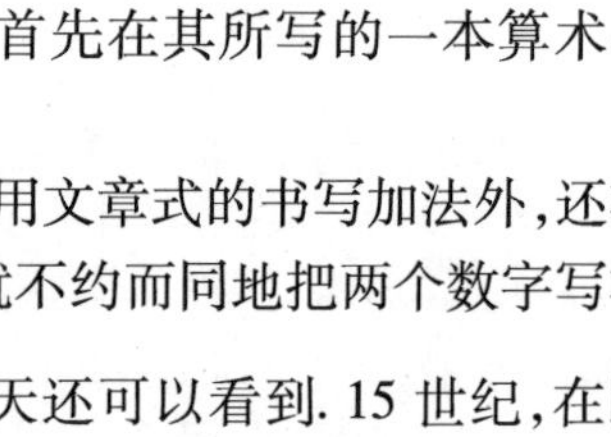

图 5.8

5.6.2 减法符号"-"

在古代,许多国家如古希腊和印度人表示两数相减,就把这两个数写得离开一些距离,例如 $77\ \dfrac{8}{11}$,意思就是 $77-\dfrac{8}{11}$,这样表示相减当然是不明确的. 另外,古希腊数学家基奥芬特曾使用符号"ψ"表示减号,符号"-"先由拉丁文"minus"缩写成 $\bar{m}$,后又略去字母 m 演变而来,原意是"减去"的意思. 加号与减号开始用于商业,分别表示"盈余"和"不足"的意思. 传说,卖酒人用线条"-"记酒桶里的酒卖了多少,在把新酒灌入大桶时,就将线条勾销,成为"+",灌回多少酒,就勾销多少条,久而久之,符号"+"就被用来表示加号,符号"-"表示减号.

中世纪后期,欧洲商业逐渐发达,一些商人常在装货箱子上画一个"-"号,表示质量略有不足. 虽然如此,"-"号仍是德国数学家魏德曼 1489 年在他的著作中首先使用的,后来经过法国数学家们的大力提倡和宣传,"-"号开始普及,直到 1630 年"-"号才获得大家的公认.

5.6.3 乘法符号"×"

"×"号是英国数学家威廉·奥特雷得(W. Oughtred,1574—1660)在 1631 年提出的,在他的著作中用"×"表示乘法. 如果说"+"号是表示量增加的一种方法的话,那么"×"号则是表示量增加地更快的一种方法,因而把"+"号斜过来写. "×"号出现以后,曾遭到德国数学家莱布尼兹的坚决反对,理由是:"×"号与拉丁字母"X"相似,很容易混淆,莱布尼兹赞成用"·"表示相乘. 1637 年,法国数学家笛卡儿也采用"·"号表示相乘,"×"号与"·"号相持不下,一直到今天这两种运算符号都在继续使用着. 莱布尼兹曾提出用"∩"表示相乘,这个符号现在主要运用在集合论中,表示集合的交集. 如果 A 表示所有等腰三角形组成的集合,B 表示所有直角三角形组成的集合,那么,它们的交集 $A \cap B$ 就是所有等腰直角三角形组成的集合.

另外,"·"与"×"还可以描述两个矢量 a,b 的点积与叉积. 若 $|a|=a$,$|b|=b$,夹角$(a,b)=\theta$,则 $a \cdot b = ab\cos\theta$,$a \times b = (ab\sin\theta)c_0$,其中 c_0 表示垂直于 a,b 两矢量的单位矢量,方向服从右手系.

5.6.4 除法符号"÷"

"÷"号,也是奥特雷德在 1631 年提出的,他还曾经用":"表示"除"或者"比". 在他之后,莱布尼兹也提出用":"表示除.

中世纪时,阿拉伯数学很发达,出现了一位大数学家阿尔·花拉子模. 他曾用除线"-"或"/"表示除,例如 $\dfrac{6}{23}$,$\dfrac{8}{19}$,$2/27$,…. 人们认为,现在通用的分数记号即来源于此. 至于"÷"号的由来,基于较长一段时间的"-"号与":"号的混用,都认为各自的符号优越. 后来出现了第三种意见,这就是 1630 年在英国人约翰·比尔的著作里,他把阿拉伯人的除号"-"与比的记号":"结合起来构成了"÷"号.

在一些外国的出版物中,很少看到"÷",一般都是用":"来代替,因为比的记号的用法与"÷"号基本上一样,大可不必再画出中间的一条线,所以除号"÷"现在用得越来越少了.

5.6.5 等号"="、大于号">"、小于号"<"

现在通用的符号"="是 1540 年英国牛津大学数学教授锐考尔德(1510—1558)开始使用的,在锐考尔德写的《智慧的磨刀石》中说:"两条等长的平行线作为等号,再相等不过了."就是说,他认为最能表示相等的是平行且相等的两条线段. 16 世纪法国数学家维叶特也曾使用过"=",但在他写的著作中,这个符号并不表示相等,而是表示两个量的差别. 到了 1591 年,经法国数学家韦达在他的著作中大量地使用等号"="以后,等号才逐渐为人们所接受和公认. 但是等号"="真正被大家普遍使用,却是 17 世纪以后的事情了,这是因为德国数学家莱布尼兹广泛地使用这个符号,而且他的影响又很大. 在等号"="通用之前,与等号含意相同的缩写符号"est"也流行过一段时间.

大于号">"及小于号"<",是 1631 年英国著名的代数学家赫锐奥特(1560—1621)创用的. 至于"≮""≯""≠"这三个符号的出现,那是近代的事了.

5.6.6 小括号"( )"、中括号"[ ]"、大括号"{ }"

小括号"( )"或称圆括号是 1544 年出现的,中括号"[ ]"或称方括号,大括号"{ }"或称花括号都是 1593 年由数学家韦达引入的,它们是为了适应多个量的运算而且有先后顺序的需要而产生的. 在小括号产生以前人们曾用过括线"——",例如,$\overline{10+8+19}=10+27=37$,而且在小括号产生以后,括线仍在应用着,它的痕迹到现在还遗留在根号的记法上.

近年来,在记数法中,也应用了小括号,例如,为了把八进制与通常的十进制在写法上区别开来,通常把八进制数的外面加一个小括号,并在右下方写一个"8"字,如 $(1\ 023)_8$,就表示八进制中的 1 023,如要用十进制数写出来,就是

$$(1\ 023)_8 = 1 \times 8^3 + 0 \times 8^2 + 2 \times 8 + 3 \times 8^0 = 531$$

5.6.7 根号"$\sqrt{}$"

平方根号是法国数学家笛卡儿首先在他的著作中使用的,他把立方根号写成 $\sqrt{C}$,例如,8 的立方根写成为 $\sqrt{C.8}$. 在笛卡儿之前数学家卡当曾用 R 表示平方根,R 是 Radix(拉丁文"根")的缩写变形.

德国学者在 1480 年前后,曾用"·"表示平方根,如 ·3 就是 3 的平方根,用"··"表示 4 次方根,用"···"表示立方根. 16 世纪初,小点带上了一条尾巴,这可能是写快时带上的. 到了 1525 年,在路多尔夫的代数里 $\sqrt{8}$,$v\sqrt{8}$ 表示 $\sqrt{8}$,$\sqrt[4]{8}$,笛卡儿的根号比路多尔夫的根号多了一个小钩并加上了括线,这对于被开方数是多项式时就方便得多,而且不至于发生混淆了.

5.6.8 指数符号"a^n"

用指数来表示数或式的乘幂,经过了复杂的演变过程. 远在 14 世纪时,法国数学家奥利森(Oresme, N., 约 1323—1382)开始采用了指数附在数字上的记法,1484 年,法国数学家舒开(Chuguet, N., 1445—1500)在他的著作《三部曲》里用 12^3,10^5 和 120^8 表示 $12x^3$,$10x^5$ 和 $120x^3$. 他又用 12^0 表示 $12x^0$,用 7^{1m} 表示 $7x^{-1}$.

意大利数学家蓬贝利在他的《代数》一书中把 x,x^2 和 x^3 写成①,②和③. 例如,$1+3x+$

$6x^2+x^3$ 就写成为:$1P.3①P.6②P.1③$. 1585 年,荷兰数学家斯提文把这个式子写成 $1^0+3^1+6^2+1^3$. 斯提文还采用了分数指数 $\frac{1}{2}$ 表示平方根,$\frac{1}{3}$ 表示立方根,等等.

笛卡儿在 1637 年系统地采用了正整数指数. 他把 $1+3x+6x^2+x^3$ 写成 $1+3x+6xx+x^3$,他和别人有时也采用 x^2 这种记法,但不固定. 一直到了 1801 年由高斯采用 x^2 代替 xx 后,x^2 成了标准的写法. 面对于较高的幂指数,笛卡儿用 $x^4,x^5,\cdots$ 来表示,但没有用 x^n. 牛顿最早使用了正指数、负指数、整数指数和分数指数,而且指出了不论什么指数,都可以用 a^n 来表示,并给出了 a^n 的定义.

5.6.9 对数符号"log""ln"

对数符号"log"最早是由莱布尼兹在数学书中引进的. 它的正源来自于拉丁文 logaritus (对数)的前三个字母,进一步的缩写 lg 则表示以 10 为底的对数即常用对数. 常用对数也叫布里格斯对数. 如果以无理数 e 为底,$e=2.718\ 281\ 828\ 459\ 045\cdots=\lim_{n\to\infty}(1+\frac{1}{n})^n$,则称为自然对数,自然对数用符号"ln"来表示,记号"ln"是由欧拉引进的,是拉丁文 anturalis 和拉丁文 logritumus 合成的.

5.6.10 虚数单位 i,π,e 以及 $a+bi$

虚数单位"i"首先为瑞士数学家欧拉所创用,到德国数学家高斯提倡才普遍使用. 高斯第一个引进术语"复数"并记作 $a+bi$. "虚数"一词首先由笛卡儿提出. 早在 1800 年就有人用 (a,b) 点来表示 $a+bi$,他们可能是柯蒂斯(Cotes)、棣莫佛、欧拉以及范德蒙德. 把 $a+bi$ 用向量表示的最早的是挪威人卡斯巴·魏塞尔(Caspar Wessel,1745—1818),并且由他第一个给出复数的向量运算法则."i"这个符号来源于法文 imkginaire——"虚"的第一个字母,不是来源于英文 imaginary number(或 imaginary quautity). 复数集 C 来源于英文 complexnumber (复数)一词的第一个字母.

圆周率"π"来源于希腊文 πειφεια——圆周的第一个字母. "π"这个记号是威廉·琼斯(William Jones)在 1706 年第一个采用的,后经欧拉提倡而通用.

用"e"来表示自然对数的底应归功于欧拉. 他也是第一个证明了 e 是无理数的人. 公式 $e^{i\theta}=\cos\theta+i\sin\theta$,为欧拉首创,被称为"欧拉公式". 式子 $e^{i\pi}+1=0$ 将 $i,\pi,e,1$ 这四个最重要的常数连在一起,被认为是一个奇迹.

5.6.11 函数符号

"数学从运动的研究中引出了一个基本概念,在那以后的两百年里,这个概念几乎在所有的工作中占中心位置,这就是函数或变量间的关系的概念."

伽利略(Galileo Galilei,1564—1642)用文字和比例的语言表达函数关系. 17 世纪中叶,詹姆斯·格列格利(James Gregory,1638—1675)在《论圆和双曲线的求积》中,定义函数是这样一个量:它是从一些其他量经过一系列代数运算而得到,或者经过任何其他可以想象的运算得到的.

约翰·伯努利、欧拉都认为函数是一个变量和一些常量经任何运算得到的解析式. 整个

18世纪占统治地位的函数是一个解析表达式. 持这种观点的还有拉格朗日、达朗贝尔、高斯、傅里叶等.

柯西在他1821年的书中首先给出变量的概念,又给出了一个量是另一个量(自变量)的函数的概念,这个概念近似于现在的函数概念. 狄利克雷给出了(单值)函数的定义,即如果对于给定区间上的每一个 x 的值有唯一的一个 y 值同它对应,那么 y 就是 x 的函数. 这个定义实际上与现在中学教科书上的定义一样.

在函数符号的引入上,1665年,牛顿用"流量"(fluent)一词表示变量间的关系. 莱布尼兹用"函数"(function)一词表示随着曲线上点的变动而变动的量——这个量可以是切线、法线等. 约翰·伯努利还用"X"或"ξ"表示一般的 x 的函数. 1718年,他又改写为"φx". 现在的记号 $f(x)$ 是欧拉于1734年引进的. "f"来源于拉丁文 functio,而不是英文 function.

5.6.12 求和符号"$\sum$"、和号"S"、极限符号及微积分符号

求和符号"$\sum$",正源来自于希腊文"$\sigma o v \alpha \rho \omega$"(增加),用它的第一个字母的大写. 数列中的和号,正源也是拉丁文 samma ——"和"的第一个字母. 很多人认为它来源于英文 Sum(和)似有误. 现在的积分号 $\int$ 是莱布尼兹创用的,记号 $\int$ 是英文 sum ——"和"的第一个字母的拉长,微分号也是由他首创. 极限符号的正源,是拉丁文"limes"(极限),而法文 limeite 和英文 limit 均有"极限"的意思,但不是正源. 极限符号的读法一般按英文 limit 的读法.

5.6.13 三角函数的符号与反三角函数的符号

三角学起始于古希腊的"三角术"——与天文学相关的球面三角. "正弦"名称,是12世纪欧洲人翻译阿拉伯著作的译名,拉丁文 sinus 是现在正弦符号的正源. 余弦的概念最初是作为"附加正弦"出现的(因为 $\cos A=\sin(90°-A)$),其拉丁文是 sinus complementi,简写为 sinus co 或 co-sinus,这是现在余弦的渊源. 16世纪,随着"附加正切"(余切)"附加正割"(余割)的相继出现,才把这些名称分别改为余弦、余切和余割.

sine(正弦)一词创始于阿拉伯人,最早使用的是雷基奥蒙坦(1436—1476). 雷基奥蒙坦是15世纪西欧数学界的领导人物,他在1464年完成他的主要著作《论各种三角形》. 这是一本纯粹的三角学,但一直到1533年才开始印行. 由于他的这本著作,三角学从此脱离天文学,独立成为一门数学分科.

cosine(余弦)及 cotangent(余切)为英国人根日尔(1626年逝世)创用,最早是在1620年伦敦出版的他所著的一本《炮兵测量学》中出现的.

secant(正割)及 tangent(正切)为丹麦数学家托马斯·芬克(1561—1646)所创用,最早见于他的《圆几何学》一书.

cosecant(余割)一词为锐梯卡斯(1514—1567)所创用,最早见于他1596年出版的《宫廷乐曲》一书.

1626年,阿贝尔特·格洛德(1590—1624)最早将"sine""tangent""secant"简写为"sin""tan""sec". 1675年,英国人奥曲特最早将"cosine""cotangent""cosecant"简写为"cos""cot""csc". 但这些符号一直到1748年,经过欧拉的应用后,才逐渐通用. 1949年以后,由于受苏

联教材的影响,我国教学书籍中"cot"改为"ctg","tan"改为"tg",其余四个符号均未变. 现在又改回来,用"tan"和"cot"了.

反三角符号一般认为源于英文,如 arcsin x 来源于英文 arcsine,其余几个符号同此.

5.6.14 其他符号

由于英文的通用,数学中的许多代号和符号大都为英文的简写. 如 Max,Min(最大、最小)来源于英文 Maximus Value,Minimus Value(最大值、最小值). A·P 和 G·P 分别表示等差数列和等比数列,它们来源于 Arithmetical progression(算术数列、算术级数) Geometrieal progression(几何级数、等比数列). 质数通常用 p 表示,来源于 prime number(质数、素数). Im(z)和 Re(z)表示 z 的虚部和实部,分别来源于 I maginary part(角)、side(边),用于平面几何中(a,s,a)、(s,s,s)等. 直线常用 l 表示,源于 line. 点用 P 表示源于 point. Rt△源于 Right (angle) triangle 等.

下面按时间顺序给出某些现今通用数学符号的发明者及发明年份:

运算符号

符号	意义	引入者	年代
$+,-$	加法、减法	德国数学家	15 世纪末
$\times$	乘法	W. Oughtred	1631
$\cdot$	乘法	G. Leibniz	1698
$:\div$	除法	G. Leibniz	1684
$a^2,\cdots,a^n$	幂	R. Descartes	1637
		I. Newton	1676
$\sqrt{},\sqrt[3]{},\cdots$	方根	K. Rudolff	1525
		A. Girard	1629
Log	对数	J. Kepler	1624
log	对数	B. Cavalieri	1632
sin,cos,tg,tan	正弦、余弦、正切、正切	L. Euler	1748～1753
arcsin	反正弦	J. Lagrange	1772
sh,ch	双曲正弦、双曲余弦	V. Ricatti	1757
$dx,ddx,\cdots$	微分	G. Leibniz	1675
$d^2x,d^3x,\cdots$			
$\int ydx$	积分	G. Leibniz	1675
d/dx	导数		
$f',y',f'x$	导数	J. Lagrange	1770～1779
Δx	差分,增量	L. Euler	1755
$\partial/\partial x$	偏导数	A. Legendre	1786
$\int_a^b f(x)dx$	定积分	J. Fourier	1819～1820
Σ	和	L. Euler	1755
Π	积	C. F. Gauss	1812
!	阶乘	Ch. Kramp	1808
$|x|$	绝对值	K. Weierstrass	1841
lim	极限	S. l'Huilier	1786
$\lim_{n=\infty}$	极限	W. Hamilton	1853
$\lim_{n\to\infty}$	极限	多位数学家	20 世纪初

符号	意义	引入者	年代
ζ	ζ 函数	B. Riemann	1857
Γ	Γ 函数	A. Legendre	1808
B	B 函数	J. Binet	1839
Δ	Laplace 算子	R. Murphy	1833
∇	Hamilton 算子	W. Hamiton	1853
φx	函数	J. Bernoulli	1718
$f(x)$	函数	L. Euler	1734

关系符号

符号	意义	引入者	年代
$=$	相等	R. Recorde	1557
$>,<$	大于,小于	T. Harriot	1631
$\equiv$	同余,全等	C. F. Gauss	1801
$//$	平行	W. Oughtred	1677
$\perp$	垂直	P. Hérigone	1634

对象符号

符号	意义	引入者	年代
∞	无穷大	J. Wallis	1655
e	自然对数的底	L. Euler	1763
π	圆周长与直径之比(圆周率)	H. Jones	1706
		L. Euler	1736
i	-1 的平方根	L. Euler	1777
i,j,k	单位向量	W. Hamilton	1853
$\|\|(\alpha)$	平行角	Н. И. Лобачевский	1835
x,y,z	未知数或变量	R. Descartes	1637
$\mathbf{r}$ 或 $\vec{r}$	向量	A. L. Cauchy	1853

5.7 集合概念的形成与发展

"集合"这个概念本不是数学的产物. 自从人类社会构成以后,"集合"作为人类对现实世界认识的一种反映,很早就进入人类的意识之中. 对自然数的产生,分析的严密化,数学基础的建立等,集合常起着关键的作用. 正因如此,19 世纪它就被作为一个单独的理论——集合论提了出来,最重要的创建者是康托.

集合论在 19 世纪诞生的基本原因,来自对数学分析基础的批判运动.

在微积分发展史上,柯西可算是当之无愧的奠基者. 19 世纪上半叶,他给了极限概念的精确描述,并在这基础上建立起连续、导数、微分、积分以及无穷级数的理论. 但是,微积分的严密化并不是柯西完成的. 有两件事柯西是矛盾的:一是关于无理数的定义,柯西把无理数说成是"以有理数为项的无穷序列的极限",如 $\sqrt{2}$ 是 $1,1.4,1.41,1.414\cdots$ 的极限. 这是一个犯循环毛病的定义. 这里的极限是什么?假如是有理数,那么就等于说无理数即有理数;假如是无理数,则在逻辑上它是不存在的,因为这正是所需要定义的,怎么又出现在定义的叙述中呢？二是对连续与可导关系的认识. 连续函数必可导. 然而,1872 年,魏尔斯特拉斯揭示了一个足以震惊数学界的事实. 他说像函数

$$f(x) = \sum_{n=0}^{\infty} b^n \cos a^n \pi x$$

其中 $x \in \mathbf{R}$, a 为正奇数,$0<b<1$,$ab>1+3\pi/2$,它虽连续但却处处不可导.

是什么原因使柯西产生逻辑矛盾呢？19 世纪后期的数学家们发现,问题出在奠定微积分基础的极限概念上. 严格地说,柯西的极限概念并没有真正地摆脱几何直观,确实建立在纯粹严整的算术基础上. 所以,在柯西的观念上,极限常常有一种不确定性. 柯西所碰到的问题是一个间接可导出集合的问题.

更直接促使集合论诞生的一个关键问题,就是函数的三角级数表示问题. 函数可以用三角数级表示,最早是 1882 年傅里叶在《热的解析理论》中提出的. 傅里叶当时的结论的"任意函数,包括不连续函数和没有解析式而只能图示的函数,都可用三角级数来表示". 这是一个非同小可的发现,它至少在以下两点上引起人们的严肃思考:第一,函数究竟是什么？由此又引出函数的连续、可微、可积的意义究竟何在？第二,既然不连续函数也与连续函数一样可用三角级数展开,那么不连续函数究竟有什么更值得研究的性质？由此引起的对集合论的产生有更直接关系的问题是,用什么方法去研究在定义域上有无穷的多个间断点的函数的性质.

不久数学家就发现,对不连续函数的研究远比连续函数难对付. 从 19 世纪 30 年代起的二三十年中,不少有才能的数学家在这个问题上都碰了壁. 因此,间断点问题成了数学分析的一个引人注目的难题.

造成间断点难题的原因不在别处,仍在数学分析的基础上. 我们知道作为数学分析的基本内容微积分,它是从研究连续运动状态产生的. 如运动物体的瞬时速度,曲线上一点的切线. 因此,19 世纪微积分的概念、语言、方法都具有一种动态性,把运动一味地理解为一个连续的过程. 然而,运动的本质是连续与间断的辩证统一,换句话说,有无穷多个间断点的不连续函数,同样地从另一个侧面反映着运动. 因此,用描述连续性的运动方法显然不适用于描述间断性. 问题就这样明摆着:不能停留在早期数学分析的动态方法,而必须用静态的方法,本质上就是用算术的方法去研究更一般的函数的性质.

微积分的逻辑基础需要更进一步改造是毫无疑问的了. 那么怎么改造呢？只有借助于集合. 因为集合是算术的基础,这从自然数的产生就可以明白,而"算术的定律才是必要而又真实的"(高斯语).

19 世纪有许多人为此做出努力,其中最出色的是波尔察诺、魏尔斯特拉斯、戴德金和康托.

魏尔斯特拉斯反对柯西的"一个变量趋近于一极限"的说法,他说变量就是一个字母,这是数值集合中的一元素. 于是,像变量的连续、函数的连续、函数的极限等概念,只需借助于集合来描述就可以了,完全不需借助几何的直观这种不可靠的认识.

比如变量连续的概念,魏尔斯特拉斯是这样叙述的:"如果一个集合中任一值 x 和任一系列无论怎样小的正数 $\delta_1, \delta_2, \cdots, \delta_n$,在区间$(x_0-\delta_i, x_0+\delta_i)$中总有该集合中的另外的值,那么变量 x 就是连续的."

对于极限,魏尔斯特拉斯认为不能用"无穷小"或"始终小于任何给定的量"这类词,因

为这会使人联想起无限小或其他有关运动的模糊观念. 按他的定义"极限是集合中的一个元素（数），它满足对给定的任意随意小的数 ε，可求得另一数 δ，使得与 x 相差小于 δ 的一切 $x, f(x)$ 和这个数的差小于 ε."这就是著名的"ε-d 定义".

由于魏尔斯特拉斯等人的工作，在 19 世纪下半叶，人们几乎毫不怀疑微积分的基础应该建立在严密的实数理论上，而严密实数理论可以由集合论推出. 但是微积分本质上是一种"无限数学"，不管是极限，还是连续、导数和积分都与无限紧紧相连. 因此，这时的集合的概念就不是自然数形成的时期的有限集合概念，而是一种无限集合的概念. 那么，无限集合的本质是什么，它是否具有有限集合所具有的性质，怎样比较它的大小，怎样在它上面建立运算，它自身的结构如何？这一系列问题不解决，说微积分的基础已经牢靠那只是一句空话. 因此，对集合通盘考虑，建立起它的理论也就势在必行.

从 19 世纪 60 年代起，法国数学家康托承担了这一工作. 他清楚地看到了以往数学基础中的问题都与无穷集合有关. 因此，首先需要回答的是无穷集合的存在问题，即相容的逻辑定义问题. 康托及其同行戴德金，为了完成这一工作，寻求无穷集合的理论基础，他们在由波尔察诺所揭示的无穷集合的一个奇怪的性质中，找到它的定义."无穷集合是一个可与它的子集合对等的集合."因此，只要在"子集"与"对等"两概念的基础上，"无穷集合"也就成为逻辑上自容的实体而存在.

1874 年，康托的论文《全体实代数数的集合的一个性质》发表了，这标志着集合论的诞生. 在这篇文章里，康托提出了研究无穷集合的主要方法———一一对应方法，比较了最基本的两种无穷集合——不可数的连续统和可数的有理点集，并且指出了无穷集合的一个基本性质.

1883 年，康托在无穷集合的基础上给出无理数理论的详细介绍，并完成了实数系的逻辑基础. 康托证明了：若 $\{b_i\}$ 是任意实数序列（有理数或无理数），若对于任意的正整数 μ 一致地都有 $\lim\limits_{v\to\infty}(b_{\mu+v}-b_\mu)=0$ 成立，则必存在唯一的一个实数 b，它被一个有理数 a_v 构成的基本序列 $\{a_v\}$ 所确定，使得 $\lim\limits_{v\to\infty}=b$. 这表明，由实数构成的基本序列并不需要任何更新类型的数来充当它的极限，因为实数自己已足够提供其极限了. 这是实数理论基本定理的证明，它标志着康托的集合论对奠定实数理论基础的巨大效能.

20 世纪以来的研究表明，不仅微积分的基础——实数理论可以由集合论来奠定，各种复杂的数学概念都可以用"集合"概念定义出来. 而各种数学理论又都可以"嵌入"集合论之内. 因此，集合论就成了全部数学的基础，而且有力地促进了各个数学分支的发展. 现代数学几乎所有的分支都会用到"集合"这个概念.

集合论的成功曾给彷徨中的数学带来鼓舞和希望. 正如法国著名数学家庞加莱所说："现在，我们已经可以宣称数学的完全严格性达到了."然而，事情的发展并不像庞加莱那样乐观. 1903 年，罗素在集合论中发现了一个"悖论"："一切不包含自身的集合所形成的集合是否包含自身."如果说包含自身的，即属于这个集合，那么它就不包含自身. 如果说它不包含自身，那么它理应是这个集合的元素，即包含自身. 这个悖论给集合论的打击是致命的，因为根据集合的概括原则，任何一个性质或任何一个条件都可以决定一个集合，或者说集合论允许把任意满足一定性质的对象收罗在一起，而组成一个集合. 既然是这样，罗素悖论中的集合是允许的，但在这种集合中又会出现数学中最不能允许的逻辑矛盾. 这就不能不归罪于集合论本身的严格性问题了. 这时,就出现了数学史上所谓的"第三次危机",并迫使数学家们再进一步地修正集合论或探索数学推理的实质,从而推动了"数学基础"的研究和数理逻辑的发展.

5.8　代数学在中国的发展

中国古代数学一开始就和算器的应用分不开,算筹是在计算机发明以前我国所独创并且是最有效的计算工具. 中国数学家不仅利用筹码不同的"位"来表示不同的"值",发明了十进制记数法,而且还利用算筹将各种相对位置排列成特定的数学模式,用以描述某种类型的实际问题. 例如,"列衰""盈朒""方程"诸术所列筹式描述了实际中常见的比例问题和线性问题. 而三元、四元诸式则刻画了高次方程问题. 演算对象由"数"发展到"式",即由数量进到数量关系的研究,更具有一般的代数性质. 在这些筹式所规定的不同"位"上,顺着实际问题的不同而可以布列任意不同的数码,因而,筹式本身就具有代数符号的性质,数学问题的模式化和以筹为算具便带来了计算方法程序化的特征. 中国的筹算不用运算符号,无须保留运算过程,只是通过筹式的逐步变换而最终获得问题的解答. 因此,中国古代数学著作中的"术",都是一套一套的"程序语言"所描述的程序化算法,并且中国数学家善于运用演算的对称性、循环性等特点,将演算程序设计得十分简捷而巧妙. 例如,"方程术""开方术""增乘开方法""大衍求一术"等在筹算程序的设计方面都达到很高的水平.

5.8.1　《九章算术》中的代数内容

我国在两千多年前的《九章算术》的"方程"一章中就引入了数的概念和正负数的加减法的运算法则(即"正负术"). 负数概念的提出是数学发展中的一大进步,在这个问题上中国遥遥领先于外国. 在欧洲一直到笛卡儿前后,才对负数有较完整的认识,但发展缓慢,甚至到18世纪,欧洲的某些数学家还感到负数不好理解. 我们还可以概括地说,在《九章算术》时代,中国基本上完成了实数的某些理论.

《九章算术》的"少广"章中有世界上最早的多位数开平方、开立方的记载,有具体的题目和明确的术文,十分详细.《九章算术》中"开平方术"与"开立方术"的原理与现在通用的相同,即由公式$(a+b)^2 = a^2 + 2ab + b^2$与$(a+b)^3 = a^3 + 3a^2b + 3ab^2 + b^3$逐项计算. 由于筹算的特点,使得开方式具有明确的代数方程的意义,而且其中的运算包含了方程变换的思想.《九章算术》的"开方术"经过了一千多年的发展,一直到清代仍是如此,因而,《九章算术》的"开方术"奠定了中国古代方程论的基础.

含有未知数的等式叫方程. 在我国,方程的名称来源于《九章算术》的第八章,但与现在所述的"方程"无关. 现在的"方程"一词是清朝初期借用来译 equation 的,也有译为"相等式"的. 确定用"方程"是近代的事. 我国早期对"方程"一词有自己的含义,意思是有几个未知数列几个等式,然后再将等式的系数用算筹布列出来,成一个方阵,称之为方程. 可见,我国古代的"方程"相当于现在的方程组,而后来的"方程"二字就成了通用语了. 通过对上述定义及我国古算的研究,容易看出,我国方程无论在表示上、解题方法上,都有自己的特色,特别在解题方法上十分相似于现在的矩阵运算. 线性方程组的解法在外国出现是较晚的,在印度出现是7世纪初梵藏的书中,线性方程组的一般理论直到1775年才由法国数学家别朱建立.所以说《九章算术》中方程组的理论是世界数学史上的宝贵财富.

《九章算术》第八章专门讨论"方程",主要内容相当于线性方程组的解法.该章共有方程组18题,其二元的8题,三元的6题,四元的2题,五元的2题,其中第十三题虽是五元的,而仅能列出四个方程,实际上是不定方程组.这是世界上最早的不定方程组(见5.1).《九章算术》解方程组采用的是"遍乘直除"法.

《九章算术》"勾股"一章第二十题是相当于解一元二次方程的问题,原题是:"今有邑方不知大小,各中开门.出北门二十步有木,出南门十四步,抑而西行一千七百七十五步见木.问邑方几何?"

所谓"邑方"就是正方形小城的一边之长,令其为 x,根据题意,整理可得方程
$$x^2 + 34x = 71\ 000$$
书中用"带从开方法"求方程的正根,即"以出北门步数乘西行步数,倍之,为实.并出南门步数,为从法.开方除之,即邑方".这段文字的前半句就是二次方程,而"开方除之"是指解法.解的步骤相当于
$$x = -17 + \sqrt{17^2 + 71\ 000} = 250$$
这就是书上的答案.很显然,与现在求根公式
$$x = \frac{-34 + \sqrt{34^2 + 4 \times 71\ 000}}{2}$$
相吻合,这就是我国解一元二次方程的起源.

5.8.2 《九章算术》中的盈不足算法

我国古代最重要的数学著作——《九章算术》第七章专门讨论盈不足问题.盈不足作为我国古代数学中的一个独特算法,在整个算法体系中占有重要地位,并对后世数学的发展产生了重要影响.[27]

从数学方法论的角度来看,我国古代的盈不足算法所蕴含的模型化方法、化归方法以及近似、逼近的方法,都对数学的发展乃至当今数学教学研究都具有深刻的启迪作用和借鉴价值.

(1) 模型化方法

《九章算术》中的盈不足问题,一般可表示为下列"共买物"的数学模型:

今有共买物.若每人出钱为 x_1,则盈 y_1;若每人出钱为 x_2,则又不足为 y_2.问人数、物价各几何?

中国古代数学家没有设未知数列方程的习惯,而是根据题中数学间存在的比例关系,以比率算法的原理建立这类问题的筹算过程.《九章算术》给出了两种算法.

算法一 "置所出率.盈、不足各居其下,令维乘所出率,并以为实.并盈、不足为法.实如法而一.有分者,通之.盈、不足相与同其买物者,置所出率,以少减多,余以约法、实,实为物价,法为人数."

"盈不足术"的出发点是一组具有某种比率关系的数字"方阵" $\begin{bmatrix} x_1 & x_2 \\ y_1 & y_2 \end{bmatrix}$,其中的每一行构成一组"率",故术文中先"置所出率";"盈""不足"乃盈余和短缺之数."维乘"指将排成

四角筹码的交叉相乘."实""法"分别表示被除数和除数,古代实施除法运算,称"实如法而一",故以上术文可译为:

盈不足法则:分别记下所出率.在各自下面又记下相应的盈、不足之数,交叉相乘所出率.乘积相加,为被除数,盈、不足相加,作为除数.做除法运算(得每人应付钱数).如果出现分数就通分.合款买物,如果发生盈、不足,就记所出率,以大数减去小的.以差分别约除数、被除数.所得商:后者为物价,前者为人数.

用数字表达式可简明表示出盈不足问题的算法程序:

所出率盈、不足 $\begin{bmatrix} x_2 & x_1 \\ y_2 & y_1 \end{bmatrix} \xrightarrow{维乘} \begin{bmatrix} x_2y_1 & x_1y_2 \\ y_2 & y_1 \end{bmatrix} \xrightarrow{并} \begin{bmatrix} x_2y_1+x_1y_2 \\ y_1+y_2 \end{bmatrix} \xrightarrow{实如法而一} \dfrac{x_2y_1+x_1y_2}{y_1+y_2}$(平均每人应付钱数)

置所出率 $[x_2 \quad x_1] \xrightarrow{以少减多} x_1-x_2$ ⟶ 约实 $\dfrac{x_2y_1+x_1y_2}{x_1-x_2}$(物价)
⟶ 约法 $\dfrac{y_1+y_2}{x_1-x_2}$(人数)

算法二 "并盈、不足为实.以所出率以少减多,余为法.实如法得一人.以所出率乘之,减盈、增不足,即物价."

根据术文,可同样不难写出其算法程序(从略),即人数为 $\dfrac{y_1+y_2}{x_1-x_2}$;物价为 $\dfrac{y_1+y_2}{x_1-x_2}x_1-y_1$ 或 $\dfrac{y_1+y_2}{x_1-x_2}x_2+y_2$.

显然,以上两种算法所给出的公式是一样的.

对第一种算法给出的公式,魏晋数学家刘徽用"齐同术予"以解释.刘徽将 $\begin{bmatrix} x_1 \\ y_1 \end{bmatrix}$ 和 $\begin{bmatrix} x_2 \\ y_2 \end{bmatrix}$ 看作两种率,施以齐同术,即将它们化为 $\begin{bmatrix} x_1y_2 \\ y_1y_2 \end{bmatrix}$ 和 $\begin{bmatrix} x_2y_1 \\ y_2y_1 \end{bmatrix}$:若买 y_2 次物品,每人应付钱 x_1y_2,则多出钱 y_1y_2;若买 y_1 次物品,每人应付钱 x_2y_1,则差钱 y_1y_2.故若每人付钱 $x_1y_2+x_2y_1$,共买 y_1+y_2 次物品,盈亏恰好抵消.因此,每一次物品每人应出钱 $\dfrac{x_1y_2+x_2y_1}{y_1+y_2}$.

关于人数,刘徽的解释是盈数 y_1 与不足之数 y_2 之和是众人两次付款总数之差,两个所出率 x_1 与 x_2 之差是一个人两次付款之差,故 $\dfrac{y_1+y_2}{x_1-x_2}$ 为人数.

(2)化归方法

《九章算术》还提出了两盈、两不足、盈适足、不足适足等类型问题的解法,其程序与盈不足术基本相同.如果引入负数,用负的盈数表示不足,负的不足表示盈,再用零表示适足,那么,上述五种类型就可以统一到第一种类型的盈不足公式求解.由于一个一般的算术问题,先假设一个答案,代入原题验算,必为盈、不足、适足三种情况之一,通过两次巧妙的假设,可以把原题划归为盈不足类问题,这样可以借助于现成的盈不足公式使原本棘手的问题迎刃而解.解题过程如图5.9所示.

下面以《九章算术》中"盈不足"一章第15题为例说明之.

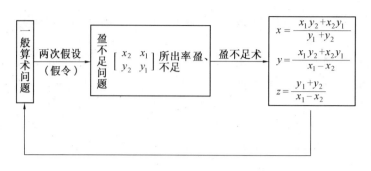

图5.9

"今有漆三得油四,油四和漆五.今有漆三斗,欲令分以易油,还自和余漆.问出漆、得油和漆各几何?"

"术曰:假令出漆九升,不足六升;令之出漆一斗二升,有余二升."

这本是比较复杂的混合比例问题,若用盈不足则十分简单,因题目中没有"盈"或"不足"的条件,须对实际问题原型加以调整.用两次假设的方法,以上"术曰"即是说,假设出漆9升,由漆3得油4,可易得油12升,由油4和漆5,可得和漆15升,则6升无漆可知,故曰不足6升,若出漆1斗2升(1斗=10升),同理可余2升.这样通过两次假设,原来的问题便划归为盈不足问题的模型:"今有共买物,人出钱12,盈2;人出钱9,不足6,问每人应出钱几何?"根据"盈不足术"有

$$\text{假设盈} \begin{bmatrix} 12 & 9 \\ 2 & 6 \end{bmatrix} \xrightarrow{\text{盈不足术}} \frac{9\times2+12\times6}{6+2}=11\frac{1}{4}(\text{升})(\text{出漆数})$$

得油数为 $11\frac{1}{4}\times4\div3=15(\text{升})$

漆数为 $15\times5\div4=18\frac{3}{4}(\text{升})$

以上需将具体的数学问题调整成适合于盈不足问题模型的形式,然后直接套用现成的公式求解,这是中国古代数学史上的正则模型化方法的一个应用."盈不足术"是以特定的数学模型来处理一大类应用问题的方法,为中算家所擅长,也为中国算法所特有.实际上,对线性关系的数学问题,都可以划归为盈不足模型化的方法来求解.正因如此,这种算法成了中算家著作中相当重要的内容,除《九章算术》外,《孙子算经》(约400年)、《张丘建算经》(5世纪)及《宋元算书》中都有许多精彩的应用."盈不足术"传到阿拉伯和西方以后,在很长一段时间内一直成为这些国家和地区解决数学问题的主要方法,阿拉伯人将"盈不足术"称为"契丹算法"(中国算法)或"双设法",足见其影响深远.

(3)近似、逼近方法

中国古代的盈不足术并非是解决任何问题的万能方法.这种方法只对线性问题可以求出准确的答案,而对于非线性问题,却只能求出近似解,这时,盈不足算法提供了一种用逼近手段刻画准确值的近似方法.如"盈不足"一章最后一题,其大意是:两只老鼠同时从一堵5尺厚的墙两侧打洞,如图5.10所示,第一天都打洞一尺,从第二天开始,大鼠的速度每天加倍,小鼠的速度每天减半,问几天后相逢?此时各打洞几尺?

由题意,大鼠打洞:$1, 2, 2^2, 2^3, \cdots$.小鼠打洞:$1, \frac{1}{2}, \frac{1}{2^2}, \frac{1}{2^3}, \cdots$

各成等比数列,按现代解法,设 n 天后相逢,则有
$$(2^n-1)+(2-\frac{1}{2^{n-1}})=5$$
即 $2^n-\frac{2}{2^n}=4.$

解此方程得 $2^n=2+\sqrt{6}$(舍去负根),故 $n=\frac{\lg(2+\sqrt{6})}{\lg 2}$.《九章算术》给出的是如下解法:设 2 天相逢则大鼠共打洞 3 尺,小鼠共打洞 1 尺 5 寸,共计 4 尺 5 寸,不足 5 寸;假设 3 天后相逢,则大鼠共打洞 7 尺,小鼠共打洞 1 尺 $7\frac{1}{2}$ 寸,合计 8 尺 $7\frac{1}{2}$ 寸,则盈(余)3 尺 $7\frac{1}{2}$ 寸,这样化归的盈不足问题模型为

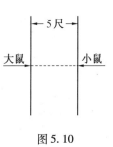

图 5.10

$$\begin{bmatrix} 3 & 2 \\ \frac{15}{4} & \frac{1}{2} \end{bmatrix} \xrightarrow{\text{盈不足术}} \frac{3\times\frac{1}{2}+2\times\frac{15}{4}}{\frac{1}{2}+\frac{15}{4}}=2\frac{2}{17}(\text{天})$$

即两鼠 $2\frac{2}{17}$ 天后相逢,比实际约少 0.036 日,约合 52 分钟.

用盈不足术处理非线性应用问题所得近似解,可由高等数学知识来解释或证明其方法. 在闭区间 $[x_2,x_1]$ 上连续的单调函数 $f(x)$,若在两端点具有不同的符号,即 $f(x_2)f(x_1)<0$,则方程 $f(x)=0$ 在 $[x_2,x_1]$ 上有一个根,其近似值为

$$x_0=\frac{x_2 f(x_1)-x_1 f(x_2)}{f(x_1)-f(x_2)}$$

或

$$x_0=x_2+[-\frac{x_1-x_2}{f(x_1)-f(x_2)}]\cdot f(x_2)$$

或

$$x_0=x_1-\frac{x_1-x_2}{f(x_1)-f(x_2)}\cdot f(x_1)$$

若令 $f(x_1)=y_1,f(x_2)=-y_2$,则上式即为 $x_0=\frac{x_1 y_2+x_2 y_1}{y_1+y_2}$,此为盈不足术中每人应出钱公式,$f(x_0)=0$ 表示出钱总数适足物价. 如果问题属于线性问题,$f(x)$ 就是通过 $(x_2,-y_2)$ 和 (x_1,y_1) 这两点的直线,此时,上述公式给出的就是精确值. 由图 5.11 可看出,当曲线越接近直线时,近似根 x_0 也就越逼近其真值 x_0',这反映出人们当时对非线性问题的刻画和描述.

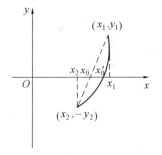

图 5.11

5.8.3 刘徽在代数方面的贡献

刘徽对待学术问题实事求是,从不虚夸,富有批判精神. 他非常重视和强调数学理论的研究,认为数学有应用的一面,也有理论的一面. 依据相传的方法解答具体问题是比较容易掌握的,而探索和发现数学的真理则是相当艰巨的工作. 刘徽具有高度的抽象概括能力,他善于在深入实践的基础上,提炼出一般的部分数学原理,解决了许多重大的理论问题. 后人把刘徽的数学成就集中起来,总结了他为我国古代数学夺得的十个世界领先:

(ⅰ)他最早提出了分数除法法则.

（ⅱ）他最早给出了最小公倍数的严格定义.

（ⅲ）他最早应用了小数.

（ⅳ）他最早提出了非平方数开方的近似值公式.

（ⅴ）他最早给出了负数的定义和加法法则.

（ⅵ）他最早把比例和"三数法则"结合起来.（若 $a:b=c:x$，则 $x=\dfrac{bc}{a}$）

（ⅶ）他最早给出了一次方程的定义和完整的解法.

（ⅷ）他最早提出了割圆术,计算出徽率.

（ⅸ）他最早用无穷分割法证明了方锥体的体积公式.

（ⅹ）他最早创造"重差术",解决了可望而不可即目标的测量问题.

历法中对正负数已经有了广泛的应用,可是究竟应当怎样认识正负数,却很少有人论及. 刘徽在《九章算术》注中第一次深刻阐述了自己的看法.

刘徽给正负数下的定义是："今两算得失相反,要令正负以名之.""算"在这里是指当时所用的算筹,如要计算时用算筹代表"得""失"两种量,那就要用正负数来定义. 上述定义不仅摆脱了以收、盈为正,以支、亏为负的原始意义,指出了正与负的相对性,而且还蕴涵着正负数的运算性质. 所谓"得失相反",就是加上一个正数,等于减去一个负数,而加上一个负数,等于减去一个正数. 这样,根据定义就可以化异号相加（减）为同号相减（加）,于是运算得以顺利进行.

用筹进行代数运算时,如何区分正负数,过去未见记载. 刘徽提出了两种方法,就是"正算赤,负算黑,否则以邪正为界." 就是说,用红、黑两种颜色的算筹区别正负,如果不是这样,在用同一种颜色的筹计算时,可以在摆法上以"正""邪"（斜）来区别正负数. 这两种方法对后来的数学都有深远的影响.

刘徽还认为："言负者未必负于少,言正者未必正于多." 这是指的正负数的绝对值问题. 前一句话是指负数的绝对值未必小,后一句话是指正数的绝对值不一定很大. 在计算中,筹的总数不变,即筹的个数不变,因此,他接着说："虽复赤黑异算,无伤."

《九章算术》中的"方程",实际上相当于现代所说的线性方程组的增广矩阵. 刘徽给出方程的定义："程,课程也. 群物总杂,各列有数,总言其实,令每行为率. 二物者再程,三物者三程,皆如物数程之,并行为列,故谓之方程. 行之左右无所同存,且为有所据而言耳." 首先,刘徽解释是"程"的含义："程,课程也." 是说,这里的"程"即是"课",试验,考核的意思. 考核什么？"群物总杂,各列有数,总言其实,令每行为率." 即考核各物数量与总实所构成的一组率. 具体地说,就是用筹列出本书 P69 所说的"上禾三、中禾二、下禾一、实三十九"这样的竖行来. 其次,刘徽解释"方"的含义："二物者再程,三物者三程,皆如物数程之,并列为行,故曰方程." 这就是说,"程"的次数应与"物"数相同,有几物便需"程"几次,得几行. 将行、列对齐,布列成筹码"方阵". "方"就是指筹式的外形. 按刘徽所说,"方程"就是由实际考核所得的数码方阵. 关于"行之左右先所同存,且为有所据而言耳"中的"同",指的是行与行的异同,"有所据而言耳"是指行中的数据都有实际的依据,不得随意臆造的. "皆如物数程之"及"行之左右无所同"说明了"方程"有唯一解的条件. 关于"方程"解的存在性,当时只有依赖问题的实际意义.

刘徽对方程组有比较深刻的认识,明确提出了当时所说的"方程"应当"令每行为率,二物者再程,三物者三程,皆如物数程之",即有几个未知数列几个方程.这个问题到近代才搞清楚.对于方程组解法的研究,他的贡献是很大的.《九章算术》中用"直除法"解线性方程组,思路是正确的,只是比较麻烦.刘徽改进了直除法,提出了"互乘、对减法",即将对应项系数互乘、对减一次即可消去一项.刘徽在"方程"一章第七题的注中,第一次用了这个方法.他的这个方法也适用于四元、五元方程组的情形.

《九章算术》"方程"一章最后一题是:"今有麻九斗、麦七斗、菽三斗、荅二斗、黍五斗,直钱一百四十;麻七斗、麦六斗、菽四斗、荅五斗、黍三斗,直钱一百二十八;麻三斗、麦五斗、菽七斗、荅六斗、黍四斗,直钱一百一十六;麻二斗、麦五斗、菽三斗、荅九斗、黍四斗,直钱一百一十二斗;麻一、麦三斗、菽二斗、荅八斗、黍五斗,直钱九十五.问一斗直几何?"这相当于下面的五元线性方程组

$$\begin{cases} 9x+7y+3z+3\mu+5v=140 & ① \\ 7x+6y+4z+5\mu+3v=128 & ② \\ 3x+5y+7z+6\mu+4v=116 & ③ \\ 2x+5y+3z+9\mu+4v=112 & ④ \\ x+3y+2z+8\mu+5v=95 & ⑤ \end{cases}$$

这个问题用直除法或互乘对减法求解,都比较复杂,刘徽写了一篇叫《方程新术》的论文,附于"方程"之末.他在文中提出了三种解法.

第一种解法:中心思想是消去常数项,再把每行的项数减到只剩两项,然后用比例表示出来.这时,只要求出一个未知数的解,其余可立即求出来.

第二种解法:中心思想是由各式连续减⑤,消去首项.因为⑤的首项系数是一,可以不必互乘,避免麻烦.用此法,先求出$\mu=6$,再依法求出其余的.

第三种解法:中心思想是通过连比例这一环节来解决,就是"置群物通率为列衰,更置减行群物之数,各依其率乘之,并以为法……以减行下实乘行衰,各自为实.实如法而一即得."

刘徽在注中使用的推理与证明的方法也是多种多样的.推理既有归纳,也有演绎,证明方法不仅有综合法、分析法,有时还兼用反证法,逻辑内容相当丰富.

刘徽在注中的证明多用综合法,即从命题条件出发,经过逻辑推理,最后达到待证的结论.《九章算术》中"勾股"一章第十四题的刘徽注便是用综合法证明的一个典型例子.问题归结为已知(勾+弦):股=$m:n$,求证:勾:股:弦=$m^2-\frac{1}{2}(m^2+n^2):mn:\frac{1}{2}(m^2+n^2)$.兹将刘徽注文节对照解释如下:

显然,上述的证明是"由因寻果",是典型的综合法,其中运用股实之矩来作"出入相补",极为巧妙.

上式实际给出了整勾股弦的一般公式:$\frac{1}{2}(m^2-n^2):mn:\frac{1}{2}(m^2+n^2)$,这也是数学史上一个十分出色的创造.

由以上证明的过程可以看出刘徽的逻辑思维水平是很高的,他对《九章算术》中的数学公式和解法都作了相当严谨的逻辑证明.尤其可贵的是,他看到了数学理论各部分之间有着内在逻辑关系,构成一个统一的整体.刘徽的图形分析,成了逻辑推理的重要辅助工具,两者

相辅相成. 他将逻辑推理与图形分析有机地结合起来, 使得数学证明简明、直观而又严谨, 体现了数与形的结合.

5.8.4 《孙子算经》与剩余定理

《孙子算经》成为流传千古的著名数学典籍, 因为它最早记叙了举世闻名的孙子的"剩余定理". 该定理在《孙子算经》卷下的第二十六题, 原题是"今有物, 不知其数. 三、三数之, 剩二; 五、五数之, 剩三; 七、七数之, 剩二. 问物几何? 答曰: 二十三."《孙子算经》给出了这个问题的解法. "术曰: 三、三数之剩二, 置一百四十; 五、五数之剩三, 置六十三; 七、七数之剩二, 置三十. 并之, 得二百三十三. 以二百一十减之, 即得. 凡三、三数之剩一, 则置七十; 五、五数之剩一, 则置二十一; 七、七数之剩一, 则置十五. 一百六以上, 一百五减之; 即得."

上面的解法分为两部分, 第一部分属于本题, 即

$$N = 70 \times 2 + 21 \times 3 + 15 \times 2 - 105 \times 2 = 23$$

第二部相当于解下列同余式组

$$N \equiv r_1 \pmod 3 \equiv r_2 \pmod 5 \equiv r_3 \pmod 7$$

解法步骤是

$$N \equiv 70r_1 + 21r_2 + 15r_3 - 150p \quad (p \text{ 为正整数})$$

如果按原文理解, 则 $r_1 + r_2 + r_3 = 1$, 那么 N 和 p 均等于 1. 但是, 其解法本身有一般性.

设 $a_1, a_2, \cdots, a_n$ 为两互素的一组正整数, $m = \prod_{i=1}^{N} a_i$, 要求解同余式组

$$N \equiv r_i (\bmod\ a_i) \quad (i = 1, 2, 3, \cdots, n)$$

只需求出一组数 k_i, 使它满足

$$k_i \frac{m}{a_i} \equiv 1 (\bmod\ a_i)$$

那么, 已给一次同余式组的最小正整数解是

$$N = \prod_{i=1}^{N} r_i k_i \frac{m}{a_i} - P_m \quad (P \text{ 是适当的非负整数})$$

"物不知数"问题, 在我国学术界引起很大的兴趣, 历代都有人研究, 而且名称很多, 如宋代周密《志雅堂杂钞》卷下的"鬼谷算""隔墙算"; 宋代杨辉《续古摘奇算法》中的"秦王暗笑兵"; 明代程大位《算法统宗》中的"物不知总""韩信点兵"; 南宋秦九韶对它作了理论探讨, 定名为"大衍求一术".

1852 年, 英国传教士伟烈亚力以"中国算术科学摘记"为题在《华北先驱周报》上介绍了孙子的"剩余定理"和秦九韶的"大衍求一术", 引起了欧洲学者的重视. 1876 年, 德国人马蒂生首先指出孙子的解法与 1801 年高斯的《算术探究》中关于一次同余式组的解法一致, 而高斯的解法在时间上比孙子晚一千五六百年. 西方数学史著作中称"物不知数"问题为"中国剩余定理"或者"孙子定理".

《孙子算经》卷下第三十一题就是"堆兔同笼"问题. 题曰: "今有雉兔同笼, 上有三十五头, 下有九十四足. 问雉兔各几何? 答曰: 雉二十三, 兔一二."孙子的解法是很巧妙的. 其术曰: "上置三十五头, 下置九十四足. 半期足得四十七. 以少减多, 再命之, 上三除下四, 上五除下七. 下有一除上三, 下有二除上五, 即得."按其所述, 在筹算板上的满算过程如下

$$\begin{bmatrix}头\ 35\\足\ 94\end{bmatrix}\xrightarrow{半其足}\begin{bmatrix}头\ 35\\半足\ 47\end{bmatrix}\xrightarrow{以下减上}\begin{bmatrix}35\\12\end{bmatrix}\xrightarrow{以上减下}\begin{bmatrix}23\\12\end{bmatrix}\begin{array}{l}上为雉数\\下为兔数\end{array}$$

显然,孙子知道,半足数=雉头数+2×兔头数=总头数+兔头数,故兔头数=半足数-头数;雉头数=总头数-兔头数.

5.8.5 《张丘建算经》与不定方程问题

《张丘建算经》卷下第三十八题就是数学史上很著名的不定方程问题,通常称为"百鸡问题",该题是说:"今有鸡翁一值钱五;鸡母一值钱三;鸡雏三值钱一.凡百钱买鸡百只,问鸡翁、鸡母、鸡雏各几何?"书中给出的答案有三组,分别是(4,18,78)、(8,11,81)、(12,4,84).术文说:"鸡翁每增四,鸡母每减七,鸡雏每益三,即得."

若设鸡翁、鸡母、鸡雏的只数分别是 x,y,z,依题意有

$$\begin{cases}x+y+z=100\\5x+3y+\frac{1}{3}z=100\end{cases}$$

上式是一个不定方程问题,根据书上给出的答案和术文可以找出不定方程的解是

$$\begin{cases}x=4+4t\\y=18-7t\\z=78+3t\end{cases}$$

其中 t 取 $0,1,2$.

不定方程在《九章算术》中已有记载,但一题多解答却始于《张丘建算经》.因而,张丘建是数学史上一题数答的首创人.

《张丘建算经》中,还给出了一些等差数列问题及解法,有的是继承了以往的成果,更多的则是创新.这些问题和解法说明,至迟在 5 世纪,中国数学已经具备了系统的等差数列理论,同类结果一直到 7 世纪初才在印度梵藏的著作中出现.《张丘建算经》中的等差数列问题是以具体的实际问题出现的.

5.8.6 《缉古算经》与三次方程

堤积问题是《缉古算经》的精粹,也是王孝通最得意之创作.堤积问题列于《缉古算经》的第三题.题曰:"假令筑堤,西头上、下广差六丈八尺二寸,东头上、下广差六尺二寸,东头高少于西头高三丈一尺,上广多东头高四尺九寸,正袤多于东头高四百七十六尺九寸.甲县六千七百二十四人,乙县一万六千六百七十七人,丙县一万九千四百四十八人,丁县一万二千七百八十一人.四县每人一日穿土九石九斗二升.每人一日筑常积(即填土)一十一尺四寸十三分寸之六.穿方一尺得土八斗.每人负土二斗四升八合,平道行一百九十二步,一日六十二到.今隔山渡水取土,其平道只有一十一步,山斜高三十步,水宽一十二步.上山三当四,下山六当五,水行一当二.平道踟蹰(意阻塞)十加一,载输一十四步.减计一人功为均积,四县共造,一日役毕.今东头与甲,其次与乙、丙、丁.问给斜,正袤,与高,及下广,并每人一日自穿、运、筑程功,及堤上、下高、广各几何?"

题目的大意是,假定要从甲、乙、丙、丁四县征派民工各若干人建造一堤防,这个地方的垂直剖面是等腰梯形.因西头地高,东头地低,堤防的底面是一个斜面,西头梯形端面的高 H

大于东头梯形端面的高 h_x，堤的上底广是 a，东头梯形的下底广是 c，西头梯形的下底是 b，堤长是 d.

这个问题很复杂，现在解也要进行一番思索．可是在一千多年前的王孝通却把所有的答案都求了出来．王孝通在解法的最后特别给出了堤的体积计算步骤，即"置西头高 H 倍之，加东头高(h_x)，又并西头上、下广($a+b$)，半而乘之．又置东头高而倍之，加西头高，又并东头上、下广半而乘之．并二头积，以正袤(d)乘之，六而一，得体积(V)也．"由以上得堤防体积公式如下

$$V = \frac{d}{6}\left[\frac{a+c}{2}(2h_x+H) + \frac{a+b}{2}(2H+h_x)\right]$$

解上述堤积问题涉及解三次方程，对于三次方程 $x^3+px^2+zx=r(p>0,z\geq 0,r>0)$，简述其解法为："以 r 为实，以 z 为方法，以 p 为廉法，从．开立方除之，取得 x．"这里所谓的"开立方除之"就是指的开带从立方法．《缉古算经》中没有叙述开带从立方的演算程序，也没有数字计算的细草．这大概是因为这种算法早有算经记叙的缘故．限于史料，王孝通之前的开带从立方法已无从详考，但它是由《九章算术》的"少广"一章的"开立方术"推广而来，则是无可怀疑的．所谓的"开带从立方法"与"开立方"相比就是有了从属的内容，即方法和廉法，因此，开带从立方法，包含在开立方术中．

《缉古算经》在列三次方程解应用问题方面，取得了卓越的成就，它标志着中国古代在代数学方面登上了一个新的台阶，具有很高的学术价值.

5.8.7 贾宪的"增乘开方法"与"贾宪三角"

"增乘开方法"是我国古算中解高次数字方程近似根的一种方法．该法比较简捷，具有创造性．古代开方实际上相当于求二项方程 $x^n-A=0$ 的一个正根，其中 A 称为"实"，x^n 的系数 1 叫作"下法"（或称为"隅"）．贾宪把新方程的一次项系数称为"方"，有时也叫"廉"．由于在贾宪的方程中只有二次和三次的，因此算筹分别摆成"实、方、下法"三层和"实、方、廉、下法"四层.

增乘开方法的特点是：议得每位商之后，先以商乘下法，再入"方"，即把乘得的积加入"方"内．这样，每议得一位商数，就要乘一次加一次，随乘随加．贾宪说："以商乘下法，递增乘之."这就是"增乘开方法"的由来．每求得一位商数，实际上要进行一次代换，再求下一位商数时，前面的商数就暂不管了.

这个方法可用于开高次方程．意大利数学家鲁非尼和英国数学家霍纳分别于 1504 年和 1819 年各自独立建立了求解数值高次方程近似根的方法，演算方法与贾宪的相同，但却晚了近六百年.

贾宪解方程时，经常遇到两数和的任意次方的展开问题，因而他发现了展开后的系数规律，造了一张图，称为"开方作法本源图"，即是 $(a+x)^n$ 展开式中常数项的系数构成的表，如图 5.12 所示.

有了"开方作法本源图"，就能把任何次的二项式展开，这是数学上的一项重要发现．杨辉明确地说：这个图"出释锁算术，贾用此术"，证明了"开方作法本源图"是贾宪创造的．据《史记》记载，贾宪作此图在北宋仁宗时代，即 1023～1063 年间．而帕斯卡是在 1654 年发现的，因此，贾宪比帕斯卡发现这个"三角形的图"早六百多年，所以称这个"三角形的图"为

"贾宪三角"最为合适.

"贾宪三角"又称"杨辉三角",因为这一三角形数表最早发现在我国南宋数学家杨辉所著的《详解九章算法》一书中,该书的部分内容被收入明初编写的巨著《永乐大典》中,而杨辉的原著已不存在.清末,英国侵略中国,把《永乐大典》的部分内容掠走,《详解九章算法》也在其中,现藏于剑桥大学图书馆中.在现藏于英国剑桥大学的《永乐大典》卷 16344 中就有这一数字三角形,称为"开方作法本源图",并有使用说明.按说明,这一数字三角形是用作"开方"工具的,而"开方"在中国古代指解二次及二次以上的高次方程,这里指的是二项方程.

具体的用法是:在求一个高次方程 $x^n = A$ 的正根时,先估计出根的第一位数 a,则后设
$$x_1 = x - a$$
把方程 $x^n = A$ 改为
$$(x_1 + a)^n = A$$
然后再求 x_1,而要想求出 x_1 就要把 $(x+a)^n$ 展开,此时就要用到数字三角形.

举两个简单的例子说明这个用法.

例 1 解方程 $x^2 - 625 = 0$.

解 先定位.由于被开方数为百位,根应为两位数,设为 $\overline{ab}$,由 $2^2 < 6 < 3^2$,知 $a = 20$,较前述,令 $x_1 = x - a = b$,则
$$(a+b)^2 = A$$
按数字三角形第三行 (1,2,1),有
$$a^2 + 2ab + b^2 = A$$
$$2ab + b^2 = A - a^2$$
把 $a = 20$ 代入上式有
$$40b + b^2 = 625 - 20^2 = 225$$
再估计 b,由 225 末位为 5,所以 b^2 末位为 5,只有 $b=5$ 时,$40b + b^2 = 40 \times 5 + 5^2 = 225$.所以 25 是 625 的平方根,即 25 是原方程的一个根.

这一解法,与现代笔算解法基本上是一致的.以本题为例

$$(20 \times 2 + 5) \times 5 = \begin{array}{r} 2\ 5 \\ \sqrt{6'\ 2\ 5} \\ 4 \\ \hline 2\ 2\ 5 \\ 2\ 2\ 5 \\ \hline 0 \end{array} \begin{array}{l} (625 - a^2) \\ \\ [625 - (a+b)^2] \end{array}$$

例 2 解方程 $x^3 - 1728 = 0$.

解 同例 1,先确定根为两位数,设为 $\overline{ab}$,则有

$$(a+b)^3 = 1\ 728$$

按数字三角形的第四行(1,3,3,1),有

$$a^3 + 3a^2b + 3ab^2 + b^3 = 1\ 728$$
$$3a^2b + 3ab^2 + b^3 = 1\ 728 - a^3$$

由 $1^3 = 1 < 2^3$,所以将 $a = 10$ 代入上式有

$$300b + 30b^2 + b^3 = 1\ 728 - 1\ 000$$
$$300b + 30b^2 + b^3 = 728$$

再看 $300b+30b^2+b^3$,由于前两项的末位都必为 0,所以决定三项之和的末位数(个位数)只能是 b^3,按上式,其和为 728,末位为 8,按此,估计根的个位数,由于必须有 $b^3 = 8$,所以 $b = 2$,即

$$(300 + 30 \times 2^2) \times 2 = 728$$

所以 12 是方程的一个根.

此解法也与现代笔算方法基本一致

$$(300+30\times2+2^2)\times2 = \begin{array}{r} 1\ 2 \\ \sqrt{1'\ 7\ 2\ 8} \\ \underline{1}\quad\quad\quad (1\ 728 - a^3) \\ 7\ 2\ 8 \\ \underline{7\ 2\ 8}\quad [1\ 728 - (a+b)^3] \\ 0 \end{array}$$

可见,贾宪的开方法是相当先进的.

杨辉之后,元代朱世杰的《四元玉鉴》卷首也有同样的图,叫作"古法七乘方图",共九行,相当于前文的数表再加上两行,可用来开八次方. 由于数表可按确定的方式构造下去,故实际上可用于开任意次方. 明代吴敬的《九章算法比类大全》(1450 年)中也收入了"开方作法本源图".

5.8.8 沈括的"隙积术"

"隙积术"是把缸、盆之类的容器堆积成底为长方形的台体,求堆积物总数的方法. 它是我国宋代杰出科学家沈括创造的.

据传说,沈括看到酒店和陶器店里,常把瓷、缸、瓦盆之类的物件堆成长方形状,底面排成一个长方形,以上每层长、宽各减一个. 若是实体的台体,可用以前的公式计算,而这样的堆积物中间有空隙,这就促使沈括创造出隙积术. 若把沈括研究的问题,写成数学问题的形式如下:

设一个长方台垛积的顶层宽为 a 个物体,长为 b 个物体,底层宽为 c 个物体,长为 d 个物体,垛积共 n 层,求物件总数.

沈括给出了一个计算公式,即

$$S = \frac{n}{6}[(2b+d)a + (2d+b)c] + \frac{n}{6}(c-a)$$

上述公式是怎样得来的,沈括在《梦溪笔谈》中未作详细说明,从公式的结构来分析,沈括可能是以"刍童公式"为基础,通过实验归纳出来的.

容易看出,沈括所指的堆积物,按每一层的物件数排列是一个二阶等差数列,因此说,沈括的研究工作开创了我国高阶等差数列的起点,对后来的影响很大.

沈括之后,杨辉在这方面也做了很多工作. 杨辉在《详解九章算法》中,也讲到了一些"垛积"问题,本质上都是求级数前 n 项和的问题,有以下四种:

（ⅰ）方垛　　　$S = a^2 + (a+1)^2 + (a+2)^2 + \cdots + (b-1)^2 + b^2 =$
$$\frac{h}{3}\left(a^2 + b^2 + ab + \frac{b-a}{2}\right)(b-a)$$

（ⅱ）四隅垛　　　$S = 1^2 + 2^2 + 3^2 + \cdots + n^2 = \frac{1}{3}n(n+1)\left(n+\frac{1}{2}\right)$

（ⅲ）三角垛　　　$S = 1 + 3 + 6 + \cdots + \frac{n(n+1)}{3} = \frac{1}{6}n(n+1)(n+2)$

（ⅳ）果子垛　　$S = a \cdot b + (a+1)(b+1) + \cdots + (c-1)(d-1) + cd =$
$$\frac{h}{6}[(2b+d)a + (2d+b)c] + \frac{h}{6}(c-a)$$

由上看出,（ⅳ）和沈括的"隙积术"完全一致,其余都是（ⅳ）的特殊情况,例如,当 $a=b$ 时,（ⅳ）变成（ⅰ）;当 $a=b=1$ 时,（ⅳ）变成（ⅱ）等.

5.8.9　秦九韶的《数书九章》

《数书九章》中的许多问题,都是根据当时的社会需要提出来的,具有很大的实用价值. 此外,该书中还保存着一些非常有价值的科学史料,这是非常宝贵的财富.

《数书九章》的杰出成就,引起了国际数学界的重视. 为此,比利时的数学史专家李培始写了一部有关《数书九章》的专著——《13世纪的中国数学》,对中国古代数学给予很高的评价.

(1) 大衍求一术

"大衍求一术"是我国古代对整数论中一次同余式求解法的一种称呼,它起源于"孙子定理",秦九韶推广了其算法,并建立了基础理论,并写入他的名著《数学九章》之中,定名为"大衍求一术".

秦九韶把"物不知数"问题改变了一下形式,这个问题推广到一般,即若设 $a_1, a_2, \cdots, a_x$ 为两两互素的除数,$r_1, r_2, \cdots, r_x$ 为 x 个余数,$M = a_1 \times a_2 \times \cdots \times a_x$,则有下面的同余式组

$$\begin{cases} N = r_1 (\bmod a_1) \\ N = r_2 (\bmod a_2) \\ \vdots \\ N = r_x (\bmod a_x) \end{cases}$$

其解法可用下式表示

$$N = k_1 \frac{M}{a_1} r_1 + k_2 \frac{M}{a_2} r_2 + \cdots + k_x \frac{M}{a_x} r_x - PM$$

问题的关键在于使这些 $k_1, k_2, \cdots, k_x$ 分别满足余式 $k_1 \frac{M}{a_1} \equiv 1 (\bmod a_1), \cdots, k_x \frac{M}{a_x} \equiv 1 (\bmod a_x)$.

秦九韶的主要贡献,就是解决了 $k_i (i=1,2,\cdots,x)$ 的具体求法.

(2) 数字高次方程的近似根求法

北宋杰出的数学家贾宪和刘益建立了数字方程的近似解法——"增乘开方法". 贾宪创造了增乘方法,而刘益进一步改进使方程首项乘数不限于1,也不限于正数. 秦九韶在《数学

九章》中,有二十题需用二次方程求解,一题需用三次方程求解,四题需用四次方程求解,一题需用十次方程求解. 秦九韶的方法,从原则上说,对一元的任意次方程是适用的,限定常数项为负数,其他各项系数可正可负.《数书九章》卷五的"尖田求积"题,所解的方程即为

$$-x^4+763\ 200x^2-40\ 642\ 560\ 000=0$$

用增乘开方法最后解得 $x=840$.

1852 年,英国的伟烈亚力在《中国科学的记述》中就把秦九韶的解法与英国数学家霍纳于 1819 年创立的"霍纳法"进行了比较,并赞扬了秦九韶,引起了西方数学界的注意. 日本的数学史家三上义夫于 1912 年详细地分析了秦九韶对上述四次方程的解法,得出结论说,秦九韶的方法比辉煌的霍纳法要早上 6 个世纪(约 570 年). 但有的学者认为他立论的资料不充分. 三上义夫又为秦九韶据理力争,但文章是用日文写的,那些学者视而不懂,也就充耳不闻了. 李俨和钱宝琮两位中算史家,对秦九韶的《数书九章》做过深入的研究,发表了理据确凿、令人折服的论文. 苏联大百科全书"数学"条目指出:"四次与高次方程解法的阐述则见于 13 世纪数学家秦九韶、李冶、杨辉、朱世杰的作品. 他们使用的'增乘开方法'在实质上就是现在的霍纳法."

1973 年,又有比利时鲁文(Leuven)大学中国数学史教授赖伯勒(Ulrich Libbrecht)写了一部数学史专著《13 世纪的中国数学·秦九韶的〈数书九章〉》在美国发表,标志着西方学者对秦九韶数字高次方程近似根解法异议的余波已告平息. 确实,秦九韶的成就独步数坛,竖起一座丰碑.[28]

(3) 三斜求积公式

《数书九章》卷五有一题:

"问沙田一段,有三斜,其小斜一十三里,中斜一十四里,大斜一十五里. 里法三百步. 欲知为田几何?"(见图 5.13)

"答曰:田积三百一十五顷."

"求曰:以少广求之,以小斜幂(c^2)并大斜幂(a^2)减中斜幂(b^2),余半之,自乘于上;以小斜幂(c^2)乘大斜幂(a^2)减上,余四约之,为实;一为从隅,开平方得积."

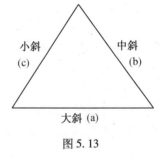

图 5.13

对于方程 $px^2=q$,秦九韶将 q 称为"实",p 称为"隅". "一为从隅"即"用 1 作为隅",于是得 $S^2=q$,即

$$S^2=\frac{1}{4}\left[c^2a^2-\left(\frac{c^2+a^2-b^2}{2}\right)^2\right]$$

$$S=\sqrt{\frac{1}{4}\left[c^2a^2-\left(\frac{c^2+a^2-b^2}{2}\right)^2\right]}$$

这就是秦九韶的三斜求积公式.

实际上,这个公式中的三斜具有"对称性",所以 a,b,c 只要分别表示三边即可,不一定专指大斜、中斜、小斜.

古希腊的海伦(Heron,约公元 62 年),在《测量仪器》一书提出了著名的海伦公式

$$S=\sqrt{p(p-a)(p-b)(p-c)}$$

这里 S 表示三角形的面积,a,b,c 表示三角形的三边,$p=\dfrac{a+b+c}{2}$.

不难证明,三斜求积公式与海伦公式是等价的.

(4) 线性方程组解法

解线性方程组,我国自《九章算术》以来,一直采用"直除法"(理论上相当于现今的加减消元法),虽然刘徽有所改进,但未能推广.《数书九章》中有些问题,相当于解线性方程组. 秦九韶不用"直除法",改用"互乘相消法"和现今的相乘相减的消元方法相同. 此外,秦九韶还用到了"代入消元法". 这些方法对后来的数学家有着一定的影响.

当然,秦九韶的成就远不只这些,比如用十进小数做无理数的近似值,小至十三位小数的命名法等,都是中外数学史上的光彩记录.

5.8.10 李冶的"天元术"

李冶所著的《测圆海镜》中对"天元术"做了明确的规定. 如《测圆海镜》中规定多项式的一次项系数旁记"元"字,称常数项为"太极",并在其旁记"太"字.《测圆海镜》中还规定由高次到低次上下排列,故只需记"元"或记"太"即可. 李冶在筹上加斜画表示负数,避免了用文字叙述. 李冶列方程的步骤和现在完全一样,先"立天元一"(设未知数 x),再依题意列出两个相等的代数式,"相消"后,便得开方式.

5.8.11 朱世杰与"四元术"

朱世杰著有两部数学著作,都于扬州刊刻:《算学启蒙》(1299 年)和《四元玉鉴》(1303 年).[29]

多元高次方程布列和解法见于《四元玉鉴》,称为"四元术",因未知数最多可为四个而得名. 四元术是在天元术基础上逐渐发展而成的. 如前述,天元术是列一元方程的方法. 天元术开头一般有"立天元一为××"之类的话,相当于现代初等代数中的"设未知数 x 为××". 四元术是多元高次方程列方程和解方程的方法,开头时一般有"立天元一为××,地元一为○○,人元一为△△,物元一为＊＊",相当于现代代数中的"设 x,y,z,u 分别为××,○○,△△,＊＊". 这似乎是提出以不同的符号(字)表示不同的未知数的方法,这已是一个创举. 具体的布列方程之法则是在一个平面上用算筹排布出方程:在中间摆出常数项(元为记号),常数项下依次布列未知数 x 的各次幂的系数,左边列 $y,y^2,y^3,\cdots$ 各项系数,右边为 $z,z^2,z^3,\cdots$ 各项系数,上边为 $u,u^2,u^3,\cdots$ 各项系数,在各交叉位置上放置 $xy,xz,xu,x^2y,x^2z,x^2u,\cdots$,如表 5.1 所示.

表 5.1

y^4u^4	y^3u^4	y^2u^4	yu^4	u^4	zu^4	z^2u^4	z^3u^4	z^4u^4
y^4u^3	y^3u^3	y^2u^3	yu^3	u^3	zu^3	z^2u^3	z^3u^3	z^4u^3
y^4u^2	y^3u^2	y^2u^2	yu^2	u^2	zu^2	z^2u^2	z^3u^2	z^4u^2
y^4u	y^3u	y^2u	yu	u	zu	z^2u	z^3u	z^4u
y^4	y^3	y^2	y	元	z	z^2	z^3	z^4
xy^4	xy^3	xy^2	xy	x	xz	xz^2	xz^3	xz^4
x^2y^4	x^2y^3	x^2y^2	x^2y	x^2	x^2z	x^2z^2	x^2z^3	x^2z^4
x^3y^4	x^3y^3	x^3y^2	x^3y	x^3	x^3z	x^3z^2	x^3z^3	x^3z^4
x^4y^4	x^4y^3	x^4y^2	x^4y	x^4	x^4z	x^4z^2	x^4z^3	x^4z^4

例如，$x+y+z+u=0$ 即可以图 5.14 所示筹式表示；而 $(x+y+z+u)^2=A$，则可以图 5.15 所示筹式表示，注意，将此图中
$$(x+y+z+u)^2=x^2+y^2+z^2+u^2+2xy+2xz+2xu+2yz+2yu+2zu$$
的 $2xy,2yu$ 等相邻的两个未知数的乘积的系数记入相应的位置，将不相邻的两个未知数的乘积如 $2xu,2yz$ 的系数记入夹缝处，以示区别. 如此排布的"四元式"，既可表示一个方程，又可表示一个多项式.

图 5.14

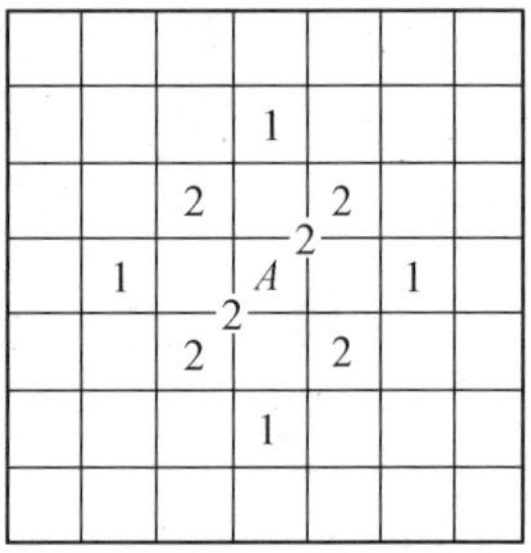

《四元玉鉴》中不仅用四元式表示出四元高次方程组，而且引入了四元式的加减乘除运算. 这是一个创举.

"四元术"最出色的成果之一是消元的方法，所谓消元，即将多元高次方程组依次消元，最后只剩下一个未知数，按一元方程求解法求解，就解决了整个方程组的求解问题. 朱世杰在消元法上表现出高度的技巧，例如，在《四元玉鉴》卷下之七的最后一题中，他把一个三元高次方程组，消去一元得两个方程，其中之一用现代数学符号可表示为

图 5.15

$$-4x^{10}+4x^9+52x^8-54x^7-\cdots-4x^8y+4x^9y+80xy^2-4x^2y^2-\cdots-8x^5y^2-4x^6y^2=0$$

共有 27 项之多！再消去一元得出一个 15 次的方程
$$-4x^{15}+8x^{14}+\cdots-3\,596x+3\,560=0$$

的确表现出高度的技巧，这种技巧，至今仍有重要的参考意义. 特别值得注意的是，在《四元玉鉴》中，整个消元求解过程都是用中国古代特有的计算工具——算筹——列成筹式进行的，虽然繁复，但条理清楚，步骤井然. 在未采用任何数学符号的情况下得到这样的成就，可以说，它不仅是中国古代数学的最高成就，而且就全世界而言，在十三四世纪，也是最高的成就. 当然，利用筹式，上、下、左、右四方，决定了未知数个数不能超过四个，这是它的局限性.

"四元术"是世界上最早的多元高次方程组理论及方法. 在西方，直到十八九世纪，法国的贝佐特、英国的西尔维斯特（J. Sylvester）和凯莱等人才应用近代方法对多元高次方程组的消元法做了比较全面的研究.

朱世杰在高阶等差数列求和及高阶插值法方面已取得重要成果. 例如，他掌握了形如
$$\sum_{r=1}^{n}\frac{1}{p!}r(r+1)(r+2)\cdots(r+p-1)=\frac{1}{(p+1)!}n(n+1)(n+2)\cdots(n+p)$$
的高阶等差数列求和公式的若干特例，并给出如下的插值公式
$$f(n)=n\triangle+\frac{1}{2!}n(n-1)\triangle^2+\frac{1}{3!}n(n-1)(n-2)\triangle^3+\frac{1}{4!}n(n-1)(n-2)(n-3)\triangle^4$$

其中 $\triangle,\triangle^2,\triangle^3,\triangle^4$ 表示一差、二差、三差和四差. 这也是一个具有世界之最的数学成就. 在西方，格雷戈里（J. Gregory，1638—1675）最先对高阶插值问题进行了研究，直到牛顿的著作（1676 年）才给出了插值的一般公式.

第六章 函数概念的形成与发展

6.1 函数概念的产生

在 16 世纪以前,数学上占统治地位的是常量数学,其特点是用孤立、静止的观点研究事物. 16 世纪,欧洲过渡到了新的资本主义生产方式,迫切地需要天文知识和力学原理. 当时,自然科学研究的中心转向对运动、对各种变化过程和变化着的量之间依赖关系的研究. 数学对象的扩展决定了常量数学向变量数学的过渡. 数学的这个转折主要是由法国数学家笛卡儿完成的,他在《几何学》一文中首先引入变量思想,称为"未知和未定的量",同时引入了两个变量之间的相依关系,这便是函数概念的萌芽. "数学中的转折点是笛卡儿的变数. 有了变数,运动就进入了数学,有了变数,辩证法进入了数学",这部著作改变了数学的性质.

17 世纪,资本主义进一步发展,欧洲人开始从事大规模的、看不见陆地的航海,需要测量时间和经纬度的准确方法及仪器,另外需要有新的运动原理来解释天体的运动.

在对各种各样运动的研究中,人们愈来愈感到需要有一个能准确表示和各种量之间关系的数学概念. 经过深思熟虑,人们从笛卡儿的变量思想中得到启示,从而引出了函数概念. 但在当时,所引进的函数是当作曲线来研究的.

德国数学家莱布尼兹在 1673 年的一篇手稿里最先用函数(function)一词来表示任意一个随着曲线上的点的变动而变动的量.

瑞士数学家约翰·伯努利在 1718 年首次使用变量概念给出了不用几何形式的函数定义. 函数就是变量和常量以任何方式组成的量. 他采用莱布尼兹"x 的函数"一词作为他这个量的名称.

记号 $f(x)$ 是瑞士数学家欧拉在 1734 年引进的. 函数 $f(x)$ 的"f"取自"function"的一第一个字母.

6.2 对数函数与指数函数

对数函数与指数函数的概念是建立在更基本的概念——对数、幂、指数之上的.

6.2.1 对数、幂、指数

(1) 对数的概念

我们已在上一章介绍了对数概念的形式.

对数发明后,不到一个世纪,几乎传遍全世界,成为不可缺少的计算方法. 它的出现,引起了巨大的反响,尤其是天文学家,几乎是用欣喜若狂的心情来接受这一发现.

多年来,对数表、对数计算尺一直是常用的计算工具,随着袖珍计算器的普及,计算尺逐渐被淘汰,对数表也退出了历史舞台,但对数的作用仍然存在.

(2) 幂的概念

幂概念的形成是相当曲折和缓慢的.

我国古代幂字至少有十种不同的写法. 最简单的写法为"冖". 古人用一块方形的布盖东西,四角下垂,就成为"冖"的形状. 将这个意义加以引申,凡是方形的东西也可以叫作幂. 再进一步推广,矩形面积,即两数的积(特别是一个数自乘的结果)也叫作幂. 这种推广是刘徽所首创的.

刘徽为《九章算术》作注,在"方田"一章,求矩形面积法则下面写道:"此积谓田幂,凡广从相乘谓之幂."这是在我国数学文献中第一次出现"幂"字. 不过,刘徽是把它作为面积或乘积的别称,而和现在意义不同. 现在,数学上是若干个相同因子的乘积为幂. 因此,幂是积的一种特殊情况,是对一种特殊积的命名.

唐代数学家曾对积、幂两字的数学意义做出区分. 最早在数学上给予幂现在意义的是明末数学家徐光启与利玛窦,在合译的《几何原本》中,称"自乘之数为幂". 在当时,幂的概念并不是尽人皆知. 明代数学家梅文鼎在《梅氏历算丛书辑要》卷十的"幂"字下面给出了小注,特别加以解释. 在有些著作中,如《数理精蕴》中就不使用"幂"字.

清末数学家李善兰和英国传教士伟烈亚力在合译的《代微积拾级》中,把相同数的乘积(power)译成"幂". 1935年,我国在编审《数学各词》时,它们的译名得到了肯定.

是否用幂来表示若干个相同因子的乘积并不很重要,重要的是表示.

希腊的丢番图称数的平方为幂,但这并不是表示一般的幂. 他称三次方为立方,四次方为平方,分别记为"A^r,K^r,$\Delta^r\Delta$",这是数学的一大进步. 韦达用 X^m 表示幂,斯台文引进了分数指数幂.

(3) 指数的概念及符号

在中学数学中,先引出指数概念,再介绍对数概念,把对数运算看成指数运算的一种逆运算. 在数学的发展过程中,却是先有对数概念,后有指数概念. 指数概念是随着数的扩充而逐步发展的. 正整数指数幂与几何中的面积、体积的计算有关. 在面积与体积的计算中引出了平方和立方的概念. 这在诸文明古国中早已有之. 我国汉代学者毛亨和夏侯阳曾分别提出过一般的正整数指数幂和负整数指数幂的概念,遗憾的是未曾流传下来. 直到15世纪末,法国数学家舒开重新引入负整数指数幂和零指数幂的概念之后,整数指数才逐步得以通用. 正分数指数幂是法国数学家奥力森(Oresme,1323—1382)在他的未发表的著作《比例算法》中引进的.

16世纪以后,随着无理式的研究,进一步把正分数指数幂与负指数幂的概念结合起来,得到了任意分数指数幂的概念. 直到18世纪末,当无理数脱离了几何方式而得到独立研究以后,实数指数幂的概念才逐步形成.

指数符号的形成也经过了漫长的岁月. 韦达虽然对数学符号的创设做出了很多贡献,但也没有运用很好的指数符号.

1484年,舒开在《关于数的科学》一书中,引进了一些符号来表示指数幂. 例如,用 12^0,12^1,12^3,7^{1m} 分别表示 12,$12x$,$12x^3$,$7x^{-1}$. 他还用字母 D,R 分别表示二次、三次根号,把 $\sqrt{16}$ 写成 $D^2 \cdot 16$,$\sqrt[3]{64}$ 写成 $R^3 \cdot 64$.

法国数学家奥力森认为(用现在的记号),$4^3 = 64$,而 $(4^3)^{1/2} = 8$,$4^{3/2} = 8$. 他当时采用的

记号是把 $2^{1/2}$ 和 $(2\frac{1}{2})^{1/4}$ 分别写作

1	·	P
2	·	2

1	·	P	·	1
4	·	2	·	2

他也把 $9^{1/3}$ 写作 $\frac{1}{3}9^p$，$2^{1/2}$ 写作 $\frac{1}{2}2^p$.

1572 年，意大利的蓬贝利把 x,x^2,x^3 写作 ①,②,③.

对于推动指数理论的发展影响最大的是斯台文，他在 1585 年发表了《论十进》，在该书中，他用圆圈表示未知量，而未知量幂的指数用数字记在圆圈中. 例如，①,②,③,④ 分别表示 x,x^2,x^3,x^4. 他还把这种记法推广至分数指数幂的情况，如 1/2,1/3,1/4，分别表示 $x^{1/2}$，$x^{1/3}$，$x^{2/3}$. 但他的有些记号也是不能令人满意的，显得烦琐. 例如，$2xyz^2$ 要写成 2①Msec①mter②，很不方便.

休曼(Hume)在 1636 年引入了一种记号，用罗马数字表示指数，写在底的右上角，如 A^3 写作 A^{iii}，除了用罗马数字外，与现代记法完全一样. 1637 年，笛卡儿较为系统地采用正整数指数幂的记号. 他把 $1+3x+6x^2+x^3$ 写成 $1+3x+6xx+x^3$，有时他也用 x^2 代替 xx. 当高斯在 1801 年采用 x^2 代替 xx 后，x^2 就变成了标准写法. 这已是正整数指数幂的现代形式了.

现行的分数指数幂和负指数幂的记号是牛顿在 1676 年引进的，他在给莱布尼兹的信中说到:"因为代数家将 $aa,aaa,aaaa$ 等，写成 a^2,a^3,a^4 等，所以我将 $\sqrt{a},\sqrt[3]{a},\sqrt[5]{a}$ 写成 $a^{\frac{1}{2}},a^{\frac{3}{2}},a^{\frac{5}{2}}$；又将 $\frac{1}{a},\frac{1}{aa},\frac{1}{aaa}$ 写成 a^{-1},a^{-2},a^{-3}."牛顿不仅给出了分数指数幂和负指数幂的符号表示，而且把正整数指数幂推广到有理数指数幂.

6.2.2 指数函数与对数函数

17 世纪的函数，绝大部分是作为曲线来研究的. 1644 年，意大利科学家托里拆利(Torricelli,1608—1647)在进行对数计算时，涉及的曲线用现在符号表示为 $y=ae^{-ce}$ $(x\geq 0)$. 随着函数概念的逐渐明确，指数函数作为函数的特征也逐渐被人们认识.

对数函数是 17 世纪考虑双曲线下的面积时引起的. 1665 年左右，牛顿第一次得到了 $\frac{1}{1+x}$ 的积分是 $\ln(1+x)$，他用二项式定理展开 $\frac{1}{1+x}$ 并逐项积分，得到了 $\ln(1+x)$ 幂级数展开式.

1715 年，泰勒得到了指数函数 $y=e^x$ 的幂级数展开式，即

$$e^x=1+\frac{x}{1!}+\frac{x^2}{2!}+\frac{x^3}{3!}+\frac{x^4}{4!}+\cdots+\frac{x^n}{n!}+\cdots$$

1728 年，欧拉引入 e 作为自然对数的底. 1748 年，他给出了 e^x 的极限形式，即

$$e^x=\lim_{n\to +\infty}(1+\frac{x}{n})^n$$

且得到了有名的欧拉公式

$$\cos\alpha=\frac{e^{\sqrt{-1}\alpha}+e^{-\sqrt{-1}\alpha}}{2},\quad \sin\alpha=\frac{e^{\sqrt{-1}\alpha}+e^{-\sqrt{-1}\alpha}}{2\sqrt{-1}}$$

把指数推广至复数领域.

在 17 世纪末到 18 世纪,经过沃利斯、牛顿、莱布尼兹以及伯努利等人的工作,发现指数函数与对数函数互为反函数.1728 年,欧拉利用了这个关系来定义对数函数,1748 年,又给出了对数函数的极限定义的极限形式

$$\ln x = \lim_{n \to +\infty} n(x^{\frac{1}{n}} - 1)$$

6.3 三角学的确定与三角函数

6.3.1 三角学的确定

"三角"一词,来自希腊文 τρτμωγογ(三角形)μετρτμ(测量),原意是三角形的测量,也就是解三角形. 和其他科学一样,三角学是在解决实际问题的过程中逐渐发展起来的. 它的发展和天文学、几何学有着不可分割的关系. 早期的三角学是隶属于天文学的.

在亚历山大里亚时期,由于生产的进步,人们为了修订历法、航海和研究地理,需要建立定量的天文学,这时才产生了三角学的雏形. 对三角学有贡献的人物是阿利斯塔克(Aristarchus,公元前 310— 公元前 230)、希帕恰斯(Hipparchus,约公元前 190— 公元前 125)、梅涅劳斯和托勒密. 到托勒密时已达到顶峰时期.

希帕恰斯在天文学上的成绩与他对三角学的贡献是紧密联系的,可惜他的许多重要著作已经遗失,但是有一些成果,如从 0°到 180°之间各角度的正弦表却被托勒密记录下来. 这样的数表对于计算天体运行轨道是必需的.

希帕恰斯把圆周分成 360 等份,把直径分成 120 等份,每一小份按六十进位制往下再分. 于是,若给定一弧为 360 份中的若干份,要求所对应的弦的长度数目,就相当于后来的正弦数. 如图 6.1

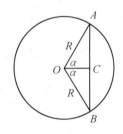

图 6.1

所示,用现代的符号可表示为 $\sin \alpha = \dfrac{AC}{R} = \dfrac{\frac{1}{2}AB}{60} = \dfrac{1}{120}AB$,其中 AB 表示 2α 所对应的弦.

梅涅劳斯(MenelausofAlexandria,约 1 世纪),古希腊亚历山大后期的数学家、天文学家,三角术(主要是球面三角术)创始人之一. 他写过关于圆中的弦有 6 本书,可惜都已失传,幸好他著的一本《球面论》以阿拉伯文本保存了下来. 该书共 3 册,第一册讨论球面几何,第二册以天文为主题,第三册是球面三角术. 现今所谓"梅涅劳斯定理"即在这第三册之中.[32]

古希腊时代,人们的宇宙观是地球中心说,把天空想象成一个大球面(天球)包围着地球,日月星辰都镶嵌在天球上. 所以,为了天文测算的需要,三角学首先是从球面三角术的创立开始的,以后才转向平面三角. 这与几何从平面几何到立体几何的发展进程正好相反.

梅涅劳斯在其书中所提的一条关于球面三角的基本定理,用现今的记号写出来就是:

定理(梅涅劳斯球面三角形定理) 在球面 $\triangle ABC$ 中,三边 $\overset{\frown}{AB},\overset{\frown}{BC},\overset{\frown}{CA}$(都是大圆弧)被另一大圆弧截于 P,Q,R 三点,如图 6.2 所示,那么

$$\frac{\sin \widehat{AP}}{\sin \widehat{PB}} \cdot \frac{\sin \widehat{BQ}}{\sin \widehat{QC}} \cdot \frac{\sin \widehat{CR}}{\sin \widehat{RA}} = -1 \qquad ①$$

这里,弧取有向弧,$\sin \widehat{AP}$ 是指弧 $\widehat{AP}$ 所对圆心角的正弦.

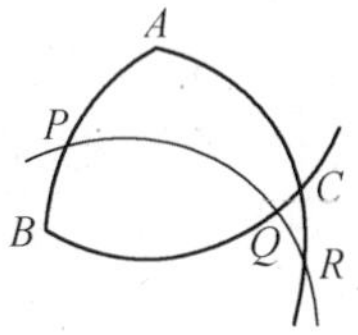

为了证明这个定理,梅涅劳斯未加证明地用了如下平面几何定理作为引理:

引理(即今所谓梅涅劳斯定理) $\triangle A'B'C'$ 三边 $A'B', B'C', C'A'$ 被一直线截于 P', Q', R' 三点,如图 6.3 所示,则

$$\frac{A'P'}{P'B'} \cdot \frac{B'Q'}{Q'C'} \cdot \frac{C'R'}{R'A'} = -1 \qquad ②$$

这里线段取有向线段.

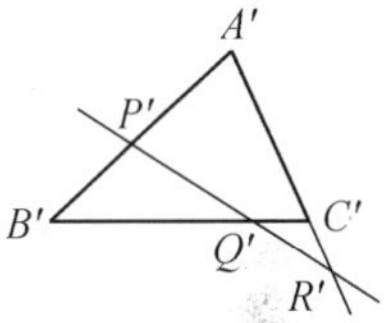

图 6.2

图 6.3

这个定理很可能在梅氏之前就已被发现,但迄今并不知道究竟是被何人首先发现,因此仍以第一次引用它的人的名字命名.

关于球面三角形定理,梅涅劳斯是这样证明的:

第一步,在 $\triangle A'B'C'$ 中,X' 是 $B'C'$ 或其延长线上一点,如图 6.4 所示,那么

$$\frac{B'X'}{X'C'} = \frac{S_{\triangle A'B'X'}}{S_{\triangle A'X'C'}} = \frac{A'B' \cdot A'X' \cdot \sin \angle B'A'X'}{A'X' \cdot A'C' \cdot \sin \angle X'A'C'} =$$
$$\frac{A'B' \cdot \sin \angle B'A'X'}{A'C' \cdot \sin \angle X'A'C'}$$

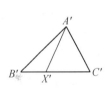

图 6.4

第二步,设想 O 为空间一点,将图 6.3 中各点与 O 联结起来. 于是在 $\triangle A'OB'$ 中有

$$\frac{A'P'}{P'B'} = \frac{OP' \cdot \sin \angle A'OP'}{OB' \cdot \sin \angle P'OB'}$$

在 $\triangle B'OC'$ 和 $\triangle C'OA'$ 中分别有

$$\frac{B'Q'}{Q'C'} = \frac{OB' \cdot \sin \angle B'OQ'}{OC' \cdot \sin \angle Q'OC'}$$

$$\frac{C'R'}{R'A'} = \frac{OC' \cdot \sin \angle C'OR'}{OA' \cdot \sin \angle R'OA'}$$

将三式相乘,再利用引理,便得

$$\frac{\sin \angle A'OP'}{\sin \angle P'OB'} \cdot \frac{\sin \angle B'OQ'}{\sin \angle Q'OC'} \cdot \frac{\sin \angle C'OR'}{\sin \angle R'OA'} = -1 \qquad ③$$

第三步,将球心 O 与图 6.2 中球面三角形上各点联结起来,再用一不过点 O 的平面相截,截痕便是图 6.2,因而式 ③ 成立.

托勒密(C, Ptolemy,约90—168),古希腊亚历山大后期重要数学家、天文学家和地理学家,他出生于埃及,青年时到亚历山大里亚学习,并长期居住在那里,在皇家艺术宫里从事天文观测和科学研究. 他的著作有《天文学大全》(又称《数学汇编》《大汇编》)13卷、《地理学指南》和《光学》等. 其中以《天文学大全》最著名,它是一本数学和天文学书,而数学主要是讲三角学. 为了推导两角之和、差的正弦公式,他先证明了一个引理[33]:

在圆内接四边形中,两对角线乘积等于两组对边乘积之和. 如图 6.5 所示,设圆内接四边形为 $ABCD$,则

$$AC \cdot BD = AB \cdot CD + AD \cdot BC \qquad ①$$

后人把这一引理称作托勒密定理.而据有的数学史家推测,它也可能是得自希帕恰斯.因后者是希腊三角术的奠基人,托勒密把三角术和天文学中一些概念归功于他.

托勒密对此定理的证明是直截了当的,与通常的方法一样:在 AC 上取一点 E,使 $\angle ABD = \angle CBE$,这样把 AC 分为 AE,EC 两段,从而得 $\triangle ABE \backsim \triangle DBC, \triangle ABD \backsim \triangle EBC$,得 $AE \cdot BD = AB \cdot CD, EC \cdot BD = AD \cdot BC$,于是定理得到证明.

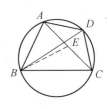

图 6.5

当四边形 $ABCD$ 取不同形状时,可以得到正弦的和角、倍角、差角、半角公式.以下用现代的记号把这些表述出来.

(ⅰ)如图 6.6 所示,取 AB 为直径,令 $AB = 1$,设 $\angle BAD = \alpha$, $\angle BAC = \beta$,则
$$BD = \sin\alpha, AD = \cos\alpha, BC = \sin\beta, AC = \cos\beta, DC = \sin(\alpha - \beta)$$
由托勒密定理,得

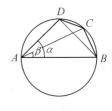

图 6.6

$$\cos\beta \cdot \sin\alpha = \sin(\alpha - \beta) \cdot 1 + \sin\beta \cdot \cos\alpha$$
或
$$\sin(\alpha - \beta) = \sin\alpha\cos\beta - \cos\alpha\sin\beta \qquad ②$$
此即正弦的差角公式.

(ⅱ)如图 6.7 所示,取 $AC = 1$ 为直径,设 $\angle CAD = \alpha, \angle BAC = \beta$, 则 $DC = \sin\alpha, AD = \cos\alpha, BC = \sin\beta, AB = \cos\beta, BD = \sin(\alpha + \beta)$,代入式①,得
$$1 \cdot \sin(\alpha + \beta) = \sin\alpha\cos\beta + \cos\alpha\sin\beta \qquad ③$$
此即正弦的和角公式.

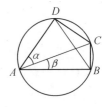

图 6.7

特别当 $\alpha = \beta$ 时,便得正弦的倍角公式
$$\sin 2\alpha = 2\sin\alpha\cos\alpha \qquad ④$$

(ⅲ)如图 6.8 所示,取 $AB = 1$ 为直径,设 $\angle BAC = \angle CAD = \dfrac{\alpha}{2}$, $\angle BAD = \alpha$,则 $BC = CD = \sin\dfrac{\alpha}{2}, AC = \cos\dfrac{\alpha}{2}, BD = \sin\alpha, AD = \cos\alpha$, 代入式①,得

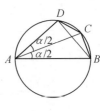

图 6.8

$$\sin\alpha \cdot \cos\dfrac{\alpha}{2} = 1 \cdot \sin\dfrac{\alpha}{2} + \cos\alpha \cdot \sin\dfrac{\alpha}{2} = (1 + \cos\alpha)\sin\dfrac{\alpha}{2}$$

等式两边同乘 $2\cos\dfrac{\alpha}{2}$,约去 $\sin\alpha$,得
$$\cos^2\dfrac{\alpha}{2} = \dfrac{1}{2}(1 + \cos\alpha)$$
从而有
$$\sin^2\dfrac{\alpha}{2} = \dfrac{1}{2}(1 - \cos\alpha) \qquad ⑤$$
此即正弦的半角公式.

托勒密造正弦表的办法是这样:把圆周(即周角)分为 360°,把半径分为 60 等份,要算出每隔半度的弧(角)所对正弦的长度,然后列出对应的正弦数值表.其目的是便于天文测

量.

他先算出正六边形一边长,此即 60° 的正弦值. 再算出正四边形一边长,得 90° 正弦值;算出正五边形、正十边形的边长,得 72° 和 36° 的正弦值. 接着,利用差角公式 ②,算得 30°,12° 的正弦值. 利用半角公式 ⑤,算得 6°,3°,1.5° 的正弦值.

为了得到半度的正弦值,需要求出 1° 的正弦值. 为此,他利用不等式

$$\frac{\sin\alpha}{\sin\beta} < \frac{\alpha}{\beta} \quad (\beta < \alpha < \frac{\pi}{2})$$

作为内插法的理论基础以及公式 ③,求出 sin 1° 的值. 于是便可以算得从 0.5° ~ 180° 每隔半度的弧(角)所对应的正弦值.

从上述世界上第一张(每隔半度)正弦表的编造过程,可以看到托勒密定理对此所起的重要作用.

值得注意的是,托勒密采用巴比伦人的六十进制,把圆周分成 360 份,又将半径分为 60 等份后,再将每一份分为 60 小份,每一小份再分为更小的份,以此类推,把这些小份依次叫作"第一小份""第二小份". 后来第一小份变成了"分",第二小份变成了"秒",这就是分、秒名称的来源.

用"°""′""″"表示度、分、秒,是 1570 年卡拉木开始的. 这已是在托勒密之后 1 400 年了.

托勒密取半径的 $\frac{1}{60}$ 作为长度的单位,例如,60° 的弦长是 60^P(60 个单位长和半径相等),对 90° 的弦长是 $\sqrt{2}60^P$ 或 $84^P51′10″$.

他利用圆内接正五边形和正十边形的边长推导 36° 与 72° 弦长. 其他的弦长可以根据"托勒密定理"来推导.

托勒密规定半径为 60 个单位,后来印度人定半径为 3 438(1 弧度等于 3 437.746 77…,约为 3 438),中亚细亚人规定半径为 150,耐普尔规定半径为 10^7. 一直到欧拉,才定半径为 1. 开始用线段的比值作为三角函数的定义. 在这以前,三角函数实际上是在固定半径的圆内各函数线的长.

阿利耶毗陀这位印度数学家,他对三角学的贡献很大,他制作了一个正弦表. 他和托勒密有显著的不同,阿利耶毗陀默认曲线与直线可用同一单位来度量. 托勒密对这一点是犹豫不决的. 他定半径为 60 个单位,是沿用六十进制的习惯,和圆周长没有关系. 也就是说,量弧长与弦长应该用同一单位度量. 整个圆周是 21 600 个单位(分),那么半径就应该是 3 438 个单位. 这里包含着弧度制的思想. 弧度制的精髓,就是统一度量弧长与半径的单位.

印度人还用到正弦与余弦. 根据简单的理论做成每隔 3°45′ 的正弦表,方法是用勾股定理算出特殊角 30°,60°,45°,90° 的正弦值之后,再用半角公式计算较小角度的正弦值.

婆什迦罗曾给出 $\sin 3°45′ = \frac{100}{1\,529}$,$\cos 3°45′ = \frac{466}{467}$.

值得注意的是,$\frac{466}{467}$ 是 $\cos 3°45′ = 0.997\,858\,923$ 的一个渐近分数. 但

$$\frac{100}{1\,529} = 0.065\,402\,223\,7$$

却不是 $\sin 3°45′ = 0.065\,403\,129\,2$ 的渐近分数.

6.3.2 三角函数

在托勒密《数学汇编》的第一卷附有一张正弦表,相当于给出了从$0°$到$90°$每隔$(\frac{1}{4})°$的正弦函数值,这是世界上留给后人最早的三角函数表. 它是怎样造出来的呢？托勒密在书中有详细的说明,实际上,它是以五个三角公式为基础,用现代数学符号表示,即

① $\sin^2\theta + \cos^2\theta = 1$;

② $\sin(\alpha - \beta) = \sin\alpha\cos\beta - \cos\alpha\sin\beta$;

③ $\cos(\alpha + \beta) = \cos\alpha\cos\beta - \sin\alpha\sin\beta$;

④ $\sin\frac{\alpha}{2} = \sqrt{\frac{1-\cos\alpha}{2}}$;

⑤ $\frac{\sin\beta}{\sin\alpha} < \frac{\beta}{\alpha}(\frac{\alpha}{\beta} < \beta < \alpha < \frac{\pi}{2})$.

(以上五个公式,托勒密完全用几何方法给出了证明)

当托勒密确立这五个公式后,据此开始造三角函数表:

(ⅰ) 由几何方法算得 $\sin 36°$ 之值;

(ⅱ) 利用公式①、②算得

$$\sin 6° = \sin(36° - 30°) = \frac{6}{60} + \frac{6}{60^2} + \frac{18}{60^3}$$

(ⅲ) 根据(ⅱ)的结论,反复运用公式④算得

$$\sin(\frac{3}{4})° = \frac{47}{60^2} + \frac{7\frac{1}{2}}{60^3}, \quad \sin(\frac{3}{8})° = \frac{23}{60^2} + \frac{34}{60^3}$$

(ⅳ) 由公式⑤得

$$\frac{\sin(\frac{1}{2})°}{\sin(\frac{3}{8})°} < \frac{\frac{1}{2}}{\frac{3}{8}}, \quad \frac{(\sin\frac{3}{4})°}{\sin(\frac{1}{2})°} < \frac{\frac{3}{4}}{\frac{1}{2}}$$

故有

$$\frac{\frac{1}{2}}{\frac{3}{4}}\sin(\frac{3}{4})° < \sin(\frac{1}{2})° < \frac{\frac{1}{2}}{\frac{3}{8}}\sin(\frac{3}{8})°$$

即

$$\frac{2}{3}(\frac{47}{60^2} + \frac{7\frac{1}{2}}{60^3}) < \sin(\frac{1}{2})° < \frac{4}{3}(\frac{23}{60^2} + \frac{34}{60^3})$$

即

$$\frac{31}{60^2} + \frac{5}{60^3} < \sin(\frac{1}{2})° < \frac{31}{60^2} + \frac{45}{60^3}$$

由于是不等式,左边式子的第一项去掉了 $\frac{\frac{1}{3}}{60^2}$,不等式仍成立,右边式子的第一项加上了 $\frac{\frac{1}{3}}{60^2}$,不等式也成立,所以,近似值取下面的值

$$\sin\left(\frac{1}{2}\right)° \approx \frac{31}{60^2} + \frac{25}{60^3} \approx 0.008\ 726\ 8 \quad (\text{精确值为 } 0.008\ 726\ 5)$$

（ⅴ）由公式②，并考虑到 $\cos\left(\frac{1}{2}\right)° \approx 1, \cos\frac{1}{4} \approx 1$ 得

$$\sin\left(\frac{1}{4}\right)° \approx \frac{15\frac{1}{2}}{60^2} + \frac{12\frac{1}{2}}{60^3} \approx 0.004\ 363\ 4 \quad (\text{精确值为 } 0.004\ 363\ 3)$$

因此，由任意已知的正弦或余弦值出发，通过公式②、③推出每隔$\left(\frac{1}{4}\right)°$的全部正弦值.

现在不会有人用这种方法来造正弦表了. 但在托勒密的时代，这是一件很了不起的事.

在中亚细亚的各个民族中出现了许多数学家，其中在三角方面贡献最大的可以说是阿尔·巴塔尼. 他采用半弦代托勒密的全弦，这显然是受印度人的影响，在运算和命题方面也有这种影响. 他用代数方法从 $\frac{\sin\theta}{\cos\theta} = D$ 的式子推得 $\sin\theta = \frac{D}{\sqrt{1+D}}$，借此求出 θ 的值，这是希腊人所不知道的. 他还发现了重要的球面三角余弦定理

$$\cos a = \cos b \cdot \cos c + \sin b \cdot \sin c \cdot \cos A$$

阿尔·巴塔尼树立一根杆子在地上，求影长 b，以测定太阳的仰角. 阴影 b 叫作"直阴影"，而水平插在墙上的杆投影在墙上的影长叫作"反阴影"."直阴影"后来变成"余切"（cotangent），"反阴影"叫作"正切"（tangent）. 920 年左右，阿尔·巴塔尼造出 0° 到 90° 相隔 1° 的余切表.

另一个三角学者阿布尔·瓦发（Abul-Wela, 940—998），他是著名的天文学家，他计算了每隔 10° 的正弦和正切表，并首先引入正割与余割，可惜这个新的函数没有唤起当代人的注意.

总的来讲，中亚细亚的各个民族吸取和保存了希腊和印度的数学精华，而且大大地向前迈进，为世界数学宝库添加了光彩. 在三角学方面，他们引入了几种新的三角函数，建立平面三角与球面三角的若干公式，制造大量的三角函数表，更重要的是开始使三角学脱离天文学而独立.

随着哥伦布地理上的大发现和星空观察的扩大，推算详细的三角函数表已成为刻不容缓的事，于是令半径等于 10^{15} 来制作每隔 10^{11} 的正弦、正割及正切表. 当时制表没有对数，更没有计算机，全凭手算，计算浩繁，利提克斯（Rhaeticus, 1514—1576）和他的助手们以坚忍不拔的意志，勤奋地工作达 12 年之久. 遗憾的是，不能在他的生前完成，到 1596 年方由他的弟子奥托（Otto, 1507—1605）完成后刊行于世. 到此为止，三角函数表已被精密地算出.

随着耐普尔对数的发现，大大简化了三角计算，棣莫佛给出公式：$(\cos x + i\sin x)^n = \cos nx + i\sin nx$ 及欧拉给出的著名公式：$e^{ix} = \cos x + i\sin nx$. 这些工作都大大丰富了三角学的内容.

欧拉在《无穷小分析引论》中也介绍了不少三角函数的内容. 首先，欧拉提出三角函数是对应的函数线与圆的半径的比值，这是他的重要功绩之一. 过去一直是以线段的长作为三角函数定义的、他还令圆的半径为 1，这使三角函数研究大为简化.

其次，欧拉引入弧度制. 欧拉认为如果半径是一个单位，那么半圆周的长就是 π，所对中

心角的正弦是 0,那么 $\sin x = 0$,同样在圆周的长是 $\dfrac{\pi}{2}$,所对中心角的正弦等于 1,可记作 $\sin \dfrac{\pi}{2} = 1$.

引入了弧度制以后,就将度量直线段和圆弧的单位统一起来,大大简化了三角公式和计算.

"弧度"一词,是汤普逊(Thomson)首先使用的. 1873 年 6 月 5 日,他在贝尔发斯特的女王学院的考题中引用了这个词. 1881 年,哈尔斯特(Halsted,1853—1922)等用 ρ 表示弧度单位,如 $\dfrac{3}{5}\pi\rho$ 表示 $\dfrac{3}{5}\pi$ 弧度. 1909 年,霍尔(Hail)等用 R 表示弧度单位,如 $\dfrac{\pi}{4}$ 度写成 $\dfrac{\pi R}{4}$. 1907 年,包尔(Bauer)用 r 表示,直到 1925 年有一本书还用 π^0 表示 π 弧度. 近年来习惯把这个记号省略.

欧拉还指出

$$\sin z = \frac{e^{iz} - e^{iz}}{2i},\ \cos z = \frac{e^{iz} - e^{iz}}{2i}$$

并导出展开式

$$\sin z = z - \frac{z^3}{3!} + \frac{z^5}{5!} - \cdots,\ \cos z = 1 - \frac{z^2}{2!} + \frac{z^4}{4!} - \cdots$$

这些均具有重大的意义,它们标志着从研究三角形解法进一步转变为研究三角函数及其应用的一个分析学的分支. 在复变函数论里,$\sin z$,$\cos z$(z 是复数)通常是用幂级数来定义的,它完全摆脱了几何的叙述,并独立于任何一种几何体系之外.

6.3.3 三角学在我国的发展

我国对三角知识的研究渊源较早. 西汉末东汉初(约 1 世纪),我国古老的数学书籍《周髀算经》一书里,记载着公元前七八世纪人们如何计算地面一点到太阳距离的方法. 当时有人在周城(周成王所建的都城洛邑,就是现在河南洛阳),立 8 尺高的竿,如图 6.9 所示. 某一天正午,测得竿影的长是 6 尺,又在北方相距 2 000 里的地方立同样高的竿子,测得它的影长是 6 尺 2 寸. 他就用相似三角形的原理求得周城到日下地的距离是 $\dfrac{2\ 000 \times 60}{62 - 60} =$ 60 000(里),太阳离地面的高是 $\dfrac{2\ 000 \times 80}{62 - 60} = 80\ 000$(里). 然后根据勾股定理,求出测者到太阳的距离是 100 000 里. 据记载,周代的天文官员,利用"重差术"测量太阳高远. 三国时著名数学家刘徽,在古人"重差术"的基础上,编撰了《海岛算经》一书.

春秋时代的《考工说》一书,对"角"已有初步认识. 用"倨句"表示角度的多少,其中直角叫作"矩".

唐朝开元六年(718 年),在司天监任职的印度人瞿昙悉达(Gautama Sidharta)编译《开元占经》一百二十卷,将印度数学家阿利耶毗陀编制的三角函数表载于卷一零四《九执历》中,这是传入我国的最早的三角函数表.

明朝初年,西洋三角学传入我国. 在《崇祯历书》中载有《大测》《测量全义》等有关三角学书籍. 1631 年,瑞士人邓玉函(Jean Terrnz,1576—1630)、德国人汤若望(Jean Adam Schall

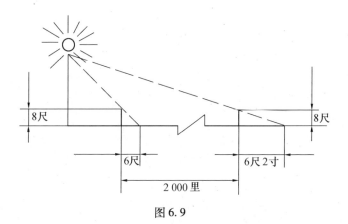

图 6.9

Von Bell,1591—1666)与我国数学家徐光启共同编译《大测》二卷,邓玉函在序言中说:"大测者,测三角形之法也."我国"三角学"一词,即由此而来. 该书讲了三角函数的造表方法和正、余弦的关系,倍、半角的公式,以及正弦定理、余弦定理与正切定理等.

1631 年,意大利人罗雅谷(Jacqaes Rho,1593—1638)撰写了另一部有关三角学的著作《测量全义》十卷. 卷七称:"每弧、每角有 8 种线,曰正弦,曰余弦,曰正切线,曰正割线,曰正矢,曰余切,曰余割,曰余矢."这是我国三角八线名称的由来.

《测里全义》中所介绍的三角学内容比《大测》丰富全面,除正、余弦定理和正切定理外,还有同角的三角函数公式与积化和差公式等.

此外,《崇祯历书》中还载有《割圆八线》六卷,是一个每隔 1′ 的五位三角函数表. 其中包括正弦、正切、正割、余弦、余切、余割,另外的三角函数中的正矢、余矢可由余弦、正弦推出.

1653 年,我国明末清初数学家薛凤祚著《三角算法》一书,是我国数学家自己撰写的第一部三角学著作. 书中所介绍的三角学知识,要比《大测》《测量全义》的内容更详细、完备. 其中平面三角学的许多定理(除余弦定理外)都首次用对数来计算.

清初著名数学家梅文鼎(1633—1721)研究三角学多年,对所传入的三角学知识进行了通俗易懂的解释,著有《平三角举要》五卷. 其内容由浅入深,循序渐进,条理清晰,是当时及以后青年人学习三角学的主要教科书.

与梅文鼎同时或稍后一些的许多数学家如王锡阐、年希尧、陈谕、戴震、项名达、戴煦、华蘅芳等都各有三角学著作问世,其中罗士琳与项名达的著作受到我国已故数学史家李俨教授的推崇. 他说:"古未有边角和较相求之例,自三角术输入,中算家乃知角度之应用. 而说述此义最精的当数罗士琳、项名达."

6.4　函数概念的演变

函数概念是随着数学的发展而不断深化的,函数概念的演变可以分为以下几个阶段.

6.4.1　作为曲线的函数

马克思曾认为函数概念来源于不定方程. 不定方程由丢番图首先研究,一直延续到中世纪. 文艺复兴时期,哥白尼(Copernicus,1473—1543)的"日心说"建立后,物体的运动规律、行星轨道、地球表现抛射体的路程、射程、高度等的研究成为函数的概念的力学来源. 伽利略认为:"函数是用语言叙述的比例关系的表示."他还说:"两个等体积圆柱体的侧面积之比,等于它们高度之比的平方根","从静止状态开始以定常加速度下降的物体,其经过的距离,与所用时间的平方成正比". 这清楚地表明,伽利略是在讨论变量与函数,只是没有用符号形式来表示.

17 世纪所引入的绝大部分函数,都是当作曲线来研究的. 以后又给这些曲线所代的各种类型的函数,引入了名称与记号. 例如,对数函数记为 $\log_a x$,正弦函数记为 $\sin x$,指数函数记为 a^x 等. 另一方面,用运动观念来考察已有的曲线,又引进了新的曲线,把曲线看作动点的轨迹. 例如,伽利略证明了把物体斜抛在空中时,它的运动路径是抛物线,以后又在单摆运动等的研究中,得到了悬垂线、曲线的渐开线等.

6.4.2 变量依赖说

这一时期的函数概念是对变量间关系的概括. 这一时期以欧拉的观点为代表.

1748 年,欧拉在他的名著《无穷小分析引论》中,把函数定义为"变量的函数是一个解析表达式,它是这个变量和一些常量以任何方式组成的". 所谓解析表达式,它是指通过算术运算、三角运算以及指数运算和对数运算连接变量和常量的式子. 欧拉在 1755 年又给出一个函数的定义:"如果某些变量以这样一种方式依赖于另一些变量,即这些变量变化时,前面的变量也随之变化,那么前面的变量称为后面变量的函数."

显然这个时期的函数定义是有其局限性的.

6.4.3 变量对应说

为了突破变量依赖说的限制,在 18 世纪末,拉克洛亚(Lacrois,1765—1843)在 1799 年给出了一个函数的定义:"一个量若其值依赖于一个或几个变量就称为后者的函数,而不管能否使用何种运算." 也就是说,不一定给出解析表达式. 例如,五次方程的根是该方程系数的函数,而不能给出其解析表达式.

拉格朗日与傅里叶以无穷级数的观点去研究函数. 1797 年,拉格朗日在《解析函数论》中,称能用幂级数表示的关系为函数. 1807 年,傅里叶在《热的分析理论》中指出:"任何函数都可以成三角级数." 这实际上是说,不管是连续函数或不能用解析表达式给出(只能用图形给出)的函数都可以用三角级数来表示.

19 世纪,最杰出的法国数学家柯西给出了如下的函数定义:"若取 x 的每个值,都有完全确定的 y 值与之对应,则称 y 是 x 的函数." 这个定义把函数概念与曲线、连续、解析式等纠缠不清的关系给予了澄清,也避免了数学意义欠严格的"变化"一词,但对于函数概念的本质——对应思想强调不够.

黎曼给出了一个较为精确的定义. 此定义可述为:"若对 x 的每一个值,有完全确定的 y 值与之对应,不管建立起这种对应的方式如何,都称 y 是 x 的函数." 这一定义彻底抛弃了解析式的束缚,特别强调和突出函数概念的本质——对应思想,使之具有更加丰富的内涵.

1837 年,狄利克雷进一步提出:"对于在某区间上的每一个确定的 x 值,y 都有一个或多个确定的值,那么 y 叫作 x 的函数." 这已经相当接近现在许多教科书所采用的定义.

6.4.4 集合对应说

19世纪70年代,康托的集合论出现以后.函数被明确地定义为集合间的对应关系:如果对于集合A中的每一个元素x,都有集合B的一个确定的元素y与之对应,则称y为x的函数.

这个定义突破了狄利克雷古典定义中数集与数集之间对应的限制,使函数的外延大大扩张了.同时避免了"自变量""因变量"的提法.但这个定义仍然还有缺陷,因为引用了未加定义的"对应"概念.

6.4.5 集合关系说

1914年,豪斯道夫(Hausdorff,1868—1942)在他的名著《集合论纲要》中,用"序偶"$<x,y>$来定义函数.它的优点是在函数定义中避免了意义不明确的"对应"概念,但是又引入了"序"的概念.直至1921年,波兰著名的数学家库拉托夫斯基(Kuratowski,1896—?)用集合来定义序偶,即集合$<a,b>=\{a\},\{a,b\}$称为一个序偶.目前(特别是20世纪60年代以后)广泛采用的定义是:

设A,B是任意两个非空集合,f是笛卡儿积$A\times B$的一个子集,满足:

① 对于任意的$a\in A$,存在一个$b\in B$,使得$<a,b>\in f$;

② 若$<a,b>\in f$,$<a,b'>\in f$,则$b=b'$.

那么f称为A到B的一个函数,记作$f:A\rightarrow B, a\rightarrow b, b=f(a)$.

这个定义只涉及一个最基本的概念——集合.这样的定义比以往的任何一个定义都清晰、正确.

函数概念的不断扩张,反映了近、现代数学的迅速发展,但是物理学家要求函数定义要灵活,便于运算,不受许多烦琐条件的限制.这就引起了函数概念的又一次"革命"——产生了广义函数.

我国中学数学课本中的函数定义,也有过多次的变革.目前,基本上采用狄利克雷的定义.在初中阶段,函数定义为:"如果在某变化过程中有两个变量x,y,并且对于x在某个范围内的每一个确定的值,按照某个对应法则,y都有唯一确定的值和它对应,那么y就是x的函数."高中阶段是用映射概念来定义函数的:"……当集合A,B都是非空的数的集合,且B的每一个元素都有原象时,这样的映射$f:A\rightarrow B$就是定义域A到值域B上的函数."

在初中阶段的定义中,使用了"变量"这一术语,但是变量的意义一直是不清楚的,"自变量"的提法也不严密.在高中阶段的定义中,脱离了"变量"这一术语.另外,在初中阶段中,称"y就是x的函数"也是不确切的,而在高中阶段,就明确指出,在$y=f(x)$中,关系"f"才是函数.

第七章 几何学史话

7.1 "几何"一词的意义与几何学发展的分期

"几何"这一名称最早出现于希腊,原文是 γεωμετρια,它是由 γε′α(土地),μετρεα(测量)两词合成的,意思是"测地术".

其实希腊人并没把几何作为测地术看待.他们索性把几何称作数学,而对于测量土地的科学,希腊人则用了"测地术"的名称.

"几何"一词中的测地术的含义是由历史原因造成的.据古希腊学者欧德谟(Eudemus,公元前 4 世纪)认为,几何学原是由埃及人开创的.由于尼罗河的泛滥,埃及人的土地界线经常被冲掉,致使埃及人每年要做一次土地测量,重新划分界线.于是埃及人便逐渐形成一种专门的测地技术,称之为测地术.当这种技术和名称流传到希腊时,希腊人也持埃及人同样的认识.在相当长一段时间里,希腊语中的几何也确是指测地术.随着希腊数学思想的变化,"几何"的含义也就发生了变化,逐渐演变成一门关于物体形状和相互关系的数学科学,也就是现在狭义之下的几何学.

广义的几何学是从近代开始形成的,它包括了许多各自独立又相互联系的数学理论.这些理论或是它们的研究对象跟通常的空间形式和关系相类似;或是它们一开始就是建立在最初狭义的几何学基础上的;或是它们的体系是由分析和拓广几何学概念及表现手法出发的,即是从分析和拓广实际物体的空间形式从已有的经验资料出发的.总之,尽管近代几何学的面貌有了深刻的变化,但几何学与空间形式的关系仍然密切地联系着.

中文名词"几何"是 1607 年徐光启在意大利传教士利玛窦的协助下,翻译欧几里得几何《原本》前 6 卷时首先提出的.他们把译本定名为《几何原本》."几何"在我国文言文中原是"多少"的意思,这里所谓的几何不是狭义地指"多少"的意思,而是泛指度量以及包括与度量有关的内容.他们认为,《原本》是解决一切与度量有关的数学著作,即所谓"察几何之道".正像他们在《几何原本》卷一前面所说:"凡历法、地理、乐律、算章、技艺、工事诸事,有度有数,皆依赖十府中几何府属.""十府"是西方哲学家对自然界和人类社会所划分的十个归属.因此,在译本的书名上特意加上了"几何"二字.曾有人认为,几何是 Geometry 前三个字母 Geo 的译音,这是错.事实上,徐启光和利玛窦译的《原本》的底本是德国数学家克拉维斯(C. Clavius,1537—1612)的注释本,书名为 C. Clavius;Euclidis Eelementorum(Libri XV,1591 年),其中根本没有"Geometria"这个词.即使认为当时欧洲把 Euclidis 和 Geometria 作为同义,也不能说"几何"是"Geo"的音译,何况在十七八世纪来华的传教士中,无论是在我国编写的或是与中国学者合译的西方科学著作中,既没有发现采用音译书名的,也没有音译的风气.在与《几何原本》同期的一些译著中,常把几何作为 Mathematica 的译名,而不把 Geometria 译作"几何",这与徐光启、利玛窦的意思是相同的.至于为什么不把《原本》译成《数学原本》,那可能是因为当时"数学"一词还被狭义地理解为计算技术《算法》的缘故,这个意义与徐启光和利玛窦二人想要表达的《原本》的意义是不全吻合的.尽管数学的意当时已经有了扩大,但毕竟没有"法律化",其义仍因人而定.徐启光和利玛窦二人为了正确地表达他们的意思,使用了"几何"一词,是费了心思的.

几何学的发展大致可分成四个时期.第一个时期是萌芽时期,它包括了几何作为一门独立的数学科学之前的整个历史阶段,自远古到公元前6世纪这个漫长的时期.其特征是:人们凭借经验的积累而产生了对几何事实之间的关系的简单阐述和证明方法的拟定,形成了图形、几何命题和证明的概念.这个历史的时期是由埃及、巴比伦、中国和希腊等许多国家所开创的,并在希腊得到较大的发展.

第二个时期是独立的几何学形成时期.据现有史料记载,早在公元前5世纪,古希腊数学家希波克拉提(Hippocrates,约公元前460年)等人就做过几何学的系统表述.不过,对后世影响最大的作为独立几何学出现的标志应是公元前3世纪问世的欧几里得的《几何原本》.这本书不仅完整地确立了现在几何学的大部分内容,而且它为几何学所建立的基本原则,对后来几何学乃至整个数学的发展有着重大的影响.

第三个时期是几何学新方法的蓬勃开创时期.笛卡儿的解析几何把代数方法引进了几何学,使几何学的表达问题和解决问题能力大大提高,从而也就扩大了几何学的研究范围.18世纪中期,由于欧拉、蒙日等人将微积分方法引进几何学,所以又产生了微分几何.在研究的方向上转向了足够光滑的曲线和曲面以及相应的各种变换.尔后,彭赛列又建立了完整的射影几何学.由绘画问题产生的另一个几何学是画法几何,它的奠基者是蒙日.尽管出现了不少新的几何学分支,但是它们的基础并没有改变,所不同的只是扩大了研究对象,采用了不同的研究方法.

第四个时期是几何学的革命时期.它是由俄国的罗巴切夫斯基、匈牙利的波耶(Janos Bolyai,1802—1860)以及高斯分别建立非欧几何而开创的.这种几何现在通常称为罗巴切夫斯基几何学.说它是革命,是因为它改变了人们对空间形式的认识,为建立新的"空间观"和新的几何体系铺平了道路.比如,非阿基米德几何、非戴沙格几何、非勒让德几何等,这种用非字命名的几何都是几何学革命时期的产物.这一时期还出现了可与罗巴切夫斯基几何并驾齐驱的黎曼几何.这是1854年由德国数学家黎曼建立的.新几何学的产生,致使1872年德国数学家克莱因(Felix Klein,1849—1925)不得不对几何学用统一的观点做出分类,这就是著名的"爱尔兰根纲领".在第四时期萌芽的还有拓扑学.

在几何学发展的前两个时期中,我国的几何学是独立发展着的.我国不仅积累了丰富的几何知识,而且形成了具有独自特色的几何理论与体系.17世纪以后,随着西方数学的引进,这种传统体系才逐渐与西方几何融合成一体,成为整个几何学的一个有机部分.

7.2 图形概念与早期几何学史

随着人类实践活动的不断深入,对图形的认识也就逐渐深化.为了丈量土地、确定谷仓的大小,开河造堤时所挖土方的多少,先后出现了长度、面积、体积等有关图形的概念.有了这些概念,各种图形的有关计算方法也就相继出现.例如,巴比伦在约公元前2200年时,就有了计算直角三角形、长方体、直角梯形和圆等面积的公式,以及立方体、柱体、棱台等的计算法则.我国也是最早对图形进行专门研究的国家之一,从甲骨文中发现,早在公元前十三四世纪,我国已经有了"规"(用以画圆)、"矩"(用以画方)等几何专用名词,"规矩"作为专门制工具的出现,反映了当时已经有了脱离实物的抽象的圆,以及直线的清晰概念.骒作为规、矩、准、绳的创始人,也许是一种传说.用规、矩、准、绳使几何图形规范化,达到圆则圆,方则方,平则平,直则直,却是出现于我国远古时代的事实.在公元前4世纪左右成书的《墨经》中,给出了许多言简意赅的几何概念的明确定义以及几何性质的科学阐述.虽然没有欧几里得《几何原本》那样完善、丰富和具有严密的系统性,但是它在比《几何原本》早出1个多世纪,如此抽象而正确地反映许多几何事实却是十分可贵的.

一般来说,作为科学的几何学的早期历史,是由于希腊数学家们对产生于埃及、巴比伦的经验事实加以理论化而开始的.

开创希腊几何学史的第一位人物是泰勒斯.此人早年是一个精明的商人,曾经去过巴比伦和埃及进行经商活动,在那里学到了许多数学知识,他第一个把这些知识带回希腊,创立了爱奥尼亚学派,在历史上享有"希腊科学之父"的称号.他的主要贡献有二:其一,试图把零散的埃及人、巴比伦人的数学知识系统化,寻求这些知识间的关系,开创了命题的逻辑证明.人们称他是第一位几何学家,他最早揭示了几何中的"直径平分圆""对顶角相等""三角形两边一夹角对应相等三角形全等""等腰三角形两底角相等"等七八个定理;其二,力图把以上定理用于实际,预测过公元前585年5月28的日食而制止一场战争,利用日影测金字塔的高,测定船离岸的远近等.

泰勒斯所开创的几何学,后由毕达哥拉斯学派大大地向前推进了一步,毕达哥拉斯学派为把几何学建成一门科学做了大量的工作,在具体几何事实上,最著名的是"百牛定理"——毕达哥拉斯定理.此外,还发现了三角形内角和定理,三角形、平行线、多边形、圆和正多边形中的一些定理以及相似形的一些定理,知道正五边形和正十边形的作图方法,知道一个平面可被等边三角形、正方形和正六边形填满,空间可用正方体填满,并且用正四面体、正六面体、正八面体、正二十面体表示火、风、土、水四大元素,后来又发现了正十二面体,等.

柏拉图是继毕达哥拉斯之后对希腊几何学的发展做出较大贡献的人.他虽不是专门的几何学家,但是他很注重几何,他从毕达哥拉斯学派的哲学成就中意识到几何学的严密体系的重要性.他首创学园,使得这个学园活动的时间长达900余年,直到520年.这个学派的主要贡献有五个:其一,强调几何的演绎的推理.柏拉图把几何学奠基于逻辑之上,坚持使用准确的定义,清楚的假设和严格的证明,首先提出了系统的演绎推理法则,这是柏拉图学派的最大贡献.从那时代起,数学上要求从一些公认的原理来进行演绎证明,这一点对科学的发展是有重要意义的.其二,数学推证通法的使用.柏拉图学派使用的数学推证通法有两类,第一类是分析法:先假设结论成立,然后追究它成立的原因,进而逆推这些原因成立的条件,直到与已知条件相符或者得出矛盾为止;第二类是归谬法或间接证法,推证通法不仅用于几何证明,而且用于几何作图.事实上,他们创造了一种不仅对几何学,而且也是对整个数学全新的思维方法.其三,对立体几何的研究.立体几何在柏拉图学派那里获得了相当的进步,学派的先师阿基塔斯对平面几何和立体几何非常精通.后来,柏拉图本人深感立体几何对天文学的重大作用,更是积极倡导对立体几何的研究.柏拉图学派研究了棱柱、棱锥、圆柱和圆锥,并证明了棱锥、圆锥的体积是等底等高的棱柱、圆柱体积的1/3,并作出了关于正多面体不能多于五种的证明.其四,圆锥曲线的发现.圆锥曲线的发现起因于三大作图题,应归功于柏拉学派的几何学家兼天文学家梅内劳斯.他利用平面去截三种直锥,令平面与母线垂直,如圆锥的顶角(母线所张的最大角度)是直角时截口是抛物线,顶角是钝角时截口是椭圆,顶角是锐角时是双曲线. 其五,对不可公度量的研究. 这个学派的西艾泰德斯对不可公度量进行了研究,证明了$\sqrt{3},\sqrt{5},\sqrt{7}$和其他一些平方根是无理数. 这个学派的欧多克斯曾深入研究了"中外比"的问题,就是将已知线段分成两部分,使其一部分是全线段与另一部分的比例中项,这就是达·芬奇称之为"黄金分割"的"神圣比例".

7.3 欧几里得的《几何原本》

7.3.1 《几何原本》的诞生

从公元前7世纪到公元前3世纪,希腊数学已经从素材到框架,为建造几何学的理论大厦准备了足够的条件.

建造几何学的理论大厦,是一个十分困难的事情. 在欧几里得着手这项工作之前,曾经由毕达哥拉斯的学生希波克拉底和西底斯(Theudius,约公元前360年)先后组建过几何学,但是都没有获得理想的结果(322年). 欧多克斯是古希腊仅次于阿基米德的伟大数学家,曾去埃及游历过,在那里学了些天文知识,然后在小亚细亚北部的息稷卡斯(Cyz-icus)成立了一个学派. 欧多克斯所开创的在数学上以明确公理为依据的演绎整理,对欧几里得的工作直接起了作用.

当时摆在欧几里得面前的主要问题,不是对各个命题去进行证明,而是以逻辑一贯的方式把所有的已证或未证的命题串联起来,使每一个命题的证明都有前面的基础. 要达到这个目的就要找出一些其自身就是真理的所谓公理,在此基础上用演绎法整理全部命题. 欧多克斯的工作正是这种设想的具体化. 这对于尚处于茫然中的欧几里得来说,可以说是一个给予启发性的样板. 欧多克斯的许多定理也被欧几里得收入《几何原本》之中.

如果说欧多克斯仅是向欧几里得提供了一个可供参考的基本模式的话,那么亚里士多德却为整个几何大厦的基础构件的选择,制定了合理的标准. 他给出了"定义"的定义,指出了给某一概念下定义时所需注意的事项. 比如,他说一个定义只能告诉人们某事物是什么,并不说明它一定存在,定义了的东西是否存在有待于证明,除非是极少数的几个第一性的东西,诸如点、直线,它们的存在是同公理一起,事先为人们所接受的. 亚里士多德对公理和公设所作的区别,也被欧几里得所采纳.

对欧几里得《几何原本》有影响的远不止欧多克斯和亚里士多德. 公元前4世纪,奥托利库斯(Autolycus,约公元前310年)著《论运动的球》,采用了一种新的风格——命题按逻辑次序排列. 每个命题先做一般性的陈述,然后再重复,但重复陈述时期确参照附图,到最后给出证明,这种风格也为欧几里得所采用.

欧几里得的《几何原本》是一本极其伟大的经典著作,是几何学建立的标志. 但是如果将全部成就归之于欧几里得一个人是不正确的.《几何原本》是集体的产物,而欧几里得的功绩在于:把几何学原理联系起来,把欧多克斯等人创设的许多定理有次序地做出安排,并对前人未经严格证明的命题,予以完善的阐述和严格的证明.

欧几里得的《几何原本》共十三卷,除了平面几何和立体几何之外,还包括了数论、比例论等内容. 整个著作以23个定义开始,同时列置了5条公设和5条公理,然后按逻辑次序,系统而有组织地排列命题;并且以严格的演绎方法展开命题的证明. 人们常把《几何原本》

作为一本数学史,这是因为它确实地反映了当时希腊的整个数学,它的内容不仅包括了古希腊的几何学,而且几乎网罗了希腊古典时期的数学的全部内容.

欧几里得巨著《几何原本》,从来没有哪一本科学著作,像这本书那样牢固而长期地成为广大学生所传诵的读物.

由于在公元前47年,罗马军队入侵埃及,烧毁了埃及图书馆,有关欧几里得的大部分著作也被烧毁,欧几里得本人写的手稿也荡然无存,他的著作只能参考其他作者的许多修订本、评注本和简评重新整理出来.《几何原本》先以手抄本流传,当印刷术传入欧洲以后,仅从1482年到19世纪末,竟用各种文字出了1 000多种版本.在西方,《几何原本》是仅次于《圣经》的出版,是出版最多的书.欧几里得的影响是如此深远,以致欧几里得和几何学成了同义词!

《几何原本》在元朝首次以阿拉伯文体传入我国,中文译名是《兀忽烈的四擘算法段数十五部》,但后来失传了.1607年,徐光启在利玛窦协助下,根据德国数学家克拉维斯注的欧几里得几何《原本》,译出《几何原本》前六卷.1857年,李善兰在伟烈亚力协助下译完了后九卷,包括后面两卷不属于欧几里得的内容.

7.3.2 《几何原本》的理论体系

《几何原本》的伟大历史意义在于它是用公理法建立起演绎的数学体系的最早典范.《几何原本》详细、完整地总结了在它以前几何学中的一切成就,欧几里得把原来分散的几何知识,用逻辑推理的方式,按次序编排.欧几里得还系统总结了前人的几何证明方法:解析法、综合法和归谬法.由于他的总结和提炼,几何学从各种零星知识的堆砌脱胎而成为真正意义上的科学.欧几里得的《几可原本》以及他整理出的几何体系治了几何学长达2 000余年.直到非欧几何产生之前,原则上已不能再对它的原理增添什么新的内容,更不必说去动摇它的权威了.仅此一点也使后世人赞叹不已.

欧几里得的几何体系受到亚里士多德形式逻辑学的影响,他认为公理是不证自明的命题,而公设是几何学中假设成立的事项,假设必须大家承认,所谓定义就是几何学中用语的意义.欧几里得在《几何原本》中把量和量之间的关系作为公理,把几何图形中大家公认的一些性质作为公设,在公理、公设基础上,建立起几何学的公理化体系.

第一卷中,欧几里得一共给出23个定义,5条公设,5条公理.

5条公设是:

①可以从一点到任一点引一直线;

②每条直线可以无限延长;

③以任意点为中心可作半径为任意长的圆;

④凡直角都相等;

⑤如果一条直线与两条直线相交,在同侧的两个内角之和小于二直角,那么无限地延长这两条直线,它们必在这一侧相交.

5条公理是:

①等于同量的量都相等;

②等量加等量,其和相等;

③等量减等量,其差相等;

④能迭合的量,彼此相等;

⑤全体大于部分.

欧几里得的《几何原本》中有几个定义是用一些未经定义的概念来讲的,有些地方讲得很含糊.关于5条公设,前4条论述了直线和圆的基本性质,是容易理解的,但第5个公设显得难让人接受,欧几里得本人也似乎尽量避免使用它.在《几何原本》诞生以后的2 000多年中,许多数学家反对把它列为公设,试图用其他公理来证明它,但是所有的努力都失败了,近代的研究表明第5个公设与其他4个公设是相互独立的,即用前4个公设既不能证明也不能否定第5个公设,非欧几何就是这样产生的.那么为什么第5个公设的陈述比较复杂,看上去不像公设而更像一条定理,主要原因是要回避"无穷"这个棘手的概念.欧几里得对公理的选择非常成功,非常出色,他用一小批公理证明出了数百条定理,让人叹服.

7.3.3 《几何原本》内容简介

《几何原本》共13卷,1~4卷为平面几何学,包括线、角及简单性质,三角形全等的条件,三角形的边角关系,平行线理论,三角形与多边形等积的条件,勾股定理,与已知长方形等积的正方形作法,圆以及内接多边形和外切多边形.第5卷介绍比例的理论.第6卷讨论比例理论的几何应用,如介绍相似形和相似形的面积之比的定理,等高的矩形和平行四边形的面积之比的定理.第7,8,9卷是关于数的理论,包括整数可除性,等比级数求和法以及素数的某些性质.第10卷讨论了形如$\sqrt{a+\sqrt{b}}$的二次无理式的几何分类,两个量不可通约性的准则等.第11~13卷为立体几何学.下面着重介绍第1卷、第3卷和第5卷.

(1)第1卷内容介绍

《几何原本》的第1卷是从定义、公设、公理开始的,接着用48个命题讨论了关于直线和由直线构成的平面图形.它分成三组:第一组(命题1~26)主要讲三角形和垂线;第二组(命题27~32)主要讲平行线理论;第三组(命题33~48)通过比较面积讲平行四边形、三角形和正方形.

欧几里得证明方法思路清晰,整个证明建立在严密的公理化基础上,使几何学成为真正的科学.

《几何原本》中的命题有两种类型,一类是定理,根据假定、公理、公设和定义利用逻辑推理得出结论,另一类是作图题,由已知的对象找出或作出所求的对象.第2卷中介绍这方面的命题.

(2)第3卷内容介绍

第3卷主要讨论有关圆的一些理论和有关命题共有37个,命题1到命题15讲圆心、弦、直径以及两圆的相交、相切;命题16到命题19讲切线;命题20到命题24讲割线;命题35到命题37讲圆幂.命题16最引人注目,它讨论了一种特殊的角——"牛头角".

命题16 在圆的直径的端点所作直径的垂线必在圆外,不能有其他的直线插在这垂线与圆之间,而且半圆的角大于锐角,其余的角小于任意锐角.

命题指出:切线与弧之间的夹角即牛头角小于直线的任何锐角,但它的值并不是零.欧几里得很少谈到曲线之间的夹角,通常讨论的都是直线之间的夹角.

(3)第5卷的内容介绍

第5卷是《几何原本》中比较精彩的一卷,讲比例理论.在欧多克斯以前也讲比例的理论,但讲的是可通约量的比例理论,而根据欧多克斯比例理论编写的第 5 卷,把比例推广到不可通约量.第 5 卷共 18 个定义,讨论了量的比的相等和不等;25 个命题,命题给出比例的一些性质,现作简单介绍如下:

（ⅰ）小的量能量尽大的量时,小的量称为大的量的部分.这里"部分"是指若干分之一.

（ⅱ）大的量能被小的量量尽时,大的量称为小的量的倍数.这里"倍数"指整数倍数.

（ⅲ）比是两个同类量的大小之间的一种关系.

（ⅳ）可比的两个量,如果一个量的倍数大于另一个量,那么,这两个量彼此之间构成了比.

定义给出了什么样的两个量可以有一个比,这两个量必须是同类量,这两个量不能有无穷小或无穷大的量.

尽管在这一卷中一开始就提到量,但没有对量下定义.

（ⅴ）四个量形成第一个量与第二个量之比以及第三个量与第四个量之比.我们说这两个比是相同的:取第一、第三两个量的任何相同的倍数,取第二、第四两个量的任何相同的倍数后,从头两个量的倍数之间大于、等于或小于的关系,可以推出后两个量的倍数之间的相应关系.

这个定义是说有 a,b,c,d 四个量,m,n 是任意的整数,如果下列关系成立

$$\text{对 } ma < nb \quad \text{必有 } mc < nd$$
$$\text{对 } ma = nd \quad \text{必有 } mc = nd$$
$$\text{对 } ma > nd \quad \text{必有 } mc > nd$$

则称 $\frac{a}{b} = \frac{c}{d}$.

定义（ⅴ）为量的比例的代数性质打下基础,是一个关键定义.

（ⅵ）有等比的量称为成比例的量.

（ⅶ）如果第一个量的倍数大于第二个量的倍数,而第三个量的倍数不大于第四个量的倍数,那么第一个量、第二个量大于第三个、第四个量之比.

这个定义说,只要有一个 m,一个 n 使得 $ma > nb$,而 $mc \leqslant nd$,则 $\frac{a}{b} > \frac{c}{d}$,因此,对于一个不可通约的比 $\frac{a}{b}$,可将它置于两个比之间,即一个比大于 $\frac{a}{b}$,另一个比小于 $\frac{a}{b}$.

（ⅷ）一个比至少要有三项（指 $\frac{a}{b} = \frac{b}{c}$）.

（ⅸ）当三个量成比例时,我们说第一个量与第三个量之比是第一个量与第二个量的二次比.即是说,若 $\frac{a}{b} = \frac{b}{c}$ 那么 $\frac{a}{c} = \frac{a^2}{b^2}$.

（ⅹ）四个量成连比时,第一个量与第四个量之比称为第一个量与第二个量的三重比,依次类推.即是说,若 $\frac{a}{b} = \frac{b}{c} = \frac{c}{d}$,那么 $\frac{a}{c} = \frac{a^3}{b^3}$.

定义（ⅺ）定义（ⅹⅷ）,定义了相应的一些量:交比、反比、分比、合分比等,这里指从 $\frac{a}{b}$

形成 $\frac{a+b}{b}, \frac{a-b}{b}$ 等一些比.

在定义后,给出了关于量和量之比的 25 个命题,证明是用文字叙述的,欧几里得为了帮助读者理解命题和证明的意义,用线段来说明量.

命题 1 任意多个量,分别是同样多个量的相同倍数,那么不管那些个量的倍数是多少. 它们总起来也有那么多的倍数.

即是说
$$m(a+b+c+\cdots) = ma + mb + mc + \cdots$$

以下命题用现代记号表示就是:

命题 4 若 $\frac{a}{b} = \frac{c}{d}$, $\frac{ma}{mb} = \frac{mc}{md}$.

命题 11 若 $\frac{a}{b} = \frac{c}{d}$, 则 $\frac{ma}{nb} = \frac{mc}{nd}$.

命题 12 若 $\frac{a}{b} = \frac{c}{d} = \frac{e}{f}$, 则 $\frac{a}{b} = \frac{a+c+e}{b+d+f}$.

命题 17 若 $\frac{a}{b} = \frac{c}{d}$, 则 $\frac{a-b}{b} = \frac{c-d}{d}$.

命题 18 若 $\frac{a}{b} = \frac{c}{d}$, 则 $\frac{a+b}{b} = \frac{c+d}{d}$.

7.3.4 《几何原本》的缺陷

欧几里得处在人类文明的初创阶段,尽管他的《几何原本》是伟大的科学巨作,但绝非无懈可击. 首先一些定义含糊其辞,如一开始对点、线、面的定义没有明确的数学含义,有些定义使用了本身未加定义的概念,如"一样放置的""量"等. 其次证明有些漏洞和错误,使用重合法来证明三角形全等,用了运动的概念,而这是没有逻辑依据的,还有利用了一些从图形上看来是显然的事实. 另外全书 13 卷内容较散,并未一气呵成,有些证明重复出现. 几何学逻辑基础的彻底整理,是在 19 世纪末期由德国著名数学家希尔伯特完成的.

7.4 尺规作图与几何学三大问题

几何作图通常是被限制在直尺和圆规上进行. 根据现有的资料记载,历史上最先明确提出作图要用尺规限制的是希腊学者恩诺皮德斯(Oendpides,约公元前 465 年). 不过,以理论的形式具体地表现这个规定的是欧几里得. 在欧几里得的《几何原本》中,对作图作了三条规定(公设):

(ⅰ) 两点之间可以联结一条直线.

(ⅱ) 中直线可无限延长.

(ⅲ) 以任意一点为中心任意长为半径可以作一个圆.

前两个规定指的是直尺的作用. 后一个规定指的是圆规的作用. 由于《几何原本》的巨大的影响,希腊人所崇尚的尺规作图一直被遵守并流传下来.

对于作图工具仅限于直尺和圆规,人们也有各种解释. 古希腊人认为直线和圆是最基本的圆形,这完全符合人们对作图工具和操作简单化的要求,有人则认为这是受柏拉图的影响,其他工具过分依从感觉而很少依赖于思维和理性.

在古希腊雅典时期有三个几何问题,因为没有人能用直尺和圆规作出,被称为"几何三大难题",它们是:

立方倍积 —— 作一正方体,其体积二倍于给定的正方体;

三等分角 —— 将任意给定的角三等分;

化圆为方 —— 作一个与给定圆等面积的正方形.

上述问题的产生,都是希腊数学过度偏重几何学的结果. 人们广泛研究角的等分问题,自然会碰到角的三等分;在研究正方形对角线与边长关系时,发现以角线为一边所作正方形的面积,等于原正方形面积的两倍,于是也会联想到立方的倍积问题;至于化圆为方问题,则是希腊人求作一定形状的图形使之与给定图形等积这类问题的一个典型例子.

立方倍积问题的实质,是求作一个满足 $x^3 = 2a^3$,即 $x = \sqrt[3]{2a}$ 的长的线段问题. 对于这个问题,希腊数学家曾做过许多努力. 最著名的是希波克拉底,他的结果是:立方倍积问题可化为,在一线段与另一双倍长的线段之间,求两个比例中项问题. 他证明说,设 x 与 y 是这样两个比例中项,满足 $\frac{a}{x} = \frac{x}{y} = \frac{y}{2a}$,由 $\frac{a}{x} = \frac{x}{y}$,得 $x^2 = ay$,由 $\frac{x}{y} = \frac{y}{2a}$,得 $y^2 = 2ax, x^4 = 2a^3x$,所以 $x^3 = 2a^3$. 说明这样的 x,就是满足立方倍积问题的解. 其实希波克拉底只是把问题换了一种形式,他并不可能用尺规把这样的 x 作出. 不过,他的结果却开创了把一个立体问题转化为一个平面问题加以研究的先例. 这是一个功绩,后人正基于这一点而获得了立方倍积问题的机械做法.

所谓机械做法是指借助于直尺和圆规之外的其他器械的作图方法. 比如,用带有直角或某特定角的尺,带有刻度的尺及其他高级制图仪器等. 例如求作 a 与 $2a$ 的两个比例中项问题,若利用直角尺就容易解决. 如图 7.1 所示,作 $AB \perp CD$,且交于点 O,取 $OD = a, OA = 2a$. 将两个相同的直角尺 ABC 与 CDB 这样放置,使得直角顶点 B, C 分别落在两条直线上,而且两者的 BC 边重合,另外两边分别通过 A, D 两点. 不难证明,$x = OB, y = OC$ 就是所求的两个等比中项. 求得了两个等比中项,利用希波克拉底的结论,立方倍也就可以解决了.

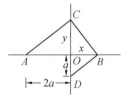

图 7.1

研究"任意角三等分"最出名的是古希腊巧辩学派的希比阿斯(Hippias,约公元前 425 年). 他创设了一种所谓"割圆曲线",用以解决三等分任意角,但由于割圆曲线是不可能用尺规作出的,因此希比阿斯也没有根本解决问题. 用现在的方程形式表示割圆曲线是:$y = x\tan\frac{\pi y}{2a}$. 后来,这个学派的人员地诺斯特拉图(Dinostratus,约公元前 350 年)又利用割图曲线解决了化圆为方的问题. 他的做法是在以 a 为边长的正方形中作一条割圆曲线 EF,如图 7.2 所示,因为

$$BF = \frac{2a}{\pi}, \left[x = \lim_{y \to 0} \frac{y}{\tan\frac{\pi y}{2a}} = \lim_{y \to 0} \frac{1}{\frac{\pi}{2a}\sec^2\frac{\pi y}{2a}} = \frac{2a}{\pi} \right]$$

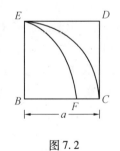

图 7.2

所以,以 BF 为半径的圆的面积是

$$\pi(BF)^2 = \pi\left(\frac{2a}{\pi}\right)^2 = 2a \cdot \pi$$

即
$$\pi(BF)^2 = 2a \cdot BF$$

这就说明一个长、宽分别为 $2a$ 和 BF 的长方形,其面积等于以 BF 为半径的圆面积,至于将长方形改变成同面积的正方形是容易的. 由于 BF 是通过割圆曲线得出的,因此,就尺规作图的问题仍然没有解决.

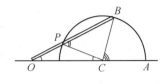

图 7.3

最简单的三等分任意角的做法是阿基米德创设的. 设所分三等分的角是 $\angle ACB$,如图 7.3 所示. 阿基米德用一根在边缘上添加点 P,一端为点 O 的直尺,以点 C 为圆心,OP 为半径作圆,交角的边于点 A, B,使点 O 在 AC 的延长线上移动,点 P 在圆角上移动,当直尺通过点 B 时,联结 O, P, B. 由于 $OP = PC = CB$,不难证明,$\angle COB = \frac{1}{3}\angle ACB$. 这个做法从形式上看只使用了直尺与圆规,但这种在直尺上画点的做法,已超过出了对直尺所限制的作用,因此这种作图法也不能算作尺规作图.

化圆为方问题的最早研究者是古希腊的阿那萨哥拉斯(Anaxagoras,约公元前 499— 公元前 427),但他的成果没有流传下来.

比较起来,化圆为方的问题最难解决. 但如果取消尺规作图的限制,这个问题就是容易解决的. 设已知圆半径为 r,则其面积为 πr^2. 我们只作一个长为 $2\pi r$、宽为 $\frac{r}{2}$ 的矩形,那么其面积就是 πr^2. 这个长方形是容易做的,只要把已知圆在平面上滚一圈,就可得出矩形的长,然后取半径的一半为宽即可,如图 7.4 所示.

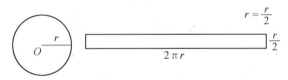

图 7.4

18 世纪,通过对直尺和圆规作图的局限性分析得出:一个量可以有限次地利用直尺和圆规作出的充分必要条件是这个量可以由给定的量,经过有限次的四则运算和开平方运算而获得. 也就是说,如果一个作图问题有解的话,那么在解题过程中具有关键性的那些点所对应的量,必能由原给定的量通过有限次四则运算和开平方运算得出,否则,作图问题没有解,或者说作图不可能实现.

可是如何判断关键性的点所对应的量是否能通过有限次的四则运算和开平方运算得到呢?这就得利用代数学回答. 首先把几何问题建立起相应的代数方程,然后通过判别方程是否有根式解,来决定原几何作图问题是否可由尺规作出.

如立方倍积问题. 假定立方体的边长为 1,所求立方体的边长为 x,则立方倍积问题所对应的代数方程为 $x^3 = 2$. 由于它没有平方根式解,所以 x 不可能从给定线段通过尺规作出.

1837 年,范齐尔(Pierre Laurent Wantzal,1874—1848)给出三等分任意角及立方倍积不可能用尺规作图的证明. 但化圆为方问题的证明却迟迟不能得出,因为这个问题的证明方法与前两个问题的证法完全不同.

化圆为方问题的实质是求一个满足 $x^2 = \pi r^2$ 的长度为 x 的线段,如取 $r = 1$,则问题变为求作以 $\sqrt{\pi}$ 为长的线段. $\sqrt{\pi}$ 可作的条件是 π 可作,而 π 可作的条件是它是代数数. 1882 年,德国数学家林德曼证明,π 不是代数数而是超越数,从而证明了 $\sqrt{\pi}$ 长的线段用尺规不可求出,化圆为方的问题始得解决.

7.5 圆周率简史

对于任意一个圆,它的周长与直径的比值是个常数,它与直径的大小无关,我们把这个常数叫作圆周率. 圆周率通常用希腊字母表示,这是因为考虑到 π 是希腊文圆周 ($\pi\varepsilon\rho\iota\varphi\varepsilon\rho\iota\alpha$) 的第一个字母,$\delta$ 是直径(δ 是 $\delta\iota\alpha\mu\varepsilon\tau\rho o\nu$ 的第一个字母). 英国数学家奥特雷德于 1647 年便使用 $\dfrac{\pi}{\delta}$ 表示圆周率. 由于在求圆周率的过程中人们常选用直径为 1 的圆,即 $\delta = 1$,于是 $\dfrac{\pi}{\delta} = \pi$. 1706 年,英国数学家琼斯首先改用 π 表示圆周率. 后来,由于大数学家欧拉的提倡和采用,符号 π 就从此确认. 虽然如此,但实际上人类文明发展较早的各国,如埃及、巴比伦以及中国、希腊等,初期都采用"径一周三",相当于认为 π 的值近似地等于 3,但后来都做了修正.

写于公元前 1650 年的埃及"纸草"上的一个题目,将直径为 d 的圆的面积为 $(d - \dfrac{d}{9})^2$ 约为 3.160 5.

巴比伦人在计算正六边形与其外接圆周长之比时,计算的结果说明他们曾用 $3\dfrac{1}{8}$ 作为 π 之值,相当于认为 $\pi = 3.125$.

公元前 3 世纪的希腊杰出的物理学家、数学家阿基米德,在他的著作《圆的度量》中,利用圆的内接和外切正多边形的周长来求圆的周长的近似值,当正多边形扩展到 96 边时,他算得圆周率在 $3\dfrac{10}{71}$ 与 $3\dfrac{1}{7}$ 之间,用今天的符号来表示就是 $\dfrac{223}{71} < \pi < \dfrac{22}{7}$,或 $3.140\,8 < \pi < 3.142\,9$,这是数学史上的杰出成就.

我国古代的有关书籍,如战国的《考工记》和西汉时的《周髀算经》中都沿用的是"径一周三". 到了公元初年,王莽时候,刘歆在制造标准量器时,实际上用的是 3.154 7 作为 π 的值. 东汉时,130 年前后,我国著名学者张衡先后曾以 $\dfrac{730}{232}$(约为 3.146 6)、$\dfrac{92}{29}$(约为 3.172 4) 和 $\sqrt{10}$(约为 3.162 3) 等作 π 的近似值. 三国时期,吴国的数学家兼天文学家王蕃,在 255 年左右,以 $\dfrac{142}{45}$(约为 3.155 6)为 π 的近似值. 与王蕃同时的我国著名数学家,三国时魏国人刘徽,在 263 年左右注解《九章算术》时,阐述了"割圆术",利用圆内接正多边形的面积去接近求 π 值割圆,就是在圆周上截取等分点,然后顺次联结各等分点,组成正内接多边形. 刘徽说:"割之弥细,所失弥少,割之又割,以至于不可割,则与圆合体而无所失矣." 意思是说,等分圆周越细,内接正多边形的面积与圆面积就越接近,只要这种分割无限进行下去,就可以获得圆面积的值. 显然, 这里隐含着今天的极限概念.

割圆术求圆面积的具体步骤是:

设 AC 是圆内接正 n 边形的一边, 记作 a_n, AB 和 BC 是圆内接正 $2n$ 边形的两条边, 记作 a_{2n}, 如图 7.5 所示, 又设正 n 边形的面积为 S_n, 分点倍增后的面积的 S_{2n}, 圆面积为 S.

显然
$$S_{\triangle AOC} = \frac{S_n}{n}$$

$$S_{\text{四边形}AOCB} = \frac{S_{2n}}{n}$$

则
$$S_{\triangle ABC} = \frac{S_{2n} - S_n}{n}$$

又
$$S_{\text{矩形}ACED} = 2S_{\triangle ABC} = \frac{2(S_{2n} - S_n)}{n}$$

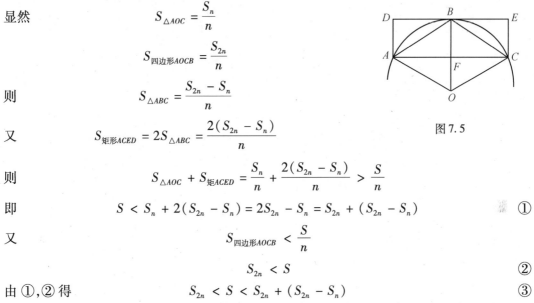

图 7.5

则
$$S_{\triangle AOC} + S_{\text{矩形}ACED} = \frac{S_n}{n} + \frac{2(S_{2n} - S_n)}{n} > \frac{S}{n}$$

即
$$S < S_n + 2(S_{2n} - S_n) = 2S_{2n} - S_n = S_{2n} + (S_{2n} - S_n) \quad \text{①}$$

又
$$S_{\text{四边形}AOCB} < \frac{S}{n}$$

$$S_{2n} < S \quad \text{②}$$

由 ①, ② 得
$$S_{2n} < S < S_{2n} + (S_{2n} - S_n) \quad \text{③}$$

这就是刘徽的圆面积不等式, 是用割圆术计算 π 的理论基础. 刘徽自己推得: 当半径为 10 寸时, 96 边形的面积 $S_{96} = 313\frac{584}{625}$ 平方寸, 扩大一倍后所得的 192 边形的面积 $S_{192} = 314\frac{64}{625}$ 平方寸. 两多边形面积之差为 $\frac{105}{625}$ 平方寸, 刘徽称这数值为"差幂".

于是利用公式 ③, 得
$$S_{192} < 100\pi < S_{192} + (S_{192} - S_{96})$$

即
$$314\frac{64}{625} < 100\pi < 314\frac{169}{625}$$

刘徽"弃其余分", 得 $100\pi = 314$

$$\pi = 3.14 \quad \text{或} \quad \frac{157}{50}$$

后来他又得出 $\pi = \frac{3\,927}{1\,250}$ (这个分数化成小数就是 3.141 6). 这两个圆周率的数值, 后人称为"徽率".

若将刘徽与阿基米德的结果对照, 可以发现, 刘徽的上下界都比阿基米德的精确. 更重要的是, 刘徽只取内接而不用外切, 起到了事半功倍的效果.

5 世纪, 我国的祖冲之在圆周率的计算上取得了世界领先地位. 他得出

$$3.141\,592\,61 < \pi < 3.141\,592\,71$$

的结果, 删去不可靠的最末位数字 1, 于是得

$$3.141\,592\,6 < \pi < 3.141\,592\,7$$

另外，祖冲之还得出圆周率的两个分数表示式 $\pi = \dfrac{22}{7}$ 与 $\pi = \dfrac{355}{113}$，人们称前者为"约率"，后者为"密率".

如用祖冲之的圆周率来计算半径为 10 千米的圆面积，其误差不会超过几个平方毫米. 1 000 年之后，才先后由德国的奥托（Valentin Otho，约 1550—1605）和荷兰的安托尼兹（Adriaen Anthonisz，1527—1607）重新发现密率. 1913 年，日本数学史家三上义夫建议称 $\dfrac{355}{113}$ 为"祖率"，以表彰祖冲之的功绩，此建议现已被广泛采纳.

祖冲之是世界上第一个将圆周率的计算从准确到两位或四位小数，一下推进到准确到七位小数的人，他的卓越成就使我国在圆周率之值的计算方面，保持了约一千年的领先地位.

现在已无法找到祖冲之的计算资料，他的重要著作《缀术》已经失传，人们难以准确判断祖冲之是如何计算圆周率的. 数学家们研究认为，如果祖冲之是沿用刘徽的割圆术计算的，那么，祖冲之应是算过了直到圆的内接正二万四千五百七十六边形的面积，在当时用算筹进行如此浩繁的计算，其答案是如此的精确，这本身就是一项惊人的创举.

然而，采用直接求正多边形周长或面积的办法，来求近似圆周长或圆面积，毕竟有很大的局限性. 1610 年，荷兰人普道尔夫用这个方法算出 π 的 35 位数时，几乎把他的精力拖垮了.

圆周率计算上的重大突破是以寻求 π 的解析表达式开始的. 1579 年，法国的韦达在仔细地分析圆周率与内接正多边形的关系中得出如下关系式

$$\dfrac{2}{\pi} = \sqrt{\dfrac{1}{2}} \cdot \sqrt{\dfrac{1}{2} + \dfrac{1}{2}\sqrt{\dfrac{1}{2}}} \cdot \sqrt{\dfrac{1}{2} + \dfrac{1}{2}\sqrt{\dfrac{1}{2} + \dfrac{1}{2}\sqrt{\dfrac{1}{2}}}} \cdots$$

或

$$\pi = 2 \cdot \dfrac{2}{\sqrt{2}} \cdot \dfrac{2}{\sqrt{2+\sqrt{2}}} \cdot \dfrac{2}{\sqrt{2+\sqrt{2+\sqrt{2}}}} \cdots$$

虽然这个公式在实际应用中会由于碰到多次开方而发生计算困难，但是他毕竟抛弃了几何学加在 π 身上的紧箍，开创了一条用解析计算 π 值的道路.

1650 年，英国数学家瓦里斯把 π 表示成

$$\dfrac{\pi}{2} = \dfrac{2}{1} \cdot \dfrac{2}{3} \cdot \dfrac{4}{3} \cdot \dfrac{4}{5} \cdot \dfrac{6}{5} \cdot \dfrac{6}{7} \cdot \dfrac{8}{7} \cdot \dfrac{8}{9} \cdots$$

这些是将 π 表示连乘积的公式.

1706 年，英国数学家马青推得公式

$$\pi = 16\arctan\dfrac{1}{5} - 4\arctan\dfrac{1}{239}$$

从此以后，数学家们研究出了许多利用正切函数来表示 π 的公式，著名的数学家如勒让德、高斯等都从事过这方面的工作，其中较常用的公式有 1896 年斯图模推得的公式，即

$$\pi = 24\arctan\dfrac{1}{8} + 8\arctan\dfrac{1}{57} + 4\arctan\dfrac{1}{239}$$

等，这些公式，配合以当 $-1 < x \leq 1$ 时

$$\arctan x = x - \dfrac{x_3}{3} + \dfrac{x_5}{5} - \dfrac{x_7}{7} + \cdots + (-1)^{n-1}\dfrac{x_{2n-1}}{2n-1} + \cdots$$

等,在先进的计算工具的帮助下,就能将 π 的值计算到小数点后几十、几百以至几千万位.

从 17 世纪中叶起,人们还找到了许多用无穷级数来表示 π 的公式,其先行者为英国数学家格里高得和德国数学家莱布尼兹,他们的公式为

$$\frac{\pi}{4} = 1 - \frac{1}{3} + \frac{1}{5} - \frac{1}{7} + \cdots + \frac{(-1)^{n-1}}{2n-1} + \cdots$$

这可用前面谈到的 arctan x 的展开式中令 $x=1$ 得到. 这公式要计算很多项才能得出 x 的较为准确的似值,因此,后来的数学家们对它有很大的改进. 改进的公式多得不可胜数,如

$$\frac{\pi}{2} = 1 + \frac{1}{3} + \frac{1}{3} \cdot \frac{2}{5} + \frac{1}{3} \cdot \frac{2}{5} \cdot \frac{3}{7} + \frac{1}{3} \cdot \frac{2}{5} \cdot \frac{3}{7} \cdot \frac{1}{3} + \cdots$$

$$\frac{\pi}{6} = \frac{1}{2} + \frac{1}{2} \cdot \frac{1}{3 \cdot 2^3} + \frac{1 \cdot 3}{2 \cdot 4} \cdot \frac{1}{5 \cdot 2^5} + \frac{1 \cdot 3 \cdot 5}{2 \cdot 4 \cdot 6} \cdot \frac{1}{7 \cdot 2^7} + \cdots$$

等. 我国清朝时候的一些数学家也推出一些这一类的公式,如康熙年间的满族数学家明安图创立的《割圆密率捷法》中有公式

$$\pi = 3 + \frac{3}{4 \cdot 3!} + \frac{3 \cdot 3^2}{3^2 \cdot 5!} + \frac{3 \cdot 3^2 \cdot 5^2}{4^3 \cdot 7!} + \cdots$$

咸丰年间的夏鸾翔推得

$$\frac{\pi}{2} = 1 + \frac{1^2}{3!} + \frac{1^2 \cdot 3^2}{5!} + \frac{1^2 \cdot 3^2 \cdot 5^2}{7!} + \frac{1^2 \cdot 3^2 \cdot 5^2 \cdot 7^2}{9!} + \cdots$$

$$\frac{\pi}{4} = 1 - \frac{1}{3!} - \frac{2^2-1}{5!} - \frac{(2^2-1)(4^2-1)}{7!} - \frac{(2^2-1)(4^2-1)(6^2-1)}{9!} - \cdots$$

在 π 的数值计算方面,首先超过祖冲之的是中亚细亚的阿尔·卡希,他在 1427 年左右将圆周率算出到小数点后十六位,后来不断有人算出更多的小数位,大致情况是:17 世纪初算到了小数点后 35 位;1706 年,马青算到 101 位小数;1873 年,沈克斯算到小数点后 707 位,这项工作几乎花费了他毕生的精力,人们在他的墓碑上刻下他算得的数据,后人发现自 528 位之后的数字是错误的.

自从电子计算机出现以后,π 的计算小数点后的位数就成千成万位地增长. 1949 年,超过了两千位,1958 年超过了一万位,1961 年超过了十万位,1961 年超过了五十万位,1973 年算得了一百万位,这是法国两位女数学家计算出来的,她们的成果印成了一本二百页的书,下面写出这一百万位的前 100 位和最后 10 位. 各位数字依次为:

3. 1415926535897932384626433832795028841971693993751058209944592307816406286208998628034825342117067 9 … 5779458151.

据报道,1983 年两位日本科研人员已经将 π 值的计算突破了八百万位小数的大关.

后来,美国《科学新闻》杂志报道,日本东京大学的学者,使用大功率的超级计算机,得出的 π 有一亿三千四百万个数字,创下了最新的世界纪录. 假如把这个惊人的位数全记下来的话,像我们这本书上的数字那样大小的数,约能有 66 千米长,如果一口气连续读这个数字,那么得花两年时间才能把这个数读完. 虽然这是一串极其枯燥无味的数字,但它却算得上是显示电子计算机计算威力的一座丰碑.

人们在对 π 值计算的同时,还对 π 的性质进行了研究. 最初,希望能找到一个准确表达圆周率的分数,在各种尝试都失败之后,终于明白了这个分数是不存在的. 1761 年,数学家兰伯特证明了 π 是无理数. 1882 年,德国数学家林德曼证明了 π 是超越数. 数学家探求中的

进程就像圆周率这个数一样:永不循环,无止不休……

实际上,在人类科学、技术、生产和生活中,用到 π 的小数点十位以后的数值的需要是很少的,计算到小数点后几百万甚至几千万位并非应用上的必需.

7.6 正多边形的作图史略

几何作图是平面几何的重要内容之一,只使用直尺和圆规,按"作图公法"作正多边形又是几何作图中最有趣的内容. 早在公元前 3 世纪,古希腊的数学家欧几里得在《几何原本》第四卷中就讨论了使用直尺和圆规作圆内接正三、四、五、六、十五边形的方法.

我们知道作圆内接正多边形问题,实质上就是等分圆周问题. 如果能作出圆内接正 n 边形图形,只要逐次作所成中心角(或圆弧)的平分线,就可作出正 $2n$ 边形来. 由欧几里得的作图,不难得出:边数为 $2^n, 3 \times 2^n, 5 \times 2^n$,或 15×2^n 的正多边形都可使用直尺和圆规进行作图. 但是,在此后的两千年中,除此之外,正多边形作图没有实质性的进展.

文艺复兴时期,由于建筑、绘画、制图等方面的需要,作圆内接正多边形成为许多学者讨论的题目,如意大利的塔尔塔利亚(1499—1557)、费拉里(1522—1565)、卡当(1501—1576)、蒙特(1545—1607)、贝内代蒂(1530—1590)等讨论了正五边形作图问题. 德国数学家丢勒(1471—1528)讨论了正九边形的近似作图. 但他们所讨论的作图局限于要么是近似作图,要么是用不同方法作欧几里得已经作出的图形.

1796 年,差一个月就年满 19 岁的德国数学天才高斯发现:一个具有素数边数正多边形可以尺规作图的充要条件是其边数是形如 $2^{2^n}+1$ 的费马数,并进一步断言,一个正 n 边形可以作图的充分条件是边数 $n = 2^l p_1 p_2 \cdots p_n$,其中,$p_1, p_2, \cdots, p_n$ 是不同的费马数,l 是大于或等于零的整数. 高斯的发现不仅坚定了他献身数学的决心,也使古老的尺规作图问题有了突飞猛进的发展,并促进了群论的诞生.

形如 $2^{2^n}+1$ 的费马数,当 $n = 0,1,2,3,4$ 时分别产生素数 $3,5,17,257,65\,537$,但到目前为止,$n > 4$ 时,费马数是否有素数尚待证明. 边数为 $3,5$ 的正多边形作图是古希腊人知道的,其他的则是他们不知道的. 年轻的高斯第一个给出正 17 边形作图方法. 高斯受此事影响如此之大,以致他放弃成为一名哲学家的念头,而终身献身于数学,并要求将正 17 边形图形刻在他的墓碑上,后来在高斯长期工作的哥廷根大学,为他建立的纪念碑底座上就有这样一个多边形.

按照高斯的理论,德国数学家里歇洛(1808—1875)于 1832 年发表了正 257 边形的作图研究. 德国林根的赫尔梅斯(约 1894 年)教授花了 10 年时间研究正 65 537 边形的作图问题,他的图纸装了整整一大箱子,被存放在哥廷根大学博物馆. 高斯作出正 17 边形后,施陶特(1798—1867)、里奇蒙德(1906 年)等都研究过圆内接正 17 边形作图问题.

1837 年,法国数学家旺策尔(1814—1848)证明了高斯条件的必要性,从而彻底解决了哪些正 n 边形可以用直尺和圆规作图问题. 根据高斯-旺策尔定理,边数小于 100 的正多边形中,可以用尺规作图的只有 24 个,分别是 $3,4,5,6,8,10,12,15,16,17,20,24,30,32,34,40,48,51,60,64,68,80,85$ 和 96.

用尺规作图每一步都需要找一个交点,或是两条直线的交点,或是直线和圆的交点,或是两个圆的交点. 按解析几何观点,就是求解由两个一次方程,或一个一次、一个二次方程,或两个二次方程组成的方程组.几何作图问题转变成讨论方程组的解(即交点)和交点间距离能否用尺规作图问题.现已证明,只有交点坐标和交点间距离是经有限次四则运算及开实平方可以求得的方可用尺规作图.

顺便提一下,丹麦数学家莫尔(1640—1697)于1672年证明了凡能用直尺和圆规作图的也可只用圆规来完成,当然没有直尺不能作联结两点的直线,但两点确定一条直线.不幸的是莫尔的研究直到1928年才被发现.1797年,意大利数学家兼诗人马歇罗尼(1750—1800)重新发现了这一事实,德国数学家斯太纳(1796—1863)受马歇罗尼的鼓舞,于1833年证明了:只给一个圆及圆心,使用尺规作图的都可仅使用直尺来完成.意大利数学家塞韦里(1879—1961)则进一步证明了只需给一个圆的一段弧及圆心即可(1904年).

7.7　黄金分割小史

黄金分割是普遍存在的自然现象.如果留意观察的话可以发现,舞台上的报幕员只有站在舞台宽度的黄金分割点的位置最美观,音响效果也最佳.

对自然和社会中的黄金分割现象的认识,是欧洲文艺复兴后的事.但是,在数学上对黄金分割的接触却出现得很早.

最早接触的是毕达哥拉斯学派.据说,毕达哥拉斯学派是当时希腊的一个秘密团体,为了保证学派不被外人流入,他们以一个比较难画的几何图形作为学会的会章.这个图形就是正五角星.画五角星与黄金分割有什么关系呢?[6]

画五角星先要画正五边形,然后把正五边形的各条对角线联结起来即可.设正五边形 $ABCDE$ 的对角线 AD 与 BE 的交点为 P,如图7.6所示.

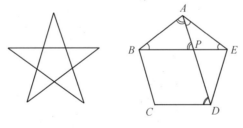

图7.6

因 $\triangle ABE \sim \triangle PEA$

则 $$\frac{BE}{BA} = \frac{EA}{PE} \quad ①$$

即 $$\frac{BE}{EA} = \frac{BA}{PE}$$

又 $EA = AB = BP$

则 $$\frac{BE}{BP} = \frac{BP}{PE} \quad ②$$

由于点 P 在线段 BE 上,因此式②实际上给出了线段上点 P 所具有的一种性质.现在知道具有这一性质的点 P,就是线段 BE 的黄金分割点.点 P 把 BE 分割成 BP 和 PE,且满足 $\frac{BE}{BP} = \frac{BP}{EP}$

的分割,叫黄金分割.不过,当时毕达哥拉斯学派并没有提出这一名称.他们的兴趣中心是在线段上作出这个点,以便画出五角星,而不是在探索这个点的更深特性.

给一个线段作黄金分割也不难.

设 $BE = l, BP = x, PE = l - x$,那么式 ② 为

$$\frac{l}{x} = \frac{x}{l-x}$$

即

$$x^2 + lx - l^2 = 0$$

解这个方程,取正根有

$$x = \frac{\sqrt{5}}{2}l - \frac{1}{2}l$$

利用这个式子,就可以得出黄金分割的作图法.

设 BE 是长度为 l 的一线段,过点 E 作 BE 的垂线 EF,其长度为 $\frac{l}{2}$,于是

$$BF = \sqrt{l^2 + (\frac{1}{2}l)^2} = \frac{\sqrt{5}}{2}l$$

以点 F 为圆心,以 $\frac{l}{2}$ 为半径画圆,交 BE 于点 G. 又以点 B 为圆心,BG 为半径画圆,交 BE 于点 P. 点 P 就是线段 BE 的黄金分割点,如图 7.7 所示.

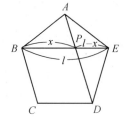 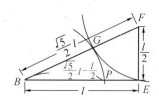

图 7.7

如果说毕达哥拉斯学派将线段进行黄金分割,只是出于实用的话,那么欧多克斯从整个比例论的角度,考虑线段的黄金分割,则可看作是数学上对黄金分割研究的开始.

欧多克斯发现:如果将一给定线段分成两段,使之满足长线段与短线段之比等于全线段与长线段之比,那么这种分法具有许多特殊的性质.他称这种比为"中外比". 比如,以点 C 将线段 AB 分成中外比,且 $AC > BC$,如图 7.8 所示,则

图 7.8

(ⅰ) $(AC + \frac{AB}{2})^2 = 5(\frac{AB}{2})^2$;

(ⅱ) $(BC + \frac{1}{2}AC)^2 = (\frac{1}{2}AC)^2$;

(ⅲ) $AB^2 + BC^2 = 3AC^2$.

欧多克斯还发现这种线段之间的中外比关系,存在于许多图形的自然结构中.比如,在

正五边形中,相邻顶角的两条对角线互相将对方分成中外比,而较长的一段等于正五边形的边,如图 7.7 所示. 内接于同一个圆的正六边形,与正十边形边长之和,被联结这两条边的那一点分成中外比. 如果将有理线段分成中外比,那么被分成的两个线段的长是无理数.

尽管希腊数学的许多内容曾经被印度和阿拉伯数学家所吸收,但是由欧多克斯创设的比例论,包括黄金分割(中外比)理论,却没有在这些国家得到应有的发展.

黄金分割研究的新曙光出现在文艺复兴时期的欧洲. 这在很大程度上是由于绘画艺术的发展而促成的.

十五六世纪,欧洲出现了好几个身兼几何学家的画家. 其中著名的有帕奇欧里、波提切利(Botticelle,1444—1510)、丢勒(Dürer,1471—1528)和列奥纳多·达·芬奇(Leonardo da Vinci, 1452—1519) 等人. 这些人的职业特长,使他们有可能把几何学上对图形的定量分析方法应用于一般的绘画艺术上,从而给绘画艺术建立起科学的理论基础,摆脱对客体的机械摹写.

1525 年,丢勒制订的图画上的比例法则就是一个典型成果. 在丢勒的法则中,充分吸收了黄金分割的几何意义,揭示了黄金分割在绘画中的重要地位.

丢勒认为,在所有的矩形中,黄金分割型的矩形 —— 短边与长边之比为 $\frac{\sqrt{5}-1}{2}$ 的矩形最好看. 这是因为黄金分割型的矩形具有这样一个性质:以短边为边,在这个矩形中分出一个正方形后,余下的矩形与原来的矩形相似,仍是一个黄金分割形的矩形,如图 7.9 所示,这使它在人们的视觉中有一种"和谐"的感觉.

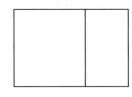

图 7.9

严格地说,真正感觉到把线段分成"中外比"的分割具有黄金般意义的是丢勒等欧洲画家. 事实上,是帕奇欧里首先把"中外比"称之为"神圣比例". 后来达·芬奇把欣赏的重点转移到使线段构成中外比的分割,而不是中外比本身,于是提出了"黄金分割"的名称.

19 世纪以后,随着黄金分割的美学价值愈益明显,特别是数学上优选法的出现,人们对黄金分割意义的认识才日益加深.

7.8 对平行公设的探讨

欧几里得的《几何原本》诞生以后,在两千余年的时间里它统治了整个几何学. 尽管大家对它坚信不疑,但持怀疑态度者也不乏其人,最集中的怀疑点是第五个公设:

"当两条直线被第三条直线所截,如有一侧的两个内角之和小于两直角,则将这两直线向该侧适当延长后必定相交."

对这个公设有两点引起了人们的怀疑,其一是,它远不如前面四个公设那样简单明白,相反,词句冗长,意义含糊. 其二是,欧几里得本人似乎也想尽量避免应用第五公设,直到第 29 个定理才用它.

对这个问题,从希腊时代起到 19 世纪初,人们采取了两条研究途径. 一是承认它是公设,但《几何原本》中的叙述太差,得设法用一条更为明白的命题来代替;二是通过证明来断定第五公设只是一个定理,从而废弃它的公设地位. 当然,这样的划分是现代人的观点. 事实上,对平行公设的整个研究,常是两条途径相交错的.

第一个做出较大尝试的是托勒密.这位古代第一流天文学家、地心说的创始人,试图从《几何原本》的其他公设、公理以及与平行公设无关的28个定理出发来证明第五公设.但是托勒密在证明中不自觉地假设了两直线不能包围整个空间,并且假定若 AB 和 CD 平行,则对 FG 一侧内角成立的事情也必在另一侧同样成立,如图 7.10 所示.这种假设是不能成立的,因为谁能肯定两条直线向两头无限延伸后彼此不相交呢?

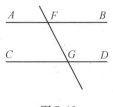

图 7.10

5 世纪,希腊数学家普罗克拉斯(Proclus,约 412—485)首先对第五公设的要害加以揭露.他指出:"我们只能相信当截线一侧的内角之和小于两直角时,两直线会在这侧相接近,但不能肯定会相交.事实上,确实存在一些曲线彼此接近而不相交.如双曲线与它的渐近线."普罗克拉斯的话并非完全正确,但是他对"直线在无限远处相交"所提出的质疑却是深刻的.在对第五公设证明中,他得出第一与第五公设相等价的命题.

"在平面上两条不相交的直线,彼此相隔的距离是有限的."

他的工作可以看作是采用等价命题代替第五公设的开始.

在 13 世纪,阿塞拜疆的天文学家纳速拉丁(Naslr Eddin,1201—1274)为证明第五公设,花了很大心血.他首先设置了不加证明的两个预备定理,又在这基础上提出第三条预备定理:"假如从线段 AB 的两端引两条垂线并截取相等的线段 AC 和 BD,如图 7.11 所示,则 ∠ACD 和 ∠BDC 皆为直角."借助于这个预备定理,纳速拉丁毫无困难地就证得了第五公设.但是在证明第三条预备定理的时候,纳速拉丁的思路发生了错误,尽管后来他做过改进但仍无法避免.

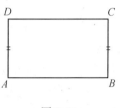

图 7.11

纳速拉丁的工作在欧洲的传播是由华利斯推进的.1693 年,华利斯在发表纳速拉丁关于第五公设的工作的同时,提出了自己的证明设想.华利斯认为,既然任意一个圆都有任意大小的包括半径无限大的相似圆存在,因此"任意的几何图形,也应该有任意大小的相似形存在."这样,只要"给定一个三角形和一给定值,那么总存在一个与给定三角形的边长之比等于给定值的三角形".华利斯认为这个命题要比第五公设明显,因此可以作为第五公设的替代公设.这当然只是他的认识,事实上任意大三角形的存在问题,要比两直线在无限远是否相交,更令人怀疑.况且华利斯的命题也不比第五公设有更大的明确性,因此他的工作也只具有"历史意义"而无"现实意义".

企图寻找替代公设的做法,持续了相当长的时间,替代的命题也一个接着一个.其中在形式的简明性上超过第五公设的有:1741 年,法国克雷洛(Alexis Clairaut,1713—1765)提出的"如果四边形的三个角是直角,则第四个角也是直角".1769 年,芬恩(Joseph Fenn)提出的"两相交直线不能同时平行于第三条直线".1795 年,苏格兰的普雷菲尔(John Playfair,1748—1819)提出的"过直线外一点,有且只有一条直线与该直线平行"等.

因普雷菲尔公设最为简明,从而受到普遍的采用,现在教科书也常用这一叙述形式来替代第五公设.当然所有的替代命题存在着不够作为公设的地方,因此也就没有从根本上解决第五设公设问题.

由于替代命题都是在直接或间接证明第五公设中得出的,因此虽然这些替代命题没有能真正地占据第五公设的地位，但证明过程中所出现的各种思想方法，却对几何学的发展起着积极而又重要的作用. 其中对非欧几何的产生具有重大影响的包括：意大利的萨开里(Girolamo Sacchri,1667—1733)、法国的勒让德、德国的克吕格尔(Georg S. Klügel, 1739—1812)、兰伯特、斯维卡特(Ferdingnd Karl Schweikart,1780—1859)和托里努斯(Franz Adolf Taurinus, 1794—1874)等人.

萨开里的工作是从与平行公设相对立的假设出发，企图通过引出矛盾来证明平行公设. 但他的实践并没有使假设得出矛盾，因此非但平行公设问题没有得到解决，但却得出了后来非欧几何的许多定理. 最著名的就是萨开里四边形定理：四边形 ABCD 如图 7.12 所示，$AC \perp AB$，$BD \perp AB$，而且 $AC = BD$，则 $\angle ACD = \angle BDC$，且都是锐角. 我们知道，与此相应的与平行公设等价的定理应该得出的结论是："$\angle ACD = \angle BDC$，且都是直角." 萨开里的结果，实际上已经揭示了与平行公没对立定理的存在，而且彼此相容、不发生矛盾. 但是由于萨开里的思想是被欧氏几何唯一正确观念所牵制，他追求的是以否定其他来换得对第五公设的肯定. 因而他并没有在此基础上继续探索下去.

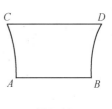

图 7.12

勒让德在寻找第五公设证明的时候，作出了一连串的有关三角形内角和的定理：

任意三角形的内角和不可能大于 $2d$；

如果一个三角形内角等于 $2d$，那么所有其他三角形的内角和都等于 $2d$；

如果一个三角形的内角和小于 $2d$，那么任意三角形的内角和都将小于 $2d$.

尽管勒让德没有从这三个定理确切地说出三角形的内角和是否等于 $2d$，即未能最后确定第五公设的正确与否，但是他已经得到了不用第五公设所能得出有关三角形的内角和的全部事实.

勒让德的思想也是想肯定第五公设. 为了确定回答三角形的内角和是 $2d$，他力图证明三角形的内角和不可能小于 $2d$. 这样，综合三角形内角和既不小于 $2d$ 又不大于 $2d$，就可以得出内角和必定等于 $2d$. 从这个结论出发，就可推得过直线外的一点，只能作一条直线同已知直线平行. 然而，遗憾的是勒让德在证明三角形内角和不可能小于 $2d$ 的时候，犯了"循环论证"的毛病，即在证明中他不自觉而又不明显地用上了第五公设. 勒让德失败了，但他的工作却给罗巴切夫斯基带来很大的影响.

18 世纪，德国似乎掀起了一个第五公设热潮. 1763 年，克吕格尔首先提出了一个带有方向性的意见. 他认为，人们以往所接受第五公设的基础是建立在经验之上的. 他举了萨开里的例子，说萨开里之所以认为他得出了"矛盾"，那是由于他用经验来判断事实，因此他的结论的正确性是带有主观意识的，当然是不可靠的. 克吕格尔的提示，对兰伯特是很有影响的. 兰伯特正是带着这种新的观念，去走萨开里曾经走过的路. 他像萨开里那样构筑了一个四边形，其中三个角是直角，研究的出发点是考虑第四个是直角、钝角、锐角的可能性. 限于篇幅，这里不再介绍兰伯特的具体证明过程，需要指出的是，当时兰伯特已经意识到如下事实：不管是假设第四个是钝角，还是锐角、直角，如果推理过程不导致矛盾的话，一定是提供一种可能的几何. 这种几何是一种真正的逻辑结构. 虽然它或许对真实的图形作用很小，但人们不能限制逻辑上可能发展的千差万别的几何. 很清楚，兰伯特在这里已经为我们预示了新几何学的存在，并为人们去认识它扫清了道路.

兰伯特的工作对斯维卡特的研究也有很大的影响.1816 年,斯维卡特得出结论说:"应该承认存在着两种几何,一种是欧氏几何,一种是建立在三角形内角之和小于两直角假设下的几何.他还认为,后一种几何的实在性也许要在星际空间中才能证实,因此他称此为星空几何.斯维卡特比兰伯特的进步之处是,他不仅对兰伯特的预示做出肯定回答,而且确实地从四边形有三个是直角,而另一个角是锐角的假设出发,得出了他所谓的星空几何的一些定理.

在斯维卡特的指引下,他的外甥托里努斯继续研究了星空几何,托里努斯得出的结论是,只有欧几里得几何对物质空间是正确的,而星空几何只是逻辑上相容.托里努斯这个结论并没有超过他舅父的认识水平,反而在新几何身上进一步蒙上了一层虚拟的薄纱.不过,有一点是极其重要的,就是托里努斯证明了虚半径球面上成立的公式,恰好就是星空几何中所成立的.这个思想在 40 年以后,又反映在意大利几何学家贝特拉米(Eugenio Beitrami,1835—1899)的身上.贝特拉米证明:非欧几何可以在欧几里得空间的曲面(如伪球面的片段部分)上成立.

19 世纪,在非欧几何最终确立之前,德国数学家的工作是极有价值的.这些工作包括:肯定平行公设的独立性(不可能用其他定理证明);确定非欧几何的存在;注意到实球面上的几何具有以钝角假设为基础的几何性质,而伪球面上的几何则具有锐角假设为基础的几何性质,等等.如果从首先认识非欧几何的存在这点上说,他们应是非欧几何的创始人.然而,由于他们都忽略了一个基本点,即欧氏几何不是描述物质空间的唯一几何.因此,他们并没有像后来的非欧几何创始人那样,以开拓者的姿态最终确立非欧几何与欧氏几何在经验能够证实范围内描述物质空间的同等地位.

7.9 非欧几何简史

19 世纪,由于数学家对欧几里得《几何原本》第五公设的怀疑、探索,引出了许多与欧几里得几何不同的几何.所有这些与欧氏几何不同的几何都称之为非欧几何.下面我们介绍第一个非欧几何——罗巴切夫斯基几何的诞生史.

第一个非欧几何是在对平行公设的研究中诞生的.因此,如果把第五公设的研究作为非欧几何的产前史的话,那么这段时间至少有 15 个世纪.当然这样分段法并不科学,平行公设终究不等于非欧几何,只有当对平行公设的研究真正与非欧几何发生关系的时候,才能算得上是非欧几何历史的开始.

这样就得从萨开里算起,因为萨开里是第一个通过正确的逻辑推理,得出非欧几何定理的人,而且他的工作为后来兰伯特等人预示非欧几何的存在奠定了思想基础.非欧几何与欧氏几何一样,不仅具有自身的逻辑相容性,而且在描述物质空间上也与欧氏几何一样地正确.正因为这样,人们才把高斯、罗巴切夫斯基、波耶作为非欧几何的创始人.

高斯对非欧几何的研究成果很少发表,人们对他这方面的工作大多是从他与朋友通信中了解的.高斯曾对他的朋友苏玛谢尔说过,早在 1792 年他已经有了非欧几何的思想.这思想包括两个内容:一是除欧氏几何外存在一个无逻辑矛盾的几何;二是在这几何中平行公设不成立.1799 年,高斯在给波耶的父亲弗尔卡斯·波耶的信中,再次强调了平行公设无法在欧氏几何中加以证明的思想,并开始认真地开发新几何学的内容.从 1813 年起,高斯先后称他所设想的几何学为"反欧几里得几何""星际几何""非欧几里得几何"等。高斯不仅确信新几何无逻辑矛盾，而且确信它是可应用的。他还通过测量三个山头所构成的三角形内角之和，来把他的思想付诸实践。这种思想和实践说明了高斯坚信非欧几何能够与欧氏几何一样描述现实空间。

从时间上说，紧接着高斯之后提出非欧几何设想的是匈牙利数学家波耶。波耶自小勤奋好学，13 岁时就掌握了微积分，而且能把它应用于力学上去。波耶的非欧几何思想产生于 1820 年，到 1823 年时这种思想已发展到了相当完善的地步。这一年年底，他写信给他父亲说："我已得到如此奇异的发展，使我自己也为之惊讶不已。"1826 年，波耶曾把他的《绝对空间的科学》这篇关于非欧几何的开创性论文，寄给他的老师艾克维尔，但这位不经心的教授却把这个手抄本遗失了。直到 1832 年，波耶所谓的绝对几何学，即非欧几何学，才作为他父亲一本著作的"附录"出现。

这也许是太晚了，因为 1826 年俄国数学家罗巴切夫斯基发表了有关这方面的论文。罗巴切夫斯基对第五公设的接触开始于 1816 年，当时罗巴切夫斯基也像前人那样，尝试证明第五公设。但不久，发现这种证明都无法逃脱循环论证的错误。不过，此时的罗巴切夫斯基做了一件很有意义的事情，他将欧氏几何所有命题，按是否依赖于第五公设划分为两个部分。罗巴切夫斯基发现，"在一个平面上，过直线 L 外一点至少可作一条直线与 L 不相交"这个命题应有两个结论：一个是仅可作一条直线与 L 不相交；另一个是不只作一条直线与 L 不相交。若采用前者，那就是欧氏几何中第五公设相等价的命题，显然要直接证明它是不可能的。那么能不能采用证明后一个结论，从而达到否定前一结论，或者在否定后一结论中，达到证明前一结论的效果呢？对此，罗巴切夫斯基进行了实践，他采用了几乎与勒让德证明三角形内角和不可能小于 $2d$ 时相同的方法，得出了与欧氏几何彼此独立的命题系统。罗巴切夫斯基称它为"虚几何学"。

虚几何学中的平行公设是：

在已知平面内，过直线 L 外一点 C 可以作两条不同的直线与直线 L 平行。

罗巴切夫斯基把过点 C 的全部直线分成三类，如图 7.13 所示：

① 同 L 相交的直线，也称会聚线，如图中的 CM, CN 等。

② L 的两条平等地线，如图中的 CK, CH。

③ 同 L 不相交的直线，也称分期线，如图中的 CL_1, CL_2。

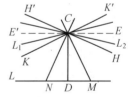

图 7.13

所以罗巴切夫斯基几何学中的平行线不仅仅指不相交，而且它们起着把会聚线与分散线隔开的分界线的作用。平行线的特征是，在平行线一侧作微小的倾斜，就变成相交直线。

罗巴切夫斯基又把平行线 $H'H$，同垂线 CD 之间的夹角叫作平行角，记作 $\pi(p)$，即 $\angle DCK = \angle DCH = \pi(p)$，其中 p 是从 C 垂直直线 L 的垂线的长。采用这样的符号，是希望表示平行角的 p 的函数。

如果 $\pi(p)$ 是一个常数 d，那么 $\angle HCE = 0$，并且除 EE' 外，不存在其他同 L 不相交的直线，由此得出的几何就是欧氏几何。

如果 $\pi(p) < d$，那么一定存在两条平行线，一条在垂线 CD 的一侧，还有一条在 CD 的另一侧，这时得出的几何就是非欧几何，即通常所谓的罗巴切夫斯基几何。

我们从介绍罗巴切夫斯基的工作中,看到了非欧几何的建设者所得出的一个与直观相抵触的几何世界.在这个世界中有着许多人们不易接受的古怪的定理.比如,"两条不相交的直线被第三条直线所截,所成的同位角可不相等""通过不在一直线上的三点,不一定能作一个圆""三角形的内角之和小于两直角,且不同的三角形有不同的内角和""如四边形 $ABCD$ 中,$AC \perp AB$,$BD \perp AB$,而且 $AC = BD$,则 $\angle ACD = \angle BDC$,且都是锐角",如图7.14所示.最后一个正是1773年萨开里得出的结论.在图形的度量方面,罗巴切夫斯基几何的一个有趣结论是:"如果三角形的内角为 α,β,γ,则三角形的面积 $S < p^2[\pi + (\alpha + \beta + \gamma)]$,其中 p 是我们前面提到函数 $\pi(p)$ 中的自变量,即点 C 到直线 L 的距离."它说明罗氏几何中一切三角形的面积都是有上界的.

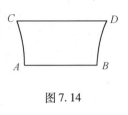

图 7.14

非欧几何中的"怪定理"层出不穷,尽管在有限的定理中并没有发现互相矛盾的结果,但非欧几何的创立者们把我们的现实空间描述的与经验那么不相适应,不能不引起人们对它真实性的怀疑.也许由于这些原因,使非欧几何的创建者们都遭到了冷遇.高斯怕受人耻笑,而不敢拿出自己的研究成果;波耶由于受到冷遇而失望消沉;罗巴切夫斯基则被嘲笑、打击,不仅丢失了论文而且还被罢免了职位.

真理一定会战胜谬误,最终是要被承认、被接受的.1868年,意大利数学家贝特拉米,发表了《非欧几何解释的尝试》,首次证明了非欧几何可以在欧氏空间曲面上实现.两年后,德国数学家克莱因又进一步做出非欧几何的直观解释,为它建立了直观模型.不久,另一个模型又由当时的权威数学家法国的庞加莱给出.所有这一切都有力地表明了,非欧几何确实也反映了现实空间的规律,因而非欧几何占有了几何学中应有的席位.

7.10 几何学在中国的发展

在漫长的历史过程中,几何学在中国形成了自己独特的风格.中国古代数学包含有丰富的几何内容,中国数学家在面积、体积和勾股理论方面取得了卓越的成就.然而,与古代希腊几何学迥然不同.中国古代的图形研究表现为数量的计算,它以长度、面积和体积等度量为主要的对象,而一般不注重图形性质与位置关系的研究,甚至中国古代几何学不讨论角的性质与度量.几何对象的度量化,使中国数学"以算为主"的特点得以充分体现,而数形结合突出地表现为几何方法和代数方法的相互渗透.一方面,古代算术与代数中许多理论与方法(如比率算法、高次方程的数值解法)在几何领域中广泛应用,表现为几何的代数化的倾向;另一方面,几何的原理与方法又成功地用于代数、数论等领域,如开方术、整勾股数一般公式等都源于几何.数与形的这种美妙结合,使得中国数学在理论与应用方面都获得了很大的成就.中国传统数学中几何论证方面所特有的某些公理和方法,如"出入相补原理""截割原理""刘徽原理""祖暅原理"、模型法、无穷分割法和极限法等,不仅促进了中国古代数学的发展,而且对现代数学理论的研究也是有启发意义的.吴文俊院士在论述"出入相补原理"时,曾指出:"多面体的体积理论到现在还余韵未尽,估计中国古代几何中的思想和方法,或许对进一步的探讨还不无帮助."

7.10.1 《墨经》中的几何概念

《墨经》成书于春秋战国时期,是墨家学派知识的总汇——《墨子》的一部分,它包括《经上》《经下》《经说上》《经说下》四篇,是当时诸子百家论著中论及自然科学最系统的书,它包括几何学、力学、光学及逻辑学等方面的内容.《墨经》中给出了一些几何概念的明确定义;讨论了两条与连续有关的几何定理(参见 P18);研究了充分必要条件;承认了无穷大量的存在性.

《墨经》中是这样讨论充分必要条件的,《经上说》:"小故,有之不必然,无之必不然,体也,若有端. 大故,有之必然,若见之我见也." 这里的"小故"指一种条件,"大故"指另一种条件. 上文的意思是说,一种条件,有了它结论未必成立,但没有它结论一定不成立,例如,点对于体. 另一种条件,有了它结论一定成立,例如,看对看见. 由此可以看出,"小故"和"大故"显然就是现在所说的必要条件和充分条件,是非常确切的.

7.10.2 《周髀算经》与勾股定理

《周髀算经》是算经十书之一,是西汉或更早时期的天文历算著作,作者不详,可能成书于公元前 100 年或稍晚一些的年代,书中系统地把数学应用于天文学,是中国古代著名的"数理天文学"的早期著作之一. 全书分上、下两卷,有关数学方面的内容在上卷之一、之二,主要内容有勾股定理、测量术、比例、分数等.

勾股定理是初等几何中的一个基本定理,它有着十分悠久的历史,几乎世界所有文明古国(中国、埃及、巴比伦、印度、希腊等)对此定理都有所研究. 国外关于这个定理的第一个严格证明者是希腊著名数学家毕达哥拉斯,故西方国家称此定理为毕达哥拉斯定理. 但是,毕达哥拉斯关于勾股定理的证明方法已经失传. 著名的希腊数学家欧几里得在他的巨著《几何原本》中给出了一个很好的证明.

在我国,勾股定理的叙述最早见于《周髀算经》. 据书中的记载,该定理是在周时期发现的,书中有一段西周初期著名数学家商高(约公元前 1120 年)答周公的问话.《周髀算经》卷上记载:"昔者周公问于商高 …… 商高曰:…… 故抑矩以为勾广三,股修四,经隅五." 意思是说,直角三角形的直角边为 3 和 4,则斜边为 5. 书中还记载了陈子(公元前 716 年)的话,即"若求邪至日者,以日下为勾,日高为股,勾股各自乘,并而开方除之,得邪至日." 文中的"邪"即斜,用公式表达就是斜至日(弦) $= \sqrt{勾^2 + 股^2}$. 它明确地叙述了勾股定理的内容. 可见我国对于勾股定理的发现早于毕达哥拉斯,因此,有人提议勾股定理称为商高定理或陈子定理. 我国古代称脚为勾,称腿为股,人直立时那是垂直的,因此人们称直角三角形之短边为勾,长边为股. 其斜边如弓上弦,故以弦命名,把对应的直角三角形称为"勾股形",因此,该定理称为勾股定理. 后来,传到日本,日本数学家把勾改为钩,我国后来又把钩改为勾,这就是"勾股定理"的来历.

《周髀算经》是我国三国时代的著名数学家赵爽所注(约 222 年),注里给出了我国勾股定理的第一个证明. 12 世纪,在印度的婆什迦罗的书中也有类似的证明,从年代上讲,已晚于我国约 900 年.

赵爽在《勾股圆方图》中首先叙述了勾股定理的内容,此后又写道:"案:弦图(见图 7.15)又可以勾股相乘为朱实二;倍之,为朱实四,以勾、股之差自相乘为中黄实. 加差实亦成弦实."文中的"实",指的是面积,上面一段话的意思是说"弦图"的构成,是把直角三角形的两条直角边的长相乘,得到一个矩形的面积(正好是两个直角三角形的面积),涂上红色(朱实二),再二倍,就变成四个相等的三角形,都涂上红色(朱实四),像右图那样排列起来.中间以勾股之差为边的正方形的面积,涂上黄色.这样,恰好构成一个直角三角形的斜边(弦)为边的正方形的面积.若以 a,b,c 分别表示勾、股、弦之长,则有

图 7.15

$$2ab + (b-c)^2 = c^2$$

即
$$a^2 + b^2 = c^2$$

上述证法,非常简明,一直被我国初中课本采用.国外也有类似的证法,如印度数学家帕斯卡拉和中亚数学家阿布尔·瓦发都曾先后用过此法,但都在赵爽之后.

赵爽证明方法的基本思想就是图形经过"移补凑后"其面积不变.中国历代数学家,曾利用这一原理,解决了很多数学问题.

赵爽对勾股定理作出了出色的证明之后,观察了勾股弦之间的内在联系,并指出"勾股之法,先知两数,然后推一".由此,获得了许多勾股恒等式.其中 $x = \dfrac{2c - \sqrt{(2c)^2 - 4a^2}}{2}$ 是方程 $x^2 - 2cx + a^2 = 0$ 的一个根,这是世界上最早的求根公式之一.

总之,赵爽在我国数学史上是一位有贡献的数学家,他的不少数学思想和方法对我国数学的发展有着重大的影响.

7.10.3 《九章算术》中的面积、体积计算

《九章算术》是我国算经十书中最重要的一部,是我国流传最早的数学著作之一,它不是一个人的作品,也不是在一个时代里完成的.它系统地总结了战国、秦、汉封建制创立到巩固这一段时期内的数学成就,经过历代名家的多次修订和增补,特别是西汉时期许多人的增补,如张苍(约公元前200年)和耿寿昌(约公元前50年)的整理,大体已成为定本.1984年,湖北张家山汉墓出土的西汉竹简《算数书》(公元前2世纪初)与《九章算术》有很多相似的地方,可为佐证.现在传世的《九章算术》是经过三国时期刘徽所注的注解本.

《九章算术》中不仅容纳了丰富的代数学知识,也容纳了丰富的几何学知识.

《九章算术》在国外也具有很大的影响.在日本、苏联等国家也有不少学者著文介绍《九章算术》,并给了很高的评价.因此,可以说《九章算术》是一本具有世界影响的著作.

第一章——方田章,主要论述了平面图形的面积计算方法.

(1) 方田.方田是指正方形或长方形的田地,其称法是:"广以步数相乘得积步".又说:"广从里数相乘得积里."这里的"广"是宽,"从"是长,其面积就是广、从两边的乘积.其面积公式就是

$$长方形面积 = 广(宽) \times 从(长)$$

(2) 圭田.圭田是指等腰三角形状的田地,其算法是"半广以乘正从".这里的"广"是等腰三角形的底,"正从"是等腰三角形的高,其面积就是底、高乘积之半.其面积公式就是

$$圭形面积 = \frac{1}{2} \times 广 \times 正从$$

(3) 邪田. 邪田是指直角梯形状的田地,其算法是"并两邪而半之,以乘正从若广. 又可半正从若广义乘并". 其中"两邪"是指直角梯形的两腰,"正从"或"广"指的是其高. 其面积公式就是

$$邪田面积 = \frac{1}{2} \times 两邪和 \times 正从 = 两邪和 \times \frac{1}{2} \times 广$$

(4) 箕田. 箕田是指等腰梯形状的田地,其算法为"并踵、舌而半之,以乘正从". 其中所说的"踵",是指等腰梯形较短的底,"舌"是指较长的底,"正从"是高. 其面积就是

$$箕田面积 = \frac{1}{2}(踵 + 舌) \times 正从$$

(5) 圆田. 圆田是指圆形的田地,其算法为"半周半径相乘得积步",或"周径相乘,四而一",或"径自相乘,三之,四而一",或"周自相乘,十二而一". 其中"周"是指圆周,"径"是指圆的直径,取古率为三,这样,圆田的面积计算公式有下面四个:

$$圆面积 = 半周 \times 半径$$

$$圆面积 = \frac{1}{2} \times 圆周 \times 圆径$$

$$圆面积 = \frac{3}{4} \times 圆径 \times 圆径$$

$$圆面积 = \frac{1}{12} \times 圆周 \times 圆周$$

(6) 弧田. 弧田是指弓形的田,其算法为"以弦乘矢,矢又自乘,并之二而一". 其中"弦"是弓形的弦,"矢"是弓形的高. 其面积公式就是

$$弧田面积 = \frac{1}{2} \times (弦 \times 矢 + 矢 \times 矢)$$

这是一个误差很大的近似公式,这一公式究竟如何形成,是一个值得探讨的问题.

(7) 环田. 环田是圆环形的田地,也包括环缺形的田地,其算法为"并中外周而半之,以径乘之为积步". 其中"外周"是指圆环的外圆周或环缺的外圆弧,"中周"是指圆环的内圆周或环缺的内圆弧,"径"是指圆环或环缺的内、外半径之差. 其面积公式就是

$$环田面积 = \frac{1}{2} \times (中周 + 外周) \times 径$$

上述公式是正确的,但如何形成这一算法,需进一步研究.

(8) 宛田. 宛田就是球冠形的田地,其算法为"以径乘周,四而一". 其中"径"就是球冠上与底面垂直的大圆弧,"周"就是球冠形底面之周. 其面积公式就是

$$宛田面积 = \frac{1}{4} \times 径 \times 周$$

由上看出,方田章给出的平面图形的面积算法基本上都是正确的,有的是近似的. 从这些记载不难看出,中国古代在平面图形面积计算方面的成果和体系,由简到繁,先直线形后圆形,前一算法不用后一算法,后一算法可用前一算法,理论体系是严谨的.

第五章——商功章,主要论述了立体图形的体积算法,它与方田章的体系相同,今列举如下.

(1) 城. 所谓"城"包括城、坦、堤、沟、堑、渠,它们都是底为等腰梯形的直棱柱. 其体积

(或容积)算法的术文为"并上、下广而半之,以高若深乘之,又以袤乘之,即积尺". 其中,"上、下广"就是等腰梯形面积的上、下底边,"高"或"深"是底面的高,"袤"是棱柱的长. 其体积公式就是

$$城的体积 = \frac{1}{2} \times (上广 + 下广) \times 高 \times 袤$$

(2) 堢壔:堢壔有方堢壔(即正四棱柱)和圆堢壔(即正圆柱). 其算法术文为"方有乘,以高乘之即积尺"及"周自相乘,以高乘之,十二而一". 其中"方"是正四棱柱底面一边,"周"是正圆柱底面的周长. 其体积公式就是

$$方堢壔体积 = 方^2 \times 高$$

$$圆堢壔体积 = \frac{1}{12} \times (周^2 \times 高)$$

(3) 亭. 亭有方亭(即正四棱台)和圆亭(即正圆台). 其算法术文为"上、下方相乘,又各自乘,并之,以高乘之,三而一"及"上、下周相乘,又各自乘,并之,以高乘之,三十六而一". 术文中所说"上、下方"是指正四棱台上、下底面的边长."上、下周"是指正圆台上、下底面的周长,"高"是台体的高. 其体积公式就是

$$方亭体积 = \frac{1}{3} \times (上方 \times 下方 + 上方^2 + 下方^2) \times 高$$

$$圆亭体积 = \frac{1}{36} \times (上周 \times 下周 + 上周^2 + 下周^2) \times 高$$

(4) 锥. 锥有方锥(即正四棱锥)和圆锥(即正圆锥). 其算法术文为"下方自乘,以高乘之,三而一"及"下周自乘,以高乘之,三十六而一". 其体积公式就是

$$方锥体积 = \frac{1}{3} \times (下方^2 \times 高)$$

$$圆锥体积 = \frac{1}{36} \times (下周^2 \times 高)$$

(5) 堑堵. 堑堵就是底为直角三角形的直棱柱. 其算法术文"广、袤相乘,以高乘之,二而一". 其体积公式就是

$$堑堵体积 = \frac{1}{2} \times (广 \times 袤 \times 高)$$

(6) 阳马. 阳马就是一个侧棱与底面垂直的四棱锥. 其算法术文为"广、袤相乘,以高乘之,三而一". 其体积公式就是

$$阳马体积 = \frac{1}{3} \times (广 \times 袤 \times 高)$$

(7) 鳖臑:鳖臑(臑:音"闹"nào)就是各面为直角三角形的四面体. 其算法术文为"广、袤相乘,以高乘之,六而一". 其体积公式就是

$$鳖臑体积 = \frac{1}{6} \times (广 \times 袤 \times 高)$$

(8) 羡除. 羡除就是上平下斜的墓道,其形状是上底面、直立面、下斜面均为等腰梯形,两侧面为直角三角形的五面体. 其算法术文为"并三广,以深乘之,又以袤乘之,六而一". 其体积公式就是

$$\text{羡除体积} = \frac{1}{6} \times (\text{上广} + \text{下广} + \text{末广}) \times \text{深} \times \text{袤}$$

（9）刍甍. 刍甍（甍：音"蒙"méng）就是上底为一线段，下底为一矩形的拟柱体，也就是两侧面为全等的等腰梯形，另两侧面为全等的等腰三角形，底为长方形的五面体. 其算法术文为"倍下袤，上袤从之，以广乘之，又以高乘之，六而一". 其体积公式就是

$$\text{刍甍体积} = \frac{1}{6} \times (2 \times \text{下袤} + \text{上袤}) \times \text{广} \times \text{高}$$

商功章中还给出了刍童公式，它是一种拟台体体积计算公式.

关于勾股的计算，多集中在第九章勾股章，其内容有勾股互求、勾股整数及勾股两容.

为叙述和表示方便起见，以 a, b, c 分别表示勾、股、弦，将有关公式列如下.

（ⅰ）勾股互求.

①"勾股各自乘，并而开方除之，即弦".

上文即
$$c = \sqrt{a^2 + b^2}$$

②"股自乘，以减弦自乘，其余开方除之，即勾".

上文即
$$a = \sqrt{c^2 - b^2}$$

③"勾自乘，以减弦自乘，其余开方除之，即股".

上文即
$$b = \sqrt{c^2 - a^2}$$

（ⅱ）勾股整数

$$a : b : c = (m^2 - \frac{n^2 + m^2}{2}) : n \cdot m : (\frac{n^2 + m^2}{2})$$

其中 n, m 为正整数.

（ⅲ）勾股两容

$$e = \frac{ab}{a+b}, d = \frac{2ab}{a+b+c}$$

其中 e 为勾股形内接正方形的一边长，d 为勾股形内切圆的直径.

7.10.4 刘徽在几何方面的成就

刘徽不仅在代数学方面做出了较大成就，在几何学方面也有较大成就.

（1）出入相补原理

出入相补原理就是利用图形的分、合、移、补的方法来处理几何问题，这是中国数学史上由来已久的传统方法，刘徽推而广之，概括为"出入相补，各从其类"的普遍原理，广泛应用于求积与勾股等有关公式与定理的证明. 在《周髀算经》和《九章算术》中，虽然都已明确给出了勾股定理的一般形式：勾^2 + 股^2 = 弦^2，但原证失传，刘徽依出入相补原理为之补充了证明，刘徽提出了"以类相合"的割补原则. 即要求：

① 将图分割为方或勾股两类基本图形；

② 各类图形的个数为偶数，使得每对同类图形可拼为方形（"类合"）；

③ 所分成的基本图形中一般有一度相等，以便最后拼为一方形.

刘徽运用这一原则使许多典型公式的证明十分巧妙和有法可循. 例如，刘徽给出勾股定理的证明是："勾自乘为朱方，股自乘为青方，令出入相补，各从其类，因就其余不移动也. 合

成弦方之幂:开方除之,即弦也."按刘徽注所说,其证明分为合、分、补三步.

勾股容方术刘徽注:"勾股相乘为朱、青、黄幂各二. 令黄幂连于下隅,朱、青各以类合,共成修幂. 中方黄为广,并勾股为袤. 故并勾股为法."

推得容方公式:$d \times (a+b) = ab$,故 $d = \dfrac{ab}{a+b}$.

由上可以看出,刘徽按照"以类相合"的原则割补几何图形证明定理、公式,十分巧妙. 而且他以纸为原料,裁切成各种基本图形,同类图形涂以一种颜色,不同类图形以朱、青、黄等不同颜色区分,使论证变得非常生动直观.

在《九章算术》各种体积公式的证明中,刘徽的"图形分析"方法达到了更高的水平. 空间中多面体的割补比平面上多边形的割补要复杂得多. 类似于多边形分割成方和勾股形为基本图形,对于空间多面体的分割刘徽也规定了几种基本的几何体,他称之为"棋"."立方"是最基本的几何体,设其长、宽、高为 a,b,h,则认为其体积为

$$V_{立方} = abh$$

"邪解立方得两堑堵",即

$$V_{堑堵} = \frac{1}{2}abh$$

"邪解堑堵,其一为阳马,其一为鳖臑",即

$$V_{阳马} = \frac{1}{2}abh, \quad V = \frac{1}{6}abh$$

上面的四种"棋"是基本的立体模型,其他各种几何体的体积都可用它们的体积来拼合计算. 刘徽用分解为"棋"的方法来建立多面体体积公式,使它的理论简单而明确.

出入相补原理贯穿在刘徽的整个《九章算术》的注中,它反映了当时人们已经有了较高的抽象概括能力,抽象概括出解决实际问题的一般原理,而这种原理又具有简明性和直观性,用它能帮助人们把许多算法联系起来,并得出更多的有效算法. 出入相补原理的提出,对中国古代传统的数学思想的发展起了很大的推动作用.

利用出入相补原理,可以实现图形的互相转化,如三角形和矩形;还可实现数与形的转化,如勾股数和正方形面积的转化;方根和正方形边长的转化等. 这些转化包含了朴素的辩证思想,是中国古代数学方法的一大特色,也是中国古代数学实用思想的重要成果之一.

(2) 体积原理

所谓体积原理是指:将一个堑堵如图 7.16(a)所示,分成一个阳马如图 7.16(b)所示,和一个鳖臑如图 7.16(c)所示,则阳马与鳖臑体积之比恒为二比一,即

$$V_b : V_c = 2 : 1 \qquad (*)$$

按刘徽的原话说是:"邪解堑堵,其一为阳马,一为鳖臑. 阳马居一,鳖臑居二,不易之率也." 如果证明了这个原理,则《九章算术》提出的阳马体积公式 $V_b = \dfrac{1}{3}abh, V_c = \dfrac{1}{6}abh$(其中 a,b,h 分别是长、宽、高) 是明显的推论.

刘徽的证明方法如下(见《九章算术》商功章注):用互相垂直的三个平面平分由阳马和鳖臑拼成的堑堵的长、宽、高,则阳马被分成一个小长方体、两个小堑堵、两个小阳马,鳖臑被分成两个小堑堵、两个小鳖臑(见图7.17). 二阳马中两个小堑堵与鳖臑中两个小堑堵恰好可以拼成两个小长方体,与阳马中的那个小长方体,共三个全等的小长方体(见图 7.18). 显

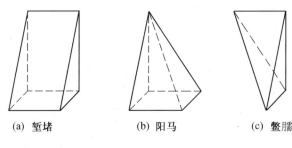

(a) 堑堵　　　(b) 阳马　　　(c) 鳖臑

图 7.16

然,其中居于阳马与居于鳖臑的体积之比为二比一,阳马中的两个小阳马与鳖臑中的两个小鳖臑分别拼成两个小堑堵,居于图形的两端,这两个小堑堵又可拼成与前三个小长方体全等的第四个小长方体如图 7.19 所示,其中阳马与鳖臑的体积之比仍未知. 总之,在原堑堵的四分之三中已经证明式(∗)成立,而在其四分之一中尚未得到证明.

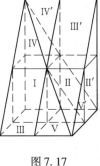

图 7.17

 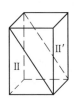  

图 7.18　　　　　　　　　　图 7.19

第四个小长方体中的两个小堑堵的结构、形状与原堑堵完全相似,因此,可以对之重复刚才的分割、拼合,那么又可以证明式(∗)在第四个小长方体的四分之三中亦即原堑堵的 $\frac{1}{4}\cdot\frac{3}{4}$ 中成立,原堑堵的 $\frac{1}{4}\cdot\frac{1}{4}$ 尚未证明. 这个过程可以无限继续下去,正如刘徽所说:"若为数而穷之,置余广、袤、高之数各半之,则四分之三又可知也. 半之弥少,其余弥细,至细曰微,微则无形,由是言之,安取余哉?"就是说,无限分割的极限,原堑堵尚未证明式(∗)成立的部分为 0,亦即在整个堑堵中完成了式(∗)的证明.

建立多面体的体积理论是世界数学史上极为困难的问题. 1900 年,希尔伯特在国际数学会上的著名讲演中,把体积理论列为 23 个问题之一. 1902 年,德国人德恩指出:同体积的立方体和正四面体不能分割相等. 这说明依据出入相补原理建立多面体的体积理论是行不通的. 然而刘徽成功地运用极限的方法建立了"阳马居二,鳖臑居一"的原理,奠定了中国多面体积求积理论的基础.

(3) 截割原理

截割原理是指:"同高的两立体,在等高处各作一与底平行的截面,若截面面积之比为一常数,则此二立体体积之比也等于这一常数."刘徽在推证《九章算术》中的求积公式,特别是推算曲线型立体体积时多次采用此原理,据考察刘徽当时没有给这一原理以明确的叙述,而后来祖暅才记叙了"缘幂势既同,则积不容异"这句概括的话. 因而,该原理称为"刘、祖原理"更为恰当.

(4) 勾股不失本率原理与重差术

勾股章勾股容方术刘徽注曰:"幂图方在勾中,则方之两廉各自成小勾股,而其相与之势不失本率也."这个命题是说:在勾股容方图中,"方"之两面所成的小勾形,其对应勾、股、弦三边之比率与原勾股形相同("不失本率"),即 $OE:DE:DO = BH:OH:OB = BA:DA:DB$. 这就是所谓"不失本率原理". 它等价于下述命题:"凡勾中容横,股中容直,二积相同",如图 7.20 所示,即

$$面积_{AEOH} = 面积_{OGCF}$$

不失本率原理蕴涵着相似勾股形的判定和性质. 刘徽将不失本率原理与比率算法结合起来,论证勾股章各种各样的勾股测量原理. 特别在此基础上论证并发展了著名的"重差术",把勾股测量理论提高到一个新的水平.

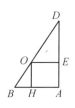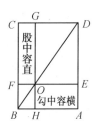

图 7.20

西汉时期,主张盖天说的天文学派采用了一种测量太阳高和远的方法,当时的数学家称"重差术". 到了刘徽时代,此术几乎失传. 刘徽通过研究,使此术得以复生和发展.

刘徽认为,当时主张盖天说的天文学派提出的"景差原理"("地隔千里,影长差一寸")实际上属于重差术. 刘徽说:"…… 夏至日中立八尺之表,其景尺有五寸 …… 南戴日下万五千里 ……" 按刘徽之意,"景尺五寸""南戴日下五万千里",即是景差原理推得的.

$$南戴日下 = \frac{景长 \times 千里}{1寸}$$

而上式中的"千里"为"地差率""一寸""景差率"由此知,计算南戴日下公式为

$$南戴日下 = \frac{景长 \times 地差率}{景差率}$$

在上式比率算法中,以"地差"($F'B - FB$)和"景差"($C'F' - CF$)如图 7.21 所示,二差为率.

GB:南戴日下;EF:南表;$E'F'$:北表. 这就是重差术意义所在. 实际上,重差术在测量方式上是勾股测量重复多次进行;在计算方法上是取两次测量中两组数据的差数为比率,从而用比率算法来计算. 因此,重差术在理论上是勾股比率论的发展.

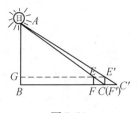

图 7.21

刘徽将其此窥天之术用于测地,并加以发展,由两望到三望、四望. 而欧洲在十五六世纪的著作中,也只有两次测望的问题. 由此可知,刘徽在古代测望问题的成就是卓著的.

(5) 割圆术与徽率

割圆术是刘徽利用圆内接正多边形,当边数逐次加倍而逼近圆的原理来求圆周率近似值的方法. 刘徽在为《九章算术》作注时,发现古人用3表示π的值极不精确,"周三径一"仅是圆内接六边形的周长和圆径之比. 为了求出更精确的圆周率的值,他提出了科学的方法 —— 割圆术,就是以一尺为半径作圆,然后作这个圆的内接正六边形,逐渐倍增边数,证

算出正十二边形、正二十四边形、正四十八边形、正九十六边形和正一百九十二边形的面积. 由此求得 π = 3.14 = $\frac{157}{50}$. 后人为纪念他,称此术为"徽术".(见 7.5)

7.10.5 祖冲之的圆周率与祖暅原理

祖冲之在数学上的卓越成就是对圆周率的研究. 他的主要贡献是世界数学史上首次将圆周率准确计算到小数点后第七位,而且他确定了圆周率的误差范围,指出了圆周率的上、下限,提出了约率和密率,对球体体积的计算及开差幂和开差立(即二次、三次代数方程求解正根)也有深入的研究.

在刘徽的基础上,祖冲之继续研究圆周率,经反复计算得到

$$3.1415926 < 正数 < 3.1415927$$

$$密率:\frac{355}{113},约率:\frac{22}{7}$$

其中"正数"就是指圆周率的准确值. 祖冲之用"盈朒二限"来限定一个尚未知道的数值的范围,无疑是一种创见,但更主要的还是圆周率的值. 盈朒二限的平均值 3.14159265 已经准确到小数点后第八位,是当时世界上最好的结果."密率"更是数学史上卓越的成就,保持了一千多年的世界纪录. 密率在外国直到十六七世纪,才由德国的泥托(约 1550—1605)、荷兰的安图尼兹(1527—1607)和日本的关孝和(1642—1708)分别求得. 日本著名数学家三上义夫曾建议把"密率"叫作"祖率".

祖冲之用什么方法求得这样优秀的结果,因为没有留下记载,人们只能推测. 目前为止,有以下几种推测:割圆术法、连分数法、无穷级数法、调日法和不定方程法等,这需要后人继续研究.

我国古代称球为圆.《九章算术》的"少广"章"开立圆术"将球的体积公式定为

$$V = \frac{9}{16}D^3 \quad (D \text{ 为球的直径})$$

刘徽分析了这个公式的不精确性. 他指出,古人取 3 为圆周率,于是得立方体内接圆柱体为立方体体积的四分之三,又估计圆柱内接球体体积为圆柱体积的四分之三,故得球体体积为方体体积(D^3)的十六分之九.

刘徽取棱长为一寸的正方体模型八枚,拼成棱长为二寸的正方立体,然后由纵、横两个方向各作其内切圆柱,两圆柱的公共部分,称为"牟合方盖"("牟"是相等的意思,"盖"在这里指的是伞),如图 7.22(b) 所示是"牟合方盖"的八分之一. 此图类似阳马,只是阳马的四条棱都是直线,而该图中有三条侧棱是曲线. 牟合方

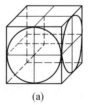

图 7.22

盖体积的计算,是解决球积计算的关键. 刘徽对这种复杂图形的求积未能解决,他说:"敢不厥疑,以俟能言者." 意思是说:"我解决不了,留给以后的能人吧!" 二百多年后,祖暅在刘徽研究的基础上,继承了其父祖冲之的事业,彻底解决了球的体积,发现了著名的祖暅原理,这一原理就是"两个立体在等高处的横截面积相等,那么这两个立体的体积也相等". 这一

原理比意大利数学家卡瓦列利发现这一原理早 1 100 多年. 因此, 在我们的中学数学教科书中称此原理为祖暅原理是完全正确的.

祖暅原理原载于由他们父子俩精心写成的《缀术》一书中,《缀术》已失传, 后人是在唐朝数学家李淳风所作的《九章算术》注之中发现的, 李淳风已把祖暅定理连同祖暅的"开立圆术"(由球体积求直径的方法) 引用了下来, 才使这一发明得以留传.[36]

祖暅原理是怎样得出的, 古书上没有记载. 我们认为他是通过无限小分析而得出的. 因为在祖暅定理的前面有这样一句话: "夫迭棋成之积", 意思是说, 一个立体的体积可以看作是由体积为无限小的平面叠加而成的. 这好比一本书是由一页一页薄纸组成那样. 虽然祖暅没有解释一叠不计厚度的平面是怎样构成体积的, 或者说没有体积的平面怎么能叠积成有体积的立体. 但是, 他毕竟提出了朴素的积分思想, 并且加以使用和发挥.

有上述思想的基础, 祖暅就很容易地得出了他的著名原理.

设 V, V' 是两个立体, V 是由面积分别为 $S_1, S_2, \cdots, S_n$ 的平面图形组成, V' 是由面积分别为 $S'_1, S'_2, \cdots, S'_n$ 的平面图形组成.

因为 $$S_i = S'_i, \quad (i=1,\cdots,n)$$

则 $$\sum_{i=1}^{n} S_i = \sum_{i=1}^{n} S'_i$$

即 $$\lim_{n\to\infty} \sum_{i=1}^{n} S_i = \lim_{n\to\infty} \sum_{i=1}^{n} S'_i$$

又 $$V = \lim_{n\to\infty} \sum_{i=1}^{n} S_i, V' = \lim_{n\to\infty} \sum_{i=1}^{n} S'_i$$

故 $$V = V'$$

需要指出的是: 虽然借助于现代形式的上述推导过程出现了无限性, 但是在祖暅的论证中无限性是完全可以避免的, 因为祖暅只把注意力集中在两个立体之间的对应截面上, 而不是每个立体截面的全部. 换句话说, 祖暅定理只指出只要两个立体间的每个截面的面积相等, 则两立体体积就相等, 而不涉及组成立体的平面有多少的问题, 这就避开了无限性问题的干扰.

祖暅的这一思想刘徽也曾有过, 但在"不可分量的叠积"这点上, 刘徽的思想没有像祖暅那样具体、清晰. 刘徽虽然比祖暅更早地应用了祖暅定理, 但是他没有像祖暅那样给予明确的表述.

祖暅在刘徽的基础上, 把注意力由"牟合方盖"转到从立方体去掉"牟合方盖"的剩余部分, 这个剩余部分正好是完全相同的八个立体. 若把其中一个的体积求出来, 问题就解决了. 祖暅确实是这样做. 如图 7.23 所示, 祖暅用平行于底的平面在高 h 处截八分之一的立方体, 截口的面积为 r^2(r 为球的半径). 八分之一"牟合方盖"在 h 处的截口面积为 h^2, 面积差为 $r^2 - a^2$, 由勾股定理知 $r^2 - a^2 = h^2$, 就是八分之一立方体去掉八分之一"牟合方盖"的横截面的面积. 祖暅发现底边为 r, 高也为 r 的倒立方锥 (阳马), 在高 h 处的截面面积恰为 h^2, 这就是前面介绍的祖暅定理, 即图 7.23(a) 中那个八分之

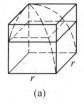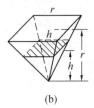

图 7.23

一立方体去掉八分之一"牟合方盖"剩余部分的体积等于图 7.23(b) 中那个倒立方锥(阳马)的体积. 而倒立方锥的体积等于等底立方体体积数三分之一,即 $\frac{1}{3}r^3$,则八分之一"牟合方盖"的体积就是 $r^3 - \frac{1}{3}r^3 = \frac{2}{3}r^3$. 那么,"牟合方盖"的体积就是 $\frac{16}{3}r^3$. 已知刘徽求出的 $V_{球}:V_{牟} = \pi:4$,便可得 $V_{球} = \frac{4}{3}\pi r^3$. 这就是球体积的正确的公式.

7.10.6 《数书九章》中的几何问题

(1) 平面几何问题

《数书九章》中研究的平面图形有三角形、矩形、梯形、任意四边形、圆形、环形和蕉叶形. 在三角形面积的计算中,创立了著名的"秦九韶公式"——三斜求积术. 在一些代数方程的建立中,采用了相当于我们现在解无理方程(移项自乘)的方法,得到了形如 $\sqrt{A} \pm \sqrt{B}$ 的无理式有理化的一般结果.

有理化的典型例子是"尖田求积"和"环田求积"两题. 前者相当求底为 $2c$,腰分别为 a,b 的两等腰三角形的面积 A_1 与 A_2 之和,如图 7.24 所示.

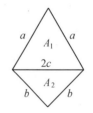

图 7.24

$$x = A_1 + A_2 \quad \text{①}$$

后者可视为大圆圆周为 C_1,小圆直径为 D_2 的两同心圆的面积 A_1 与 A_2 之差,如图 7.25 所示

$$y = A_1 - A_2 \quad \text{②}$$

此两式中,A_1,A_2 一般为不尽平方根. 为将其有理化,以式 ① 为例,将两端平方,移项,再平方,整理后即得原术所列方程

$$-x^4 + 2(A_1^2 + A_2^2)x^2 - (A_1^2 - A_2^2)^2 = 0 \quad \text{③}$$

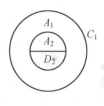

图 7.25

对式 ② 采用相同步骤,可得关于 y 的同一方程. 于是,图形为一直一曲、形式为一和一差的两个不同的几何问题,转化为同一个代数问题. 只是由于方程 ③ 应有 $A_1 + A_2$ 和 $A_1 - A_2$ 两个正根,故尖田题开方用翻法得到 $A_1 + A_2$,环田题开玲珑三乘方得到 $A_1 - A_2$.

关于三角形的"三斜求积"公式已在 5.8.9 中介绍.

(2) 立体几何问题

《数书九章》中研究的空间图形有长方体、柱体、棱台、圆台和楔形平截体. 求体积的方法多用《九章算术》商功章中诸术,或以代数方程,或以等差级数计算.

① 长方体. 在《九章算术》中,便是以长方体的体积算法即其长、宽、高的乘积作为基本算法的.《数书九章》中"积仓知数""砌砖计积"二题分别用它计算了寺屋、米仓和砖垛的容积或体积.

"峻积验雪"题,已知"墙高一丈二尺,倚木去址五尺,梢与墙齐,木身积雪厚四寸",求平地雪厚. 即已知 a,b,c,求 x. 如图 7.26 所示.

$$b^2 x^2 - (a^2 - b^2)c^2 = 0$$

求得 x. 馆本用相似勾股形来建立此方程;程廷熙乃设木宽为 d,木上积雪为 $V = \sqrt{a^2 + b^2} \times$

$c \times d$. 这些雪若落在木下(面积为 $b \times d$)的平地上,则雪厚 $x = \dfrac{\sqrt{a^2+b^2} \times c}{b}$,或 $bx = \sqrt{a^2+b^2} \times c$,同样得到了该方程. 无论用哪种方法,都使用了有理化,这再次表明秦九韶对于有理化方法是广为应用的.

"计造石坝"题,是用长为 a、阔为 b、厚为 c 的石板造一通长为 H,高为 h 的石坝. 此坝"每层高二尺,差阔一尺",已知坝面阔 l,求坝下阔及所用石板片数.

原术先求得石坝第一层体积(初率) $V_1 = H \times l \times 2$,次求得逐层间所差体积(次率) $V_0 = H \times 1 \times 2$,又求得每片石板体积 $V = a \times b \times c$,则知第一层用石板数(初积) $a_1 = \dfrac{V_1}{V}$,层差所用石板数(次积) $d = \dfrac{V_0}{V}$. 又知层数 $n = \dfrac{h}{2}$,求得石板数为 $S_n = na_1 + \dfrac{n(n-1)}{2}d$,这正是等差数列的求和公式. 求坝下阔时,原术所用公式为 $b_n = b_1 + (n-1)\bar{d}$,其中 b_1 为上阔 l,$\bar{d}$ 为层差阔一尺,b_n 为坝下阔. 这又是应用了等差数列的通项公式. 这也再次表明,秦九韶对于等差数列的诸公式是运用自如的.

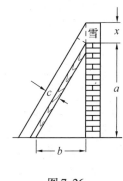

图 7.26

② 柱体.《数书九章》在求城、墙、堤、濠、港的体积时,均用《九章算术》商功章中城、垣、堤、沟、堑、渠的求积术:"并上下广而半之,以高若深乘之,又以袤乘之,即积尺."

"计浚河渠"题中,运河底呈坡状,上流深 $h_1 = 8$,下流深 $h_2 = 16$,上广 $a = 60$,下广 $b = 40$,河长 $H = 48 \times 2160$,如图 7.27 所示.

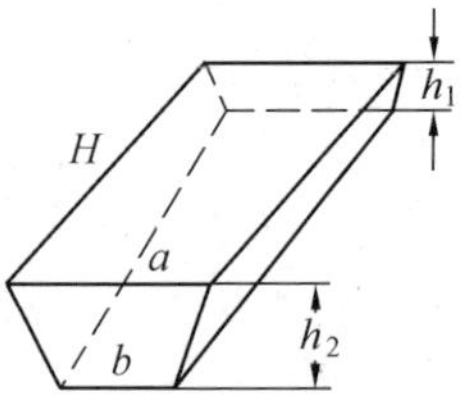

秦九韶计算河积所用的公式为

$$V = \dfrac{a+b}{2} \cdot \dfrac{h_1+h_2}{2} \cdot H$$

图 7.27

这是一个正确的公式.

③ 棱台与圆台.《数书九章》中的棱台与圆台,均为正四棱台和正圆台,故前者的体积计算按方亭术:"上下方相乘,又各自乘,并之,以高乘之,三而一." 后者的体积计算按圆亭术:"上下周相乘,又各自乘,并之,以高乘之,三十六而一."

"天地测雨"题,已知盆口径 D,底径 d,深 H,接得雨水深 h,如图 7.28 所示,欲求平地水深 h_1.

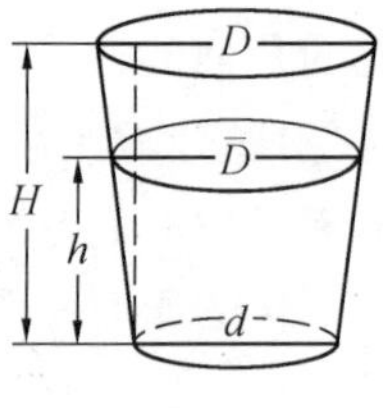

图 7.28

为此,需先计算盆中雨水体积 V. 设水面径为 $\bar{D}$,记 $x = \dfrac{\bar{D}-d}{2}$,利用相似勾股形推得 $x : \dfrac{D-d}{2} = h : H$ 或 $2x = \dfrac{h(D-d)}{H}$,从而 $\bar{D} = d + \dfrac{h(D-d)}{H} = \dfrac{dH+(D-d)h}{H}$. 按圆亭术,可求出 $V = \dfrac{\pi}{12}(\bar{D}^2+d^2+\bar{D}d)h$. 这些雨落在口径为 D 的圆柱形盆内,其深 h_1 即平地水深. 故又有 $V = \dfrac{\pi D^2}{4} h_1$,由此求出

$$h_1 = \frac{1}{3D^2}\left\{\left[\frac{dH+(D-d)h}{H}\right]^2 + d^2 + \left[\frac{dH+(D-d)h}{H}\right]d\right\}h$$

原术给出的解法相当于

$$h_1 = \frac{1}{3(DH)^2}\{[dH+(D-d)h]^2 + (dH)^2 + [dH+(D-d)h]dH\}h$$

沈钦裴认为秦氏之所以后施除 H^2，是因为"术恐除有不尽"，所见极是. 但本题所给数据，于先后施除 H 或 H^2 并无碍.

④ 楔形平截体. "计作清台"题中，清台二底为二矩形，边长分别为 a,c,b,d，高为 H，且 $a-c=b-d$，如图 7.29 所示. 原术用刍童术："倍上袤，下袤从之，亦倍下袤，上袤从之，各以其广乘之，并，以高若深乘之，皆六而一."即清台体积为

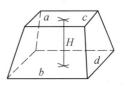

图 7.29

$$V = \frac{1}{6}[(2a+b)c+(a+2b)d]H$$

7.10.7 沈括的"会圆术"

沈括晚年(11 世纪)著有闻名中外的《梦溪笔谈》和《忘怀录》. 其中《梦溪笔谈》集前代科学成就的大成，被中外学者誉为"中国科学史上的里程碑". 该书共 26 卷，每卷分为若干条. 全书三分之一以上的条目与科学技术有关. 其卷十八第四条中就记载着隙积术、会圆术两个数学成果. 另外，该书卷十一、卷十三中还记载了一些运筹学的简单例子.

沈括认为凡是圆形的土地都可以分割成若干部分，求出每一部分的弧长合起来就是一个圆周. "会圆"一词就是这么来的. 要想"会圆"，就必须解决求弧长问题. 而会圆术给出了弓形的弦、矢和弧长之间的近似关系. 会圆术的原文是："置圆田径，半之以为弦，又以半径减去所割数余为股，各自乘，以股除弦余者开方除为勾，倍之为割田之直径. 以所割之数自乘，倍之，又以圆径除所得，加入直径，为割田之弧."

沈括是我国数学史上由弦、矢给出弧长公式的第一人，会圆术不仅解决了求弧长的问题，而且在天文学等方面有重要的应用.

7.10.8 李冶的勾股容圆

李冶的《测圆海镜》是一部系统的逻辑推理的杰作，全书十二卷，共一百七十题，都是关于已知直角三角形三边上各线段而求内切圆或旁切圆的直径的问题，是我国现存的最早的对"天元术"系统叙述的著作，书中叙述了十进小数，引入了负数的记号，使我们对 13 世纪中叶中国数学面貌，有了比较系统的了解.《测圆海镜》是李冶生平最满意的著作，非常珍惜. 他临终时对儿子说："吾平生著书，错后可尽播去，独《测圆海镜》一书. 虽九九小数，吾尝精思致力于此，后世必有知者."

李冶在《测圆海镜》中提出了六七百条几何定理. 其中有一百七十条属于勾股容圆问题，是所谓"洞渊九容之说"的发展，在此基础上编写了《测圆海镜》一书. 书中的"洞渊"可能是指一个人. 北宋的处州(今浙江百水县)有一位"洞渊大师"，名叫李思聪，李冶可能就是指这个人. "九容"是提勾股容圆的九个问题. 所谓"勾股容圆"，是指关于已知直角三角形三条边上的某些线段的长而求内切圆、旁切圆或圆心在某一边上而切于另两边的圆的直径的

问题.

李冶在《测圆海镜》里的成就是巨大的,既超过了同时期印度、阿拉伯的贡献,也超过了同时期的欧洲数学,它处于世界数学遥遥领先的地位.

李冶的《益古演段》共三卷,六十四题,大都是各种平面图形间的面积关系.解决问题的方法往往是通过天元术和"等积变换",即主要用代数方法解几何问题.

关于勾股容圆问题,刘徽做过研究,他是用出入相补法——即把图形加以分割,然后重新组合,根据前后两图形的等积,找出有关数量关系去解题,具有中国几何学的独特风格.

《九章算术》勾股章的第十六题,就是勾股容圆问题,原题是说:"今有勾八步、股十五步,问勾中容圆径几何?答曰:六步,术曰:八步为勾,十五步为股,为之求弦.三位并之为法,以勾乘股,倍之为实,实如法得径六步."用现在的说法,即设直角三角形的勾为 a、股为 b、弦为 c,内切圆的直径为 D,则

$$D = \frac{2ab}{a+b+c}$$

这就是勾股容圆问题的起源.

《测圆海镜》建立天元式的根据是圆与三角形中的若干定理.该书卷一便给出一个叫作"圆城图式"的图,如图 7.30 所示.该图是全书一百七十问的总图,凡建立天元式用得的定理,均可借助该图得到几何解释.

李冶给出了该图中 15 个直角三角形的边长和"识别杂记"692 条. 15 个直角三角形的名称、边长都给出了.

"识别杂记"主要表述了"图式"中各个线段之间的一些必然性的联系,在解题过程中,常常用到这些联系(实际上是些命题).

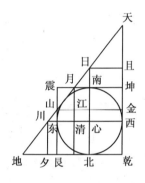

图 7.30

7.10.9 梅文鼎的多面体

梅文鼎在几何学方面的贡献是关于立体几何多面体方面的研究.

(1) 正二十面体的体积计算

图 7.31 中的正 $\triangle ABC$ 是正二十面体的一个侧面,点 O 是正二十面体的中心,棱锥 $OABC$ 是十二面体面积的二十之一. 点 D,E 是 AB 和 AC 的中点,过点 D,E 和点 O 作平面将正二十面分成两部分,横截面是正十边形,$\triangle ODE$ 是该截面的十分之一,在 $Rt\triangle OFD$ 中,$\angle DOF = 18°$,点 G 是正 $\triangle ABC$ 的中心,$OG \perp$ 平面 ABC.

设正二十面体棱长为 L,则 $DF = \dfrac{L}{4}$,在 $Rt\triangle OFD$ 中,$OD = \dfrac{DF}{\sin 18°} = \dfrac{L}{4\sin 18°}$,在 $Rt\triangle OGD$ 中,$DG = \dfrac{1}{3}DB = \dfrac{\sqrt{3}}{6}L$,故 $OG = \sqrt{OD^2 - DG^2} = \dfrac{L}{12}\sqrt{3}(3+\sqrt{5})$. 又正 $\triangle ABC$ 的面积为 $\dfrac{\sqrt{3}}{4}L^2$,故棱锥 $OABC$ 体积为 $\dfrac{1}{3} \cdot \dfrac{\sqrt{3}}{4}L^2 \cdot$

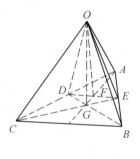

图 7.31

$\frac{L}{12}\cdot\sqrt{3}(3+\sqrt{5})=\frac{1}{48}(3+\sqrt{5})L^3$. 当 $L=100$ 时,梅文鼎得正二十面体体积为 2 181 828,纠正了《测量全文》中所给体积为 523 809 的错误结果.

（2）正立方体内容正二十面体的作图

在图 7.32 中,正二十面体棱长为 $\frac{\sqrt{5}-1}{2}L$（L 为正方体棱长）,它有六条棱在正方体的每一个面上,因此它的十二个顶点也都在正立方体的面上. 正二十面体的棱,前、后两个是纵的,上、下两个是横的,左、右两个也是横的,但与上、下的垂直,它们都在每个面的中央. 如图 7.32 所示,AB,CD,EF 均位于各面的中级上,因此,A,B,C,D 等十二个顶点都可确定. 所以,正立方体内容正二十面体的作图问题解决了.

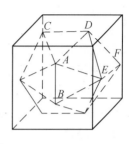

图 7.32

（3）方灯体的做法

"方灯体"是由一组相同的等边三角形和一组相同正方形做成的. 其具体做法正如梅文鼎所说:"方灯体者,立方去其八角也. 平分立体面之边为点而连为斜线,则各正方面内成斜线正方. 依此斜线剖而去其角则是成方灯体矣." 如图 7.33 中粗实线所示的图形,即把一个正立方体的每一条棱都二等分,然后过这些分点用平面切去八个顶点,就是所要求的立方体,它有六个相等的正方形和八个三角形.

图 7.33

（4）圆灯体的做法

梅文鼎指出:"圆灯为十二面、十二等面所变…… 皆于原边之半作斜线相连,则各平面之中成小平面. 此小平面与原体之平面皆相似:即为内容圆灯之面…… 依此斜线剖之而去其角." 如图 7.34 中粗实线所表示的是一个由正二十面体剖得的圆灯体. 由上看出,其具体做法和前相同.

图 7.34

7.11 几何学发展年表

公元前 2000 至公元前 1600 年,巴比伦人已经知道矩形、某些三角形以及一些与实际测量有关的图形面积的一般计算法则.

公元前 1850 年,埃及的莫斯科纸草书中包含有 25 个数学问题. 公元前 1700 年,埃及的兰德纸草书中包括 85 个问题,其中提到分数的使用、简单方程的解法及面积和体积的计算. 这两部纸草书中共有 26 个几何问题.

埃及和巴比伦数学以实用性为其特征. 几何学并未以理论性或系统化的方式发展.

公元前 600 年,希腊商人泰勒斯(Thales,约公元前 640—公元前 550)收集了一些几何学事实和证明,如直径平分圆和等腰三角形的底角相等.

公元前 550 年,毕达哥拉斯组织了一个具有宗教色彩的数学团体.所谓毕达哥拉斯定理即直角三角形两直角边的平方和等于斜边的平方.关于这一著名定理的历史已有很多人撰文介绍.毕达哥拉斯学派还研究了立方体、四面体、八面体、十二面体、二十面体五种正多面体.

公元前 400 年,柏拉图在雅典建立并领导了一个学园,对数学的发展产生了巨大的影响.在他教室门上写着:"不懂几何者概莫入内".柏拉图和亚里士多德使几何学成为一门抽象的严谨的学科.

公元前 300 年,欧几里得是所有时代最著名的几何学家.他的名望基于其伟大的著作《几何原本》,它包括 13 卷,2 000 多年来一直是标准的教科书.

公元前 200 年,阿基米德运用极限研究了曲线所限定的面积,并发现了计算圆周率 π 的方法.

阿波罗尼斯擅长于二次曲线——双面线、椭圆、圆和抛物线.阿波罗尼斯死后,希腊数学的黄金时代结束了,罗马文化的压力限制了数学的发展.

300 年,巴普士编写了一部伟大著作《数学汇编》,这部著作保存了已经失传的欧几里得和阿波罗尼斯工作中许多有价值的线索.巴普士死后,即公元 300 年,希腊数学停滞了约一千年,数学及科学活动几乎完全地移到了印度和阿拉伯.

830 年,阿拉伯数学家阿尔·花拉子模用阿拉伯文写了第一部代数著作,并介绍了印度的位值制数码.阿拉伯人收集并研究了希腊著作,其主要贡献在代数和算术方面.和埃及、巴比伦一样,阿拉伯数学仍以实用性具体性为其特征.

1100 年,通过与阿拉伯人的贸易和十字军远征,使欧洲人熟悉了阿拉伯人所拥有的希腊知识宝库.

1482 年,欧几里得《几何原本》成为第一部印本的教学书.

1400 ~ 1600 年,文艺复兴时期,由于对古希腊人的崇拜,人们对数学,尤其是代数和分析,进行了广泛的研究.

1620 ~ 1720 年,科学革命达到高潮,数学在欧洲得到了显著的发展.

1637 年,笛卡儿创立了解析几何学,将代数应用于几何,并为微积分的发现奠定了基础.

1650 年,帕斯卡的成就之一就是研究了摆线,并发展了射影几何学.

1680 年,牛顿和莱布尼兹分别独立地建立了微积分,这使得某些图形的面积和体积的计算成为可能.

18 世纪,出现了许多新的数学分支,其中多数与微积分有关.

1794 年,蒙日以微积分与几何学建立了微分几何学.

19 世纪 20 年代,高斯建立了非欧几何学.迄今为止,他是最后一个全面的数学家.从此,数学发展得如此广泛,以至于没有一个人能够完全地掌握它.博利亚和罗巴切夫斯基分别独立地发现了非欧几何学.自欧几里得时代以来,平行公设便一直干扰着数学家们(平行公设:通过平面上一已知点只能画一条直线平行于一已知直线).而非欧几何学假设可以画出多于一条的直线平行于已知直线,由此导出一组逻辑上相容的定理(许多数学家曾认为会导出一个显然错误的定理),这一发现导致了对公理系统的研究.自非欧几何学发现以来,这种研究成为数学研究的特征.

1854年,黎曼发表了一部著作,其中,他对几何学基础进行了检验.他提出了后来成为爱因斯坦相对论基础的椭圆型非欧几何学.

1872年,克莱因发表了"爱尔兰根纲领",这是一种工具,运用在一特殊的变换群之下图形的某些不变性描述各种几何.

19世纪80年代,康托建立了集合理论,将不同类型的无限集合加以区别,并成为拓扑学的基础.

1899年,希尔伯特发表了《几何基础》一书,在此他抛弃了直觉实用的观点并强调公理.

20世纪初,数学变得更加抽象并进而获得了一般性.由于博弈论的出现,对数学基础及其证明方法等进行了再检验.这一时期数学已不被视为外在真理的反映.

1914年,豪斯道夫的一部著作标志着拓扑学成为数学的一个独立领域.拓扑学是研究抽象空间的几何学,是目前很活跃的研究领域.

1977年,四色问题得到了解决,这个问题是说在一个有许多区划地图上,用四色或更少的颜色足以使任意两个相邻区划有不同的颜色.对"四色总是充分的"这一命题的证明使用了计算机,同时给出数学证明的一种新方法.

第八章 解析几何史话

解析几何的中心内容最初就是圆锥曲线理论.希腊人出于探讨几何三大问题以及思维训练与兴趣研究圆锥曲线,阿波罗尼斯的著作《圆锥曲线论》几乎将圆锥曲线的全部性质网罗殆尽.后来,海雅姆用它来求解三次方程,开普勒运用它来研究行星运动规律,而伽利略又利用它分析物体运动理论.

到了笛卡儿时代,1591年,韦达第一次在代数中有意识系统地使用了字母,他不仅用字母表示未知数,而且用它表示已知数,包括方程中的系数和常数,从而使代数从解决各种特殊问题侧重于计算数字的分支,成为一门以研究一般类型的形式和方程的学问.这为用代数方法解决几何问题打下了基础.1607年,韦达的学生格塔拉底(1566—1627)发表了《阿波罗尼斯著作的现代阐释》,专门对几何问题的代数解法做了系统的研究,并于1603年出版的《数学的分析与综合》更详细地讨论了这个问题.紧接着,1631年,美国的哈里奥特(1560—1621)进一步引申和系统化了韦达、格塔拉底的思想,这就为用代数方法解决几何问题,形数结合铺平了道路.又由于在天文学及力学技术各个领域对圆锥曲线理论提出更进一步的定性分析的要求,费马和笛卡儿正是在这些迫待解决的现实几何题引导下,在前人成就的基础上建立起解析几何.

8.1 对圆锥曲线的认识

希腊数学家虽然没有解决他们自己提出的几何学三大问题,但是通过对这些问题的研究,使希腊数学家们在其他数学问题上获得了丰硕成果.例如,对圆锥曲线的认识,就是其中之一.

公元前4世纪,古希腊学者梅涅劳斯发现:如果用一个平面以垂直于母线的方向分别去截角,得到直角、锐角、钝角三种直圆锥,那么会得出三种不同的曲线,如图8.1所示.利用这三种曲线中的某两条,便可以得出"立方倍积"的解(如抛物线 $x^2 = ay$ 与双曲线 $xy = 2a^2$ 的交点坐标,满足 $x^3 = 2a^3$).这是一个重要的发现.梅涅劳斯称这三种曲线为圆锥曲线,而根据曲线的不同来源又分别称它们为"直角圆锥曲线""锐角圆锥曲线""钝角圆锥曲线".

抛物线　　椭圆　　双曲线

图 8.1

后来,阿波罗尼斯专门研究了圆锥曲线,并发现,梅涅劳斯得出的三条曲线都可以从同一个锥面(不论是直圆锥还是斜圆锥)得到.阿波罗尼斯对圆锥曲线的定义是通过定量揭示的.他称椭圆为"亏曲线"($y^2 < 2px$),称双曲线为"超曲线"($y^2 > 2px$),称抛物线为"齐曲线"($y^2 = 2px$),都是根据三种曲线量上不同的特征而给出的名称.如果把阿波罗尼斯得出的圆锥曲线的基本性质译成近代解析几何的语言,那么三种圆锥曲线的统一方程是 $y^2 = 2px + qx^2$,当 $q < 0$ 即 $y^2 = 2px + qx^2 < 2px$ 为不足或亏缺时是椭圆;当 $q > 0$ 即 $y^2 = 2px + qx^2 > 2px$ 为过剩时是双曲线;当 $q = 0$ 即 $y^2 = 2px$ 相齐时是抛物线. 十七八世纪,西方的圆锥曲线理论传入我国,我国以这三种曲线的形状为依据,分别给以命名:称抛物线为"圭窦形",椭圆为"椭圆形"或"长圆形",双曲线为"陶丘形". 1859 年,晚清数学家李善兰译成我国第一本微积分著作——《代微积拾级》十分卷,首次将三种旧称改为现在的名称.

阿波罗尼斯把研究圆锥曲线的结果写成了专著《圆锥曲线》,这部著作共八卷,第一卷到第四卷现仍保存. 第五卷到第七卷只保留阿拉伯语译本,第八卷失传. 这部著作是从圆锥曲面的定义开始写的. 它将圆锥曲线的性质基本上都网罗了,几乎使后人没有插足的余地,正是这部著作,使希腊数学达到了炉火纯青的地步,以至于在阿波罗尼斯《圆锥曲线论》发表的多个世纪里,整个数学界对圆锥曲线的研究没有取得什么进展. 直到公元 3 世纪,由于希腊数学家帕普斯(pappus)的贡献,使得希腊几何学的研究又兴盛起来,帕普斯的很多著作失传了,但他的名著《数学汇编》流传了下来. 在《汇编》中,他完善了欧几里得关于圆锥曲线准线——焦点的统一定义,给出了证明,并得到了准线、焦点、离心率的性质.

定义 1 平面内一定点 S 和一定直线 AB,从平面内的动点 P 向 AB 引垂线,垂足为 M,若 $|PS|:|PM| = e$ 为一定值,则当 $e = 1$ 时,动点 P 的轨迹是抛物线;当 $0 < e < 1$ 时是椭圆;当 $e > 1$ 时是双曲线. 直线 AB 称为准线,定点 S 称为焦点.

定义 2 给定圆锥面的一个截平面,过圆锥面的轴且与截平面垂直的平面,称为轴面. 轴面和圆锥面的截线是两条母线. 在圆锥面内部,与圆锥面相切于一圆周,且与截平面相切于一点的球叫圆锥面的焦球. 如图 8.2.

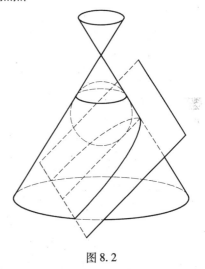

图 8.2

命题 1 圆锥面被不通过顶点且不垂直于轴的平面所截,所得截线满足帕普斯的圆锥曲线定义 $|PS| = e|PM|$.

证明 如图 8.3,设 PTP' 是截面曲线,NTX 是截面和轴面的交线,交圆锥面位于轴面上的母线 OA 于 T. 作焦球切圆锥面于圆周 $BB'C$,切截面于 S. 圆周 $BB'C$ 所在平面与截面的交线为直线 XM,与轴面的交线为 $B'BX$.

设 P 是截线上任意一点,过 P 与圆锥面的轴垂直的平面交截面于直线 PN,交轴面于 AA',所以 $PN \perp AA'$. 由于圆周 $BB'C$ 所在平面和圆周 $AA'P$ 所在平面平行,故 $PN // MX$.

过 P 作 NX 的平行线交 MX 于 M,则 $|NX| = |PM|$,$PM \perp MX$. 过 P 作圆锥面的母线 PO 交圆周 $B'BC$ 于 C. 由于过一点到球面的切线长相等,故有 $|PS| = |PC| = |AB|$,$|TS| = |TB|$.

又由于 $\triangle NTA \backsim \triangle XTB$,所以 $|AB|:|NX| = |TB|:|TX|$,得到 $|PS|:|PM| = |TS|:|TX| = e$,即 P 满足圆锥曲线的定义.

命题 2 圆锥面被平面所截得一圆锥曲线.
(1)如果其焦点轴与圆锥面在轴面上的两条母线都相交,且交点在圆锥面的同一叶内,

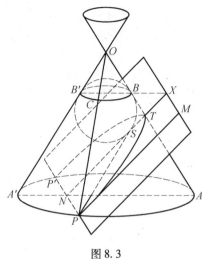

图 8.3

则为椭圆;

(2) 如果焦点轴与轴面上的一条母线平行,则为抛物线;

(3) 如果焦点轴与轴面上两条母线交于圆锥面的不同叶,则为双曲线.

证明 设轴面上的母线为 OA 和 OA',轴面交截面于 XTS,交焦球于圆 $BB'S$,其中,B,B' 是母线 OA,OA' 在焦球上的切点,S 为焦球与截面的切点.

(1) 如图 8.4,延长 XS 交母线 OA' 于 T',则 $\angle OB'X > \angle TXB$,但 $\angle OB'X = \angle OBB' = \angle TBX$,得到 $\angle TBX > \angle TXB$,于是 $|TX| > |TB| = |TS|$,即 $e = |TS|:|TX| < 1$,所以截线为椭圆.

(2) 如图 8.5,XS 与母线 OA' 平行,则 $\angle TXB = \angle OB'X = \angle OBB' = \angle TBX$,于是 $|TX| = |TB| = |TS|$,即 $e = |TS|:|TX| = 1$. 所以截线为抛物线.

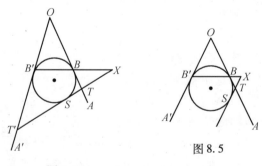

图 8.4　　　图 8.5

(3) 如图 8.6,SX 的延长线交母线 $A'O$ 的延长线于 T',则 $\angle OB'X < \angle TXB$,于是 $\angle TBX = \angle OBB' < \angle OB'X < \angle TXB$,得到 $|TX| < |TB| = |TS|$,即 $e = |TS|:|TX| > 1$. 所以截线为双曲线.

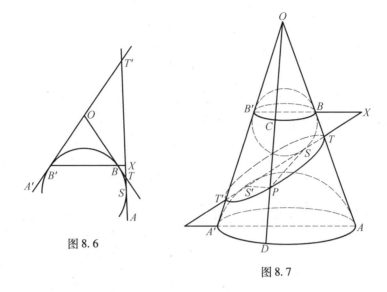

图 8.6

图 8.7

命题 3 在圆锥面的椭圆截面中,两个焦球与截面的切点就是所截椭圆的两个焦点.

证明 如图 8.7,另一焦球与轴相切于 S',与圆锥面切于圆周 $AA'D$,任取椭圆上一点 P,过 P 作圆锥面的母线 OP 交圆周 $BB'C$ 于 C,交圆周 $AA'D$ 于 D. 则 $|PS|+|PS'|=|PC|+|PD|=|CD|=|AB|$,这表明 P 到 S 和 S' 是的距离之和是定值,S 和 S' 是椭圆的焦点,同时还证明了 $|TT'|=|AB|$.

到了 11 世纪,有中亚数学家奥玛尔·海雅姆利用圆锥曲线来解三次方程.

12 世纪起,希腊文化经阿拉伯传入欧洲. 在欧洲,由于缩写符号的发展,代数学相应地有了一定的发展,不少人也像海雅姆那样利用圆锥曲线来试图解三次方程. 尽管这种方法欧洲延续了三四百年之久,但欧洲人并没有由此而推进对圆锥曲线的研究.

16 世纪,有两件事促使人们对圆锥曲线做进一步研究:一是波兰天文学家哥白尼提出日心说,接着由德国天文学家开普勒揭示出行星按椭圆形轨道绕太阳运行;二是伽利略得出物体斜抛运动的轨道是抛物线. 这使人们对圆锥曲线的实际意义有了更深的知识. 人们发现圆锥曲线不仅是依附在圆锥上的静态的曲线,而且是自然界物体运动的普遍形式.

1579 年,蒙特(Guidobaldo del Monte,1545—1607)把椭圆定义为:到两焦点距离之和为定长的动点的轨迹,从而改变了过去圆锥曲线是圆锥面之截线的定义.

1604 年,开普勒发表了《新天文学》,对圆锥曲线的性质做出了新的阐述. 他发现了圆锥曲线的焦点和离心率,并指出抛物线还有一个在无限远处的焦点. 开普勒对三种圆锥曲线的相互关系做出了深刻的揭示,他指出:平面截圆锥于无限远时,双曲线可变为抛物线;无限大的椭圆就是圆;最锐的双曲线退缩成一对直线;最钝的椭圆是圆. 他并给出了三种曲线的一般拉线作图法,这可看作是圆锥曲线现代定义的直观基础.

17 世纪初,随着解析几何的创立,在笛卡儿、费马等人的努力下,人们对圆锥曲线的认识进入了一个新的水平. 笛卡儿与费马都把刚获得新生命的代数注入了对圆锥曲线的研究中,由此出发,他们揭示了圆锥曲线的另一个本质——二次方程的图像. 这无疑是在开普勒把圆锥曲线看作是平面轨迹之后的又一个发展. 他们的工作为后来对圆锥曲线的研究开辟了一条前所未有的广阔的道路. 1665 年,英国数学家华利斯发表了《以新方法论圆锥曲线》,

华利斯所谓的新方法,就是用方程来定义圆锥曲线. 他得出的方程虽然与现在的形式不同,但是他却第一个揭示了圆锥曲线与二次曲线等同的事实. 他干脆把圆锥曲线定义为二次曲线.

1748 年,欧拉在《分析引论》中对圆锥曲线的定义又做出了新的发展. 他从一般二次方程 $ax^2+bxy+cy^2+dx+ey+f=0$ 着手,系统地研究了圆锥曲线的各种情况,并且把参数方程和极坐标方程引进了对圆锥曲线的研究中去. 事实上,欧拉的《分析引论》才是近代解析几何的第一个教本,而不是笛卡儿的《几何学》.

8.2. 费马的解析几何

费马的解析几何的思想集中包含在《平面与立体轨迹引论》中,在这本书开头,费马这样写道:"毫无疑问,古人对轨迹写得非常多 …… 可是,如果我没有想错的话,他们对于轨迹的研究并非是那么容易的. 原因只有一个,这是由于他们对轨迹没有给予充分而又一般表示的缘故 ……" 他认为,要给予轨迹以一般表示,只能借助于代数,他熟悉韦达用代数解决几何问题的方法,他打算把阿波罗尼斯关于圆锥曲线的结果,直接翻译成代数形式. 他所要寻找的一般方法实质上就是坐标法. 首先建立坐标,把平面上的点和一对未知数联系起来,然后在点动成线的思想指导下,把曲线用一个方程表示出来. 他考虑任意曲线上的一般点 K 的位置用两个字母 A,B 定出:A 是从 O 沿底线到 Z 的距离,E 是从 Z 到 K 的距离. 他的坐标法,实际上就是现代的斜坐标,但 y 轴没有明显的标出,而且也不用负数. 他肯定:一个联系 A 和 E 的方程,如果是一次的,就代表直线,如果是二次的,就代表圆锥曲线. 他给出了直线、圆、椭圆、双曲线及抛物线的方程,不过因为不用负数,所以所得的曲线方程不能代表整个曲线.

费马的研究方法是从方程出发,然后研究轨迹,这一点和我们将要研究的笛卡儿的方法不同. 笛卡儿是从一个轨迹开始,然后找它的方程. 费马和笛卡儿所研究的正是解析几何的基本原则的两个相反的定理.

费马虽然已经接近解析几何的核心思想 —— 通过坐标法把几何曲线和代数方程联系起来,从而把几何学和代数学联系起来,并且还提出了一般方法. 但是,费马的解析几何还是不成熟的,主要表现在他对纵坐标和如何依赖横坐标注意得不够,而这一点对解析几何是十分重要的. 此外,他在由阿波罗尼斯的结果导出曲线方程时,承袭了韦达的做法,还是一种古典的形式,因而,从解析几何的角度来说,它还是不纯粹的.

8.3. 笛卡儿的解析几何

通常把笛卡儿作为解析几何的创立者,因为他不仅使用了使人容易理解的记法,以及远比他人优越的技巧,而且他还把不同次数的几条曲线同时表示在一个坐标系内,使得解析几何所研究的空间形式大大地扩展了. 笛卡儿的工作证明了这样一个事实:几何问题不仅可以归结成代数形式,而且可以利用代数语言通过代数变换去发现几何性质. 笛卡儿的解析几何发表于 1637 年,它是作为一本题为《更好地指导推理和寻求科学真理的方法论》的书的附录发表的,题为《几何学》.

笛卡儿的解析几何思想有一个从萌芽到形成的发展过程. 他曾认真地分析过几何学与

代数学的优缺点,他表示要寻找另一种包括这两门学科的好处而没有给出解决它们缺点的方法.笛卡儿分析古希腊几何以后指出:这种由定义、公理到定理形成的知识结构"给出了大量真理".但是无法使人明白"事情为什么会这样做,他没有说明这些真理是怎样发现的".它有很大的局限性,不能适应当时社会对数学的要求.笛卡儿主张冲破古希腊人的尺规作图的限制,主张将尺规画不出来的曲线也纳入几何,他热衷于扩大几何曲线的领域,他在《几何学》中"提出更广泛的曲线来研究是恰当的,这将为实践提供巨大的机会".他突破了人们一直坚守的尺规作图决定几何对象存在的防线,为扩大几何的研究对象开辟了道路.

笛卡儿认为希腊人给后来带来的几何方法过于抽象和特殊,欧几里得几何中的每一个证明,都需要一个新的特殊的方法才能解决,这不仅是"笨拙的和不必要的",而且使得几何"失去科学的形象".对于当时通行的代数,笛卡儿也做了批评说:"它完全受法则和公式的控制,以致成为一种混杂和晦暗,故意用来阻碍思想的艺术,而不像一种改进思想的科学."另一方面,由于韦达符号代数的发现,使代数依赖于几何的地位开始逆转.笛卡儿也认为,代数可以作为一种有效的方法加以应用.正是由于笛卡儿透彻地看到了代数方法的力量,出于一种对方法论的强烈兴趣,笛卡儿着手于把代数用于几何的伟大工作,笛卡儿开始用韦达代数的方法解决几何问题,后来渐渐地产生用方程表示曲线的思想.

笛卡儿把代数方法用于几何,创立了新的学科——解析几何.

现在,我们分析一下,他是怎样建立解析几何的.

第一,引进单位概念,解决不同次的项可以相加减的问题.在《几何学》的第一部分有一些用代数方法解几何作图的问题,这比希腊人有所进展.对于希腊人来说,一个变量相当于某线段的长度,两个变量的乘积相当于某个矩形的面积,三个变量的乘积相当于某个长方体的体积,三个以上变量的乘积,希腊人就没有办法处理了.笛卡儿不这么考虑,他把 x^2 看作比例 $1:x=x:x^2$ 的第四项,这样,如果 x 是已知的,x^2 就可以用适当长度的线段来表达.

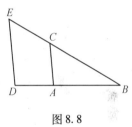

图 8.8

因此,只要给定一个单位线段,我们就能够用线段的长度表达一个变量的任意次幂或多个变量的乘积.例如,假设取 AB 为单位线段,求 BC 与 BD 的乘积,如图 8.8 所示.只要联结 A,C,作 DE 平行于 AC,则 BE 就等于 BC 和 BD 的积.这样,笛卡儿就解开了几何捆绑在代数上的绳索——齐次原则.所谓齐次原则是指用方程表示几何问题时必须遵循的原则——方程中各项次数必须一致.因为体积、面积和长度属于不同的量纲,不能彼此相加,因此表示几何量之间关系的方程 $ax^2+bx+c=0$ 便没有几何意义.笛卡儿则不受这个原则的限制,他通过引入单位的概念,把几何量都通过单位而变成统一的关于数的表示,这就解决了用代数方法解决几何问题的一个关键问题.

第二,笛卡儿引入"坐标"的概念.在《几何学》的第一部分中,笛卡儿在给定的轴上标出 x,在与该轴成固定角的线上标出 y,并且作出 x 的值和 y 的值满足给定的关系的点,如图 8.9 所示.例如,如果我们有关系 $y=x^2$,则对于 x 的每一个值,我们能做出对应的 y 值,这实际上是引进了"坐标"的概念.

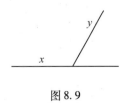

图 8.9

第三,利用坐标法,提出方程表示曲线的思想.在《几何学》第二部分中,笛卡儿给出了解决 3 世纪希腊数学家帕普斯提出的问题的方法,帕普斯问题是:

设给定四条直线 AB, AD, EF 和 TH,然后从某点 C 引直线 CB, CD, CF, CH 各与一条所给直线构成已知 $\angle CBA, \angle CDA, \angle CFE, \angle CHG$,如图 8.10 所示. 求满足下式的点的轨迹.

$$CB \cdot CF = CD \cdot CH \qquad (*)$$

笛卡儿的解法是,首先假定点 C 已经找出来了,为了使问题有一个一般的形式,他采取了一个重大步骤,即把给定直线之一与所求直线之一,如 AB 与 BC,作为主线来考虑,然后使其他直线与它们发生关系. 笛卡儿记 AB 为 x, BC 为 y.

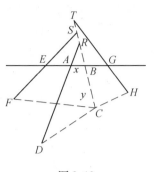

图 8.10

因为 $\triangle ARB$ 的所有角都是给定的,所以边 AB 与 BR 的比一定,若令 $AB:BR = z:b$,那么,由于 $AB = x$,因此,$BR = \dfrac{bx}{z}$. 因为点 B 在点 C 与点 R 之间,所以 $CR = y + \dfrac{bx}{z}$. 假如点 R 在点 C 与点 B 之间,则 $CR = y - \dfrac{bx}{z}$;假如点 C 在点 B 与点 R 之间,则 $CR = -y + \dfrac{bx}{z}$. 根据同样的思想,考虑 $\triangle DRC, \triangle ESB$ 以及 $\triangle FSC$,令 $\dfrac{CR}{CD} = \dfrac{z}{c}$, $EA = k$, $AG = l$, $\dfrac{BE}{BS} = \dfrac{z}{d}$, $\dfrac{CS}{CF} = \dfrac{z}{e}$, $\dfrac{BG}{BT} = \dfrac{z}{f}$, $\dfrac{TC}{CH} = \dfrac{z}{g}$,则分别得出

$$CD = \dfrac{cy}{z} + \dfrac{bcx}{zz}, \quad CF = \dfrac{ezy + dek + dex}{zz}, \quad CH = \dfrac{gzy + fgl - fgx}{zz}$$

注意到 CB, CD, CF, CH 都是关于未知数 x, y 的一次式,因此把它们代入式 $(*)$ 时,等式两边关于 x, y 的次数都不会高于二次,即满足帕普斯问题的点 C 轨迹的一般方程是

$$y^2 = Ay + Bxy + Cx + Dx^2$$

其中,A, B, C, D 是由已知量组成的简单代数式.

接着,笛卡儿强调指出:"如果我们逐次给线段 y 以无限多个不同的值,对于线段 x 也可找到无限个值." 这样被表示出来的点 C 就可以有无限多个,因此可把所求的曲线表示出来.

由这个问题的解法看出,笛卡儿选定了一条直线 AG 作为基线. 以点 A 为原点,x 值是基线上从 A 量起的一个长度. y 是一个线段长度,由基线出发,与基线作成一个固定的角度. 这就是笛卡儿用坐标方法建立起来的曲线与方程的关系.

有了曲线方程思想以后,笛卡儿又进一步发展了这个思想,他证明了曲线的次数与坐标轴的选择无关. 他指出这个轴要选得使得最后得到的方程愈简愈好,于是在《几何学》第二部分中给出了这样一个例子:

设直尺 GL 的一端固定在点 G 上,可以绕点 G 旋转. $AK \perp GA$,有一三角尺 CBK 的边 BK 靠在 AK 直线上,上下移动,使直尺通过 BK 边上的固定点 L,求 GL 与三角板的 CK 边(或延长线)交点 C 的轨迹,如图 8.10 所示.

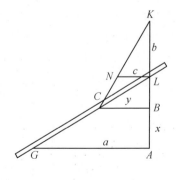

图 8.11

解这个问题时,笛卡儿选择了以 AB 为基线,以点 A 作为始点(用现代术语来说,就是以 AB 作为横坐标,点 A 作为坐标原点),作 $NL // GA$, $CB // GA$,"因为 CB 和 BA 是两个未知

和未定的量,分别命它们为 y 和 x". 又令 $GA=a, KL=b, NL=c$, 因 $c:b=y:BK$, 故 $BK=\dfrac{b}{c}y$, $BL=\dfrac{b}{c}y-b, AL=x+\dfrac{b}{c}y-b.$

又
$$CB:BL=y:(\dfrac{b}{c}y-b)=GA:AL=a:(x+\dfrac{b}{c}y-b)$$

故
$$\dfrac{ab}{c}y-ab=xy+\dfrac{b}{c}y^2-by$$

所求的轨迹方程是
$$y^2=cy-\dfrac{cx}{b}y+ay-ac$$

笛卡儿指出这是一条双曲线.

笛卡儿建立曲线方程主要有三个步骤:给定符号(字母),引出式子,建立方程. 即给图形中的各种线段不管是已知的还是未知的以相应的字母,再根据问题所给出的线段间的关系来列出式子,然后依据存在着的相等关系来建立方程. 笛卡儿指出,如果照这样建立起来的方程的个数等于未知数的个数,那么解方程的结果是所要求的未知线段. 如果方程的个数少于未知数的个数,那么方程是不定方程,它代表了一条由相应的点所组成的曲线,这些点是逐次给一个未知数以不同的值,相应地得到另一个未知数的值而确定的. 于是,一个在代数中看来意义不太大的不定方程,由于引进了对一个未知数逐次给以确定值的变化的思想,就成了表示变量与函数关系的式子.

在这里,笛卡儿把以往对立着的"数"与"形"统一起来了,并在数学中引入了变量的思想,从而完成了数学史上一次划时代的变革. 这一工作不仅使整个古典几何处于代数学家支配之下,而且开拓了一个变量数学领域,特别是加速了微积分的成熟. 因此,恩格斯高度评价了笛卡儿的这一革新思想,他说:"数学中的转折点是笛卡儿的变数. 有了变数,运动进入了数学;有了变数,辩证法进入了数学;有了变数,微分和积分立刻成为必要的了,而它们也就立刻产生……"

确切地说,笛卡儿的几何应称为"代数几何". 之所以现在称为解析几何,部分是出于"解析"一词的逻辑含义,因为19世纪许多人把"代数"和"解析"当作同义词用,"解析"一词常被专指代数方法. 因此当19世纪专门给这门新学科命名的时候,"解析几何"便作为一种标准名词被流传下来.

8.4 解析几何的发展

笛卡儿和费马的解析几何都是用坐标的观点和用方程表示曲线的方法,但是无论从内容上还是方法上都还不够完善. 这门学科达到我们现在课本中的形式,是由于在笛卡儿之后解析几何学又有了进一步的发展.

8.4.1 解析几何思想的进一步阐发

1649年,由法国的数学家范斯柯登把笛卡儿的《几何学》译成了当时的官方科技用文——拉丁文,方便了读者,阐发了笛卡儿的思想,使之被广泛理解和接受. 他克服了笛卡儿由于过分强调作图造成解析几何思想不明显的缺点. 这对于后来改进和补充解析几何起了积极作用.

8.4.2 坐标法的进一步完善

1655 年,英国数学家华利斯(1616—1703)引进了负的纵、横坐标的概念,进一步完善了坐标法,使解析几何所考虑的曲线范围扩大到整个平面. 在华利斯的影响下,不久牛顿给出了四个象限内的作图. 华利斯还给出了各种圆锥曲线的方程,并且从这类方程都是二次的这一特点,把"圆锥曲线"定义为"二次曲线",从此圆锥曲线为解析几何的主要内容之一.

8.4.3 新坐标系的引进

费马和笛卡儿虽然都提出了坐标法,但是他们所给出的坐标系都是不完整的. 费马就根本没有明确的 y 轴,而笛卡儿也只是用一根 x 轴,至于 y 轴侧是沿着与 x 轴成斜角的方向画出的. 1691 年,雅各布·伯努利用一个固定的点以及由该点出发的射线为基准,如图 8.12 所示,对于平面上一点 P,用 OP 的长度及 OP 与 x 的夹角的余弦作为点 P 的坐标. 这实质上是现在的极坐标,而极坐标的概念是在 1729 年由德国数学家赫尔曼明显提出的. 1729 年,欧拉给出了极坐标的现代形式,欧拉同时还引进了曲线的参数方程.

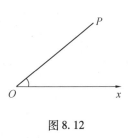

图 8.12

8.4.4 解析几何的推广

把解析几何从平面推广到空间,笛卡儿已认识到含三个未知数的方程代表一个平面、一个球面或者是一个更加复杂的曲面,但是他没有进一步考虑这种推广. 1715 年,约翰·伯努利首先引进了我们现在通用的三个坐标平面. 在此基础上,通过帕朗、克雷洛、赫尔曼等人的工作,弄清了曲面能用三个坐标变量的一个方程表示. 1731 年,克雷洛(1713—1765)又研究得出一条空间直线可以通过两个曲面方程表示.

8.4.5 解析几何的系统叙述

1745 年,欧拉在《分析引论》中给出了现代形式的解析几何的系统叙述. 这是解析几何发展史上重要的一步,可以把欧拉的《分析引论》看作是现代意义下的第一本解析几何教程. 在这本书里,欧拉引进了参数方程,并证明了经过适当坐标变换,任一带两个变量的二次方程总可以写成下列标准形式中的一个:

(ⅰ) $\dfrac{x^2}{a^2} + \dfrac{y^2}{b^2} - 1 = 0$ 椭圆

(ⅱ) $\dfrac{x^2}{a^2} + \dfrac{y^2}{b^2} + 1 = 0$ 虚椭圆

(ⅲ) $\dfrac{x^2}{a^2} + \dfrac{y^2}{b^2} = 0$ 点(一对相交于实点的虚直线)

(ⅳ) $\dfrac{x^2}{a^2} - \dfrac{y^2}{b^2} - 1 = 0$ 双曲线

(ⅴ) $\dfrac{x^2}{a^2} - \dfrac{y^2}{b^2} = 0$ 一对相交的直线

(ⅵ) $y^2 - 2px = 0$　　　　　　抛物线
(ⅶ) $x^2 - a^2 = 0$　　　　　　一对平行的直线
(ⅷ) $x^2 + a^2 = 0$　　　　　　一对虚的平行直线
(ⅸ) $x^2 = 0$　　　　　　　　一对重合的直线

最后,解析几何的又一发展是拉格朗日做出的. 1788 年,法国数学家拉格朗日在《解析力学》中用向量形式表示力、速度、加速度等具有方向的量. 这样,"向量"一提出便得到数学家和物理学家的很大注意,一门名叫"向量分析"或"向量代数"的学科由英国数学家吉布斯和希维赛德创立,向量分析对解析几何以极大影响,向量代数成为空间解析几何的重要内容.

第九章　微积分史话

9.1　微积分思想的萌芽

微积分的诞生,是全部数学史中的一个伟大的创举. 追溯一下历史就可发现,早在微积分诞生之前的两千多年,就已经有了它的萌芽.

公元前 5 世纪,德莫克利特(Democritus,约公元前 460—公元前 357)为解决量的不可公度问题,把哲学上的原子论引进了数学中,创立起数学原子论. 这实际就是现在不可分量概念的雏形. 在几何学上数学原子论的基本观点为:一条直线可以分成若干小线段,小线段又可再分,直到成为点则不可分,故称点为直线的数学原子(不可分量);平面图形可分割成相互平行的窄条,窄条又可再分,直至分成线段,则不可分,故称线段为平面图形的数学原子(不可分量);同样平面是立体图形的数学原子(不可分量). 他利用不可分量概念,从而发现了圆锥(或棱锥)是等底等高圆柱(或棱柱)体积的三分之一,但并没有给出这一结果的严格证明. 德莫克利特的这种原子论思想直观上包含着下列事实:用彼此平行的平面去截两个立体,如果所截得的平面图形面积总是相等,那么这两个立体等体积. 这一事实在 17 世纪初期被发展成为不可分元素法.[41]

巧辩派学者安提丰(Antiphon,公元前 5 世纪)在研究化圆为方的问题时,提出一种求圆面积方法——穷竭法("穷竭"这一术语到 17 世纪才开始使用). 他在圆内先作一内接正多边形,不断地将其边数倍增,希望得到一个与圆重合的多边形,从而"穷竭"圆的面积. 他还进一步提出把圆看作是无穷多边的正多边形. 这种方法后来被欧多克斯和阿基米德发展成为一种较为严格的理论,并利用它得到许多有关面积和体积问题的重要成果.

希腊大数学家欧多克斯(Eudoxus,约公元前 408—公元前 355)是柏拉图的学生. 他受德莫克利特和安提丰思想的影响,首先把穷竭法理论建立在科学的基础上,提出了今日数学中所盛称的"阿基米德公理"(阿基米德明确地把它归功于欧多克斯). 分析中常见的说法是:"对于任意两正实数 a,b 必存在自然数 n,使 $na > b$." 这条公理最初的说法是:"对于两个不等的量,若从较大量中减去比它的一半还要大的量,再从所余量中减去大于其半的量,继续重复这一步骤,就能使所余之量小于原来那个较小的量."(以下称之为欧多克斯原理)如果反复运用该原理所指出的步骤,则所余的量要多小就有多小,因此后人称该原理所指出的方法为穷竭法. 欧多克斯利用这一原理除了证明德莫克利特发现的圆锥体积的定理外,还证明了两圆面积之比等于其半径平方之比,两球体积之比等于其半径立方之比.

在欧几里得《几何原本》第十二卷中详细地记叙了欧多克斯的方法. 以下我们以命题 2 为例来说明穷竭法的要旨.

命题 2　圆与圆之比等于半径平方之比.

欧几里得的证明(这一证明得自欧多克斯)分两部分. 他首先证明了圆可以被多边形所"穷竭". 在圆 O 内作一内接正方形 $ABCD$,如图 9.1 所示,因为它的面积等于圆外切正方形面积的二分之一,而外切正方形的面积大于圆的面积,所以正方形 $ABCD$ 的面积大于圆面积的二分之一. 设 AB 弧的中点为点 E, 过点 E 作圆 O 的切线, 分别交 CA, DB 的延长线于点 F, G. 显然, 四边形 $ABGF$ 为矩形, 其面积大于弓形 $\overparen{AEBA}$. 因此, 等于 $ABGF$ 面积二分之一的三角形 ABE 的面积大于弓形 $\overparen{AEBA}$ 的二分之一. 在 $ABCD$ 的各边上都这样作, 得到一个正八边形, 圆与它的面积之差小于圆与正方形面积之差的二分之一. 在八边形的每边上完全按照在 AB 上作等腰 $\triangle ABE$ 的方法作等腰三角形, 得到一个正十六边形, 圆与它的面积之差小于正方形面积之差的四分之一, 这种做法可以一直进行下去. 欧几里得用欧多克斯原理证明可以作出边数足够多的圆内接正多边形, 使圆与其面积之差小于事先任意给定的量. 这说明圆的面积确实能为正多边形所"穷竭".

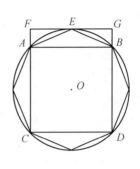

图 9.1

然后欧几里得证明了两圆面积之比等于半径平方之比. 设 S, S' 是已知的两圆的面积, d, d' 分别为其直径, 如图 9.2 所示. 所求证的是

$$S : S' = d^2 : d'^2 \qquad ①$$

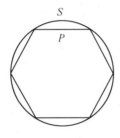 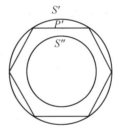

图 9.2

假设式 ① 不能成立而有

$$S : S'' = d^2 : d'^2 \qquad ②$$

此处 S'' 作为上述比例的第 4 项(另三项都已知) 的存在性是默认的. 假设 $S'' < S'$, 我们在 S' 里作边数足够多的正多边形, 设其面积为 p', 使 $S' - p' < S' - S''$, 于是有

$$S' > p' > S'' \qquad ③$$

在 S 中作相似于 p' 的正多边形 p, 根据命题 2(圆内接相似多边形面积之比等于圆直径平方之比) 有

$$d : p' = d^2 : d'^2$$

由式 ②, 我们有

$$p : p' = S : S''$$

或

$$p : S = p' : S''$$

因为 $p < S$ 于是也有 $p' < S''$, 而这与式 ③ 矛盾. 同理可证 S'' 也不能大于 S', 因此 $S'' = S'$. 这就证明了命题 2.

欧几里得对这一命题的证明从逻辑上来说是严密的. 其证明步骤与现在证明极限的步骤如此接近, 只差用极限定义得出结论, 然而这正是问题的关键. 因此, 这一证明只能达到直观上的清楚理解, 与现代极限观念还有相当的距离.

下面我们转向古代最伟大的数学家阿基米德.他被认为是牛顿和莱布尼兹最早的先驱者,对他的正确评价还是在微积分出现的时代才得到.阿基米德利用富于启发性的方法,在有关面积和体积的问题上获得了许多出色的结果.他成功地根据力学原理去发现问题,然后用穷竭法来证明这一问题.他所用的方法被认为是现代积分法的来源.

1906 年,海堡(J. L. Heiberg)在君士坦丁堡发现了阿基米德写给厄拉托塞(Eratosthenes,约公元前274—公元前194)的信以及阿基米德其他著作的传抄本.在这封信中发现了阿基米德的把力学应用于数学的独特方法.后人以"阿基米德方法"为名整理成书.

现在我们简略地介绍一下阿基米德的方法.他把一块面积或体积看成是有质量的东西,可以分成许多非常小的长条或薄片(德莫克利特的原子论思想),然后用已知线段或面积去平衡这些"元素".他求出这一系统的重心和支点.那么,所求的面积或体积就可以用杠杆定律计算出来.例如,他在证明"抛物线弓形的面积

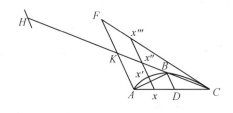

图 9.3

是底边相同、顶点相同的三角形面积的三分之四"这一命题时,采用了下面的力学方法.设 AC 是抛物弓形的底,如图 9.3 所示,点 B 是顶点,CF 是抛物线在点 C 的切线,AF 平行于轴 BD,延长 CB 与 AF 相交于点 K,并使 $KH = KC$. 设 x 是 AC 上任一点,由抛物线的性质可知

$$\frac{xx''}{xx'} = \frac{AC}{Ax} = \frac{CK}{Kx''} = \frac{KH}{Kx''}$$

由 x'' 是 xx''' 的重心,因而根据杠杆定理,若把 xx' 移到点 H 处并以点 H 为中点,则 xx' 将在点 H 与 xx''' 平衡.这一性质对 AC 上的所有点都成立.因为 $\triangle AFC$ 由所有的线段 xx'' 组成(这里他是把面看成由线段迭合而成),抛物弓形 ABC 由所有的线段 xx' 组成.因此可以断定,当抛物线弓形移到点 H 且以 H 为其重心时,现在位置下的 AFC 将以点 K 为支点与它平衡.$\triangle AFC$ 的重心位于 CK 上从点 K 到点 C 的三分之一分点处,因此,弓形 ABC 的面积是 $\triangle AFC$ 的三分之一,即 $\triangle ABC$ 的三分之四($\triangle ABC$ 的面积是 $\triangle AFC$ 的四分之一).

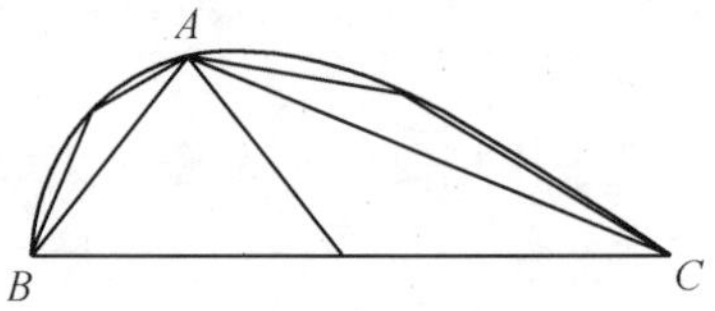

这个命题的严格证明是阿基米德在另一篇文章《抛物线求积法》(Quadrature of the Parabola)中用穷竭法给出的.如图 9.4 所示,他在以 AB,AC 为底的小抛物线弓形内再作两个同样的内接三角形.这样继续做下去,就得到一系列边数越来越大的多边形.然后他证明第 n 个这样的多边形面积由和式

$$S(1 + \frac{1}{4} + \frac{1}{4^2} + \cdots + \frac{1}{4^{n-1}})$$

图 9.4

给出,其中 S 是 $\triangle ABC$ 的面积.然后他又利用等式

$$S(1 + \frac{1}{4} + \frac{1}{4^2} + \cdots + \frac{1}{4^{n-1}} + \frac{1}{3} \cdot \frac{1}{4^{n-1}}) = \frac{4}{3}S$$

其中 $\frac{1}{3} \cdot \frac{1}{4^{n-1}}S$ 是抛物弓形与 n 个多边形面积之差.接下去阿基米德用双重归谬法证明:抛物

弓形的面积既不能大于也不能小于 $\frac{4}{3}S$，而必定等于 $\frac{4}{3}S$，这个问题按现代分析学的方法只需对上述级数求一下极限就行了，但当时阿基米德并没有极限的概念.

在阿基米德的著作中，有许多地方都利用了类似上述问题的级数和处理问题的方法. 在其他问题中，他还同时利用内接图形与外切图形. 运用这些方法，他求出了球和球冠的表面积、螺线下的面积、旋转双曲面的体积等，取得了一系列辉煌的成就. 总的说来，他所解决的相当于问题计算形如

$$\int_c^d (ax + bx^2) \mathrm{d}x$$

的定积分.

尽管阿基米德没有使用极限方法，也没有引入积分概念及建立一般的积分法，但是他的许多演算步骤与现代积分法的过程相似到惊人的程度，他所采用的方法确已预示了微积分的产生.

因此，我们称阿基米德是微积分学的先驱. 他不仅成功地将"穷竭法"应用于求像抛物线弓形那样复杂的曲边形的面积中，而且在求积时应用了级数有限项之和所成序列的近似法，还首次提出了现在所谓的上积分和下积分的概念等.

作为整个数学分析基础的极限论，也不止一次地出现在古代许多数学家的著作中. 欧多克斯的穷竭法、刘徽的割圆术以及祖暅原理等，本质上都是极限思想的体现. 这些古代的中外数学家还有效地将他们朴素的极限思想，用于解决求积问题.

15 世纪以后的欧洲，由于文艺复兴、产业革命等一系列社会改革，使生产面貌有了较大的改观. 力学、天文学、地理学、物理学……都提出许多亟待用数学来解答的问题. 所有这些问题都明显地表现着变量问题的特征，而解决变量问题的最有效的工具则是微积分. 在这种情况下，微积分开始了从酝酿到产生的历史进程.

一般地说，微积分产生的历史，大致可分为三个时期：潜伏期、预备期和完成期.

9.2 微积分产生的潜伏期

潜伏期出现在 16 世纪前后. 当时，由社会生产所提出的各类实际问题，经各学科的理论研究，已逐步得到了解决，其中有：1450 年，阿勒倍尔堤（Leone Battista Alberti）关于建筑的著作，这里阐述了不少力学原理；1537 年，意大利的塔尔塔里亚关于抛射体轨道的论述；1586 年斯台文关于重心的著作和 1608 年关于水压力著作；1604 年，瓦雷利欧（Luca Valerio，1552—1618）关于重心和 1606 年关于抛物线的面积的著作等. 在这些著作中，一方面解决了生产中提出的许多问题，另一方面也提出了许多促使微积分早日诞生的实际问题. 归纳起来，问题集中在四个方面.

第一，由距离表为时间的函数式，求物体在任意时刻的速度和加速度；反之，由物体的加速度表为时间的函数式，求速度和距离；第二，确定运动物体在它的轨迹上任一点处的运动，以及研究光线通过透镜的通道而提出的求曲线的切线；第三，求函数的最大值和最小值；第四，求曲线长度、曲线围成的面积、曲面围成的体积、物体的重心等.

不难发现，这四个问题中的二、三两个和第一问题的前半部分是属于微分学问题，而第

四个和第一问题的后半部分是属于积分学问题.

在潜伏期中做出较大贡献的有开普勒和伽利略. 开普勒的积分思想是建立在不可分量概念上的,而这一思想的精华却是从阿基米德著作中吸取的. 为了形象地表达开普勒的积分思想,我们可以举这样一个例子:开普勒认为,圆周上的每一点可以看成是顶点在圆心上,而高等于半径的等腰三角形的底. 于是圆面积由无限多的三角形所组成,这些三角形的总面积等于一个具有同一的高(即半径),与底等于所有三角形各底之和(即圆周长)的三角形的面积. 1616 年,开普勒发表《酒桶的立体几何学》. 在这本书中,他应用这类方法求出近百个大部分是圆锥曲线所产生的旋转体的体积. 不过,开普勒的积分方法缺乏严格性,而且主要是通过图形之间的变换来获得结果的,因而不具普遍性.

伽利略在微积分学上的功绩在于,奠定了实验和理论调谐的近代科学精神. 这种精神对于微积分的形成是至关重要的. 1638 年,在伽利略的《论说》中,伽利略阐述了运动的数学理论,特别是距离、速度及加速度之间的关系,另外还研究了抛物体的运动轨道,以及在已知抛射角和初速度的情况下抛射体的射程与高之间的关系. 这些都是微积分中最敏感的问题.

9.3 微积分产生的预备期

微积分产生的预备期,是以 1635 年意大利波伦尼亚大学教授卡瓦列里发表《不可分连续量的几何学》为标志的.

卡瓦列里对以往所有那些"微积分结果"作了初步系统的综合,并且创立了一种简单形式的积分法——不可分量法. 这种方法的创立,是建立在开普勒不可分量原理上的. 所不同的是,卡瓦列里为了克服开普勒用各自不同的直线图形来表达曲边图形这一缺乏普遍性的方法,而采用了"点动成线,线动成面"的基本观点. 由于点是无长度,线是无面积可言的,因此,卡瓦列里在进行立体体积和曲边形面积的计算时,采用比较两图形的不可分量的方法,通过比较从一个已知图形的量求得另一个图形的量,从而避免对无穷小元素的直接计算,这就是卡瓦列里定理,即祖暅定理的精华所在. 这个方法与现代方法相比还是不严密的,但是它毕竟给出了一个统一的积分方法,并且解决了高次抛物线 $y = kx^2$ 的求积问题.

卡瓦列里的不可分量全部都是直线和平面. 1614 年底,托里拆利将不可分量引进到曲线和曲面里,并且取得了很多成果,包括得出一般高次双曲线 $x^m y^n = K$ 的积分. 特别值得注意的是,他提出了无限延长的立体不一定有无限大的体积的结论. 这在当时是一项重大发现,它增强了人们处理"无限"问题的信心.

不可分量法的特点在于,不通过直接计算,而是从所求图形与已知图形不可分元素之间的比较中获得结果. 因此,它可以抓住构成图形的面积与体积的元素之间的关系,建立起几何问题解析化的基础,从而向真正的现代形式的积分法靠近.

然而,不可分量也存在着致命的缺点. 例如,说面积是线段之和,那么这线段有没有面积可言? 如有面积,那就与欧几里得几何中的线段定义相矛盾;如无面积,或者说面积为零,那么零之和又怎么能成为一个非零的面积呢? 为了克服这一致命缺点,17 世纪中叶,华利斯、帕斯卡等人一方面采取了将不可分量法算术化措施,另一方面对面积由线段组成、体积由平面组成的观点做出修正.

帕斯卡修正说:"所谓面积是线段之和的说法,其线段是指以曲线的纵坐标为高,底边为无穷小的矩形,因此面积应该是无限多个以曲线的纵坐标为高,并具有无穷小底边的矩形之和,如图 9.5 所示."显然,帕斯卡的观点已经十分接近真正的积分概念了.

华利斯还把曲线 $y = x^n$ 的求积问题,化为求极限

$$\lim_{n\to\infty} \frac{1^n + 2^n + \cdots + m^n}{m^{n+1}}$$

图 9.5

的问题,华利斯对 $\int_0^1 \sqrt{x - x^2} \, dx$(直径为 1 的半圆的面积,即 $\frac{\pi}{8}$)的归纳计算用得更为卓越,同时还给出了 π 的无穷乘积式

$$\frac{\pi}{2} = \frac{2 \cdot 2 \cdot 4 \cdot 4 \cdot 6 \cdot 6 \cdot 8 \cdot 8 \cdots}{1 \cdot 3 \cdot 3 \cdot 5 \cdot 5 \cdot 7 \cdot 7 \cdot 9 \cdots}$$

这个工作给牛顿很大的影响.

预备期中,另一个巨大影响来自笛卡儿和费马.1637 年,笛卡儿的《几何学》以附录形式出版.他把古代几何学的整个范围置于代数学的统治之下,这使得微积分先驱者们所要考虑的几何问题有了代数化的可能.

费马是在牛顿、莱布尼兹之前,在微分和积分两个方面做贡献最多的一个.牛顿曾说过:"我从费马的切线做法中得到了这个方法的启示,我推广了它,把它直接地并且反过来应用于抽象的方程上."

对透镜的设计和光学的研究,吸引着费马去探求曲线的切线.他在 1629 年就找到了求曲线的切线的一种方法,但发表却在 1637 年的手稿《求最大值和最小值的方法》中.这个方法,实质上就是现在的方法.现简介如下:

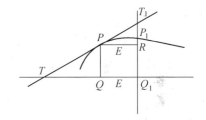

图 9.6

设 PT 是曲线上一点 P 处的切线如图 9.6 所示.

TQ 的长叫次切线.费马的方案是求出 PQ 的长度,从而知道 T 的位置,最后就能求出 TP.

设 QQ_1 是 TQ 的增量,长度为 E.因为 $\triangle TQP \sim \triangle PRT_1$,所以 $TQ : PQ = E : T_1R$.但是,费马说,T_1R 和 P_1R 是差不多长的,因此 $TQ : PQ = E : (P_1Q_1 - QP)$.

用现在的符号,把 PQ 叫作 $f(x)$,我们就有 $TQ : f(x) = E : [f(x + E) - f(x)]$.

因此

$$TQ = \frac{E \cdot f(x)}{f(x + E) - f(x)}$$

对于费马所处理的 $f(x)$,可以用 E 除这个分式的分子和分母.然后令 $E = 0$(他说是去掉 E 项),就得到 TQ.

费马应用其求切线的方法于许多难题,虽然这个方法完全依赖于深奥的极限理论.他的这种确定极限的方法,隐含了有几乎完备的导函数的定义及计算法则.若把他的方法做某些不重要的改变,还可以推广到隐函数 $F(x,y) = 0$ 所定的曲线上去,他的方法相当于从等式 $\frac{\partial F}{\partial x} + y' \frac{\partial F}{\partial y} = 0$ 求出 y',若曲线方程中有无理函数,他先用自乘使其有理化,然后根据在拐点上切线与横坐标轴间之角为最大的事实求出拐点,这种情形下他的做法相当于求出二阶数 y'' 并令它等于零.

求函数的最大值和最小值问题,费马在他的《求最大值和最小值的方法》中也给出了一种方法.他的方法如果用现代的记号可表达如下:

设求 $f(x)$(费马先取个别整有理函数)的极值,把表达式 $\dfrac{f(x+h)-f(x)}{h}$ 按照 h 的乘幂展开,再弃去含 h 的各项所得结果等于零,得出的根就可能使 $f(x)$ 具有极值.值得注意的是这种方法与他同时代的人所了解的不同,他不是简单地以省略无穷小为依据的,而他的推理本质上和我们今天应用泰勒公式来分析并确定极值的推理是一致的,因而也是非常难能可贵的.

费马在求积方法上达到算术化的道路也不迟于1636年,他在讨论抛物线 $y=x^n$(n 为正整数)的面积时,以等距离的纵坐标线把面积分成许多长条,然后依据不等式

$$1^n + 2^n + \cdots + m^n > \frac{m^{n+1}}{n+1} > 1^n + 2^n + \cdots + (m-1)^n$$

和实际上求得极限

$$\lim_{n\to\infty} \frac{1^n + 2^n + \cdots + m^n}{m^n} = \frac{1}{n+1}$$

以此来进行求积.大约在1664年,他在横坐标构成几何级数的那些点上引出纵坐标,而把他自己的结果推广到 n 为分数与负数的情形;同时那些近似于 $y\mathrm{d}x$ 的长条形面积组成容易求和的几何级数,经过求极限即得费马的结果.这些结果,当 $n>0$ 时,相当于今天的积分 $\int_0^a x^n \mathrm{d}x$ 的计算,而当 $n<-1, a>0$ 时,则相当于今天的广义积分 $\int_a^\infty x^n \mathrm{d}x$ 的计算.这实际上已接触到了"瑕积分".

费马还用类似的方法去计算了一些曲线的长度.

自然,费马终究未曾指出微分学的基本概念——导数与微分;未曾建立起微分学的算法;还未发现他的求切线的方法和求极值的规则与他的求积问题之间的关系——虽然他在求积问题上做出了杰出的结果.

但费马在应用他的方法来确定曲线的切线、求函数的极大值极小值以及求面积、求曲线长等问题上差一点就发现了微积分.[42]

微分学上一个重要课题——求极值的方法也是费马创立的.他指出了可微函数在 x 上取得极值的必要条件是 $f'(x)=0$,另外,对费马确定切线的方法做若干不重要的改变,即可推广到以隐函数 $f(x,y)=0$ 所确定的曲线上.乃至著名数学家拉格朗日曾认为费马是微积分学的真正发明人,他曾说:"我们可以认为费马是这种新计算的第一个发明人."

最早察觉求切线与求积之间互逆关系的是牛顿的老师巴罗(Isaac Barrow, 1630—1667),他在1669~1670年发表的《光学与几何学讲义》中,证明了在现在符号意义下 $\dfrac{\mathrm{d}}{\mathrm{d}x}\int_a^n 2\mathrm{d}x=2$ 的等式.虽然巴罗是以几何形式来表达的,但他却触及到了微积分的基本问题,并且给后来研究微积分者特别是牛顿以极大的影响.

9.4 微积分的建立

微积分的建立,最后是由牛顿和莱布尼兹各自独立完成的.

1665～1666年,牛顿的"流数术"中有三个重要的概念:流动量、流动率、瞬.所谓流动量是指一个连续变化的变量.流动率是流动量的导数(变化率).这两个概念的出现,不仅使一切与变化率有关的问题有了统一的认识,而且直接揭示了原函数与导函数之间的可逆关系.所谓"瞬"这个概念,如牛顿所说是一种刚刚产生的无限小的量.这种说法很含糊,但在极限理论尚未完善的时候,牛顿的"瞬"概念仍不失为求导运算的基本出发点.

牛顿把全部微积分问题分为两大类,他用运动学上的术语表达为:"速度"与"路程"."速度"相当于现在的导函数,"路程"相当于现在的原函数,"时间"被简单地作为所有变量的公共自变量.这表明了牛顿在对导数和积分这两个主要概念表达方式还是含混.另外"瞬"这个概念也是有矛盾的,它究竟是无穷小的数,还是有穷的数呢?若是无穷小那么所有无穷小之和是什么?如果是有穷的数,那么在运算中随意弃取它又是根据什么?所以,牛顿虽然完成了微积分的建设工作.但是他并没有建立在牢固的基础上,这点是在两个世纪后由于引进了极限与连续的概念才得到解决的.

莱布尼兹于1673年到1676年间是在惠更斯的影响下,研究了笛卡儿和帕斯卡的数学著作后发现微积分的.牛顿着手于运动学,而他则着手于几何学.莱布尼兹关于微积分最初的论文题目是《为寻找极大、极小以及切线的新方法,而这方法不被分数的和无理数的量所阻碍,和关于这方法一个巧妙的计算》.这篇仅6页纸的文章叙述得乏味而含糊,但是却具有划时代的意义.莱布尼兹在这篇论文中明确地给出了微分的定义,以及若干个函数的和、差、积、商的微分法则;给出我们现在所用的微分记号 dx,dy.1675年以后,莱布尼兹又继续提出了极值条件 $y'=0$ 和拐点条件 $y''=0$,另外还有微分不变性的重要定理.在一些手稿中莱布尼兹还先后给了导数的符号 $\dfrac{dy}{dx}$,二阶导数符号 $\dfrac{ddx}{dyz}$.在1686年他发表的论文中,又引入了作为无穷多微分之和的积分概念及其符号 $\int$.$\int$ 是和 Summa 的第一个字母,只是拉长一点罢了.

莱布尼兹的微积分与牛顿相比,其逻辑性与严密性要差些,但是他用精巧的符号来表达,却是牛顿所远远不及的.可以肯定,假如没有莱布尼兹的精巧而合理的符号,微积分就不可能成为如此有力的工具.

18世纪,继牛顿、莱布尼兹之后,为微积分的建立和发展做出巨大贡献者要数欧拉.其他开拓者还有约翰·伯努利、雅各布·伯努利、泰勒、麦克劳林等.

欧拉的《微分学》《积分学》以及更著名的《无穷小分析引论》是18世纪数学家的必读之书.在微分学方面,欧拉第一次把无穷小分析改造为整个函数的完整理论,并且把无穷小分析当作一门完整的学科而加以阐述.他还证明了多元函数的微分与次序无关的定理 $\dfrac{\partial^2 z}{\partial x \partial y} = \dfrac{\partial^2 z}{\partial y \partial x}$;得出了全微分的可积条件;给出了求未定型 $\dfrac{\infty}{\infty}$,$\infty - \infty$ 极限的所谓诺必达法则.把导函数作为微分学基本概念的也是欧拉.导函数的名称和符号 $f'(x)$ 则是由拉格朗日给出的.

在积分学上,欧拉明确提出了不定积分和定积分的概念,他称不定积分为"全积分",称定积分为"特积分".1799年,拉普拉斯正式给出"定积分"的名称,而在1819～1822年间,由傅里叶给出了它的符号 $\int_a^b p dx$.现在微积分教科书中,求不定积分的基本方法,不少是由欧拉给出的.大约在1770年,欧拉引入了二重积分的概念.接着,1772年由拉格朗日引入三重积分概念. 曲线积分概念一般认为是在1743年由克雷洛提出的.

大约在1800年,数学家们开始对以微积分为基础内容的无穷小分析理论的基础做出审查. 这主要是由于无穷小分析理论在概念以及证明中的不严密性造成一系列的混乱而引起的. 函数概念本身就不清楚;导数和积分的概念虽然已由牛顿和莱布尼兹引出,并且经过多次应用,但是一直没有被严密定义过;函数级数展开式一个一个得出,但没有考虑它们的收敛和发散. 所有这些状况都使人不得不对分析学的基础做严格的检查、改造,建立严密的微积分理论.

最初从事分析学改造工作的是法国数学家柯西、捷克数学家波尔察诺和高斯.

柯西和波尔察诺给出了现在公认的函数连续的定义和级数的收敛准则. 柯西在他的三大名著《分析教程》(1821年)、《无穷小计算讲义》(1823年)、《无穷小计算在几何中的应用》(1826年)中,给出一系列分析学基本概念的严格定义:包括极限、连续、导数、微分、积分以及无穷级数的和概念. 1521年,柯西提出了极限的ε(后来改成δ)描述方法,使极限概念算术化. 后来魏尔斯特拉斯将ε和δ联系起来,完成$\varepsilon-\delta$方法. 在积分方面,柯西第一次明确地把定积分作为分析学的基本概念,并且给出了连续函数定积分存在的第一次分析证明. 现在微积分教本中的两种广义积分——无穷积分和瑕积分,也是首先由柯西给出精确定义的. 总之,柯西是第一个将数学分析建立在极限理论上的人.

在分析学上做出贡献的除柯西外,还有阿贝尔和法国数学家魏尔斯特拉斯以及狄利克雷等人.

第十章 射影几何史话

10.1 射影几何的创始人——笛沙格

笛沙格(Desargues Girard,1591—1661)法国著名数学家,射影几何的创始人之一.

1636 年,笛沙格第一次正式出版了两本小册子,一本是《论透视截线》,另一本是《关于透视绘图的一般方法》.这两本小册子的出版,当时遭到一些人的强烈反对,因为在那时他们还无法理解笛沙格的思想.有趣的是笛沙格在对这些抨击的回答里宣告,谁在他的方法里找到错误,他付给谁 100 个法郎,谁能提出较好的方法,他付给 1 000 个法郎.笛沙格渴望把纯粹的几何学透视研究中投影的方法应用到实际当中.他把这种想法告诉了笛卡儿和费马,他们欣赏并鉴别了他的作品,高度评价和赞扬了笛沙格的独创精神.

笛沙格在射影几何方面的主要成就是著名的笛沙格定理:如果两个三角形(在同一平面或不在同一平面)是这样放置的,即使得对应顶点的连线共点,则对应边的交点共线;并且反之亦然.这一定理是射影几何的基本定理.

在 1648 年的一本著作的附录里,载有笛沙格给出的又一条基本结论:交比在投影下的不变性.一直线上 A,B,C,D 四点的交比定义为所形成四线段的比,即交比 $(AB,CD) = \dfrac{AC}{BC} \Big/ \dfrac{AD}{BD}$.帕普斯引入过这个比,梅涅劳斯也有一个关于球面上大圆弧的类似定理.但他们都不是从投射锥和截景的观点来考虑的,而笛沙格却证明了投射锥的每条截线上四点的交比都相等.

1638 年 4 月,笛沙格在给梅森的信中叙述了关于切线问题的讨论,举例说明了他考察这个问题所取得的进展.尽管笛卡儿为他准备了一次关于射影几何的介绍,并为了能使之通俗易懂而设计了图案.但是,笛沙格没有按照笛卡儿的意见进行相同的研究,而是建立了一种新的几何方法,目的是将增加的新理论引进几何学,用科学知识解释各种各样的截面和方法技巧扩大更新了射影几何知识.他的深奥的理论和丰富的实践,更换了笛卡儿的代数法,使几何知识得以延伸.

1639 年出版的《试图处理圆锥与平面相交情况的初稿》是笛沙格的一部主要著作.其中包含关于圆锥曲线的具有独创性的内容,在该著作中,笛沙格用了一些从植物学中借用来的古怪术语,他把一条直线称作一棵"棕",把标有点的一条直线称作一根"干",而若一直线上有三对点有对合关系,那么就叫作一棵"树".笛沙格采用这些古怪术语的用意是想用比较普遍通俗的说法讲清道理而避免意义含糊,但这种词语和奇怪生疏的思想,却使得他的书难于阅读,加上当时新兴的解析几何更富有吸引力,这本书在那时就像太阳中的一点烛光一样,并没有显露出来,后来几乎被忘却甚至遗失.当时笛卡儿也怀疑纯几何学能否与代数学取得同等的效果.而费马,他保留了自己的意见.唯一能理解并吸收笛沙格思想的几何学家是帕斯卡.直到 1845 年,沙勒(M. Chasles,1793—1880)偶然发现了这本书的手抄本,才引起人们的普遍重视.从那时起,这本书被列为近世纯粹几何发展初期的经典著作,这部著作从开普勒的连续学说开始,导出了许多关于对合、调和点组、透射、极轴、极点、极带以及透视等概念和一些基本原理.他在几何中引入了利用投射和截景等的证明方法,并利用这种方法统一处理了几种不同类型的圆锥曲线,为射影几何理论的建立奠定了基础.在当时那样一个天才辈出的世纪里,笛沙格也是最富有独创精神的科学家之一.在新兴的解析几何盛行的情况下,他敢于开创射影几何的新领域,而且在众多的批评和反对下,仍然坚持他的研究,并且大量出版作品,足以证明笛沙格的独创能力和不畏艰难的决心.

10.2 蒙日的画法几何为射影几何奠定了基础

17世纪,生产力的发展推动了自然科学和技术的发展,数学获得了明确的变量概念,建立了解析几何和微积分.数学史家,称17世纪是"天才的世纪".而18世纪,在天文学、物理学以及各种应用科学的推动下,数学取得丰硕成果,产生许多新兴的专门学科.数学史家,称18世纪是"发明的世纪".18世纪的初始,几何方法普遍受到重视,后来在微积分的引导下,数学分析学得到了长足的发展.但是到了18世纪的末期,各新兴数学分支的课题纷纭,悬案较多.在几何学被一些数学家、哲学家认为处于困难的境界时,法国的蒙日给几何学注入了新的生命力,复兴了纯粹几何学,别开蹊径,建立了新的几何学科——画法几何.这也为射影几何学奠定了基础,促进了几何学的发展.

用平面图形表示空间形体具有悠久的历史.但是作为一门严密的、系统的基础理论学科,则不能不归功于蒙日."画法几何学"(Geometrie de seriptive)是蒙日根据拉丁文而命名的.中文名"画法几何学",是1920年左右由我国著名物理学家萨本栋和著名教育家蔡元培翻译制订的.

画法几何是几何学的分支,在科学技术上得到广泛的应用.它是一种按照新的思路建立起来的崭新的几何学,不同于希腊的初等几何,也不同于笛卡儿的解析几何.

希腊的初等几何学中虽然也有立体图形,但表达不精确,只有逻辑意义,缺少实用价值.笛卡儿的解析几何学,脱离了直观,依赖于代数学的计算.画法几何,注重几何的直观性,借助分析提供的方法,是理论与实践、科学与技术相统一的典范.此外,画法几何是射影几何学的基础,为几何学的发展开拓了新的途径.

蒙日的画法几何学以正射影表示空间形体,被称赞为画法几何学的奠基著作.该书第五章讲述了有关基本投影法的相切、截交、相贯,以及它们的应用.尽管这些基本知识是人类长期经验的积累与流传,但蒙日进行了归纳、提炼与创新.第一章提供了投影法的基本想法.在图示方面,他指出画法几何方法与代数消元法的关系,要求把作图方法与解析几何运算联系起来.书中不少例题、例图是经过精心选择的.它所提供的不少方法沿用至今(如用辅助球面作轴线相交的回转面的相贯线),也有不少方法(如投影变换),以后得到进一步的发展完善.《画法几何学》是蒙日为培养中学教师而写的教材,所以会有很多有关画法几何学的成果未能包罗在内.

1798年,《画法几何学》在巴黎研究院公开发行第一版,1922年被法国收入《科学思想名家论著丛书》.此书公开发行后,不胫而走,风靡世界.各国工科院校先后增设此课,出现了美、德、西、俄等各种译本或译文发表.德国数学家高斯读到《画法几何学》时给予高度评价,认为该书简明扼要,由浅入深,严密系统,富有创新.

蒙日在数学上,以画法几何闻名于世.但是他在数学上的贡献远不只这些.蒙日在二十三岁时,就发现了曲面和曲率曲线,借助分析学对几何学进行了别开蹊径的研究.他利用微分方程等分析方法研究空间曲线与曲面等几何图形的性质,这种方法完全不同于笛卡儿的解析几何学.日本数学史家小仓金之助说:"公正而言,蒙日与先人欧拉、后人高斯共同为微分几何的创立人."蒙日1807年发表的《分析在几何学上的应用》,是数学史上第一本系统的微分几何论著.蒙日1805年出版了《代数在几何中的应用》单行本.这是一本讲述解析几何的书.蒙日在上述两本书里,对空间解析几何做出许多贡献.比如,他证明了二次曲面的截交线是二次曲线,平行截平面的截交线是相似的二次曲线,叶双曲面和双曲抛物面是直纹面等.所以数学史家克莱因认为欧拉、拉格朗日和蒙日使解析几何成为一门独立而充满活力的数学分支.

10.3 彭赛列与射影几何

射影几何的奠基人彭赛列(Poncelet,1788—1867)做出发现的起跑点不是在研究室里或书桌上,而是在俄国监狱的铁窗下.

彭赛列毕业于巴黎的一所军事工程学院,曾受业于著名的数学家、画法几何的奠基人蒙日和卡诺,彭赛列大学毕业后即投入了拿破仑进攻俄国的军队,1812年冬天法军大败,就这样,二十四岁的彭赛列成了俄国人的俘虏,被关进了沙拉托夫监狱.

监狱生活挡不住彭赛列对数学的追求,他完全依靠自己的记忆力,重温从老师蒙日和卡诺那里学到的数学知识,在石墙上进行大量的数学演算.

数学思维一经启动,创造的激情便不可遏制地奔泻而出,彭赛列开始在牢房里着手新的数学创造.他设法弄到了一些纸张,于是,把自己的研究心得记录了下来.就这样经过了400多个日日夜夜,终于写下了七大本研究笔记.而正是这些字迹潦草的笔记,记述了一门新的数学分支——射影几何的光辉成果.

我们知道,研究图形在刚体变换(如平移、旋转等)下,有哪些不变性质(如线段长度、角的大小、图形形状等都不改变)的几何学,就是大家熟悉的欧氏几何.而研究图形在射影变换下有哪些不变性质的几何学就叫作射影几何学,它就是彭赛列研究的内容.

1814年6月,彭赛列终于获释.同年9月,他回到了法国.回国后虽然他升任了工兵上尉,但仍孜孜不倦地追求新几何的理论.在七本笔记的基础上,又经过八年的努力,终于在1822年,完成了一部理论严谨、构思新颖的巨著——《论图形的射影性质》.这部巨著把射影几何的先驱——笛沙格和帕斯卡所获得的重要成果变成了一般性质和方法,形成了系统的理论.在他之后,射影几何学的研究在19世纪成了一股热潮,随着研究的深入,进一步揭示出射影几何在逻辑上比欧氏几何(以及19世纪20年代诞生的非欧几何)更基本的几何学,前者包容着后者,后者可以看作是前者的特例.

第十一章 概率论史话

17世纪,正当研究必然性事件的数量关系获得较大发展的时候,一个研究偶然事件数量关系的数学分支开始出现,这就是概率论.

11.1 概率论的发展线索

据文献记载,最早提出对赌博中的输赢估计问题的是意大利数学家帕西奥里(1445—1514). 他于1494年发表了数学专著《算术、几何、比和比例摘要》,其中提出了这样一个问题:假如在一个比赛中,赢6次才算赢,而两个赌徒在一个赢5次另一个赢2次的情况下中断比赛,问这时应如何分配总的赌金. 帕西奥里的答案是按5∶2分给两个赌徒赌金. 显然,帕西奥里没有正确地解决这个问题,但是他提出的问题引起人们的思索. 过了许多年,意大利数学家卡尔丹讨论了类似的赌博问题,他指出需要分析估计的不是已赌过的次数,而是剩下的次数. 卡尔丹认为,总赌金应该按$(1+2+3+4)∶1=10∶1$的比例来分成. 可惜,卡尔丹虽然思路对了,但计算方法不正确. 与卡尔丹在三次方程解法发明权上发生争执的意大利数学家泰塔格利亚也曾讨论过赌博问题,而且与卡尔丹相同,他也从数学角度计算过掷骰子时,在所有可能情况中,有多少种情况将得出指定的和数. 尽管他们都没有就赌金分配问题得到科学的计算方法,但是,他们的工作却为概率论的创立积累了不少的计算方法.

16世纪末,欧洲许多国家又把保险业务从航海业扩展到其他工商业. 保险的对象都带有随机现象的色彩,为了保证保险业赢利,又使参加保险的人乐意投保,就需要对大量随机现象的规律性进行正确的分析,从而创立保险业的一般理论. 于是,概率论产生的时机来到了. 然而,上述保险问题所涉及的随机现象,常常被太多的错综复杂的因素所干扰,因此,人们便从简单的、便于研究的赌博问题入手,研究出随机现象的某些规律性,再提炼加工成一般理论. 这或许是概率论起源于赌博问题的一个重要原因吧.

11.2 概率论的创立

意大利数学家对赌博问题的研究并未引起重视,很快就被遗忘了. 概率概念的意义只是在帕斯卡与费马的讨论中才比较明确,所以概率的发展被认为从帕斯卡与费马开始的.

1654年,帕斯卡与费马通信讨论从赌博中提出的一些问题,这被看作数学史上最早的概率论文献. 其中有一个著名的"点问题"是帕斯卡的朋友梅雷提出的. 这问题可叙述如下:甲、乙两人同掷一枚硬币,规定正面朝上,甲得一点,若反面朝上,乙得一点,先积满S点者赢全部赌金. 假定现在甲、乙各得$a(<S)$,$b(<S)$点时,赌局中止了,问应该怎样分配赌金才算公平合理.

帕斯卡与费马用各自不同的方法解决这个问题,不失一般性,我们试以$S=3,a=2,b=1$为例说明他们的解法. 帕斯卡分析说,如果再掷一次硬币,由甲大获全胜,赢得全部赌金,或者与乙的点数相等,此时应平分赌金,考虑到这两种可能情况,甲应得赌金的3/4,从而乙应得赌金的 1/4. 费马另有解法:由于甲已积 a 点,乙已积 b 点,要结束这场赌博最多还需要掷 $(S-a)+(S-b)-1$ 次,在我们的具体例子,就是最多还需要玩两局. 其结果有四种可能情况,其中仅有一种情况能使乙获胜. 因此,甲有权分得赌金的 3/4.

帕斯卡与费马虽然没有定义概率的概念,更没有建立概率空间,但是,他们在估计赌徒获胜的可能性时,总是用有利情形数与所有情形数之比,这实质上就是概率的概念;在计算具体获得赌金时所用基本原则就是数学期望的概念.

第一个明确提出"数学期望"概念的是荷兰数学家惠更斯. 他于 1657 年发表了《论赌博中的推理》. 在该文中,建立了概率和数学期望等重要概念,并得到相应的性质和计算方法,可以讲,概率论就这样创立了.

在概率论的现代表述中,概率是基本概念,数学期望则是第二级的概念,但在历史上,顺序却相反,先有"期望"概念,而古典概型的概率定义,完全可以从"期望"概念中导出来.

11.3 概率论的发展

18 世纪是概率论发展的重要时期,盛产数学的伯努利家庭的几个成员都参加了概率论的研究,其中对概率论贡献最大的,要数詹欧士·伯努利. 他的名著《猜想的艺术》可以称为概率论的第一本专著. 相比之下,惠更斯的那篇论文仅能看作一篇序言. 遗憾的是,这本书在伯努利死后八年(1713 年)才得以问世.

在这本书里,伯努利获得了许多新的结果,发展了不少新方法. 但伯努利对概率论的主要贡献并不在于这些特殊结果,而是对"大数定律"的表述和证明. 他得到了现在仍称为"伯努利定理"的重要结论:若 P 是出现单独一次事件的概率,Q 是不出现该事件的概率,则在 n 次试验中该事件至少出现 m 次的概率,等于二项式 $(P+Q)^n$ 的展开式中从 $P^m Q^{n-m}$ 为止的各项之和,这是概率论最重要的定律之一的"大数定律"的最早形式. 这一定理,在单一的概率值与众多现象的统计规律之间建立演绎关系,成为概率论通向更广泛的应用领域的桥梁. 从此,概率论开始成为一门统一的数学理论.

然而要科学地证明这条原理却不是简单的事情. 事实上,据伯努利自称:"为了完成这一定理,曾经费时 20 年之久."

伯努利之后,法国出生的数学家莫瓦夫尔(1667—1754)对概率论发展又做了巨大的推进,于 1718 年发表了《机会的学说》. 在书中莫瓦夫尔提出各种新的方法解各种类型的点问题、骰子问题、换球问题;他从概率原理去推出排列组合理论中的许多公式;他明确提出条件概率的概念;他还为概率论设计了一套普遍的记号系统,并称之为"新代数".

他在伯努利大数定律所开创的方向上迈进了一大步. 莫瓦夫尔研究有利事件出现次数相关的一个变量的分布函数的极限情况,他就有利事件概率 $P=\dfrac{1}{2}$ 的特例,发现了这个极限分布就是正态分布. 后来,拉普拉斯将结果推广到一般场合,称这个结果为"莫瓦夫尔-拉普拉斯定理",这个定理在往后两个世纪的概率论研究中占据着中心地位,所以人们又喜欢称它为"中心极限定理".

1760 年,法国数学家蒲丰的《偶然性的算术试验》一书完成,在书中,他把概率与几何结合起来,开始了几何概率的研究,引入了几乎每一本现代概率论教科书都必定引用的"蒲丰问题"(或"投针问题").

通过伯努利、莫瓦夫尔、蒲丰等人的努力,使数学方法有效地应用于概率研究之中,这就把概率论的特殊发展同数学的一般发展联系起来,使概率论真正成为数学一个分支.

概率论在18世纪不仅得到很大的理论发展,而且在应用方面也有长足的进展,丹尼尔·伯努利根据大量的统计资料,得出了种牛痘能延长人类平均寿命三年的结论,从而消除了一些人对种牛痘的恐惧和怀疑.欧拉将概率论应用于人口统计和保险,写出《关于死亡率和人类增长问题的研究》《关于孤儿保险》等文章.泊松将概率论用于射击的各种问题的研究,提出了《打靶概率论研究报告》.

19世纪初,概率论开始朝着系统理论的方向发展.其中贡献较大的数学家有:法国的拉普拉斯、德国的高斯、法国的泊松、俄国的切比雪夫.

拉普拉斯是这一时期概率论发展的奠基者.他出版了好几部概率论著作,其中1812年出版的《分析概率论》是古典概率论系统理论的经典之作.拉普拉斯在这部巨著里全面总结了他的前辈,特别是他自己以往四十年间的研究成果.这部著作严密而又系统地表述了概率论的基本定义和定理,严格证明了中心极限定理,建立了观察误差的理论和最小二乘法,有效地发展了概率论在实际中的一系列重大应用.

在拉普拉斯的这部著作发表前,概率论基本上当作"组合"数学的一部分,拉普拉斯实行了方法论上的革命,使之变成分析数学的一部分,这就开了近代概率论的先河.

拉普拉斯的误差理论和最小二乘法,经高斯的努力,又极大地前进了一步,正式奠定了最小二乘法和误差理论的基础.泊松引入了著名的"泊松分布",推广了大数定律.切比雪夫应用离差和均方差得到了著名的"切比雪夫不等式",而用这个不等式能证明概率论中两个最基本的结果"大数定律"和"中心极限定理".

概率论形成系统理论之后,它的应用迅速展开.几乎所有的科学领域,包括神学在内的社会科学领域都企图借助于概率论去解决问题,这在一定程度上造成了"滥用"的情况.这样,也迫使人们不得不重新对概率论进行检查,对它的应用提出了种种争论.因此,概率论需要有一个牢固的逻辑基础,才能成为一门强有力的学科.

1917年,苏联数学家伯恩斯坦(1880—1968)首先给出概率论的公理体系.1933年,也是苏联的数学家柯尔莫哥洛夫,又以勒贝格的测度论为基础,给出概率论的更完善的公理体系.这种体系不仅使现代意义的概率论的理论臻于严密完备,而且也为论述无限随机试验序列或一般的随机过程提供了足够的逻辑基础.从此,现代意义上完整的概率论得以完成.

概率论传入我国最早是1896年,我国晚清数学家华蘅芳在英国传教士傅兰雅的协助下译出了第一本书,名为《决疑数学》.后来,"Probability"又译为"可遇率""或是率""或然率""适遇""可能率""机率""盖然率""结率"等.1935年,《数学名词》定为"几率"或"概率".1956年,《数学名词》仍然把"概率""几率"并用.1964年,《数学名词补编》开始确定用"概率",到1974年《英汉数学词汇》正式将"Probability"定为"概率".我国对概率论完整的学习和研究是从20世纪初才开始的,新中国成立后,我国学者也取得了一系列的重要成果.

附录1 历史上的三次数学危机

在数学发展的过程中,人的认识是不断深化的. 在各个历史阶段,人的认识又有一定的局限性和相对性. 当一种"反常"现象用当时的数学理论解释不了,并且因此影响到数学的基础时,我们就说数学发生了危机. 许多人并不赞成使用危机这个词,因为它们并没有阻碍数学的发展.

在历史上,数学曾发生过三次危机. 这三次危机,从产生到消除,经历的时间各不相同,都极大地推动了数学的发展,成为数学史上的佳话.

历史上的三次数学危机,分别发生在公元前5世纪、公元17世纪和公元19世纪. 第一次是由于无理数的出现;第二次是由于微积分理论的不严密,第三次是由于集合中悖论的出现. 现在我们把这三次数学危机做一个简单介绍.

第一次数学危机

公元前5世纪,古希腊的数学非常发达,在这个时期最有影响的学派是毕达哥拉斯学派,他们对古代数学的发展做出了巨大贡献. 当然,与现在相比,他们对数学的认识还很落后,例如,他们所认识的"数",仅仅是正整数和正分数!由此形成了"万物皆数"的哲学认识,当然,这里的数是指当时认识到的正整数和正分数.

公元前470年的一天,毕达哥拉斯学派的学生希帕索斯,向他的老师请教了下面的问题:

如果一个正方形的边长是1,那么它的对角线的长是多少?

现在看来这是一个非常简单的问题,只要读者学过无理数,就会立即给出这个问题的答案. 但是,由于当时的毕达哥拉斯学派没有无理数的概念,所以他们不能给出合理的解释. 他们知道,如果设边长为1的正方形的对角线长为l,那么根据勾股定理,应该有$l^2=1^2+1^2=2$. 因为$1^2=1,2^2=4$,所以l不是自然数;若设$l=p/q$是既约正分数,又会推出矛盾(读者可以自行给出详细的推导过程). 这就是说,这个l不是毕达哥拉斯学派所说的"数". 但是,边长为1的正方形在现实生活中是确实存在的,它的对角线长度当然也是必然存在的,这一事实是任何人,包括毕达哥拉斯学派的人都不能否认的. 这样一来,"数只有正整数和正分数"这一被人们尊为神圣真理的信念发生了动摇,从而引起了数学界思想的混乱. 这就是历史上的第一次数学危机.

出现第一次数学危机以后,许多数学家一直致力于对无理数的概念和理论的研究. 一直到19世纪,在数学家们给出了无理数的严格定义和性质以后,第一次数学危机才算从根本上得到了彻底的解决.

第二次数学危机

第二次数学危机是由于微积分诞生初期的理论的不严密而造成的. 牛顿与莱布尼兹最初创立微积分时,对有些概念和细节没有来得及严格定义和论证,因而出现了不能自圆其说的困境. 我们可以通过一个简单的例子来说明这个问题. 例如,对于$y=x^2$来说,根据牛顿计算导数的方法,由$y+\mathrm{d}y=(x+\mathrm{d}x)^2$减去$y=x^2$得

$$\mathrm{d}y=2x\mathrm{d}x+(\mathrm{d}x)^2$$

①

$$\frac{dy}{dx} = 2x + dx \qquad ②$$

$$\frac{dy}{dx} = 2x \qquad ③$$

在上面的推导过程中,式②是由式①两边同除以 dx 得到的,所以要求 dx 不能等于零,而从式②到式③,又要求 dx 等于零.这就出现了矛盾.

微积分中出现了上面这类矛盾以后,引起了一些数学家和哲学家们的批评.由于在运用微积分解决一些问题时,总能够得出正确的结论,所以,牛顿和莱布尼兹都坚信,微积分是科学的,但是,由于他们没有建立严密可靠的理论基础,对微积分中一些关键的概念不能给出令人信服的定义,所以,这就引发了第二次数学危机.

为了解决第二次数学危机,许多数学家做出了艰苦的探索.在解决第二次数学危机的工作中,德国数学家维尔斯特拉斯做出了不可磨灭的贡献.他关于极限的"ε-δ"定义,干净利落地平息了第二次数学危机.可以说是维尔斯特拉斯关于极限的"ε-δ"定义拯救了微积分.

第三次数学危机

第三次数学危机是由于集合中悖论的出现而引发的.我们先来介绍一下什么叫悖论.

日本《数学百科辞典》关于悖论词条是这样说的:能够导出与一般判断相反的结论,而要推翻它又很难给出正当的根据时,这种论证称为悖论.从命题的角度来说,所谓悖论,是指这样的一个命题 A,由 A 出发,可以推出一个命题 B,但对于这个命题 B,却会出现以下自相矛盾的现象:若 B 为真,则推出 B 是假;若 B 为假,则推出 B 是真.

历史发展到十九世纪末,由于建立了严格的实数理论和极限理论,所以许多人认为,数学的基本概念和基本原理已经是十分严密的了.例如,1900 年,大数学家庞加莱在第二次国际数学家大会上曾经宣称:"我们可以说,现在的数学已经达到了绝对的严格."但是,正当人们为数学的严密而兴奋时,英国著名的哲学家和数学家罗素提出的悖论犹如晴天霹雳,使数学界一片哗然.

罗素悖论曾被以多种形式通俗化.其中最著名的是罗素于 1919 年给出的,即所谓的理发师悖论:村子里仅有一名理发师,而且村子里的每一个男人都需要刮脸,理发师约定:给且只给自己不给自己刮脸的人刮脸.

这就遇到了这样一个问题:理发师的脸由谁来刮?如果他不给自己刮脸,那么按照规定就该为自己刮脸;如果他给自己刮脸,那么他就不符合他的规定.这就出现了矛盾.

上面关于理发师的悖论可以用集合的语言表述如下:设集合 A = {自己刮胡子的人},若理发师 ∈ A,即理发师是自己刮胡子的人,则由约定,他不应该给自己刮胡子,即理发师 ∉ A,出现矛盾;若理发师 ∉ A,即理发师不给自己刮胡子,则由约定,他应该给自己刮胡子,即理发师 ∈ A,也出现矛盾!

罗素悖论的出现,震撼了整个数学界.本应作为全部数学之基础的集合论,居然出现了内耗!怎么办?数学家们立即投入到消除悖论的工作中.庆幸的是:产生罗素悖论的根源很快被找到了!原来是,康托提出集合论时对"集合"的概念没有做必要的限制,以至于可以构成"一切集合的集体"这种过大的集合,让罗素这样的"好事者""钻了空子".

怎么样从根本上消除集合论中出现的各种悖论(包括罗素悖论)呢?

德国数学家策梅罗(Zermelo,1871—1953)认为:适当的公理体系可以限制集合的概念,从逻辑上保证集合的纯粹性. 经策梅罗、费兰克尔(Frenkel)、冯·诺伊曼等人的努力,形成了一个完整的集合论公理体系,称为 ZFC 系统.

在 ZFC 系统中,"集合"和"属于"是两个不加定义的原始概念,另外还有十条公理. ZFC 系统的建立,不仅消除了罗素悖论,而且消除了集合论中的其他悖论. 第三次数学危机也随之销声匿迹了.

纵观三次数学危机,每次都有一两个典型的悖论作为代表. 克服了这些悖论,也就推动了数学的长足发展.

经历过历史上三次数学危机的数学界,是否从此就与数学危机"绝缘"了呢?不!对此,我国当代著名数学家徐利治教授说了一段很有见地的话,他说:"由于人的认识在各个历史阶段中的局限性和相对性,在人类认识的各个历史阶段所形成的各个理论系统中,本来就具有产生悖论的可能性,但在人类认识世界的深化过程中同样具备排除悖论的可能性和现实性,人类认识世界的深化没有终结,悖论的产生和排除也没有终结."

与第一次数学危机相关的芝诺悖论

芝诺(约公元前 490 前—公元前 425 年)是古希腊的哲学家,据说是一个自学成才的乡村孩子,是数学家帕曼尼德斯的学生与朋友. 他赞成并阐述了帕曼尼德斯的如下观点:如果点是没有大小的,那么多加一个点依然不会有大小,这样人们就不可能得到一个有大小的物体,因为这些物体是由点结合而成的. 他进一步推断说,如果一个点有大小,那么一条线段就必然有无限的长度,因为它是由无穷数量的点所构成的. 在此基础之上,芝诺发明了四个简单的悖论,将上述矛盾明显地暴露了出来,同时把一些自鸣得意的哲学家震惊得不知所措. 历史上把这四个悖论统称为"芝诺悖论".

其一,两分法. 向着一个目的地运动的物体,首先必须经过路程的中点,然而要经过这点,又必须先经过路程的四分之一点,要过四分之一点又必须首先通过八分之一点等. 如此类推,以至无穷. 由于无穷是无法穷尽的过程,于是运动永远不可能开始.

亚里士多德批评芝诺说:他主张一个事物不可能在有限的时间里通过无限的事物. 而事实上,事物虽然在有限的时间里不能通过数量上无限的事物,但却能通过分起来无限而实际有限的事物,因为时间本身分起来就是无限的.

其二,阿基塔斯. 阿基塔斯是《荷马史诗》中的善跑英雄. 奔跑中的阿基塔斯永远也无法超过在他前面慢慢爬行的乌龟. 因为他必须首先到达乌龟的出发点,而当他到达那一点时,乌龟又向前爬了,因而乌龟必定总是跑在前头.

亚里士多德指出:认为在运动中领先的东西不能被追上这个想法是错误的. 只要芝诺允许它能越过所规定的有限的距离的话,那么它也是可以被赶上的.

其三,飞箭不动. 飞着的箭在任何瞬间都是既非静止又非运动的. 如果瞬间是不可分的,箭就不可能运动,因为如果它动了,瞬间就立即是可以分的了. 但是时间是由瞬间组成的,如果箭在任何瞬间都是不动的,则箭总是保持静止. 所以飞出的箭不能处于运动状态.

亚里士多德批驳说:他的这个说法是错误的,这个结论是因为把时间当作是由"现在"组合成的引起的. 而实际上时间不是由不可分的"现在"组成的,正如别的任何量都不是由不可分的部分组合成的那样.

其四,运动场. A,B 两件物体以等速(比如每小时 2 公里)向相反方向运动. 从静止的 C 看来,A,B 都在 1 小时内移动了 2 公里,可是,从 A 看来,则 B 在 1 小时内就移动了 4 公里.

由于 B 保持等速移动,所以移动 4 公里需要 2 小时,因而 1 小时等于 2 小时.

亚里士多德指出:这里的错误在于他把一个运动物体以不同速度经过另一运动物体所花的时间,等同于以相同速度经过相同大小的静止物体所花的时间,事实上这两者是不相等的.

附录2 数学中的重大奖项

一、数学中的"诺贝尔奖"

大家知道,诺贝尔(Nobel)奖中没有数学这个科学之王的份额,这让不少数学家失去了一个在世界上评价其重大成就和得到表彰的机会. 以下介绍的沃尔夫奖(Wolf Prize)和菲尔兹奖(Fields Prize),由于其权威性、国际性及所享有的荣誉之高,被誉为数学中的"诺贝尔奖".

沃尔夫奖 1976年1月1日,R·沃尔夫及其家族捐献1 000万美元设立了沃尔夫基金会. 沃尔夫的父亲是德国汉诺威城的一个五金商人,是该城犹太社会的中坚. 沃尔夫曾在德国研究化学,取得博士学位. 第一次世界大战前移居古巴,用将近20年时间成功地发明一种从熔炼废渣中回收铁的方法,因而致富. 他支持古巴革命. 1961年起任古巴驻以色列大使,直至1973年古巴中断和以色列的外交关系时止. 以后他住在以色列,成为沃尔夫基金的主要奠基人和捐献人. 基金的理事会主席由以色列政府官员担任.

沃尔夫基金会设有物理、化学、医学、农业和数学五个奖,1978年开始授奖,1981年又增加艺术奖,每年发奖一次,每个领域奖金为10万美元,可由几个人联合获得.

沃尔夫奖的评奖委员会由世界著名科学家所组成. 由于得奖者都是在世界上做出卓越贡献的科学家,这些科学家的巨大声誉使该奖广为人知. 由于数学没有诺贝尔奖,得沃尔夫奖的数学家又都是极负盛名的,因而数学界对该奖更为重视.

到1985年为止获得沃尔夫奖的科学家有74位,获数学奖的14位,其中陈省身获1984年度的沃尔夫数学奖.

菲尔兹奖 由加拿大数学家J·C菲尔兹捐献的部分资金和1924年国际数学家大会的经费结余建立的这项基金,在1932年国际数学家大会上通过并决定从1936年起在每届大会上颁发. 1952年,国际数学联合会成立之后,每届执行委员会都指定一个评奖委员会,在大会之前通过广泛征求意见,从候选人当中评定获奖者名单,并在大会开幕式上颁发.

菲尔兹奖主要颁赠给年轻的、已做出一定成就的数学家,以资鼓励,至今尚未有超过40岁的人获奖(这一点刚开始时似乎只是个不成文的规定,后来则正式做出了规定只授予40岁以下的数学家). 获奖者一般是在当届数学家大会之前几年间做出突出成就并且以确定的形式发表出来的数学家,一般能够反映当时数学的重大成就. 另外,菲尔兹奖只颁赠给纯粹数学方面的工作,因此,菲尔兹奖对于获得者是很高的荣誉,但也并不完全是数学家最高水平的恰当评价.

由于计算机的飞速发展,使得数学密切相关的信息科学的地位日益突出. 因此,从1983年国际数学家大会开始,国际数学家大会上同时颁发奖励信息科学方面的奈望林纳奖(Nevanlinaa Prize).

二、我国的一些重大数学奖项

国家自然科学奖 由国务院批准,国家科委设立并颁布的国家自然科学奖,其中包括数学科学.每两年颁奖一次.2000年,数学家吴文俊院士获该项奖500万人民币.

陈省身数学奖 陈省身(1911—)是世界著名的数学大师、美籍华裔数学家.1972年8月他从美国到中国提倡"双微"的倡议,并集资10万美元在天津南开大学建起世界一流的"南开数学研究所".陈省身于1983～1984年曾获世界数学大奖——沃尔夫奖.为表彰陈教授的伟大功绩,1987年,由香港亿利达工业发展集团有限公司总裁刘永龄先生倡议,在中国设立"陈省身数学奖".每两年颁奖一次,自1987年至1996年已颁奖六届,每届奖励两名优秀的中青年数学家(年龄不超过50岁),奖金额达2.5万港元.

华罗庚数学奖 华罗庚(1910—1985)著名数学家.华罗庚数学奖由湖南教育出版社捐资(自1991～1994提供资助)与中国数学会共同设立,奖励对象是对我国数学事业、在系统学术研究上有突出贡献的数学专家,每两年颁奖一次,每次有两人获奖.首届自1991～1992年颁发.

钟家庆数学奖 钟家庆(1938—1987),中国科学院数学研究所研究员,于1987年4月12日在美国哥伦比亚大学作学术访问时突然去世,49岁英年早逝.生前对现代数学的发展做出了很大贡献,曾多次表示:我国数学事业有赖于积极培养与选拔优秀的年轻的数学人才.我国数学界有关人士、华裔及钟家庆的亲属好友,为实现钟家庆的遗愿,组织捐资,于1978年设立了"钟家庆纪念基金",并颁发"钟家庆数学奖".颁奖对象为取得创造性成果的数学硕士、博士研究生,每次各奖励两人.

苏步青数学教育奖 苏步青(1902—)著名数学家.由美国加州大学贝克莱分校项武义教授和夫人发起和资助,于1991年在上海设立"苏步青数学教育基金会".每两年一届,奖励在中学数学教育中有突出贡献的数学教师和教研人员.

许宝騄统计数学奖 许宝騄(1910—1970),北京大学一级教授,我国数理统计学奠基人,数理统计学专家.1984年,由我国数学家钟开莱、郑清水、徐利治发起"许宝騄统计数学奖",奖励35岁以下研究概率统计与理论统计的青年工作者.

此外,与数学有关的重大奖项还有如中国科协设立的"青年科学奖""中国青年科学家奖"等一些不连续的数学奖及一些地方大学、科技单位设立的数学奖等.

附录3　数学年表

约公元前4000年（中）　庄周《庄子·胠箧篇》称："昔者容成氏……神农氏,当是时也,民结绳而用之."其中"容成氏……神农氏"都是传说的神话人物,有无其人,尚待考证,但上古结绳记事,则无可怀疑.《易·系辞》称："上古结绳而治,后世圣人,易之以书契."据此可知,先结绳记事,后易之以契刻.

约公元前3000年（中）　尸佼《尸子》称："古者倕为规、矩、准、绳,使天下放焉."相传倕为黄帝时代人,规、矩、准、绳虽为四种几何工具,但可说明,当时已有方、圆、平、直等概念.

约公元前2000年（中）　山东省城子崖遗址出土的陶器上有数字刻符.

公元前2200～公元前300年（巴比伦）　建立60进位计数法与记数符号;使用简单的乘法表、平方表、立方表和倒数表;利用$\sqrt{a^2+b}=a+\frac{b}{2a}(a>b)$求平方根的近似解;解形如$x^2+bx+1=0$的二次方程,不取负根;用平行于底边的直线截三角形、梯形,并利用相似原理计算各部分的长度;应用三平方定理(即勾股定理);以$A=\frac{c^2}{12}$（c为圆周长)计算圆的面积,其中取$\pi=3$.

公元前1650～公元前600年（埃及）　解出了形如$ax^2=b$的方程;求直角三角形、三角形和梯形的面积,用$A=(\frac{8d}{9})^2$求圆的面积,其中π为3.1605（d是直径);出现了等差数列、等比数列、比例分配等问题;用$v=\frac{h}{3}(a^2+ab+b^2)$计算棱柱体的体积;对"单分数"有了较完整的认识.

公元前16世纪～公元前11世纪（中）　确立十进制记数法,并有了位值记数法的萌芽;殷商时代甲骨文卜辞中,已有十进制数字的记录,其中最大的数字为三万;使用了规、矩、准、绳等作图工具和创立作图规则.

约公元前600年（希）　泰勒斯将埃及的实用几何带入希腊,开始在几何中使用演绎法.

约公元前585～公元前400年（希）　毕达哥拉斯学派研究整数的结构,根据数形合一原理把数分成三角数、四角数(n^2)等,又把整数分成奇数和偶数;得出了自然数列及奇数数列等的求和公式;研究正多边形铺设平面问题,得出了各种正确的结果;作出正五边形,提出了"黄金分割"律;提出了毕达哥拉斯定理;证明了三角形内角之和为180°;证明了正方形的边与对角线不可公度,从而发现$\sqrt{2}$不是有理数,引起所谓的第一次数学危机.

约公元前5世纪（希）　希波克拉底(Hippocrates,公元前460—公元前377)研究直线及圆弧形所围成的平面图形的面积;研究立方倍积问题,指出了相似弓形的面积与弦的平方成正比.

约公元前430年（希）　希比阿斯(Hippias)活跃于约公元前420年,提出了"割圆曲线",解决了角的三等分问题.安提丰(Antiphon,约公元前430年)研究化圆为方问题,开创了几何证明的穷竭法.

约公元前 398 年（希） 德漠克里特（Democritus,约公元前 460 年—公元前 357）应用原子论观点,提出了线段、面积和体积是由有限个不可分的原子构成的思想,并用这个思想计算面积、体积,发现了圆锥与棱锥的体积分别等于同底同高的圆柱和棱柱体积的 $\frac{1}{3}$.

约公元前 370 年（希） 欧多克斯（Eudoxus,约公元前 409—前 356）把比例论推广到不可通约量上,与安提丰一起成为穷竭法的创始人;引入变量的观念,用以代表线段、角、面积、体积、时间等这些能够连续变动的东西,为无理数的存在提供了逻辑根据;证明了棱锥、圆锥的体积是棱柱、圆柱体积的 $\frac{1}{3}$;第一个在数学上作出了以明确公里为依据的演绎推理;提出了现在所谓的阿基米德公理.

约公元前 350 年（希） 梅涅劳斯在用固定平面去截不同的圆锥中发现三种圆锥曲线,并用圆锥曲线求解立方体体积问题.

约公元前 468～公元前 376（中） 墨子学派给出了许多几何学名词的定义,《墨经》里有许多几何学的定理.因而一般认为它记载了中国最古老的几何知识,是中国理论几何学的最早尝试.

约公元前 375 年（希） 亚里士多德把数学定义为"量的科学";给"定义""定理""公设"等以明确的解释;确立了归纳法.

约公元前 300 年（希） 欧几里得著《几何原本》十三卷,确立了几何学逻辑体系;建立了相似形理论;提出了最大公约数的辗转相除法;应用穷竭法求出了抛物线所围图形的面积;证明了正多面体至多有五种;给出了质数为无穷多个的经典证明.

公元前 3 世纪（希） 阿基米德著《方法篇》《抛物线求积法》《论球和圆柱》等,提出"两点间距离直线段为最短"等许多公理与命题;应用穷竭法求出了圆、抛物线等所围图形的面积以及球、圆柱、旋转二次曲面所围立体的体积;解释了二次曲面由二次曲线旋转而成的观点;得出了 $3\frac{10}{71} < \pi < 3\frac{10}{70}$;发现了阿基米德螺线;提出了阿基米德定理（三角形三条高交于一点）;发明了大数;论述了圆柱、圆锥、半球的关系.

公元前 3 世纪（中） 算筹是古代中国的计算工具,利用算筹进行计算是当时的计算方法;广泛使用了筹算的十进制位值记数法;建立了整数和分数的运算法则;使用近似计算中的"四舍五入"法.《庄子·天下篇》称:"一尺之棰,日取其半,万世不竭",这说明在庄周时代就已产生了极限观念.《考工记》记载了分数的简单运算法及一些特殊角度的概念和名称.《史记》记载了齐威王与田忌赛马的故事,这被认为是对策论在中国最早的例证.

公元前 230 年（希） 厄拉托斯提尼提出了素数概念,发明了寻找素数的厄拉托斯提尼筛法;阿波罗尼斯著《圆锥曲线论》8 卷,收入了圆锥曲线的绝大部分内容;第一次给出了圆锥曲线分别以齐曲线（抛物线）、亏曲线（椭圆）、超曲线（双曲线）的名称;证明了三种圆锥曲线都可以由一个圆锥截取而得,并取得了双曲线的两支;提出了坐标的思想萌芽.

公元前 150 年（希） 希帕克提出了将圆周分成 360 等份的主张;从圆弦的研究中发现了三角术,写出了圆弦表,奠定了三角术的基础.

公元前2世纪[①]（希）　海伦提出了已知三角形三边求其面积的公式

$$S = \sqrt{p(p-a)(p-b)(p-c)} \quad (其中 p = \frac{1}{2}(a+b+c))$$

约公元前170年（中）　湖北出土了竹简算书《算数书》；《周髀算经》成书，这是一部盖天学说的天文、数学书，其中记载了勾股定理（未给证明）、利用相似勾股形性质测日径，用矩之道、日高术、简单的等差级数计算以及繁杂的分数运算等。

约公元前100年（中）　完成了《九章算术》，全书载录了246个应用问题及其解法，所及内容的有数论、算术、初等代数、初等几何等几个方面，是当时世界上内容最丰富的一部数学问题集。其中所述有分数四则运算法则（包括约分、分数大小比较、求分数平均数）；各种比例问题的解法；盈不足术（假设法）；各种直线形和圆形的面积、体积公式；二次、三次方程式的正根求法；解多元一次联立方程组以及负数的表示法与加减法等，都是当时世界第一流的；并且提出了一次不定方程组问题（五家共井问题）。

约100年（希）　尼寇马克（Nicohmachus）著《算术入门》，希腊数学开始出现了独立的算术，这本书对中世纪欧洲数学发展有很大影响；提出了凡立方数必为连续奇数之和定理（如 $8 = 2^3 = 3+5, 27 = 3^3 = 7+9+11$ 等）。梅涅劳斯著《球学》，提出了球面三角形中许多概念与定理，如著名的梅涅劳斯定理（对应边互相平行的三个相似直线形，其两两相似的三个相似中心在一直线上）。

约125年（希）　托勒密在角度测量中应用度、分、秒的六十进制法；研究投影在平面上的表示问题，成为"画法几何"的开山始祖；整理希帕克的成就提出了正弦表的计算法；应用公式计算倍角、半角等三角值；提出了托勒密定理（圆内接四边形对边乘积之和等于对角线的乘积，由希帕克发现）。

约3世纪[②]（希）　丢番图著《算术》十三卷，提出和处理了多种形式的方程及不定方程，成为今天丢番图解析的开拓者；第一次系统地使用代数符号表示方程；用以乘幂（Power）这一术语称未知量的平方。

206年（中）　刘洪，提出了一次内插公式（$f(n+s) = f(n) + s\Delta$，其中 $\Delta = f(n+1) - f(n), 0 < s < 1$）。

约260年（中）　刘徽著《九章算术注》，提出了割圆术；以圆内接正多边形穷竭圆，求出了 $\pi = 3.1416$；设想了"牟合方盖"，求出了"球体积与牟合方盖体积之比等于球的截面积与截面圆的外切正方形面积之比"的结论；第一次提出了十进制小数的主张，但未能广泛采用；提出了解线性方程组的新方法；著《海岛算经》，应用重差术通过多次观察，解决了不可达高度和距离问题。刘徽是中国数学史上最先明确提出对数学命题应予逻辑的证明者。

3～4世纪（中）　赵爽著《勾股圆方图注》，列出了关于直角三角形三边关系的21个命题，并一一给予证明和图解。印度出现了用小点"·"表示空位的做法，相当于给出零的符号。

约450年（中）　《孙子算经》成书，其中的"物不知数"题是世界上最早的求解"联立一次同余式"问题，其解法被称之为"中国剩余定理"。

470年（中）　祖冲之、祖暅著《缀术》与《级术》；求得 $3.1415926 < \pi < 3.1415927$；

[①] 年代有较大争议。

[②] 年代有较大争议。

提出了 π 的约率为 $\frac{22}{7}$，密率为 $\frac{355}{113}$；提出了求球体体积的开立圆术，得出 $V_球 = \frac{11}{21}D^3$（取 $\pi = \frac{22}{7}$）；提出了解三次方程的"开带从立方法"；提出了"幂势既同则积不容异"原理（相当于"卡瓦列利原理"）.

5 世纪末（中） 张丘建著《张丘建算经》载有著名的百鸡问题——解不定方程组，通过具体例子，给出了等差数列求公差、求总和、求项数的一般步骤.

510 年（印） 阿利耶毗陀著《阿利耶毗陀历书》，介绍了印度记数法以及应用连分数得出一次不定方程的一般解的方法；给出了 0°～90° 角的"正弦表"，其中角的间隔为 3°45′；用代数形式表示了三角恒等式.

600 年（中） 刘焯在他的《皇极历》中提出了等间距二次内插公式，用于计算太阳、月亮的位置.

约 626 年（中） 王孝通著《缉古算经》，介绍了"开带从立方法"，解决了大规模的土方工程中提出了的求三次方程的正根问题.

约 628 年（印） 婆罗摩及多提出了不同颜色名称来代表多元联立方程组的未知量，并以这些颜色的名称头一个音节作为未知量的记号；给出了不定方程 $ax \pm by = c$ 通解的一般形式；以 $x = [\sqrt{ac+(\frac{b}{2})^2} - \frac{b}{2}]/a$ 作为二次方程式 $ax^2 + bx = c$ 的解；发现了婆罗摩及多定理（若圆内接四边形的两对角线互相垂直，则从对角线交点向任意一边作垂线，垂线的反侧延长线必平分对边）.

724 年（中） 张遂著《大衍历》建立了不等距的二次内插内式

$$f(t+s) = f(t) + \frac{\Delta_1 + \Delta_2}{\iota_1 + \iota_2} + s(\frac{\Delta_1}{\iota_1} - \frac{\Delta_2}{\iota_2}) - \frac{s^2}{\iota_1 + \iota_2} \cdot \frac{\Delta_1}{\iota_1} - \frac{\Delta_2}{\iota_2}$$

其中，ι 为 t 时间内每分段的时间，$0 < s < \iota$.

8 世纪（印） 印度数码传入中国；印度位置制数码和记数法传入阿拉伯地区，遂演变成阿拉伯数码.

9 世纪（中亚） 阿尔·花拉子模著《算术》，第一次把印度记数法介绍到阿拉伯. 这本书成为欧洲了解印度数学（内含许多中国数学）的媒介；著《代数学》，书中称未知量为"东西"或（植物的）根，从而把求未知量叫作求根；代数（algebra）一词就起源于此；提出了如今所谓的"移项""合并同类项"的做法.

9 世纪（印） 马哈维拉（Mahavalra）阐述了零的运算法则：$a \times 0 = 0, a + 0 = a, a - 0 = a$.

9 世纪（中亚） 阿尔·巴塔尼（约 858—929）著《星宿记》，将正弦正式用于三角法中，并在三角中引入了余切的概念；制定了间隔为 1° 的余切表；给出了平面三角正弦定理的一个证明.

876 年（印） 在格瓦略尔石碑上，出现零的记号"0".

10 世纪（中亚） 阿尔·伯茨加尼（940—998）引入了正割与余割. 正割可能在 860 年已为阿拉伯数学家阿尔·梅尔瓦茨（A1-Merwaz）所讨论；计算每隔 10′ 的正弦和正切表.

1023～1050 年（中） 贾宪著《算法斆古集》《黄帝九章算法细算》二书，书中提出了

"立成释锁平方法""增乘开平方法""立成释锁立方法""增乘开立方法"以及"开方作法本源图". 其"开方作法本源图",现今称为贾宪三角,也是组合数学的早期记载. 由于此表载于杨辉书中,故被后人称为"杨辉三角".

1079 年(中亚) 奥玛尔·海雅姆展开了 $(a+b)^n$,成为二项式定理的前奏;对三次方程的各种形式做出了分类;采取了将三次方程变换成二次方程组的方法,再应用圆锥曲线的交点求出方程的根.

约 1080 年(中) 刘益著《议古根源》首次求出了负系数高次方程的正根.

1086 年(中) 沈括著《梦溪笔谈》,提出了求高次等差级数和"隙积术"以及计算弓形弧长的"会圆术"和"棋局都数"术;还提出了一些具有运筹学思想的实例. 其隙积术,实际上是开创了中国对高阶等差级数的研究.

1090 年(中亚) 阿尔·卡尔希给出形如 $x^2+ax=b$ 的方程的解.

1150 年(印) 婆什迦罗著《丽罗娃堤》(Lilavati),书中首次出现无理方程($\sqrt{\frac{x}{2}}+2=\frac{x}{9}$),又著《算法原本》,比较全面地讨论了负数,并用例如 3 表示 -3 的方法来表示负数;提出了二次方程能有两个根的见解;对无理数提出了某些运算法测,如 $\sqrt{a}\pm\sqrt{b}=\sqrt{a+b\pm2\sqrt{ab}}$,$c+d=\sqrt{(c+d)^2}$,$\sqrt{a^2 b}=a\sqrt{b}$,$\sqrt{ab}=\sqrt{a}\cdot\sqrt{b}$ 等,出现从 n 个中取出 r 个的排列组合问题.

12 世纪(中亚) 阿尔·哈萨采用了上、下两整数之间隔一横线表示分数.

1202 年(意) 列奥那多·斐波那契著《算盘书》,把印度-阿拉伯记数法介绍到欧洲,这本书流传甚广,是欧洲推广阿拉伯的最早著作;提出了斐波那契数烈 1,1,2,3,5,8,13,21,…[$u_n=u_{n-1}+u_{n-2}(n\geq 3)$],而且 $\frac{u_{n+1}}{u_n}\to\frac{1}{2}(\sqrt{5}-1)=0.618\,033\,988\,7\cdots$.

约 1240 年(中亚) 纳速拉丁(Nasir-Eddin,1201—1274)著《论四边形》,将三角学脱离了天文学而成为独立学科;试图证明"欧氏原本"第五公设,获得了三角形内角和等于两直角的等价命题;发现了球面三角形的三角与三边可以互求.

1247 年(中) 秦九韶著《数书九章》十八卷,推广了贾宪的增乘开方法,得出了一般高次方程的数值解法(相当于霍纳法,1819 年);系统地论述了"大衍求一术"——联立一次同余式的有关概念与解法(相当于高斯一次同余式理论,1801 年).

1248 年(中) 李治著《测圆海镜》十二卷,介绍了中国筹算列解方程方法——"天元术".

1261 年(中) 杨辉著《详解九章算法》十二卷,其中选取《九章算术》80 题进行详解,并增图一卷、乘除算法一卷、篡类一卷. 但现传本已残缺不全. 书中还用垛积术求出了高阶等差级数之和;介绍了贾宪的"开方作法本源图"——杨辉三角.

1262 年 杨辉另一数学著作《日用算法》问世,这是一部通俗实用的算书.

1274 年 杨辉著《乘除通变本末》三卷. 其原名为《乘除通变算宝》,后改此名. 此书上卷称为《乘除通变本末》,中卷称为《乘除通变算法》,下卷称为《算法取用本末》.

1275 年 杨辉另两部数学著作《田亩比类乘除捷法》及《续古摘奇算法》问世.

1280 年 王恂与郭守敬合编之《授时历》于公元 17 年基本完成. 历中数学工作基本上

出自王恂之手,广泛地应用了三次内插法.

约 1280 年　　赵友钦著《革象新书》.

1299 年　　朱世杰编著数学入门书,称为《算学启蒙》.

1303 年　　朱世杰另一数学著作为《四元玉鉴》,书中不仅系统介绍了四元术,也论及垛积术与四次内插法.

约 1350 年（中）　　珠算已开始广泛地流行,并逐渐代替了筹算.

1450 年（中）　　吴敬编著一部实用的数学书,称为《九章算法比类大全》.

1350 年（法）　　奥雷斯姆著《论均匀与非均匀的强度》,采用以线段表示瞬时变化率的重要步骤. 著《论图线》应用图解表示法,暗示了坐标思想;设想了分数指数,但未被采用;有人认为奥雷斯姆最早提出了函数概念,证明调和级数 $1 + \frac{1}{2} + \frac{1}{3} + \frac{1}{4} + \frac{1}{5} + \cdots$ 的发散性.

1427 年（中亚）　　阿尔 - 卡西著《算术之钥》和《四周论》,除中国数学家外第一个系统应用十进制分数;计算 3×2^{28} 边形得出了 π 的 17 位有效数字;给出了 $(a+b)^n$ 当 n 为自然数时展开式;给出了帕斯卡三角形的组成法则.

1464 年（德）　　约翰·缪勒或称德国的雷基奥蒙坦（Regiomontaus,1436—1476）著第一本纯三角学著作《论各种三角形》;造出了第一张取 8 位数字的正弦表;著《方位表》,给出了一张 5 位数字的正切表;给出了球面三角的正弦定律 $\frac{\sin a}{\sin A} = \frac{\sin b}{\sin B} = \frac{\sin c}{\sin C}$ 和涉及边的余弦定律,即 $\cos a = \cos b \cdot \cos c + \cos b \cdot \cos c \cdot \cos A$.

1494 年（意）　　帕奇欧里著《算术、几何、比与比例集成》,把欧几里得、托勒密、斐波那契等人的著作中的数学成就集成于此. 这是欧洲最早印刷的数学书之一.

1505 年（意）　　非尔格获得形如 $x^3 + mx = n$ 的三次方程解法,但未公开发表.

1544 年（德）　　史蒂福（Stifel,1487—1567 年）在配置等差数列与等比数列的过程中接触到了对数,但未能提炼出对数概念;引入了二项系数的名称,指出从 $(1+a)^{-1}$ 求 $(1+a)^n$ 的方法.

1545 年（意）　　卡尔丹著《大法》将三次方程解法与费拉里的把四次方程归结为三次方程然后求解的方法公之于众;意识到了三次方程有 3 个根,四次方程有 4 个根.

1572 年（意）　　蓬贝利著《代数学》发现了既约三次方程有三个实数解;引入了虚数,从而基本解决三次方程求根问题.

1573 年（中）　　徐心鲁著《盘珠算法》,系统地介绍了珠算.

1578 年（中）　　柯尚迁的《数学通轨》问世.

1579 年（法）　　韦达著《标准数学》提出了正切定律

$$\frac{a-b}{a+b} = \tan\frac{A-B}{2}\Big/\tan\frac{A+B}{2}$$

提出了已知球面直角三角形的两个元素求其他各元素的方法,并给出了用以记忆这套公式的"耐普尔法则";提出了钝角球面三角形的余弦定律,$\cos A = -\cos B \cdot \cos C + \cos B \cdot \cos C \cdot \cos a$;给出正弦之差化积的恒等式 $\sin A - \sin B = 2\cos\frac{A+B}{2}\sin\frac{A-B}{2}$,以及用 $\sin\theta$, $\cos\theta$ 表示 $\sin n\theta$,$\cos n\theta$ 的恒等式.

1579 年（德）　　蒙特把椭圆定义为到两焦点距离之和为定长的动点的轨迹,从而改变了过去圆锥曲线是圆锥面之截线的定义.

1584 年（中） 朱载堉所著《算学新说》及《嘉量算经》先后问世.

1585 年（荷） 斯台文试建指数理论与符号,将 x, x^2, x^3 分别表示为 ①,②,③,而零次幂记为,并用 1/2,1/3 表示 $x^{\frac{1}{2}}, x^{\frac{1}{2}}$,即 x 的平方根和立方根；系统地引入了十进制分数（或十进制小数）的表示法、意义与计算法.

1591 年（法） 韦达著《美妙的代数》,有意识而且系统地使用符号表示已知数与未知数（用辅音字母表示已知数,用元音字母表示未知数）；他定义代数是施行于事物类与形式的运算方法,而算术只是计数的学问,这个思想表示了"代数"性质的重大变革.

1592 年（中） 程大位撰《直指算法统宗》十七卷,此书流传最广,影响极大；到了万历二十六年（1598 年）,又成书《算法纂要》四卷.

1593 年（英） 哈里奥特（Harriot, 1560—1621）首创 ">"" <" 表示大于和小于.

1593 年（德） 克拉维斯（Clavius, 1537—1612）使用现在意义下的小数点.

1596 年（德） 利提克斯（Rhaeticus, 1514—1576）用圆弧与弦的关系来定义正弦,改为由直角三角形的边来定义；出现了三角学中的全部六个函数；提出了复角的正弦和余弦公式（在利提克斯死后由其学生鄂图整理发表）.

1596 ~ 1613（德） 奥托完成了六个三角函数的间隔 10 秒的十五位数字的表；将拉利提克斯（奥托的老师）的上述成就发表.

1604 年（德） 开普勒著《天文学的光学部分》提出了各圆锥曲线,包括由两直线组成的退化圆锥曲线之间的互相变通性,这是他提出了的几何学连续性原理的一个内容.

1607 年（中） 徐光启在利玛窦的协助下翻译出版了欧几里得的《几何原本》前六卷,其底本是克拉维斯译的欧几里得《原本》的注释本.

1609 年（中） 李之藻与利玛窦合译《圆容较义》一书,又合译了《同文算指前编》二卷、《同文算指通编》八卷、《同文算指别编》一卷. 此书是根据克拉维斯《实用算术概论》及程大位《直指算法统宗》编译而成. 徐光启与利玛窦合译《测量法义》一书,之后徐光启自编《测量异同》及《勾股义》二书.

1613 年（德） 皮提斯库斯（Pitjscus, 1561—1613）第一次提出了 trigonomt（三角学）一词.

1613 年（中） 李之藻编译《同文算指》,笔算传入了中国.

1614 年（英） 耐普尔制订对数,提出了第一张对数表.

1615 年（德） 开普勒著《酒桶的立体几何学》,研究了圆锥曲线绕轴旋转之体积问题,是积分学的先驱之一.

1615 年（法） 韦达提出了不完整的"韦达定理".

1625 年（荷） 基拉德（Girard, 1595—1632）用 sin,tan,sec 表示正弦、正切和正割.

1626 年（英） 布列格斯（Henry Briggs, 1561—1631）发表了第一张常用对数表（以 10 为底的对数表）.

1629 年（荷） 基拉德著《代数新发现》断言一个 n 次方程,如果把不可能根（复数根）计算在内,并把 K 重根作为 k 个根的话,则它有 n 个根；叙述了方程的根与系数的关系.

1629 ~ 1634 年（中） 《崇祯历书》完成,内载西方的三角函数.

1630 年（法） 费马著《平面和立体轨迹引论》,发表于 1679 年,通过引进坐标,用代数方程表示几何曲线,标志了费马的解析几何的诞生.

1631年（中） 徐光启与邓玉函、汤若望合撰《大测》二卷,收入《崇祯历书》中.《大测》二卷是根据毕达格拉斯的《三角法》和斯台文的《数学纪录》二书编译而成.徐光启与意大利教士罗雅谷、汤若望合撰《测量全义》十卷,列入《崇祯历书》之中.《测量全义》十卷是根据玛金尼（G. A. Magini,1555—1617）的《平面三角测量》、克拉维斯的《实用几何学》、玛金尼的《球面三角学》和第谷的《天文学》四书接译而成.徐光启与罗雅谷合作《比例规解》《筹算》二书,前者介绍了伽利略的比例规；后者介绍了纳尔的筹算.

1635年（意） 卡瓦列利的《不可分连续量几何》出版,用不可分原理制订了一种简单形式的积分法,为微积分学先驱之一.

1637年（法） 笛卡儿以《方法论》的附录形式发表了《几何学》,提出了坐标概念,引入了变量,建立了曲线与方程间的联系,成为解析几何学的始本；改进了韦达的符号,用字母表中前面的字母表示已知量,后面的字母表示未知量,成为今天的习惯用法）；引入了"$\sqrt{\ }$"表示平方根、"$\sqrt[c]{\ }$"表示立根；研究了方程根的性质,提出了笛卡儿符号法则；提出了因式定理($f(x)$能被$(x-a)$整除的充要条件是$f(a)=0$)；引入了解方程的待定系数法；第一次给出了虚数名称.

1638年（法） 笛卡儿把直线与曲线的两个交点趋合成一点时的极限情况,作为曲线的切线；引入了对数螺线；费马开始用微分法求极大、极小问题,为微分法先驱之一.

1640年（法） 帕斯卡发表了《圆锥曲线论》,应用笛沙格的方法证明,关于圆锥曲线内接六边形的帕斯卡定理（内接于圆锥曲线的六边形的三双对边的三个交点在一直线上）,导出了圆锥曲线的许多性质；费马提出了费马小定理.

1644年（法） 费马对一般高次抛物线$y^n = kx^m$（m,n为自然数）求积成功.

1644年（中） 薛凤祚编成了《历学会通》,其中有《三角算法》一卷、《比例对数表》一卷及《比例四线新表》一卷（《三角算法》及《比例对数表》是1653年成书,1664年收入《历学会通》的）；梅文鼎撰写数学著作近二十种.

1646年（意） 托里拆利对一般高次双曲线$x^m y^n = k$（m,n为自然数）求积成功.

1647年（英） 格雷戈里（Gregory,James,1638—1675）证明了阿基里和龟悖论可以用无穷几何级数求和解决,第一次揭示了无穷级数的收敛性.

1649年（比利时） 萨拉萨（Sarasa,1618—1667）认识了到折线或曲线下的面积与对数之间的联系.

1649年（法） 帕斯卡制成了机械的加法计算器,它是近代计算器的先驱.

1655年（英） 华利斯（Wallis,1616—1703）著《圆锥曲线》第一次引进了的横、纵坐标,并得出了圆锥曲线的方程；明确地把圆锥曲线叫作二次曲线；给出了π的表达式

$$\frac{\pi}{2} = \frac{2\cdot 2\cdot 4\cdot 4\cdot 4\cdot 4\cdot 8\cdot 8\cdots}{1\cdot 3\cdot 3\cdot 5\cdot 5\cdot 7\cdot 7\cdot 9\cdots}$$

著《论无限算术》,提出了负指数与分数指数的概念；将卡瓦利里提出了的不可分法算术化,第一次在求积问题上改变了传统的几何方法,是在牛顿、莱布尼兹之前,把分析方法引入微积分工作做得最多的人.

1657年（荷） 惠更斯发表了关于概率论的早期著作《论赌博的计算》.

1657年（法） 费马提出了贝尔（Pell）方程$(x^2 - Ay^2 = 1)$,在A是正数而非完全平方数

时有无穷多个解;提出了光学研究中的最小作用原理,这一原理后来被欧拉接受并推广到数学中,并由拉格朗日给出具体表达式;提出了曲线图形的求积法,被认为是微积分学创立前求积方法上的最高成就.

1658 年（法）　帕斯卡发表了《摆线通论》,对摆线进行专门的研究.

1659 ~ 1661 年（英）　斯考顿(Schooton,1615—1660)给出了坐标变换的代数表达式.

1660 年（英）　巴罗(Barrow,1630—1677)假定自变量之微小改变量为 e,相应的函数改变量 a,巴罗采用了计算 $\dfrac{a}{e}$ 来求切线,成为微积分的先驱之一.

1665 ~ 1666 年（英）　牛顿完成了微积分,其著作于 1704 ~ 1736 年发表,把自变量函数称为流数;把自变量与函数的瞬时变化率,即现在通称的导数叫作流率,流数 x,y 的流率用 $\dot{x},\dot{y}$ 表示;给出了隐函数的求导法则;应用流数法求曲线的切线、函数的最大值、最小值、曲线的拐点等;给出了曲率半径公式: $r = (1+\dot{y})^{\frac{3}{2}}/\ddot{y}$.

1666 ~ 1669 年（英）　牛顿先后得出 $\arcsin x, \arctan x, \sin x, \cos x, e^x$ 等一些超越函数的级数表达式.

1670 年（法）　费马的儿子将一本记有提出了"费马大定理"的笔记发表.

1670 年（英）　巴罗首次触及微积分基本定理.

1671 年（英）　格雷戈里得出了 $\tan x, \sec x$ 的幂级数展开式.

1673 ~ 1677 年（德）　莱布尼兹完成了微积分（著作于 1684,1686 年发表),注意到了作为求和过程的积分是微分的逆过程;用 $\mathrm{d}x$ 表示微分, $\mathrm{d}^n x$ 表示 n 阶微分,用"$\int$"表示积分, $\dfrac{\mathrm{d}y}{\mathrm{d}x}$ 表示导数;给出了复合函数的求导法以及幂函数、指数函数、对数函数的求导法;给出了函数和、差、积、商的求导法则;给出了极值条件 $f'(x)=0$ 和拐点条件 $f''(x)=0$.

1674 年（德）　莱布尼兹得到 π 的级数表达式
$$\frac{\pi}{4} = 1 - \frac{1}{3} + \frac{1}{5} - \frac{1}{7} + \cdots$$

1675 年（英）　奥屈特用 $\cos, \cot, \csc$ 表示余弦、余切和余割.

1676 年（英）　牛顿提出了有限差方法,得到"格雷戈里 - 牛顿"内插公式;提出了现行的分数指数和负指数的符号;给出了任意有理指数的二项式定理.

1678 年（德）　莱布尼兹对线性方程组进行了研究.

1679 年（德）　莱布尼兹引入了变指数 x^x.

1680 年（德）　莱布尼兹给出了弧微分表达式: $\mathrm{d}s = \sqrt{\mathrm{d}^2 x + \mathrm{d}^2 y}$.

1683 年（日）　关孝和(1642—1780)著《解伏题之法》,从中国筹算的线性方程组理论中,提出了行列式概念.

1684 年（德）　莱布尼兹发表了微分法著作——《关于极大极小及切线的新方程》.

1685 ~ 1722 年（中）　清宫造办处自行设计制造了盘式计算器六台,算式计算器四台,其中纸筹者一,牙筹者三.此外还造有计算尺、分厘尺、角尺等多种数学用具.

1690 年（瑞士）　雅各布·伯努利用微积分求出了常微分方程问题的分析解;试图用解微分方程的办法导出悬链线方程,但未成功.

1691 年（英）　罗尔给出了数学分析中著名的罗尔定理.

1691 年（瑞士） 约翰·伯努利出版了《微积分学初步》,促进了微积分在物理学和力学上的应用及研究;解决了悬链线问题,即现代在微积分与力学中所采用的方法,雅各布·伯努利引进了极坐标;利用微分方程导出了跟踪曲线的方程;证明了一根给定的绳子,两头悬挂,它能取的所有形状中,以悬链线的重心为最低.

1691 年（德） 莱布尼兹提出了解常微分方程的分离变盘法,解决了齐次方程求解问题.

1693 年（德） 莱布尼兹提出了行列式概念.

1694 年（德） 莱布尼兹提出了解一阶线性常数分方程 $y' + P(x)y = Q(x)$ 的常数变易法,莱布尼兹和约翰·伯努利,分别引进了等交曲线或曲线族的问题,即找一曲线或曲线族使得与已知曲线族相交于给定的角度;约翰·伯努利称等交曲线为轨线;莱布尼兹引进了双纽线.

1695 年（瑞士） 雅各布·伯努利提出了著名的伯努利方程: $\dfrac{dy}{dx} = P(x)y + Q(x)y^2$;次年,莱布尼兹证明了利用变量代换 $z = y^{1-a}$ 可以把上述方程变为线性方程.

1702 年（瑞士） 约翰·伯努利、莱布尼兹分别引入了积分术中的部分公式法.

1706 年（英） 琼斯首次使用 π 表示圆周率.

1707 年（法） 棣莫弗将虚数 $\sqrt{-1}$ 引入三角关系中,提出了棣莫弗定理

$$(\cos x + \sqrt{-1} \sin x)^m = \cos mx + \sqrt{-1} \sin mx$$

1713 年（德） 莱布尼兹提出了交错级数的莱布尼兹收敛法.

1713 年（瑞士） 雅各布·伯努利发表了概率巨著《推想的艺术》;进一步推广了组合理论,并用组合公式证明了 n 为正整数时的二项式定理;提出了概率论中的伯努利定理.

1715 年（瑞士） 约翰·伯努利引进了我们现在通用的三维坐标系;并由他及克雷洛等人弄清了曲面能用三个坐标变量的一个方程表示出来这个概念.

1715 年（英） 泰勒(Taylor,1685—1731) 著《增法及其他》,发表了泰勒级数

$$f(x+h) = f(x) + hf'(x) + \dfrac{h^2}{2!}f''(x) + \cdots$$

1718 年（瑞士） 约翰·伯努利著《机会的学说》,提出了概率论中的"棣莫弗 – 拉普拉斯定理"的一个特殊情况.

1721 年（英） 哈顿使用 $\sqrt[3]{\ }$、$\sqrt[4]{\ }$、$\sqrt[5]{\ }$ 表示开 3 次方、4 次方、5 次方.

1721 年（中） 在康熙皇帝的支持下,完成了《历象考成》四十二卷、《律吕正义》五卷、《数理精蕴》五十三卷,合称《律历渊源》共一百卷.

1723 年（中） 梅毂成等主编了《数理精蕴》五十三卷,介绍了西方数学与我国古代数学的主要成就,是我国第一部数学全书.

1724 年（意） 黎卡提(Riccati,1676—1754) 用降价的办法解出了二阶微分方程;得出了处理高阶微分方程的一种原则方法;提出了"黎卡提方程": $\dfrac{dy}{dx} = A + By + Cy^2$ (A, B, C 是 x 的函数),后由丹尼尔·伯努利解决.

1728 年（瑞士） 欧拉在解高阶微分方程中引进指数函数,为高阶微分方程的求解开辟了道路;开始使用 e 表示自然对数的底.

1729 年（法）　赫尔曼进一步完善了极坐标,并给出了极坐标与直角坐标的变换公式.

1729 年（中）　年希尧的《视学》初版问世,到雍正十三年(1735 年)又增订再版.《视学》是有关透视学与有关画法几何的译著,比蒙日的《画法几何学》(1799 年)早六七十年.此外,年希尧还著有《测算刀圭》三卷、《面体比例便览》一卷等.

1731 年（法）　克雷洛(Clairaut,1713—1765)著《关于双重曲率的曲线之研究》,这是研究空间解析几何和微分几何的最初尝试;揭示了描述一条空间曲线需要两个曲面方程;空间曲线的投影方程由决定这条曲线的两曲面方程的某种组合给出.

1732 年（瑞士）　欧拉对三次方程进行讨论,强调了三次方程总有三个根的思想;卢培(Lonbere,1600—1664)使用 $\sqrt[n]{a}$ 表示 a 开 n 次方,开 n 次方根符号开始普遍使用.

1732 年（德）　赫尔曼给出了绕 x 轴旋的方程的一般形:$x^2 + y^2 = f(z)$.

1733 年（法）　棣莫佛发现了正态概率曲线.

1733 年（意）　萨开里对平行公设的研究做出了有价值的贡献,指出了只要假设"有两个大小不同的等角三角形存在",就可以导出第五公设,可说是非欧几何的先驱.

1734 年（英）　贝克莱发表了《分析学者》,其副标题为"致不信神的数学家",对牛顿的流数法进行责疑,触发所谓的第二次数学危机.

1739 年（法）　克雷洛提出了方程 $Pdx + Qdy + Rdz = 0$ 为恰当微分的充要条件是 $\frac{\partial P}{\partial y} = \frac{\partial Q}{\partial x}, \frac{\partial P}{\partial z} = \frac{\partial R}{\partial x}, \frac{\partial Q}{\partial z} = \frac{\partial R}{\partial y}$;对非恰当方程他提出了用积分因子求解的方法.

1742 年（英）　琼斯将对数函数定义为指数函数的反函数,并给出了对数函数子以系统地介绍.

1742 年（英）　麦克劳林(Maclaurin,1698—1745)提出了函数的幂级数展开法,并引进了麦克劳林级数 $f(x) = f(0) + xf'(0) + \frac{x^2}{2!}f''(0) + \cdots$;证明了负指数情况下的二项式定理.

1742 年（德）　哥德巴赫提出了"每一个大于 2 的偶数都是两个素数的和"的猜想.

1743 年（瑞士）　欧拉发表著名的欧拉公式
$$\cos s = \frac{e^{\sqrt{-1}s} + e^{-\sqrt{-1}s}}{2}, \sin s = \frac{e^{\sqrt{-1}s} + e^{-\sqrt{-1}s}}{2\sqrt{-1}}$$

1744 年（法）　马尔维斯(Malves,1712—1785)证明了多项式方程 $f(x) = 0$ 的负根的最多个数等于 $f(-x) = 0$ 里系数变号的次数;并证明了若方程中缺少 $2m$ 个先后相继的项,则按所缺项的前后那两项是同号或异号,可判断方程有 $2m + 2$ 个或 $2m$ 个复数根.

1748 年（瑞士）　欧拉发表了系统研究分析学的《无穷小分析引论》,这是欧拉的代表作.其中引进曲线的参数表示,分别给出了指数函数与对数函数的分析定义,即 $e^x = \lim_{n \to \infty}(1 + \frac{x}{n})^n$, $\ln x = \lim_{n \to \infty} n(x^{\frac{1}{n}} - 1)$;搞清了三角函数的周期性,并引入了角的弧度制;提出了三角函数是对应的函数线与圆半径之比的定义,它标志着三角学从研究三角形的解法变为研究三角函数及其应用的数学分支;定义了多元函数;断言任意可导函数都能进行幂级数展开;给出了现代形式下的解析几何的系统叙述.

1750 年（瑞士）　克莱姆（Cramer,1704—1752）著《线性代数分析导言》，介绍了行列式的使用法则；欧拉确立了微分方程级数解法.

1755～1774 年（瑞士）　欧拉出版了《微分学》和《积分学》三卷，书中欧拉建立起微积分的形式化体系，把微积分从几何中解放了出来，使它建立在算术和代数的基础上，为基于实数系统的微积分的根本论证开辟了道路.

1760 年（瑞士）　欧拉解决了某种条件下的黎卡堤方程.

1761 年（中）　梅瑴成把梅文鼎的数学著作汇集成册，称为《梅氏丛书辑要》四十卷.

1763 年（法）　达朗贝尔解决了求黎卡提方程的一般解问题；提出了求非齐次方程通解的办法.

1764 年（法）　贝佐特证明了系数行列式等于零是方程有非零解的必要条件.

1770 年（英）　华林将哥德巴赫的命题发表，并加上"每一个奇数或者是素数或者是三个素数的和"，这是哥德巴赫猜想的推论.

1770 年（瑞士）　欧拉采用了逐次积分的方法计算重积分.

1770～1771 年（法）　拉格朗日把置换理论用于代数方程求解，成为建立群概念的先导.

1772 年（法）　拉普拉斯著《对积分和世界体系的探讨》，推广了范德蒙德的行列式展开法，用 r 行中所含的子式和它的余子式的集合来展开行列式.

1772 年（法）　范德蒙德对行列式做了系统的逻辑阐述；确立了用二阶子式和余子式来展开行列式，成为行列式理论的奠基者；提出了范德蒙德定理.

1774 年（中）　孔继涵刻印微波射本《算经十书》，共有《周髀算经》《九章算术》《海岛算经》《孙子算经》《五曹算经》《夏侯阳算经》《张丘建算经》《五经算术》《缉古算经》《数术记遗》并将戴震的《策划》《勾股割圆记》作为附录. 明安图花费了三十年心血撰写《割圆密率捷法》，书未定稿竟先去世. 后由其门人陈际新于乾隆三十九年（1774年）定稿，共四卷，到道光十九年（1839年）才出版问世.

1774 年（法）　拉格朗日提出了一阶偏微分方程的通解与奇解之间的关系.

1774 年（瑞士）　欧拉证明了分数指数情况下的二项式定理.

1787 年（法）　拉普拉斯提出了普拉斯方程：$\frac{\partial^2 v}{\partial x^2} + \frac{\partial^2 v}{\partial y^2} + \frac{\partial^2 v}{\partial z^2} = 0$，并于 1789 年发表.

1788 年（法）　拉格朗日著《解析力学》出版，把解析法应用于质点、刚体力学. 这是继牛顿之后最伟大的经典力学著作.

1794 年（德）　高斯提出了最小二乘法，其论文于 1809 年发表.

1794 年（法）　蒙日创立了画法几何学.

1794 年（法）　勒让德出版了《几何学概要》，证明了 n 的无理性. 这本书对欧洲影响很大.

1794 年（中）　阮元由乾隆六十年（1795 年）开始，直到嘉庆四年（1799 年）主编成《畴人传》四十六卷，是中国第一部关于天文学家、数学家的传记著作. 焦循撰写《释轮》二卷，又撰《释椭》一卷；两年后（1798 年）撰《释弧》三卷、《加减乘除释》八卷及《天元一释》二卷. 在焦循的著作中，主要总结并提高了当时的数学基础工作. 汪莱撰写《衡斋算学》第一册；两年后（1798 年）撰成了《衡斋算学》第二册和第三册；嘉庆四年（1799 年）写成了第四册;嘉庆六年(1801年)写成了第五册、第六册;其第七册完成于嘉庆十年(1805年).在第七册的《衡斋算学》里,对解球面三角形、解勾股形以及高次方程的有解无解进行了必要的讨论.

  1794年(德) 高斯建立了复平面,提出了复数的平面表示法.

  1797年(法) 拉格朗日发表了《析函数论》,试图不用极限的概念,而用代数的方法建立微分学.该书可说是实变函数的起点.

  1799年(中) 阮元撰《畴人传》四十六卷.

  1799年(德) 高斯第一次证明了代数基本定理.

  1801年(德) 高斯发表了《算术研究》,开创了近代数论.

  1803年(中) 郭敦仁编写了《缉古算经细草》三卷、《求一算术》三卷、《开方补记》八卷、《通论》一卷,对古算做了一些研讨.

  1806年(中) 李锐撰写《勾股算术细草》一卷、《弧矢算术》一卷、《方程新术草》一卷,前两本书是用天元术解勾解、弧矢的问题,后一书是详解刘徽方程新术之作.到了嘉庆十九年(1814年)撰写《开方说》三卷初稿.《开方说》是李锐精心之作,在汪莱基础上,对方程理论、符号法则、重根问题等做了深刻的论述.

  1806年(法) 泊松推广了大数定理,提出了概率论中的"泊松分布".

  1807年(法) 傅里叶提出了任意函数都可以用一个三角级数表示.

  1809年(法) 蒙日发表了第一本微分几何著作《分析在几何学上的应用》,其中包括空间解析几何的系统研究.

  1812年(法) 拉普拉斯发表了第一本近代概率论著作《解析概率论》,开创了用分析方法研究随机现象;导入了拉普拉斯变换.

  1816年(德) 高斯发现了非欧几何,但未发表.

  1818年(中) 罗士琳撰《比例汇通》四卷,是以比例算法解释《九章算术》各问,实际上只起验算作用,于道光十四年(1834年)写成《四元玉鉴细草》二十四卷,是以平易语言释朱世杰《四元玉鉴》各问.

  1819年(英) 霍纳提出了与中国秦九韶相仿的求高次方程实根近似值的方法.

  1819年(法) 柯西出版了《解析教程》,提出了现在所用的极限定义;第一次严格地将连续、导数、积分等概念建立在极限基础上,完成了微积分概念的严格表述问题;明确地提出了级数的收敛与发散理论;提出了函数的科学定义.

  1820年(中) 李潢撰《九章算术细草图说》及《海岛算经细草图说》二书,后由沈钦裴核算校订,并于嘉庆二十五年(1820年)付印.李潢尚有遗稿《缉古算经考注》二卷,经刘衡、吴兰修校订于道光十二年(1832年)出版.

  1821年(中) 董佑诚撰成《割圆连比例图解》,两年后(1823年)又撰成《堆垛求积术》《椭圆求周术》《斜弧三边求角补术》各一卷;沈钦裴由道光元年(1821年)至道光六年(1826年)写成《四元玉鉴细草》六册稿,但未出版.

  1822年(法) 傅里叶著的《热的分析理论》出版,开创了傅里叶级数理论,提出了利用傅里叶级数来解偏微分方程的边值解.

  1824年(挪威) 阿贝尔著《论代数方程,证明了一般五次方程的不可解性》,证明了一般五次方程不可能用根式求解.

1825 年（中）　项名达著《勾股六术》一卷，于道光二十三年（1843 年）撰成《三角和较术》一卷、《开诸乘方捷术》一卷，又写成《象数一原》初稿六卷，后由戴煦补写第七卷，完成定稿；到了光绪十四年（1888 年）才刊刻出版.《象数一原》对弧矢公式、二项式定理、椭圆求周提出了较正确的看法.

1825 年（匈）　波耶发现了非欧几何.

1825 年（法）　柯西著的《论虚限定积分》出版，讨论了 $\int_{x_1+iy_1}^{x_2+iy_2} f(z)\,\mathrm{d}z$.

1826 年（俄）　罗巴切夫斯基做关于欧几里得平行公设的演讲——《简要叙述平行线定理的一个严格证明》，标志着非欧几何学正式诞生.

1827 年（挪威）　阿贝尔提出了连贯函数的级数之和并非一定是连续函数的结论；证明了任意指数的二项式定理.

1830 年（捷克）　波尔查诺与柯西并列，被称为微积分严密化的奠基者；给出了一个连续而没有导数的所谓"病态"函数的例子.

1830 年（法）　伽罗瓦著《论方程的根式可解性条件》，在对代数方程的根式可解性研究中引入了置换群的概念，成为群论的开创者.

1835 年（瑞士）　斯图姆（Sturm，1803—1855）证明了确定实系数方程实根位置的斯图姆定理（定理提出了是在 1829 年）.

1840 年（中）　罗士琳写成了《续畴人传》六卷.

1841 年（德）　雅可比建立了行列式的系统理论.

1844 年（德）　格拉斯曼把解析几何中的三维坐标推广到 n 维坐标，建立起 n 维仿射空间和度量空间的概念.

1845～1852 年（中）　戴煦撰成了《对数简法》，一年后，又写成《续对数简化》. 到咸丰二年（1852 年），写成了《外切密率》和《假数测圆》. 戴煦正确地论证了三角函数对数造表法和一些级数关系式.

李善兰发表了自著《方圆阐幽》一卷、《弧矢启秘》二卷、《对数探源》二卷，在这三种著作中，都论述了关于幂级数的展开问题.

1846 年（德）　雅可比提出了求实对称矩阵特征值的雅可比方法.

1847 年（英）　布尔（Boole，1815—1864）引入了各种逻辑符号和逻辑演算，创立了布尔代数.

1848 年（德）　库曼（Kummer，1870—1893）研究了各种数域中的因子分解问题，引入了理想数.

1850 年（德）　黎曼发表了《复变函数论基础》，给出了黎曼积分的定义，提出了函数可积的概念.

1855 年（英）　凯莱（Arthur Cayley，1821—1895）引入了矩阵概念，建立了矩阵理论.

1856 年（德）　维尔斯特拉斯建立了极限理论中的 $\varepsilon-\delta$ 方法，确立了一致收敛的概念.

1856 年（中）　李善兰与伟烈亚力先后合译了《几何原本》后九卷，《代数学》《代微积抬级》，从此欧几里得《几何原本》全书才传入中国，而西方的代数学、解析几何、微积分学也是第一次系统地传入中国；李善兰又与艾约瑟合译了《圆锥曲线说》；李善兰编著了《垛积比类》四卷，书中论述了递归函数、组合函数及计数函数等，可以说《垛积比类》是早期的组合数学著作.

1860 年（中） 徐有壬撰成《测圆密率》《造表简法》《截球解义》《弧三角拾遗》,其中论述了对数级数、幂级数及球面的问题.

1862 年（中） 夏鸾翔撰《万象一原》,论述了各种曲线的计算方法,是他对曲线的研究总结. 在这之前,他曾著《少广追蕴》《洞方术图解》《致曲术》《致曲图解》.

1868 年（意） 贝特拉米（Beltrami,1835—1899）发表了《非欧几何解释的尝试》,证明了非欧几何可以在欧几里得空间中的曲面上实现,促使非欧几何思想得到普遍承认.

1872 年（德） 克莱因（Klein,1849—1925）发表了《爱尔兰根纲领》,提出了用变换群的观点将几何学按统一的方法进行分类（即把几何学看作是研究图形对某种变换群下的不变性质的学说）.

1872 年（德） 康托在《数学记事》杂志首次发表了无理数理论.

1872 年（德） 戴德金（Dedekind,1831—1916）著《连续性与无理数》,提出了著名的戴德金分割,开创了无理数论.

1872 ~ 1887 年（中） 华蘅芳与傅兰雅合译了《代数术》,两年后又合译了《微积溯源》,至光绪三年（1877 年）译《三角数理》,光绪五年（1879 年）译《代数难题解法》,次年译《决疑数学》,光绪十三年（1887 年）译《合数术》,其中《决疑数学》把西方概率论著作首次传入中国.

1873 年（法） 厄米特（Hermite, 1822—1901）证明了 e 的超越性.

1875 年（德） 维尔斯特拉斯发表了解析函数论,以幂级数为工具,定义解析函数是可以展开为幂级数的函数;发现了处处不可微的连续函数的一个例子

$$f(x) = \sum_{n=0}^{\infty} a^n \cos(b^n \pi x) \quad (0 < a < 1, ab > 1 + \frac{3}{2}\pi, b \text{ 是奇数})$$

1876 年（德） 李普希茨（Rudolph Lipschitz,1832—1903）提出了微分方程满足初始条件的解的存在条件——李普希茨条件.

1881 ~ 1884 年（美） 吉布斯（Gibbs,1839—1903）制订了向量分析.

1882 年（德） 林德曼（Lindemann,1852—1839）证明了 π 是超越数.

1883 年（德） 康托正式出版集合论著作《一般流形理论基础》,建立了集合论,发展了超穷基数理论.

1884 年（德） 弗莱格（Frege,1848—1925）出版了《数论的基础》,是数理逻辑中量词理论的发端.

1886 年（中） 诸可宝撰写了《畴人传三编》七卷.

1889 年（中） 黄钟骏编成了《畴人传四编》十一卷.

1890 年（法） 毕卡（Emile Picard,1856—1941）提出了证明常微方程解的存在性的方法——逐次逼近法.

1891 年（中） 邹立文与美国狄考文（C. W. Matecer,1836—1908）合译了《代数备旨》十三卷;光绪十九年（1893 年）谢洪赉与美国潘慎文（A. P. Parker, 1850—1929）合译了《八线备旨》四卷、《代形合参》三卷;光绪十年（1884 年）刘永锡与狄考文合译了《形学备旨》十卷,是当时学校流行的主要数学教科书.

1892 ~ 1898 年（法） 庞加莱创立了自守函数论.

1896 年（中）　华蘅芳与英国人傅兰雅合作翻译了概率论著作,定名为《决疑数学》.

1899 年（德）　希尔伯特(Hilbert,1862—1943)发表了《几何基础》,用近代观点给出欧氏几何的严格公理体系,成为数学公理化思潮的渊源.

1990 年（德）　希尔伯特提出了 23 个数学问题,成为 20 世纪不少数学家的主攻方向.

1900 年（中）　周达军在扬州成立了知新算社,并于同年去日本考察数学.

1901 年（法）　勒贝格(Lebesgue,Henri,1875—1941)著《积分、长度面积》,提出了"勒贝格测度"与"勒贝格积分"概念.

1901 年（英）　佩利(Perry,1850—1920)作了关于"数学教育"的演讲,标志着20 世纪数学教育改革运动的开始.

1902 年（美）　摩尔(Moore,Eliakim Hastings,1862—1932)发表了关于"数学基础"的演讲,对数论中的形式主义和佩利的数学教学论予以支持.

1903 年（中）　冯祖荀是早期出国(去日本)学习数学者.

1903 年（法）　波莱尔(Borel,Emile,1871—1956)发表了中学数学革新教材——《算术与代数中的各种概念》《代数》《几何》《三角》.

1904 年（德）　策默罗(Zermelo,Ernst,1871—1953)明确提出了选择公理,且证明了良序集可能定理;克莱因作关于"注意对中学数学物理学的教育"的演讲,号召大学数学教师关心数学教育问题.

1905 年（法）　贝尔(Bell,Eric Temple,1883—1960)开创了对不连续函数的系统研究.

1906 年（匈）　黎斯提出了函数空间、距离空间的一般理论,标志着抽象拓扑空间的开始.

1906 年（德）　哈尔托格斯(Hartogs,Friedrich,1874—1943)进行了多复变函数的研究——哈尔托格斯定理,关联代数函数论.

1907 年（德）　佩隆(Perron,Oscar,1880—1975)发表了《无理数是什么?》,推翻了亨塞尔于 1905 年用 P 进数对 e 的超越性的证明.

1907 年（法）　庞加莱证明复变函数的一个基本定理——黎曼共形映定理.

1908 年（荷）　布劳威尔(Brouwer, Luitzen Egbertus Jan,1881—1966)反对在数学中使用排中律,提出了数学基础中的直观主义理论.

1908 年（德）　亨塞尔的《代数整数论》初版发表,完整地提出了 P 进数理论及赋值的起源;第四届国际数学家大会在英国剑桥大学举行,在 D・E・史密斯(Smith)等人的创议下,国际数学家教育科学调查组成立,F・克莱因等任委员.

1909 年（德）　韦伯的《代数学》全三卷出版,首次发表于 1893 年.

1910 年（英）　罗素和怀特海(Whitehead,Alfred North,1861—1947)发表了《数学原理》三卷.

1910 年（美）　杨格(Young,John Wesley,1879—1932)、维伯伦(Weberen,1879—1932)建立了射影几何学的公理系统.

1911 年（德）　戴德金著的《什么是数与数应是什么》第 3 版出版.

1912 年（法）　波莱尔开创了准解析函数的研究;第五届国际数学家大会在英国剑桥召开.

1912年（中）　孙敬民、崔朝庆等人创办了数学刊物《数学杂志》，这是中国第一个初等数学杂志．

1913年（荷）　布劳威尔和美国的伯克霍夫（Birkhoff, George David, 1884—1944）给出了不动点定理的证明．

1913年（法）　E·嘉当（Caran, Elie Joseph, 1869—1951）提出了半单纯李群的表示论．

1914年（英）　哈代（Hardy, Godefrey Herold, 1877—1947）、李特伍德（Littlewood, John, Edensor, 1885—1977）证明了函数的零点在半实数轴上有无限个．

1914年（德）　豪斯道夫的《集合论》发表了，并提出了拓扑空间的公理系统，为一般拓扑学奠定了基础．

1914年（美籍德）　爱因斯坦将黎曼几何用于广义相对论．

1916年（德）　比贝尔巴赫（Bieberbach, Ludwing, 1886—?）证明了单叶函数面积定律，提出了关于系数猜想，后经德国的法贝尔（Faber, Geory, 1877—?）、美国的格朗沃尔（Grounwall）等人推进为单叶函数论．

1917年（德）　希尔伯特做了"公理的思考"讲演．

1918年（英）　哈代，拉玛努扬（印）（Ramanujan, Srinivasa, 1887—1970）深入地进行了整数分割问题的研究．

1918年（丹麦）　埃尔兰和德国的恩格斯特改进了自动电话交换台设计，提出了排队论的数学理论．

1918年（中）　胡明复在美国发表了题为《线性微分和积分方程》的论文，这是中国人在国外发表的第一篇现代数学论文．

1919年（奥地利）　米赛思（Mises, Richard Von, 1883—1953）对概率论基础做了系统考察．

1920年（日）　高木贞治（1875—1960）完成了类域论，解决了在高斯数域上的克罗内克青春之梦问题．

1920年（德）　布特洛克发表了《数学家的科学理想》；第六届国际数学家大会在斯特拉斯堡召开．

1921年（中）　陈建功在日本发表了"关于无穷乘积的一些定理"的论文，引起了国际学者的关注；北京大学建立数学系，这是中国最早建立数学系的大学．

1921年（德）　外尔发表了《数学基础的危机》．

1922年（德）　希尔伯特发表了《建立数学的新基础》．

1922年（英）　裴谢尔（Fisher, Ronald Aylmer, 1890—1962）发表了《理论统计学的数学基础》，确立了统计推断的基本方法（古典统计学）．

1923年（法）　E·嘉当提出了一般联络的微分几何学，将克莱因和黎曼的几何学观点统一起来，是纤维丛概念的发端．

1924年（奥）　爱米尔·阿廷（Emil Artin, 1898—1962）将系数域（有限域的代数函数域问题）问题化，19世纪开始的代数学论趋于完备；第七次国际数学家大会在加拿大多伦多召开．

1925年（荷）　布劳威尔提出了直观主义数学基础论．

1925 年（丹麦） 鲍尔（Bohr,Harald. 1887—1951）开拓了概周期函数论.

1926 年（中） 俞大维在德国发表了关于点集拓扑的论文. 俞大维是中国研究拓扑学最早的学者.

1926 年（苏） 契巴塔列夫（Chebotarev, Nikolai Grigorevic,1894—1947）提出了密度定理.

1926 年（德） F·克莱因的《十九世纪的数学发展》出版.

1927 年（德） 佩塔（Peter,F.）、外尔建立了完全闭群的表示论.

1928 年（德） 希尔伯特的《理论逻辑学基础》发表.

1928 年（奥） 门格尔（Menger,1902— ）的《维数论》发表；第八届国际数学家大会在波洛尼亚召开.

1928 年（中） 苏步青以"仿射空间曲面论"为题，连续发表了12篇论文，并发现了"苏曲面"的四次代数曲面.

1929 年（美籍匈） 冯·诺伊曼将希尔伯特空间抽象化.

1929 年（苏） 苏联掀起了批判数学教学中的庸俗的经验主义.

1930 年（美籍匈） 冯·诺尹曼提出了自伴算子谱分析理论并应用于量子力学.

1930 年（波） 卢卡塞威士（Lukasiewicz,J.）创立了多值逻辑学.

1930 年（中） 陈建功在日本发表了著名的《三角级数论》，这是世界上第一部这方面的专著.

1931 年（中） 江泽涵在不动点理论方面开展了研究，取得了不少杰出的成果；中国第一次招收数学研究生的学校是清华大学.

1931 年（奥） 哥德尔（Godel,kurt,1909—1978）证明了谓词演算系统完全性定理，论证了公理化数学体系的不完备性.

1931 年（苏） 柯尔莫哥洛夫（Kolmogoroff, Andre N. ,1903— ）、美国的费勒（Filler, William,1906—1970）发展了马尔可夫过程论.

1932 年（法） H·嘉当（Cartan,Henrl Paul,1904— ）解决了多元复变函数论的一些基本问题，推进了多元复变函数论的发展.

1932 年（法） 利特（Ritt,Joseph Fels,1803—1955）的《代数的微分方程式论》出版，赫勃兰特（Herbrand, Jacques,1908—1932）、哥德尔、美国的克林（kleene, stephen Gole, 1909— ）建立了递归函数论，是数理逻辑的一个分支，在自动机和算法语言中有重要的作用；1932 年，第九届国际数学会议在苏黎世召开，中国派熊庆来等人前往参加. 这是中国第一次参加国际数学会议.

1933 年（中） 曾炯之创立了拟代数封闭域的层论.

1933 年（匈） 哈尔（Haar,Alfred,1885—1933）提出了拓扑群上的测度概念.

1933 年（苏） 柯尔莫哥洛夫《概率论的基础概念》出版，提出了概率论的公理化体系.

1934 年（美） 诺·维纳的《复变函数傅里叶变换》出版，制订了复平面上的傅里叶变换理论.

1935 年（美） 莫尔斯（Morse,Hardd Marton,1892— ）的《大范围变分法》出版.

1935 年（波） 胡尔维斯（Harewicz ,Witold）发表了《同伦群》.

1934 ~ 1935 年（中） 熊庆来连续发表了函数论方面的论文. 他证明了奈望林纳

(Nevanlinna)所引之函数为逐段解析函数,并作成无穷级亚纯函数的一般理论;在上海交通大学正式成立了"中国数学会",这是中国第一次正式成立的数学学术团体;华罗庚在解析数论、华林问题、塔内问题上取得了一系列的出色成果;中国数学会正式出版了两种刊物,一为《数学杂志》,一为《中国数学会学报》,其中《中国数学会学报》是中国第一种近代数学的学术性刊物;陈省身开始发表微分几何、积分几何、拓扑学方面的论文.

1936年(英) 图灵提出了理想的通用计算机概念,同时建立了算法理论;用数学理论破译了密码.

1937年(法) 弗雷歇(Frechet,Maurice,1878—1973)的《现代概率论研究》第一卷出版了(第二卷于1938年出版).本书属于波莱尔的《概率论及其应用》丛书(共19册)中的一册.

1938年(法) 布尔巴基学派(Bourbaki Nicolas)的《布尔巴基》丛书、《数学原本》丛书开始出版.

1938年(中) 许宝骏在概率统计方面发表了贝连斯-弗舍尔(Behens-Fisher)统计量问题的论文,取得了很多成果.

1939年(苏) 盖尔方特(Gelfand,Izrail Moisccvic,1913—)创立了交换群调和分析理论.

1940年(中) 华罗庚完成了《堆垒素数论》名著,到1946年在苏联出版了第一版.

1940年(法) 外尔解决了在有限域上的代数函数域的黎曼猜想,并著《群上积分法》.

1940年(美) 哥德尔证明了连续统假说在 $Z-F$ 集合论公理系中的无矛盾性.

1940年(德) 外尔创立了代数几何基础理论.

1941年(苏) 盖尔方特创立了赋范环(即巴拿赫代数)理论.

1942年(苏) 柯尔莫哥洛夫、维纳创立了随机过程的预测和滤波理论.

1942年(日) 伊藤清创立了概率论积分.

1942年(美) 诺·维纳、柯尔莫哥洛夫,开始研究随机过程的预测、滤过理论及其在火炮自动控制上的应用,产生了"统计动力学."

1944年(美籍匈) 冯·诺伊曼创立了对策论.

1945～1946年 施瓦兹创立了广义函数论.

1945年 第一台电子计算机 ENIAC 投入运转.

1945年(中) 许宝骏推广了贝雷(Berry)的方法,并将样本均值代之以样本差值,取得了惊人成果.

1946年 罗莱创立了谱序列理论;华罗庚在苏联出版名著《堆垒素数论》.

1947年 爱伦伯格、麦克莱恩(范畴论).

1948年 伦奇、弗格森计算 π 到808位;维纳出版了《控制论》;申农提出了通信的数学理论;康托洛维奇把泛函分析用于计算数学.

1948年(中) 吴文俊发表了关于拓扑学方面的论文.

1949年(中) 中国数学会复会.

1949年 马利兰德利用电子计算机,将 π 计算到2 037位.

1950年(中) 苏步青讨论了广义射影运动,定义了附属的射影张量.他还论证了"平面公理"成立和空间为射影平坦互相等价的问题;谷超豪在 K 展空间方面,建立了隐函数方程表示法,并证明了关于"平面公理"的定理,他还讨论了以 K 重元素为支持元素的仿射联系空间的性质;闵嗣鹤改进了一元三角和反转公式;吴文俊证明了紧致微分流形中斯蒂费尔-怀特奈(Stiefel-Whitney)示性类拓扑不变性问题,并研究了邦德里雅金示性类拓扑不变性问题,从而取得了许多成果.

1950 年　　沃尔德统计决策函数理论;斯丁路德、陈省身纤维丛理论.

1951 年(中)　中国数学会召开中华人民共和国成立后第一次代表大会.

1952 年(中)　在中国科学院建院之后,1950 年 6 月便成立数学研究所筹备处,1952 年 7 月正式成立数学研究所,由华罗庚任所长.

1953 年(中)　陈建功研究并证明了存在发散级数可任一正级数的蔡查罗(Cesaro)绝对平均法求和的问题;吴文俊提供了构造非同伦性拓扑不变量的一个方法,从而取得了一些新的成果;华罗庚的《堆垒素数论》中文版出版;赵访熊提出了一种解任意多个任何类型的方程组的迭代法;基费等人优选法.

1954 年(中)　华罗庚出版了《典型域上的调和分析》;苏步青出版了《射影曲线概论》;陈建功出版了《直交函数级数和》;李俨出版了《中算史论丛》.

1954 年(中)　在常微分方程方面,秦元勋研究了单调的多重类型方程,后来又研究了有二次代数极限环的方程,从而得到存在性的充要条件,唯一性,稳定性,由奇点及极限环所决定结构的唯一性及稳定性;杨宗磐对二维位函数的理论有所研究,并拓广了奈望利纳(Nevanlinna)关于亚纯函数的理论,还引进了 p-抛物计量和 p-椭圆计量的概念;许宝騄利用特征函数处理了一个齐次马氏过程转移概率的可微性,从而得到精确的结果;华罗庚的《典型域上的调和分析》一书出版;国家颁发了科学奖,数学方面得奖者:华罗庚、吴文俊各得一等奖,苏步青得三等奖;白正国在闭曲线的整体几何学方面做了不少工作,推广了芬格尔(Fenchel)定理,研究了 n 维欧氏空间的闭曲线,从而取得了一些成果.

1955 年　　嘉当、格沙辛狄克、爱伦伯克(同调代数理论).

1956 年　　杜邦公司采用了一种统筹方法;邓济希(线性规划的单纯形法).

1957 年　　庞特里亚金(最优控制的变分原理);贝尔曼(动态规划理论).

1957 年(中)　王元证明了哥德巴赫问题(3,4);赵访熊提出了一种列表计算法;华罗庚利用指数解决了华林问题的优弧问题;胡坤瑞研究了一类积分方程解的存在性及唯一性问题;王元得到了哥德巴赫问题的(3,3);他又证明了(2,3)和 (a,b),其中 $a+b\leqslant 5$;在数理逻辑方面,莫绍揆讨论了多值逻辑系统的公理化问题;他还改进了希尔伯特与贝奈斯(Berneys)的命题的演算系统,并提出了五个公理系统;赵访熊利用斜量法,推求了对称方阵的特征向量问题;杨宗磐概括了条件期望的一般理论.

1958 年(中)　许宝騄证明了 L 族内每个分布律的绝对连续性问题;王寿仁在格子点上随机场的回归系数的估值方面,取得了一些成果;柯召在丢番图方程方面,取得了一系列的成果.

1958 年　　欧、美算法语言 ALGOI(58)诞生,并用于电子计算机程序自动化.

1959 年(中)　中国科学院计算技术研究所制成了一台大型通用快速电子计算机.

50 年代　　霍夫曼、霍尔等人(组合数学).

1960 年　　罗宾逊确立非标准分析理论,1966 年出版《非标准分析》;卡尔曼(数学滤波理论).

1960 年（中）　中国数学会召开第二次代表大会；胡世华建立了一套递归算法论；李修睦、管梅谷等在运筹学方面取了一些成果．

1962 年（中）　王元和潘承洞在哥德巴赫问题上，各自证明了(1,5)、(1,4)；王元在承认广义黎曼假设的条件下，对哥德巴赫问题得到了解决(1,3)；莫绍揆与沈百英建立了一个原始递归算术的新系统．

1963 年（中）　出版了《算经十书》（钱宝琮点校）．

1964 年（中）　钱宝琮（《中国数学史》）．

1963 年　查德（模糊集合论，模糊数学）．

1963 年（美）　柯亨（P. J. Cohen　1934—　　）引入了连续统假设的独立性与相容性．

1965 年　查德（L. A. Zadeh 美）：模糊集合，控制论．

1966 年　陈景润证明了关于哥德巴赫（Goldbach　1690—1764）猜想（1742 年提出）的"陈氏定理"（"1 + 2"）．

1968 年　汤姆（Rene Thom 法），突变理论．

1974 年　中国杨乐、张广厚确立了整函数及亚纯函数论中亏值、奇异方向、渐近值关系及值分布；古劳德（M. J. Guilloud 法）和他的合作者，得到 π 的 1 000 000 位值．

1976 年　阿皮尔（K. Appel）和海肯（W. Haken）用计算机证明了四色问题（1852 年英人喀斯里（F. Guthrie）提出）．

1977 年　查基尔（Don Zagier）完成 50 000 000 以内的素数表．

1981 年　陆家羲证明了阶为 V 的不相交史坦纳三元系大集存在（1853 年提出）；斯罗温斯基（David Slowinski 美）利用计算机验证 $2^{86243} - 1$ 是素数，它有 25 962 位；中国数学会数学史分会成立．

1983 年　查基尔（Zagier）和克罗斯（B. Gross）得到了类数为 n 的虚二次域 $x + y\sqrt{-d}$ 的 d 的一个上界；法尔廷斯（Faltings）证明了莫德尔（L. J. Mordell）猜想（1922 年提出），由此得出当 $n \geq 4$ 时 $x^n + y^n = 2^n$ 至多只有有限组整数解．

1984 年　布仑格斯（L. de Branges）证明了单叶解析函数的比勃尔巴哈（Bieberbach　1886—1982）猜想（1916 年提出）．

1985 年（中）　李松鹰证明了关于亚纯函数的瓦利隆（G. Valiron）猜想（1928 年提出）．

参考文献

[1] 钱宝琮. 中国数学史[M]. 北京:科学出版社,1981.
[2] 梁宗巨. 世界数学史简编[M]. 沈阳:辽宁人民出版社,1980.
[3] 张奠宙. 数学史选讲[M]. 上海:上海科学技术出版社,1998.
[4] 袁小明. 数学思想史导论[M]. 南宁:广西教育出版社,1991.
[5] 袁小明,等. 数学思想发展简史[M]. 北京:高等教育出版社,1992.
[6] 袁小明. 数学史话[M]. 济南:山东教育出版社,1985.
[7] 胡作玄. 第三次数学危机[M]. 成都:四川人民出版社,1985.
[8] 解延年,尹斌庸. 数学家传[M]. 长沙:湖南教育出版社,1991.
[9] 白尚恕等. 中国数学简史[M]. 济南:山东教育出版社,1986.
[10] 李铭心,汪德营. 中学教学中的数学史[M]. 海口:南海出版公司,1991.
[11] 李文汉. 中国古代数学家三十人[J]. 中学生数学,1995(1/2):15-16.
[12] 李文汉. 外国古代数学家三十人[J]. 中学生数学,1995(11/12):22-23.
[13] 陈仁政. 漫谈对数[J]. 数学通报,1992(4):46-47.
[14] 苗大文. 数学符号的产生和演变[J]. 中学数学教学,1992(1):37-40.
[15] 曲万田. 数学符号体系概述[J]. 中学数学杂志,1989(6):40-41.
[16] 李文汉. 圆周率简史[J]. 中学生数学,1984(1):26-27.
[17] 张素亮. 试论数学教师研究数学史的重要意义[J]. 中学数学杂志,1989(4):2-3.
[18] 徐瑞和. 一元二次方程求根公式史略[J]. 中学生数学,1994(10):14-15.
[19] 陈中. 函数概念的历史演变[J]. 数学通报,1992(10):31-32.
[20] 闻憾. 中国古代数学的宋元高峰时期[J]. 中学生数学,1989(6):16-17.
[21] 彭林.《墨经》中的几何知识[J]. 中学生数学,1992(5):18-19.
[22] 王永建. 世界之最·数学分册[M]. 南京:江苏人民出版社,1981.
[23] 潘有发. 算盘的历史[J]. 中学生数学,1993(3):12.
[24] 孙宏安. 花拉子模与代数学[J]. 数学通报,1998(5):29-30.
[25] 李文汉. 早期方程史简说[J]. 中学生数学,1998(6):14-15.
[26] 蒋正飞. "招差术"的历史与高阶等差级数的和[J]. 中学生数学,1993(2):14-15.
[27] 傅海伦. 盈不足算法的方法启示[J]. 数学通报,1998(9):38-40.
[28] 解延年. 中国南宋大数学家秦九韶[J]. 数学通报,1987(8):44-46.
[29] 孙宏安. 朱世杰与"四元术"[J]. 数学通报,1997(3):45-47.
[30] 孙宏安. 贾宪与二项展开式系数表[J]. 数学通报,1998(8):44-45.
[31] 陈有功. 欧拉定理(公式)知多少?[J]. 中学生数学,1988(4):10-11.
[32] 胡炳生. 梅内劳斯与梅内劳斯定理[J]. 中学数学教学,1993(5):39.
[33] 胡炳生. 托勒密与托勒密定理[J]. 中学数学教学,1994(1):28-29.
[34] 潘有发. 我国古代的平面三角学[J]. 中学生数学,1991(5):13.
[35] 曹景阳. 正多边形作图史话[J]. 中学生数学,1995(4):16.

［36］郭书春.刘徽原理［J］.中学生数学,1988(3):24.
［37］鲁又文.《数书九章》中的几何问题［J］.数学通报,1986(6):40-43.
［38］直笔.几何学史简表［J］.中等数学,1990(6):31-32.
［39］李文林.数学史教程［M］.北京:科学出版社,2000.
［40］李文林.数学珍宝［M］.北京:科学出版社,2000.
［41］杜端芝.古希腊学者的求积法——定积分思想的萌芽［J］.数学通报,1986(12):38-40.
［42］李心灿.杰出的业余数学家费马［J］.数学通报,1985(9):41-44.
［43］解延年.画法几何的缔造者蒙日［J］.数学通报,1986(7):47-48.
［44］王家铧,金福.射影几何创始人——笛沙格［J］.数学通报,1994(3):46-47.
［45］李心灿.伯努利数学家族［J］.数学通报,1986(9):42-43.
［46］彭林.在监狱中诞生的几何学［J］.中学生数学,1991(6):15.
［47］徐元根.中国古代算法思想的教育价值［J］.中学数学研究,2008(2):1-3.
［48］李文林.学一点数学史［J］.数学通报,2011(4):1-5.
［49］李文林.学一点数学史(续)［J］.数学通报,2011(5):1-7.

作者出版的相关书籍与发表的相关文章目录

书籍类

[1] 陈传理主编. 竞赛数学教程. 北京:高等教育出版社,1996 年初版,2005 年再版.

[2] 张同启主编. 竞赛数学解题研究. 北京:高等教育出版社,2000 年初版,2006 年再版.

[3] 严士健主编. 数学(七年级上册). 长沙:湖南教育出版社,2003 年.

[4] 周国镇主编. 精美题库与简明辅导. 北京:气象出版社,1998. 3.

[5] 唐国庆主编. 高中数学应用题分类解析. 长沙:湖南师范大学出版社,2000. 3.

[6] 陈传理主编. 初中数学竞赛名师指导(初三). 武汉:华中师范大学出版社,1995. 4.

[7] 陈传理主编. 初中数学竞赛名师指导(初二). 武汉:华中师范大学出版社,1995. 4.

[8] 陈建森等. 中学数学专题精讲. 武汉:武汉工业大学出版社,1989. 2.

[9] 罗增儒主编. 高中数学竞赛模拟试题. 西安:陕西师范大学出版社,1994. 7.

[10] 张垚等编. 高中数学奥林匹克之星. 长沙:湖南教育出版社,2003. 7.

[11] 丛书编委会. 考点测试与评析·数学. 长沙:湖南教育出版社,2000. 8.

文章类

[1] 杨世国,沈文选. E^n 中 Finshler – Hadwiger 不等式的探讨. 湖南师大学报,1992(4):314-317.

[2] 沈文选,杨世国. 关于球面空间中有限点集与单形二面角的几个不等式. 湖南师大学报,1995(1):16-20.

[3] 沈文选,杨世国. 关于单形的几个几何不等式定理. 湖南师大学报,1997(3):10-14.

[4] 沈文选,冷岗松. E^n 的广义欧拉不等式(英). 湖南师大学报,2000(2):23-27.

[5] 梁红梅,陈丽芳,沈文选. 对问题 1627 的质疑. 数学通报,2006(12):57.

[6] 吕松军,沈文选. 谈认识数学本质的方法. 数学教育学报,2004(1):42-44.

[7] 吴仁芳,沈文选. 多媒体辅助数学教学 —— 关于教师角色的探析. 数学教育学报,2005(1):86-88.

[8] 谢圣英,沈文选. 透视数学表现性评价. 数学教育学报,2006(1):22-24.

[9] 彭云飞,沈文选. 试谈对数学化的一些认识. 教师杂志(澳门),2004(9):38-43.

[10] 吕松军,沈文选. 把数学变得容易一点. 中学数学,2005(1):5-8.

[11] 陈森君,沈文选. 数学课堂中的提问. 中学数学研究(江西),2005(9):15-18.

[12] 羊明亮,沈文选. Schur 不等式与一类竞赛试题. 中学教研(数学),2004(6):38-40.

[13] 陈森君,沈文选. 数学教师专业发展的范式改变. 中学数学研究,2005(8):26-27.

[14] 邹宇,沈文选. 巧用权方和不等式求最值. 数学通讯,2006(14,16):88-90.

[15] 汤芳,彭熹,沈文选. 教育数学思想与数学课程改革. 中学数学研究,2006(11):21-23.

[16] 邹宇,沈文选. 一个图形的性质与竞赛题命制. 中学教研(数学),2006(5):35-37.

[17] 邹宇,沈文选. 几道平面几何赛题的关联. 中学教研(数学),2006(12):34-36.

[18] 邹宇,沈文选. 一道 IMO 预选题的再推广. 中学数学研究(江西),2006(4):49-50.

[19] 邹宇,沈文选. 例说应用权方和不等式证竞赛题的若干策略. 中学数学研究(江西),

2006(6):46-49.

[20] 邹宇,沈文选. 美国《数学杂志》问题1714的再推广. 福建中学数学,2006(6):23-24.

[21] 邹宇,沈文选. 正方形的一个性质与竞赛题的命制. 中学数学杂志(初中),2006(5):57-59.

[22] 谢圣英,沈文选. 再谈数学中的折纸. 中学数学教学参考,2005(7):21-22.

[23] 羊明亮,李兰平,沈文选. 例说数学竞赛方程整数根问题的求解. 中学数学杂志(初中),2005(1):22-24.

[24] 羊明亮,沈文选. 演绎深化——命制平面几何试题的一条重要途径. 中学数学教学参考,2004(9):33-34.

[25] 羊明亮,沈文选. 数学问题621号. 数学教学,2004(8):49.

[26] 羊明亮,沈文选. 柯西不等式的应用举例. 中学数学杂志,2003(6):55-56.

[27] 羊明亮,沈文选. 数学问题666号. 数学教学,2006(2):49.

[28] 羊明亮,沈文选. 数学问题685号. 数学教学,2006(8):31.

[29] 李兰平,沈文选. 高职《线性代数》教学的几点建议. 乌鲁木齐成人教育学院学报,2004(2):57-59.

[30] 向昭红,沈文选. 强化解题意识,造就创新人才. 航空教育,2004(1):119-121.

[31] 李兰平,沈文选. 高师数学系学生教育科学研究素质调查分析. 山东师大学报,2004(1):4-6.

[32] 谢圣英,沈文选. 数学教育评价改革与后现代主义. 山东师大学报,2005(3):21-22.

编后语

沈文选先生是我多年的挚友，我又是这套书的策划编辑，所以有必要在这套书即将出版之际，说上两句.

有人说："现在，书籍越来越多，过于垃圾，过于商业，过于功利，过于弱智，无书可读."

还有人说："从前，出书难，总量少，好书就像沙滩上的鹅卵石一样显而易见，而现在书籍的总量在无限扩大，而佳作却无法迅速膨化，好书便如埋在沙砾里的金粉一样细屑不可寻，一读便上当，看书的机会成本越来越大."（无书可读——中国图书业的另类观察，侯虹斌《新周刊》，2003，总 166 期）

但凡事总有例外，摆在我面前的沈文选先生的大作便是一个小概率事件的结果。文如其人，作品即是人品，现在认认真真做学问，老老实实写著作的学者已不多见，沈先生算是其中一位. 用书法大师、教育家启功给北京师范大学所题的校训"学为人师，行为世范"来写照，恰如其分. 沈先生"从一而终"，从教近四十年，除偶有涉及 n 维空间上的单形研究外将全部精力投入到初等数学的研究中，不可不谓执着，成果也是显著的，称其著作等身并不为过.

目前，国内高校也开始流传美国学界历来的说法"不发表则自毙（Publish or Perish）"。于是大量应景之作迭出，但沈先生已退休，并无此压力，只是想将多年研究做个总结，可算封山之作。所以说这套丛书是无书可读时代的可读之书，选读此书可将读书的机会成本降至无穷小。

这套书非考试之用,所以切不可抱功利之心去读。中国最可怕的事不是大众不读书,而是教师不读书,沈先生的书既是给学生读的,又是给教师读的。2001年陈丹青在上海《艺术世界》杂志开办专栏时,他采取读者提问他回答的互动方式。有一位读者直截了当地问:"你认为在艺术中能够得到什么?"陈丹青答道:"得到所谓'艺术':有时自以为得到了,有时发现并没得到。"(陈丹青.与陈丹青交谈.上海文艺出版社,2007,第12页)。读艺术如此,读数学也如此,如果非要给自己一个读的理由,可以用一首诗来说服自己,曾有人将古代五言《神童诗》扩展成七言。

古今天子重英豪,学内文章教尔曹。

世上万般皆下品,人间唯有读书高。

沈先生的书涉猎极广,可以说只要对数学感兴趣的人都会开卷有益,可自学,可竞赛,可教学,可欣赏,可把玩,只是不宜远离。米兰·昆德拉在《小说的艺术》中说:"缺乏艺术细胞并不可怕,一个人完全可以不读普鲁斯特,不听舒伯特,而生活得很平和,但一个蔑视艺术的人不可能平和地生活。"(米兰·昆德拉.小说的艺术.董强,译.上海译文出版社,2004,第169页)将艺术换以数学结论也成立。

本套丛书其旨在提高公众数学素养,打个比方说它不是药,但它是营养素与维生素,缺少它短期似无大碍,长期缺乏必有大害。2007年9月初,法国中小学开学之际,法国总统尼古拉·萨科奇发表了长达32页的《致教育者的一封信》,其中他严肃指出:当前法国教育中的普通文化日渐衰退,而专业化学习经常过细、过早。他认为:"学者、工程师、技术员不能没有文学、艺术、哲学素养;作家、艺术家、哲学家不能没有科学、技术、数学素养。"

最后我们祝沈老师退休生活愉快,为数学工作了一辈子,教了那么多学生,写了那么多书和论文,您太累了,也该歇歇了。

刘培杰

2017年1月1日

哈尔滨工业大学出版社刘培杰数学工作室
已出版(即将出版)图书目录

书　名	出版时间	定　价	编号
新编中学数学解题方法全书(高中版)上卷	2007—09	38.00	7
新编中学数学解题方法全书(高中版)中卷	2007—09	48.00	8
新编中学数学解题方法全书(高中版)下卷(一)	2007—09	42.00	17
新编中学数学解题方法全书(高中版)下卷(二)	2007—09	38.00	18
新编中学数学解题方法全书(高中版)下卷(三)	2010—06	58.00	73
新编中学数学解题方法全书(初中版)上卷	2008—01	28.00	29
新编中学数学解题方法全书(初中版)中卷	2010—07	38.00	75
新编中学数学解题方法全书(高考复习卷)	2010—01	48.00	67
新编中学数学解题方法全书(高考真题卷)	2010—01	38.00	62
新编中学数学解题方法全书(高考精华卷)	2011—03	68.00	118
新编平面解析几何解题方法全书(专题讲座卷)	2010—01	18.00	61
新编中学数学解题方法全书(自主招生卷)	2013—08	88.00	261

书　名	出版时间	定　价	编号
数学眼光透视	2008—01	38.00	24
数学思想领悟	2008—01	38.00	25
数学应用展观	2008—01	38.00	26
数学建模导引	2008—01	28.00	23
数学方法溯源	2008—01	38.00	27
数学史话览胜	2017—01	48.00	741
数学思维技术	2013—09	38.00	260

书　名	出版时间	定　价	编号
从毕达哥拉斯到怀尔斯	2007—10	48.00	9
从迪利克雷到维斯卡尔迪	2008—01	48.00	21
从哥德巴赫到陈景润	2008—05	98.00	35
从庞加莱到佩雷尔曼	2011—08	138.00	136

书　名	出版时间	定　价	编号
数学奥林匹克与数学文化(第一辑)	2006—05	48.00	4
数学奥林匹克与数学文化(第二辑)(竞赛卷)	2008—01	48.00	19
数学奥林匹克与数学文化(第二辑)(文化卷)	2008—07	58.00	36′
数学奥林匹克与数学文化(第三辑)(竞赛卷)	2010—01	48.00	59
数学奥林匹克与数学文化(第四辑)(竞赛卷)	2011—08	58.00	87
数学奥林匹克与数学文化(第五辑)	2015—06	98.00	370

哈尔滨工业大学出版社刘培杰数学工作室
已出版(即将出版)图书目录

书 名	出版时间	定 价	编号
世界著名平面几何经典著作钩沉——几何作图专题卷(上)	2009—06	48.00	49
世界著名平面几何经典著作钩沉——几何作图专题卷(下)	2011—01	88.00	80
世界著名平面几何经典著作钩沉(民国平面几何老课本)	2011—03	38.00	113
世界著名平面几何经典著作钩沉(建国初期平面三角老课本)	2015—08	38.00	507
世界著名解析几何经典著作钩沉——平面解析几何卷	2014—01	38.00	264
世界著名数论经典著作钩沉(算术卷)	2012—01	28.00	125
世界著名数学经典著作钩沉——立体几何卷	2011—02	28.00	88
世界著名三角学经典著作钩沉(平面三角卷Ⅰ)	2010—06	28.00	69
世界著名三角学经典著作钩沉(平面三角卷Ⅱ)	2011—01	38.00	78
世界著名初等数论经典著作钩沉(理论和实用算术卷)	2011—07	38.00	126

书 名	出版时间	定 价	编号
发展空间想象力	2010—01	38.00	57
走向国际数学奥林匹克的平面几何试题诠释(上、下)(第1版)	2007—01	68.00	11,12
走向国际数学奥林匹克的平面几何试题诠释(上、下)(第2版)	2010—02	98.00	63,64
平面几何证明方法全书	2007—08	35.00	1
平面几何证明方法全书习题解答(第1版)	2005—10	18.00	2
平面几何证明方法全书习题解答(第2版)	2006—12	18.00	10
平面几何天天练上卷·基础篇(直线型)	2013—01	58.00	208
平面几何天天练中卷·基础篇(涉及圆)	2013—01	28.00	234
平面几何天天练下卷·提高篇	2013—01	58.00	237
平面几何专题研究	2013—07	98.00	258
最新世界各国数学奥林匹克中的平面几何试题	2007—09	38.00	14
数学竞赛平面几何典型题及新颖解	2010—07	48.00	74
初等数学复习及研究(平面几何)	2008—09	58.00	38
初等数学复习及研究(立体几何)	2010—06	38.00	71
初等数学复习及研究(平面几何)习题解答	2009—01	48.00	42
几何学教程(平面几何卷)	2011—03	68.00	90
几何学教程(立体几何卷)	2011—07	68.00	130
几何变换与几何证题	2010—06	88.00	70
计算方法与几何证题	2011—06	28.00	129
立体几何技巧与方法	2014—04	88.00	293
几何瑰宝——平面几何500名题暨1000条定理(上、下)	2010—07	138.00	76,77
三角形的解法与应用	2012—07	18.00	183
近代的三角形几何学	2012—07	48.00	184
一般折线几何学	2015—08	48.00	503
三角形的五心	2009—06	28.00	51
三角形的六心及其应用	2015—10	68.00	542
三角形趣谈	2012—08	28.00	212
解三角形	2014—01	28.00	265
三角学专门教程	2014—09	28.00	387
距离几何分析导引	2015—02	68.00	446
图天下几何新题试卷.初中	2017—01	58.00	714

哈尔滨工业大学出版社刘培杰数学工作室
已出版（即将出版）图书目录

书　　名	出版时间	定　价	编号
圆锥曲线习题集（上册）	2013—06	68.00	255
圆锥曲线习题集（中册）	2015—01	78.00	434
圆锥曲线习题集（下册·第1卷）	2016—10	78.00	683
论九点圆	2015—05	88.00	645
近代欧氏几何学	2012—03	48.00	162
罗巴切夫斯基几何学及几何基础概要	2012—07	28.00	188
罗巴切夫斯基几何学初步	2015—06	28.00	474
用三角、解析几何、复数、向量计算解数学竞赛几何题	2015—03	48.00	455
美国中学几何教程	2015—04	88.00	458
三线坐标与三角形特征点	2015—04	98.00	460
平面解析几何方法与研究（第1卷）	2015—05	18.00	471
平面解析几何方法与研究（第2卷）	2015—06	18.00	472
平面解析几何方法与研究（第3卷）	2015—07	18.00	473
解析几何研究	2015—01	38.00	425
解析几何学教程.上	2016—01	38.00	574
解析几何学教程.下	2016—01	38.00	575
几何学基础	2016—01	58.00	581
初等几何研究	2015—02	58.00	444
大学几何学	2017—01	78.00	688
关于曲面的一般研究	2016—11	48.00	690
十九和二十世纪欧氏几何学中的片段	2017—01	58.00	696
近世纯粹几何学初论	2017—01	58.00	711
俄罗斯平面几何问题集	2009—08	88.00	55
俄罗斯立体几何问题集	2014—03	58.00	283
俄罗斯几何大师——沙雷金论数学及其他	2014—01	48.00	271
来自俄罗斯的5000道几何习题及解答	2011—03	58.00	89
俄罗斯初等数学问题集	2012—05	38.00	177
俄罗斯函数问题集	2011—03	38.00	103
俄罗斯组合分析问题集	2011—01	48.00	79
俄罗斯初等数学万题选——三角卷	2012—11	38.00	222
俄罗斯初等数学万题选——代数卷	2013—08	68.00	225
俄罗斯初等数学万题选——几何卷	2014—01	68.00	226
463个俄罗斯几何老问题	2012—01	28.00	152
超越吉米多维奇.数列的极限	2009—11	48.00	58
超越普里瓦洛夫.留数卷	2015—01	28.00	437
超越普里瓦洛夫.无穷乘积与它对解析函数的应用卷	2015—05	28.00	477
超越普里瓦洛夫.积分卷	2015—06	18.00	481
超越普里瓦洛夫.基础知识卷	2015—06	28.00	482
超越普里瓦洛夫.数项级数卷	2015—07	38.00	489
初等数论难题集（第一卷）	2009—05	68.00	44
初等数论难题集（第二卷）（上、下）	2011—02	128.00	82,83
数论概貌	2011—03	18.00	93
代数数论（第二版）	2013—08	58.00	94
代数多项式	2014—06	38.00	289
初等数论的知识与问题	2011—02	28.00	95
超越数论基础	2011—03	28.00	96
数论初等教程	2011—03	28.00	97
数论基础	2011—03	18.00	98
数论基础与维诺格拉多夫	2014—03	18.00	292

哈尔滨工业大学出版社刘培杰数学工作室
已出版(即将出版)图书目录

书 名	出版时间	定 价	编号
解析数论基础	2012—08	28.00	216
解析数论基础(第二版)	2014—01	48.00	287
解析数论问题集(第二版)(原版引进)	2014—05	88.00	343
解析数论问题集(第二版)(中译本)	2016—04	88.00	607
解析数论基础(潘承洞,潘承彪著)	2016—07	98.00	673
解析数论导引	2016—07	58.00	674
数论入门	2011—03	38.00	99
代数数论入门	2015—03	38.00	448
数论开篇	2012—07	28.00	194
解析数论引论	2011—03	48.00	100
Barban Davenport Halberstam 均值和	2009—01	40.00	33
基础数论	2011—03	28.00	101
初等数论 100 例	2011—05	18.00	122
初等数论经典例题	2012—07	18.00	204
最新世界各国数学奥林匹克中的初等数论试题(上、下)	2012—01	138.00	144,145
初等数论(Ⅰ)	2012—01	18.00	156
初等数论(Ⅱ)	2012—01	18.00	157
初等数论(Ⅲ)	2012—01	28.00	158
平面几何与数论中未解决的新老问题	2013—01	68.00	229
代数数论简史	2014—11	28.00	408
代数数论	2015—09	88.00	532
代数、数论及分析习题集	2016—11	98.00	695
数论导引提要及习题解答	2016—01	48.00	559
素数定理的初等证明.第2版	2016—09	48.00	686
谈谈素数	2011—03	18.00	91
平方和	2011—03	18.00	92
复变函数引论	2013—10	68.00	269
伸缩变换与抛物旋转	2015—01	38.00	449
无穷分析引论(上)	2013—04	88.00	247
无穷分析引论(下)	2013—04	98.00	245
数学分析	2014—04	28.00	338
数学分析中的一个新方法及其应用	2013—01	38.00	231
数学分析例选:通过范例学技巧	2013—01	88.00	243
高等代数例选:通过范例学技巧	2015—06	88.00	475
三角级数论(上册)(陈建功)	2013—01	38.00	232
三角级数论(下册)(陈建功)	2013—01	48.00	233
三角级数论(哈代)	2013—06	48.00	254
三角级数	2015—07	28.00	263
超越数	2011—03	18.00	109
三角和方法	2011—03	18.00	112
整数论	2011—05	38.00	120
从整数谈起	2015—10	28.00	538
随机过程(Ⅰ)	2014—01	78.00	224
随机过程(Ⅱ)	2014—01	68.00	235
算术探索	2011—12	158.00	148
组合数学	2012—04	28.00	178
组合数学浅谈	2012—03	28.00	159
丢番图方程引论	2012—03	48.00	172
拉普拉斯变换及其应用	2015—02	38.00	447
高等代数.上	2016—01	38.00	548
高等代数.下	2016—01	38.00	549

哈尔滨工业大学出版社刘培杰数学工作室
已出版(即将出版)图书目录

书　名	出版时间	定　价	编号
高等代数教程	2016—01	58.00	579
数学解析教程.上卷.1	2016—01	58.00	546
数学解析教程.上卷.2	2016—01	38.00	553
函数构造论.上	2016—01	38.00	554
函数构造论.中	即将出版		555
函数构造论.下	2016—09	48.00	680
数与多项式	2016—01	38.00	558
概周期函数	2016—01	48.00	572
变叙的项的极限分布律	2016—01	18.00	573
整函数	2012—08	18.00	161
近代拓扑学研究	2013—04	38.00	239
多项式和无理数	2008—01	68.00	22
模糊数据统计学	2008—03	48.00	31
模糊分析学与特殊泛函空间	2013—01	68.00	241
谈谈不定方程	2011—05	28.00	119
常微分方程	2016—01	58.00	586
平稳随机函数导论	2016—03	48.00	587
量子力学原理·上	2016—01	38.00	588
图与矩阵	2014—08	40.00	644
受控理论与解析不等式	2012—05	78.00	165
解析不等式新论	2009—06	68.00	48
建立不等式的方法	2011—03	98.00	104
数学奥林匹克不等式研究	2009—08	68.00	56
不等式研究(第二辑)	2012—02	68.00	153
不等式的秘密(第一卷)	2012—02	28.00	154
不等式的秘密(第一卷)(第2版)	2014—02	38.00	286
不等式的秘密(第二卷)	2014—01	38.00	268
初等不等式的证明方法	2010—06	38.00	123
初等不等式的证明方法(第二版)	2014—11	38.00	407
不等式·理论·方法(基础卷)	2015—07	38.00	496
不等式·理论·方法(经典不等式卷)	2015—07	38.00	497
不等式·理论·方法(特殊类型不等式卷)	2015—07	48.00	498
不等式的分拆降维降幂方法与可读证明	2016—01	68.00	591
不等式探究	2016—03	38.00	582
不等式探密	2017—01	58.00	689
四面体不等式	2017—01	68.00	715
同余理论	2012—05	38.00	163
[x]与{x}	2015—04	48.00	476
极值与最值.上卷	2015—06	28.00	486
极值与最值.中卷	2015—06	38.00	487
极值与最值.下卷	2015—06	28.00	488
整数的性质	2012—11	38.00	192
完全平方数及其应用	2015—08	78.00	506
多项式理论	2015—10	88.00	541
历届美国中学生数学竞赛试题及解答(第一卷)1950—1954	2014—07	18.00	277
历届美国中学生数学竞赛试题及解答(第二卷)1955—1959	2014—04	18.00	278
历届美国中学生数学竞赛试题及解答(第三卷)1960—1964	2014—06	18.00	279
历届美国中学生数学竞赛试题及解答(第四卷)1965—1969	2014—04	28.00	280
历届美国中学生数学竞赛试题及解答(第五卷)1970—1972	2014—06	18.00	281
历届美国中学生数学竞赛试题及解答(第七卷)1981—1986	2015—01	18.00	424

哈尔滨工业大学出版社刘培杰数学工作室
已出版(即将出版)图书目录

书 名	出版时间	定 价	编号
历届 IMO 试题集(1959—2005)	2006—05	58.00	5
历届 CMO 试题集	2008—09	28.00	40
历届中国数学奥林匹克试题集	2014—10	38.00	394
历届加拿大数学奥林匹克试题集	2012—08	38.00	215
历届美国数学奥林匹克试题集:多解推广加强	2012—08	38.00	209
历届美国数学奥林匹克试题集:多解推广加强(第 2 版)	2016—03	48.00	592
历届波兰数学竞赛试题集.第 1 卷,1949~1963	2015—03	18.00	453
历届波兰数学竞赛试题集.第 2 卷,1964~1976	2015—03	18.00	454
历届巴尔干数学奥林匹克试题集	2015—05	38.00	466
保加利亚数学奥林匹克	2014—10	38.00	393
圣彼得堡数学奥林匹克试题集	2015—01	38.00	429
匈牙利奥林匹克数学竞赛题解.第 1 卷	2016—05	28.00	593
匈牙利奥林匹克数学竞赛题解.第 2 卷	2016—05	28.00	594
历届国际大学生数学竞赛试题集(1994—2010)	2012—01	28.00	143
全国大学生数学夏令营数学竞赛试题及解答	2007—03	28.00	15
全国大学生数学竞赛辅导教程	2012—07	28.00	189
全国大学生数学竞赛复习全书	2014—04	48.00	340
历届美国大学生数学竞赛试题集	2009—03	88.00	43
前苏联大学生数学奥林匹克竞赛题解(上编)	2012—04	28.00	169
前苏联大学生数学奥林匹克竞赛题解(下编)	2012—04	38.00	170
历届美国数学邀请赛试题集	2014—01	48.00	270
全国高中数学竞赛试题及解答.第 1 卷	2014—07	38.00	331
大学生数学竞赛讲义	2014—09	28.00	371
普林斯顿大学数学竞赛	2016—06	38.00	669
亚太地区数学奥林匹克竞赛题	2015—07	18.00	492
日本历届(初级)广中杯数学竞赛试题及解答.第 1 卷(2000~2007)	2016—05	28.00	641
日本历届(初级)广中杯数学竞赛试题及解答.第 2 卷(2008~2015)	2016—05	38.00	642
360 个数学竞赛问题	2016—08	58.00	677
哈尔滨市早期中学数学竞赛试题汇编	2016—07	28.00	672
全国高中数学联赛试题及解答:1981—2015	2016—08	98.00	676
高考数学临门一脚(含密押三套卷)(理科版)	2017—01	45.00	743
高考数学临门一脚(含密押三套卷)(文科版)	2017—01	45.00	744
新课标高考数学题型全归纳(文科版)	2015—05	72.00	467
新课标高考数学题型全归纳(理科版)	2015—05	82.00	468
洞穿高考数学解答题核心考点(理科版)	2015—11	49.80	550
洞穿高考数学解答题核心考点(文科版)	2015—11	46.80	551
高考数学题型全归纳:文科版.上	2016—05	53.00	663
高考数学题型全归纳:文科版.下	2016—05	53.00	664
高考数学题型全归纳:理科版.上	2016—05	58.00	665
高考数学题型全归纳:理科版.下	2016—05	58.00	666
王连笑教你怎样学数学:高考选择题解题策略与客观题实用训练	2014—01	48.00	262
王连笑教你怎样学数学:高考数学高层次讲座	2015—02	48.00	432
高考数学的理论与实践	2009—08	38.00	53
高考数学核心题型解题方法与技巧	2010—01	28.00	86
高考思维新平台	2014—03	38.00	259
30 分钟拿下高考数学选择题、填空题(理科版)	2016—10	39.80	720
30 分钟拿下高考数学选择题、填空题(文科版)	2016—10	39.80	721
高考数学压轴题解题诀窍(上)	2012—02	78.00	166
高考数学压轴题解题诀窍(下)	2012—03	28.00	167
北京市五区文科数学三年高考模拟题详解:2013~2015	2015—08	48.00	500
北京市五区理科数学三年高考模拟题详解:2013~2015	2015—09	68.00	505

哈尔滨工业大学出版社刘培杰数学工作室
已出版(即将出版)图书目录

书　名	出版时间	定　价	编号
向量法巧解数学高考题	2009—08	28.00	54
高考数学万能解题法(第2版)	即将出版	38.00	691
高考物理万能解题法(第2版)	即将出版	38.00	692
高考化学万能解题法(第2版)	即将出版	28.00	693
高考生物万能解题法(第2版)	即将出版	28.00	694
高考数学解题金典(第2版)	2017—01	78.00	716
高考物理解题金典(第2版)	即将出版	68.00	717
高考化学解题金典(第2版)	即将出版	58.00	718
我一定要赚分:高中物理	2016—01	38.00	580
数学高考参考	2016—01	78.00	589
2011～2015年全国及各省市高考数学文科精品试题审题要津与解法研究	2015—10	68.00	539
2011～2015年全国及各省市高考数学理科精品试题审题要津与解法研究	2015—10	88.00	540
最新全国及各省市高考数学试卷解法研究及点拨评析	2009—02	38.00	41
2011年全国及各省市高考数学试题审题要津与解法研究	2011—10	48.00	139
2013年全国及各省市高考数学试题解析与点评	2014—01	48.00	282
全国及各省市高考数学试题审题要津与解法研究	2015—02	48.00	450
新课标高考数学——五年试题分章详解(2007～2011)(上、下)	2011—10	78.00	140,141
全国中考数学压轴题审题要津与解法研究	2013—04	78.00	248
新编全国及各省市中考数学压轴题审题要津与解法研究	2014—05	58.00	342
全国及各省市5年中考数学压轴题审题要津与解法研究(2015版)	2015—04	58.00	462
中考数学专题总复习	2007—04	28.00	6
中考数学较难题、难题常考题型解题方法与技巧.上	2016—01	48.00	584
中考数学较难题、难题常考题型解题方法与技巧.下	2016—01	58.00	585
中考数学较难题常考题型解题方法与技巧	2016—09	48.00	681
中考数学难题常考题型解题方法与技巧	2016—09	48.00	682
北京中考数学压轴题解题方法突破	2016—03	38.00	597
助你高考成功的数学解题智慧:知识是智慧的基础	2016—01	58.00	596
助你高考成功的数学解题智慧:错误是智慧的试金石	2016—04	58.00	643
助你高考成功的数学解题智慧:方法是智慧的推手	2016—04	68.00	657
高考数学奇思妙解	2016—04	38.00	610
高考数学解题策略	2016—05	48.00	670
数学解题泄天机	2016—06	48.00	668

书　名	出版时间	定　价	编号
新编640个世界著名数学智力趣题	2014—01	88.00	242
500个最新世界著名数学智力趣题	2008—06	48.00	3
400个最新世界著名数学最值问题	2008—09	48.00	36
500个世界著名数学征解问题	2009—06	48.00	52
400个中国最佳初等数学征解老问题	2010—01	48.00	60
500个俄罗斯数学经典老题	2011—01	28.00	81
1000个国外中学物理好题	2012—04	48.00	174
300个日本高考数学题	2012—05	38.00	142
500个前苏联早期高考数学试题及解答	2012—05	28.00	185
546个早期俄罗斯大学生数学竞赛题	2014—03	38.00	285
548个来自美苏的数学好问题	2014—11	28.00	396
20所苏联著名大学早期入学试题	2015—02	18.00	452
161道德国工科大学生必做的微分方程习题	2015—05	28.00	469
500个德国工科大学生必做的高数习题	2015—06	28.00	478
360个数学竞赛问题	2016—08	58.00	677
德国讲义日本考题.微积分卷	2015—04	48.00	456
德国讲义日本考题.微分方程卷	2015—04	38.00	457

哈尔滨工业大学出版社刘培杰数学工作室
已出版(即将出版)图书目录

书 名	出版时间	定 价	编号
中国初等数学研究 2009卷(第1辑)	2009—05	20.00	45
中国初等数学研究 2010卷(第2辑)	2010—05	30.00	68
中国初等数学研究 2011卷(第3辑)	2011—07	60.00	127
中国初等数学研究 2012卷(第4辑)	2012—07	48.00	190
中国初等数学研究 2014卷(第5辑)	2014—02	48.00	288
中国初等数学研究 2015卷(第6辑)	2015—06	68.00	493
中国初等数学研究 2016卷(第7辑)	2016—04	68.00	609
中国初等数学研究 2017卷(第8辑)	2017—01	98.00	712
几何变换(Ⅰ)	2014—07	28.00	353
几何变换(Ⅱ)	2015—06	28.00	354
几何变换(Ⅲ)	2015—01	38.00	355
几何变换(Ⅳ)	2015—12	38.00	356
博弈论精粹	2008—03	58.00	30
博弈论精粹.第二版(精装)	2015—01	88.00	461
数学 我爱你	2008—01	28.00	20
精神的圣徒 别样的人生——60位中国数学家成长的历程	2008—09	48.00	39
数学史概论	2009—06	78.00	50
数学史概论(精装)	2013—03	158.00	272
数学史选讲	2016—01	48.00	544
斐波那契数列	2010—02	28.00	65
数学拼盘和斐波那契魔方	2010—07	38.00	72
斐波那契数列欣赏	2011—01	28.00	160
数学的创造	2011—02	48.00	85
数学美与创造力	2016—01	48.00	595
数海拾贝	2016—01	48.00	590
数学中的美	2011—02	38.00	84
数论中的美学	2014—12	38.00	351
数学王者 科学巨人——高斯	2015—01	28.00	428
振兴祖国数学的圆梦之旅:中国初等数学研究史话	2015—06	78.00	490
二十世纪中国数学史料研究	2015—10	48.00	536
数字谜、数阵图与棋盘覆盖	2016—01	58.00	298
时间的形状	2016—01	38.00	556
数学发现的艺术:数学探索中的合情推理	2016—07	58.00	671
活跃在数学中的参数	2016—07	48.00	675
数学解题——靠数学思想给力(上)	2011—07	38.00	131
数学解题——靠数学思想给力(中)	2011—07	48.00	132
数学解题——靠数学思想给力(下)	2011—07	38.00	133
我怎样解题	2013—01	48.00	227
数学解题中的物理方法	2011—06	28.00	114
数学解题的特殊方法	2011—06	48.00	115
中学数学计算技巧	2012—01	48.00	116
中学数学证明方法	2012—01	58.00	117
数学趣题巧解	2012—03	28.00	128
高中数学教学通鉴	2015—05	58.00	479
和高中生漫谈:数学与哲学的故事	2014—08	28.00	369
自主招生考试中的参数方程问题	2015—01	28.00	435
自主招生考试中的极坐标问题	2015—04	28.00	463
近年全国重点大学自主招生数学试题全解及研究.华约卷	2015—02	38.00	441
近年全国重点大学自主招生数学试题全解及研究.北约卷	2016—05	38.00	619
自主招生数学解证宝典	2015—09	48.00	535

哈尔滨工业大学出版社刘培杰数学工作室
已出版（即将出版）图书目录

书　　名	出版时间	定　价	编号
格点和面积	2012—07	18.00	191
射影几何趣谈	2012—04	28.00	175
斯潘纳尔引理——从一道加拿大数学奥林匹克试题谈起	2014—01	28.00	228
李普希兹条件——从几道近年高考数学试题谈起	2012—10	18.00	221
拉格朗日中值定理——从一道北京高考试题的解法谈起	2015—10	18.00	197
闵科夫斯基定理——从一道清华大学自主招生试题谈起	2014—01	28.00	198
哈尔测度——从一道冬令营试题的背景谈起	2012—08	28.00	202
切比雪夫逼近问题——从一道中国台北数学奥林匹克试题谈起	2013—04	38.00	238
伯恩斯坦多项式与贝齐尔曲面——从一道全国高中数学联赛试题谈起	2013—03	38.00	236
卡塔兰猜想——从一道普特南竞赛试题谈起	2013—06	18.00	256
麦卡锡函数和阿克曼函数——从一道前南斯拉夫数学奥林匹克试题谈起	2012—08	18.00	201
贝蒂定理与拉姆贝克莫斯尔定理——从一个拣石子游戏谈起	2012—08	18.00	217
皮亚诺曲线和豪斯道夫分球定理——从无限集谈起	2012—08	18.00	211
平面凸图形与凸多面体	2012—10	28.00	218
斯坦因豪斯问题——从一道二十五省市自治区中学数学竞赛试题谈起	2012—07	18.00	196
纽结理论中的亚历山大多项式与琼斯多项式——从一道北京市高一数学竞赛试题谈起	2012—07	28.00	195
原则与策略——从波利亚"解题表"谈起	2013—04	38.00	244
转化与化归——从三大尺规作图不能问题谈起	2012—08	28.00	214
代数几何中的贝祖定理（第一版）——从一道 IMO 试题的解法谈起	2013—08	18.00	193
成功连贯理论与约当块理论——从一道比利时数学竞赛试题谈起	2012—04	18.00	180
素数判定与大数分解	2014—08	18.00	199
置换多项式及其应用	2012—10	18.00	220
椭圆函数与模函数——从一道美国加州大学洛杉矶分校（UCLA）博士资格考题谈起	2012—10	28.00	219
差分方程的拉格朗日方法——从一道 2011 年全国高考理科试题的解法谈起	2012—08	28.00	200
力学在几何中的一些应用	2013—01	38.00	240
高斯散度定理、斯托克斯定理和平面格林定理——从一道国际大学生数学竞赛试题谈起	即将出版		
康托洛维奇不等式——从一道全国高中联赛试题谈起	2013—03	28.00	337
西格尔引理——从一道第 18 届 IMO 试题的解法谈起	即将出版		
罗斯定理——从一道前苏联数学竞赛试题谈起	即将出版		
拉克斯定理和阿廷定理——从一道 IMO 试题的解法谈起	2014—01	58.00	246
毕卡大定理——从一道美国大学数学竞赛试题谈起	2014—07	18.00	350
贝齐尔曲线——从一道全国高中联赛试题谈起	即将出版		
拉格朗日乘子定理——从一道 2005 年全国高中联赛试题的高等数学解法谈起	2015—05	28.00	480
雅可比定理——从一道日本数学奥林匹克试题谈起	2013—04	48.00	249
李天岩—约克定理——从一道波兰数学竞赛试题谈起	2014—06	28.00	349
整系数多项式因式分解的一般方法——从克朗耐克算法谈起	即将出版		
布劳维不动点定理——从一道前苏联数学奥林匹克试题谈起	2014—01	38.00	273
伯恩赛德定理——从一道英国数学奥林匹克试题谈起	即将出版		
布查特-莫斯特定理——从一道上海市初中竞赛试题谈起	即将出版		

哈尔滨工业大学出版社刘培杰数学工作室
已出版（即将出版）图书目录

书　名	出版时间	定价	编号
数论中的同余数问题——从一道普特南竞赛试题谈起	即将出版		
范·德蒙行列式——从一道美国数学奥林匹克试题谈起	即将出版		
中国剩余定理：总数法构建中国历史年表	2015—01	28.00	430
牛顿程序与方程求根——从一道全国高考试题解法谈起	即将出版		
库默尔定理——从一道IMO预选试题谈起	即将出版		
卢丁定理——从一道冬令营试题的解法谈起	即将出版		
沃斯滕霍姆定理——从一道IMO预选试题谈起	即将出版		
卡尔松不等式——从一道莫斯科数学奥林匹克试题谈起	即将出版		
信息论中的香农熵——从一道近年高考压轴题谈起	即将出版		
约当不等式——从一道希望杯竞赛试题谈起	即将出版		
拉比诺维奇定理	即将出版		
刘维尔定理——从一道《美国数学月刊》征解问题的解法谈起	即将出版		
卡塔兰恒等式与级数求和——从一道IMO试题的解法谈起	即将出版		
勒让德猜想与素数分布——从一道爱尔兰竞赛试题谈起	即将出版		
天平称重与信息论——从一道基辅市数学奥林匹克试题谈起	即将出版		
哈密尔顿－凯莱定理：从一道高中数学联赛试题的解法谈起	2014—09	18.00	376
艾思特曼定理——从一道CMO试题的解法谈起	即将出版		
一个爱尔特希问题——从一道西德数学奥林匹克试题谈起	即将出版		
有限群中的爱丁格尔问题——从一道北京市初中二年级数学竞赛试题谈起	即将出版		
贝克码与编码理论——从一道全国高中联赛试题谈起	即将出版		
帕斯卡三角形	2014—03	18.00	294
蒲丰投针问题——从2009年清华大学的一道自主招生试题谈起	2014—01	38.00	295
斯图姆定理——从一道"华约"自主招生试题的解法谈起	2014—01	18.00	296
许瓦兹引理——从一道加利福尼亚大学伯克利分校数学系博士生试题谈起	2014—08	18.00	297
拉姆塞定理——从王诗宬院士的一个问题谈起	2016—04	48.00	299
坐标法	2013—12	28.00	332
数论三角形	2014—04	38.00	341
毕克定理	2014—07	18.00	352
数林掠影	2014—09	48.00	389
我们周围的概率	2014—10	38.00	390
凸函数最值定理：从一道华约自主招生的解法谈起	2014—10	28.00	391
易学与数学奥林匹克	2014—10	38.00	392
生物数学趣谈	2015—01	18.00	409
反演	2015—01	28.00	420
因式分解与圆锥曲线	2015—01	18.00	426
轨迹	2015—01	28.00	427
面积原理：从常庚哲命的一道CMO试题的积分解法谈起	2015—01	48.00	431
形形色色的不动点定理：从一道28届IMO试题谈起	2015—01	38.00	439
柯西函数方程：从一道上海交大自主招生的试题谈起	2015—02	28.00	440
三角恒等式	2015—02	28.00	442
无理性判定：从一道2014年"北约"自主招生试题谈起	2015—01	38.00	443
数学归纳法	2015—03	18.00	451
极端原理与解题	2015—04	28.00	464
法雷级数	2014—08	18.00	367
摆线族	2015—01	38.00	438
函数方程及其解法	2015—05	38.00	470
含参数的方程和不等式	2012—09	28.00	213
希尔伯特第十问题	2016—01	38.00	543
无穷小量的求和	2016—01	28.00	545
切比雪夫多项式：从一道清华大学金秋营试题谈起	2016—01	38.00	583

哈尔滨工业大学出版社刘培杰数学工作室
已出版(即将出版)图书目录

书　名	出版时间	定　价	编号
泽肯多夫定理	2016—03	38.00	599
代数等式证题法	2016—01	28.00	600
三角等式证题法	2016—01	28.00	601
吴大任教授藏书中的一个因式分解公式:从一道美国数学邀请赛试题的解法谈起	2016—06	28.00	656
中等数学英语阅读文选	2006—12	38.00	13
统计学专业英语	2007—03	28.00	16
统计学专业英语(第二版)	2012—07	48.00	176
统计学专业英语(第三版)	2015—04	68.00	465
幻方和魔方(第一卷)	2012—05	68.00	173
尘封的经典——初等数学经典文献选读(第一卷)	2012—07	48.00	205
尘封的经典——初等数学经典文献选读(第二卷)	2012—07	38.00	206
代换分析:英文	2015—07	38.00	499
实变函数论	2012—06	78.00	181
复变函数论	2015—08	38.00	504
非光滑优化及其变分分析	2014—01	48.00	230
疏散的马尔科夫链	2014—01	58.00	266
马尔科夫过程论基础	2015—01	28.00	433
初等微分拓扑学	2012—07	18.00	182
方程式论	2011—03	38.00	105
初级方程式论	2011—03	28.00	106
Galois 理论	2011—03	18.00	107
古典数学难题与伽罗瓦理论	2012—11	58.00	223
伽罗华与群论	2014—01	28.00	290
代数方程的根式解及伽罗瓦理论	2011—03	28.00	108
代数方程的根式解及伽罗瓦理论(第二版)	2015—01	28.00	423
线性偏微分方程讲义	2011—03	18.00	110
几类微分方程数值方法的研究	2015—05	38.00	485
N 体问题的周期解	2011—03	28.00	111
代数方程式论	2011—05	18.00	121
线性代数与几何:英文	2016—06	58.00	578
动力系统的不变量与函数方程	2011—07	48.00	137
基于短语评价的翻译知识获取	2012—02	48.00	168
应用随机过程	2012—04	48.00	187
概率论导引	2012—04	18.00	179
矩阵论(上)	2013—06	58.00	250
矩阵论(下)	2013—06	48.00	251
对称锥互补问题的内点法:理论分析与算法实现	2014—08	68.00	368
抽象代数:方法导引	2013—06	38.00	257
集论	2016—01	48.00	576
多项式理论研究综述	2016—01	38.00	577
函数论	2014—11	78.00	395
反问题的计算方法及应用	2011—11	28.00	147
初等数学研究(Ⅰ)	2008—09	68.00	37
初等数学研究(Ⅱ)(上、下)	2009—05	118.00	46,47
数阵及其应用	2012—02	28.00	164
绝对值方程——折边与组合图形的解析研究	2012—07	48.00	186
代数函数论(上)	2015—07	38.00	494
代数函数论(下)	2015—07	38.00	495
偏微分方程论:法文	2015—10	48.00	533
时标动力学方程的指数型二分性与周期解	2016—04	48.00	606
重刚体绕不动点运动方程的积分法	2016—05	68.00	608
水轮机水力稳定性	2016—05	48.00	620
Lévy 噪音驱动的传染病模型的动力学行为	2016—05	48.00	667
铣加工动力学系统稳定性研究的数学方法	2016—11	28.00	710

哈尔滨工业大学出版社刘培杰数学工作室
已出版(即将出版)图书目录

书　名	出版时间	定　价	编号
趣味初等方程妙题集锦	2014—09	48.00	388
趣味初等数论选美与欣赏	2015—02	48.00	445
耕读笔记(上卷):一位农民数学爱好者的初数探索	2015—04	28.00	459
耕读笔记(中卷):一位农民数学爱好者的初数探索	2015—05	28.00	483
耕读笔记(下卷):一位农民数学爱好者的初数探索	2015—05	28.00	484
几何不等式研究与欣赏.上卷	2016—01	88.00	547
几何不等式研究与欣赏.下卷	2016—01	48.00	552
初等数列研究与欣赏·上	2016—01	48.00	570
初等数列研究与欣赏·下	2016—01	48.00	571
趣味初等函数研究与欣赏.上	2016—09	48.00	684
趣味初等函数研究与欣赏.下	即将出版		685
火柴游戏	2016—05	38.00	612
异曲同工	即将出版		613
智力解谜	即将出版		614
故事智力	2016—07	48.00	615
名人们喜欢的智力问题	即将出版		616
数学大师的发现、创造与失误	即将出版		617
数学的味道	即将出版		618
数贝偶拾——高考数学题研究	2014—04	28.00	274
数贝偶拾——初等数学研究	2014—04	38.00	275
数贝偶拾——奥数题研究	2014—04	48.00	276
集合、函数与方程	2014—01	28.00	300
数列与不等式	2014—01	38.00	301
三角与平面向量	2014—01	28.00	302
平面解析几何	2014—01	38.00	303
立体几何与组合	2014—01	28.00	304
极限与导数、数学归纳法	2014—01	38.00	305
趣味数学	2014—03	28.00	306
教材教法	2014—04	68.00	307
自主招生	2014—05	58.00	308
高考压轴题(上)	2015—01	48.00	309
高考压轴题(下)	2014—10	68.00	310
从费马到怀尔斯——费马大定理的历史	2013—10	198.00	I
从庞加莱到佩雷尔曼——庞加莱猜想的历史	2013—10	298.00	II
从切比雪夫到爱尔特希(上)——素数定理的初等证明	2013—07	48.00	III
从切比雪夫到爱尔特希(下)——素数定理100年	2012—12	98.00	III
从高斯到盖尔方特——二次域的高斯猜想	2013—10	198.00	IV
从库默尔到朗兰兹——朗兰兹猜想的历史	2014—01	98.00	V
从比勃巴赫到德布朗斯——比勃巴赫猜想的历史	2014—02	298.00	VI
从麦比乌斯到陈省身——麦比乌斯变换与麦比乌斯带	2014—02	298.00	VII
从布尔到豪斯道夫——布尔方程与格论漫谈	2013—10	198.00	VIII
从开普勒到阿诺德——三体问题的历史	2014—05	298.00	IX
从华林到华罗庚——华林问题的历史	2013—10	298.00	X

哈尔滨工业大学出版社刘培杰数学工作室
已出版(即将出版)图书目录

书　名	出版时间	定　价	编号
吴振奎高等数学解题真经(概率统计卷)	2012—01	38.00	149
吴振奎高等数学解题真经(微积分卷)	2012—01	68.00	150
吴振奎高等数学解题真经(线性代数卷)	2012—01	58.00	151
钱昌本教你快乐学数学(上)	2011—12	48.00	155
钱昌本教你快乐学数学(下)	2012—03	58.00	171
高等数学解题全攻略(上卷)	2013—06	58.00	252
高等数学解题全攻略(下卷)	2013—06	58.00	253
高等数学复习纲要	2014—01	18.00	384
三角函数	2014—01	38.00	311
不等式	2014—01	38.00	312
数列	2014—01	38.00	313
方程	2014—01	28.00	314
排列和组合	2014—01	28.00	315
极限与导数	2014—01	28.00	316
向量	2014—09	38.00	317
复数及其应用	2014—08	28.00	318
函数	2014—01	38.00	319
集合	即将出版		320
直线与平面	2014—01	28.00	321
立体几何	2014—04	28.00	322
解三角形	即将出版		323
直线与圆	2014—01	28.00	324
圆锥曲线	2014—01	38.00	325
解题通法(一)	2014—07	38.00	326
解题通法(二)	2014—07	38.00	327
解题通法(三)	2014—05	38.00	328
概率与统计	2014—01	28.00	329
信息迁移与算法	即将出版		330
三角函数(第2版)	即将出版		626
向量(第2版)	即将出版		627
立体几何(第2版)	2016—04	38.00	629
直线与圆(第2版)	2016—11	38.00	631
圆锥曲线(第2版)	2016—09	48.00	632
极限与导数(第2版)	2016—04	38.00	635
美国高中数学竞赛五十讲.第1卷(英文)	2014—08	28.00	357
美国高中数学竞赛五十讲.第2卷(英文)	2014—08	28.00	358
美国高中数学竞赛五十讲.第3卷(英文)	2014—09	28.00	359
美国高中数学竞赛五十讲.第4卷(英文)	2014—09	28.00	360
美国高中数学竞赛五十讲.第5卷(英文)	2014—10	28.00	361
美国高中数学竞赛五十讲.第6卷(英文)	2014—11	28.00	362
美国高中数学竞赛五十讲.第7卷(英文)	2014—12	28.00	363
美国高中数学竞赛五十讲.第8卷(英文)	2015—01	28.00	364
美国高中数学竞赛五十讲.第9卷(英文)	2015—01	28.00	365
美国高中数学竞赛五十讲.第10卷(英文)	2015—02	38.00	366

哈尔滨工业大学出版社刘培杰数学工作室
已出版（即将出版）图书目录

书　名	出版时间	定　价	编号
IMO 50 年.第 1 卷(1959—1963)	2014—11	28.00	377
IMO 50 年.第 2 卷(1964—1968)	2014—11	28.00	378
IMO 50 年.第 3 卷(1969—1973)	2014—09	28.00	379
IMO 50 年.第 4 卷(1974—1978)	2016—04	38.00	380
IMO 50 年.第 5 卷(1979—1984)	2015—04	38.00	381
IMO 50 年.第 6 卷(1985—1989)	2015—04	58.00	382
IMO 50 年.第 7 卷(1990—1994)	2016—01	48.00	383
IMO 50 年.第 8 卷(1995—1999)	2016—06	38.00	384
IMO 50 年.第 9 卷(2000—2004)	2015—04	58.00	385
IMO 50 年.第 10 卷(2005—2009)	2016—01	48.00	386
IMO 50 年.第 11 卷(2010—2015)	即将出版		646
历届美国大学生数学竞赛试题集.第一卷(1938—1949)	2015—01	28.00	397
历届美国大学生数学竞赛试题集.第二卷(1950—1959)	2015—01	28.00	398
历届美国大学生数学竞赛试题集.第三卷(1960—1969)	2015—01	28.00	399
历届美国大学生数学竞赛试题集.第四卷(1970—1979)	2015—01	18.00	400
历届美国大学生数学竞赛试题集.第五卷(1980—1989)	2015—01	28.00	401
历届美国大学生数学竞赛试题集.第六卷(1990—1999)	2015—01	28.00	402
历届美国大学生数学竞赛试题集.第七卷(2000—2009)	2015—08	18.00	403
历届美国大学生数学竞赛试题集.第八卷(2010—2012)	2015—01	18.00	404
新课标高考数学创新题解题诀窍：总论	2014—09	28.00	372
新课标高考数学创新题解题诀窍：必修 1～5 分册	2014—08	38.00	373
新课标高考数学创新题解题诀窍：选修 2—1,2—2,1—1, 1—2 分册	2014—09	38.00	374
新课标高考数学创新题解题诀窍：选修 2—3,4—4,4—5 分册	2014—09	18.00	375
全国重点大学自主招生英文数学试题全攻略：词汇卷	2015—07	48.00	410
全国重点大学自主招生英文数学试题全攻略：概念卷	2015—01	28.00	411
全国重点大学自主招生英文数学试题全攻略：文章选读卷(上)	2016—09	38.00	412
全国重点大学自主招生英文数学试题全攻略：文章选读卷(下)	2017—01	58.00	413
全国重点大学自主招生英文数学试题全攻略：试题卷	2015—07	38.00	414
全国重点大学自主招生英文数学试题全攻略：名著欣赏卷	即将出版		415
数学物理大百科全书.第 1 卷	2016—01	418.00	508
数学物理大百科全书.第 2 卷	2016—01	408.00	509
数学物理大百科全书.第 3 卷	2016—01	396.00	510
数学物理大百科全书.第 4 卷	2016—01	408.00	511
数学物理大百科全书.第 5 卷	2016—01	368.00	512
劳埃德数学趣题大全.题目卷.1:英文	2016—01	18.00	516
劳埃德数学趣题大全.题目卷.2:英文	2016—01	18.00	517
劳埃德数学趣题大全.题目卷.3:英文	2016—01	18.00	518
劳埃德数学趣题大全.题目卷.4:英文	2016—01	18.00	519
劳埃德数学趣题大全.题目卷.5:英文	2016—01	18.00	520
劳埃德数学趣题大全.答案卷:英文	2016—01	18.00	521

哈尔滨工业大学出版社刘培杰数学工作室
已出版(即将出版)图书目录

书　名	出版时间	定　价	编号
李成章教练奥数笔记.第1卷	2016—01	48.00	522
李成章教练奥数笔记.第2卷	2016—01	48.00	523
李成章教练奥数笔记.第3卷	2016—01	38.00	524
李成章教练奥数笔记.第4卷	2016—01	38.00	525
李成章教练奥数笔记.第5卷	2016—01	38.00	526
李成章教练奥数笔记.第6卷	2016—01	38.00	527
李成章教练奥数笔记.第7卷	2016—01	38.00	528
李成章教练奥数笔记.第8卷	2016—01	48.00	529
李成章教练奥数笔记.第9卷	2016—01	28.00	530
朱德祥代数与几何讲义.第1卷	2017—01	38.00	697
朱德祥代数与几何讲义.第2卷	2017—01	28.00	698
朱德祥代数与几何讲义.第3卷	2017—01	28.00	699
zeta函数,q-zeta函数,相伴级数与积分	2015—08	88.00	513
微分形式:理论与练习	2015—08	58.00	514
离散与微分包含的逼近和优化	2015—08	58.00	515
艾伦·图灵:他的工作与影响	2016—01	98.00	560
测度理论概率导论,第2版	2016—01	88.00	561
带有潜在故障恢复系统的半马尔柯夫模型控制	2016—01	98.00	562
数学分析原理	2016—01	88.00	563
随机偏微分方程的有效动力学	2016—01	88.00	564
图的谱半径	2016—01	58.00	565
量子机器学习中数据挖掘的量子计算方法	2016—01	98.00	566
量子物理的非常规方法	2016—01	118.00	567
运输过程的统一非局部理论:广义波尔兹曼物理动力学,第2版	2016—01	198.00	568
量子力学与经典力学之间的联系在原子、分子及电动力学系统建模中的应用	2016—01	58.00	569
第19～23届"希望杯"全国数学邀请赛试题审题要津详细评注(初一版)	2014—03	28.00	333
第19～23届"希望杯"全国数学邀请赛试题审题要津详细评注(初二、初三版)	2014—03	38.00	334
第19～23届"希望杯"全国数学邀请赛试题审题要津详细评注(高一版)	2014—03	28.00	335
第19～23届"希望杯"全国数学邀请赛试题审题要津详细评注(高二版)	2014—03	38.00	336
第19～25届"希望杯"全国数学邀请赛试题审题要津详细评注(初一版)	2015—01	38.00	416
第19～25届"希望杯"全国数学邀请赛试题审题要津详细评注(初二、初三版)	2015—01	58.00	417
第19～25届"希望杯"全国数学邀请赛试题审题要津详细评注(高一版)	2015—01	48.00	418
第19～25届"希望杯"全国数学邀请赛试题审题要津详细评注(高二版)	2015—01	48.00	419
闵嗣鹤文集	2011—03	98.00	102
吴从炘数学活动三十年(1951～1980)	2010—07	99.00	32
吴从炘数学活动又三十年(1981～2010)	2015—07	98.00	491
物理奥林匹克竞赛大题典——力学卷	2014—11	48.00	405
物理奥林匹克竞赛大题典——热学卷	2014—04	28.00	339
物理奥林匹克竞赛大题典——电磁学卷	2015—07	48.00	406
物理奥林匹克竞赛大题典——光学与近代物理卷	2014—06	28.00	345

哈尔滨工业大学出版社刘培杰数学工作室
已出版(即将出版)图书目录

书　　名	出版时间	定　价	编号
历届中国东南地区数学奥林匹克试题集(2004～2012)	2014—06	18.00	346
历届中国西部地区数学奥林匹克试题集(2001～2012)	2014—07	18.00	347
历届中国女子数学奥林匹克试题集(2002～2012)	2014—08	18.00	348
数学奥林匹克在中国	2014—06	98.00	344
数学奥林匹克问题集	2014—01	38.00	267
数学奥林匹克不等式散论	2010—06	38.00	124
数学奥林匹克不等式欣赏	2011—09	38.00	138
数学奥林匹克超级题库(初中卷上)	2010—01	58.00	66
数学奥林匹克不等式证明方法和技巧(上、下)	2011—08	158.00	134,135
他们学什么:原民主德国中学数学课本	2016—09	38.00	658
他们学什么:英国中学数学课本	2016—09	38.00	659
他们学什么:法国中学数学课本.1	2016—09	38.00	660
他们学什么:法国中学数学课本.2	2016—09	28.00	661
他们学什么:法国中学数学课本.3	2016—09	38.00	662
他们学什么:苏联中学数学课本	2016—09	28.00	679
高中数学题典——集合与简易逻·函数	2016—07	48.00	647
高中数学题典——导数	2016—07	48.00	648
高中数学题典——三角函数·平面向量	2016—07	48.00	649
高中数学题典——数列	2016—07	58.00	650
高中数学题典——不等式·推理与证明	2016—07	38.00	651
高中数学题典——立体几何	2016—07	48.00	652
高中数学题典——平面解析几何	2016—07	78.00	653
高中数学题典——计数原理·统计·概率·复数	2016—07	48.00	654
高中数学题典——算法·平面几何·初等数论·组合数学·其他	2016—07	68.00	655

联系地址:哈尔滨市南岗区复华四道街 10 号　哈尔滨工业大学出版社刘培杰数学工作室
网　　址:http://lpj.hit.edu.cn/
邮　　编:150006
联系电话:0451—86281378　　　13904613167
E-mail:lpj1378@163.com